ビーバー

世界を救う可愛いすぎる生物

ベン・ゴールドファーブ
木高恵子・訳

Eager

The Surprising, Secret Life of Beavers and Why They Matter

Ben Goldfarb

草思社

EAGER
by Ben Goldfarb

Soshisha Co., Ltd., edition published by arrangement with
Chelsea Green Publishing Co, White River Junction, VT, USA www.chelseagreen.com,
through Japan UNI Agency, Inc., Tokyo

水はそれがない者にとっては、貴重なものだ。
また水のコントロールも同様である。

――ジョーン・ディディオン『60年代の過ぎた朝』

目次

ビーバー

世界を救う可愛いすぎる生物

Eager

The Surprising,
Secret Life of Beavers and
Why They Matter

行間の（　）は訳注、＊は原注を指し、巻末に収録

序文
ビーバーのいないアメリカ

もしあなたが私みたいな人間なら、この本を読んでいるうちにいつの間にか、本を手にしたまま外に出て、そこから見える河谷《かこく》（川の流れで、両岸が浸食されてできた谷）の景色に目を凝らすだろう。私の場合、その河谷とはリオ・ガリステオ川のことだ。この名は、昔のプエブロ・インディアンの町の名前にちなんでつけられた。ニューメキシコ州サンタフェの南に位置するピニョン・ジュニパー地域南西部にはかつて、この川の流域にわたってプエブロ・インディアンの町が広く点在していた。そして、本書を読んでいるうちに、私が手をかざして一・六キロメートルほど先のヒロハハコヤナギの並木に目をやった理由は、昔からの歴史ミステリーに対する有望な新説が、突然、私の頭に浮かんだからだった。それは『ビーバー』の読者の多くが本書を手にする動機ではないかもしれない。それでも、私は本書があなたの目を世界へと向けさせ、新たな視線で野生生物の物語を見るようになると断言する。

この国に、人気のある生態学の聖人がいるとすれば、それはアルド・レオポルド(1)だろう。

熱心なレオポルド・ファンなら知っているように、彼はイェール大学の林学科を修了し、その後の数年間をニューメキシコ州で過ごした。彼が時間を費やした場所の一つが、私の住む谷だった。レオポルドは数編のエッセイ――「The Virgin Southwest（南西部の処女地）」「Pioneers and Gullies（開拓者とガリ）」――の中で、リオ・ガリステオを例に挙げているが、良い例としてではない。リオ・ガリステオを、ガリ(2)によって破壊された西部の川の証拠物件として使い、自分の主張の正しいことを示すために私の地元の川の浸食前と浸食後の話をしている。彼は、一八四九年に、酔っぱらった移民が六メートルの長さの厚い板を使ってガリステオ川を渡ることに成功したと書いている。しかし二〇世紀初頭には、ガリステオ川の水域は、川床が浸食されてアロヨ(3)（涸れ川）となり、ちょうどネズミの迷路のような状態になっていたので、酔っぱらいが遠く離れた堤防にたどり着ける可能性は万に一つもなくなっていた。二〇世紀にリオ・ガリステオ川を渡るためには、七六メートルの長さの板が必要だった。

レオポルドが見た限りでは、この事件の犯人はまだ現場にいた。ウシとヒツジと馬が、リオ・ガリステオを破壊したのだという。しかし、ベン・ゴールドファーブの『ビーバー』を読んで、私はレオポルドの説を考え直してみたくなった。この偉大な自然主義者は、ニューメキシコに来るのが遅すぎたため、ずっと昔、リオ・ガリステオに他に何が起こっていたのかを知らなかったのだ。サンタフェの街に空高くそびえるサングレ・デ・クリスト山脈は、コロラド州へと伸びている。その中の山の一つ、トンプソン・ピークの山腹に向かって流れるガリステオ川は、ロッキー山脈南部に数多くある川の一つだった。一八二〇年代に、毛皮を取る猟師がこれらの川に来て、ビーバーを狩り尽くした。一八三〇年代初頭には、なかなか見つからない獲物を捕ろうと躍起になった猟師たちが、近くのハイプレーンズ[4]にまで散らばり、南西部に残っていたすべてのビーバーダム、ビーバー池をくまなく掘り起こし、子ビーバーまで狩っていった。家畜たちは、本書の著者ゴールドファーブが言うように、ビーバーたちが再びすむことができなくなるほど川岸地帯の植生に大きなダメージを与えた。

たかがファッションのために野生動物を搾取するのは、人間の持つ利己的な遺伝子のせいかどうかはともかく、このビーバー駆除の行為は、ゴールドファーブがこの後のページで生々しく描いているが、何世紀にもわたって遠い過去から続いてきた歴史の流れを突如断ち切った。その歴史の中で、ビーバーたちは営々とダムや巣を築き、それによって北米大陸の水路は、水量が多いときには氾濫して氾濫原を潤し、常には少量の水が流れる細い水路として形作られてきた。ビーバーたちがいなくなったことで、湿潤だった世界は——これからくる気候変動を考えると、多くの場所でその湿潤さが切望されるだろう——ガリやアロヨを生じさせる鉄砲水の流れる川を生み、北米の乾燥化を助長させることになった。

私が初めてゴールドファーブの著作に出合ったのは、有名な西部のアウトドア雑誌『*High Country News*（ハイ・カントリー・ニュース）』に掲載された、人を惹きつけるすばらしい記事を読んだときだった。ゴールドファーブの研究と著作の質の高さは、環境問題に対する新たな代弁者の到来を告げるものだと、私と友人たちは思った。本書によってその思いはゆらぎのないものとなった。『ビーバー』は、現代の環境ジャーナリスト、作家である、エリザベス・コルバート、イアン・フレイジャー、デビッド・クアメンらの流れをくむ著作だ。読者は、著者の好奇心旺盛で闊達な世界への旅に同行することで、地理的にも時間的にも広範囲にわたって旅し、多くの魅力的な人々と出会い、自然史および生態系に関する洗練された知識を得ることができる。ビーバーの繁栄の時代、その悲惨な衰退、そして現在始まりつつある復活までを追求する本書を通じてゴールドファーブは、北東部のニューイングランド地方および東部のハドソンバレーから太平洋岸北西部、ロッキー山脈北部からユタ州および南西部へと、米国本土のほぼ全域の旅へ読者を誘うだろう。彼は、旧世界[5]におけるビーバーの復活さえも追いかけている。著者は、ビーバーの物語にとって重要な風景と人物を求めて、アメリカ中を根気強く探しているが、特にこの動物の（いまだに）明らかになっていない記録をまとめているビーバー信者を探している。『ビーバー』は、ビーバーの徒歩旅行に読者が同行している感覚に近い。

　本書は、自然環境をめぐる二一世紀のノンフィクション文学の最高傑作である。ゴールドファーブは本書で、私たちがビーバーの復活を許すこと、さらには復活の手助けをすることを望むと明確に述べている。その希望に対して、一般読者がどのような反応をするのか、私としては非常に興味深い。なぜなら、著者は私に次のことを確信させたからだ。ビーバーは、私たちが「処女地」（あるいはインディアンの）アメリカに対して抱いているロマンティックな想像とはまったく異なる大陸をつくるだろう。ビーバーのいるアメリカは、私たちが考えるよりずっと湿地や沼地が多く、足元のぬかるんだ風景を見せていた（ビーバーが復活した場所では今でも見せている）。現代の釣り人やカヤックなどで川を下る人たちが頭に描く、キラキラと輝き、滑らかに流れる渓流、また、ハンターが思い描く捕食動物のいない楽園での二〇世紀のスポーツハンティング、こういった風景は、ビーバーやオオカミが復活すれば、必然的にまったく異なる風景へと道を譲らざるを得ない。

しかしまた一方で、ソロー(6)のいう「天地のすべて」、進化的創造が当然ながら私たちの目標であるべきなのだ。かつて、それはここにあった。しかし私たちは、ほとんどそれに目もくれず、踏みにじり破壊してしまった。ベン・ゴールドファーブの『ビーバー』は、それを取り戻す方法を見せてくれる。

——ダン・フローレス
ニューメキシコ州、ガリステオ・バレー

はじめに
偉大な本のためのテーマ

ワイオミング州で最も多くのビーバーを移転させているドリュー・リードと初めて面会しようとしたとき、私は病気のヤギにはばまれた。リードと私は、グランドティトン国立公園とイエローストーン国立公園の南に位置するしゃれたリゾート地、ジャクソンで落ち合う予定だった。待ち合わせ場所に向かっていると、リードから電話があった。南部訛りの彼は、心配のせいか苦しそうに話した。飼っているヤギで、体重約一〇〇キログラムのマキシマスが謎の病気にかかり、横たわったまま動かないというのである。早急に獣医に診てもらわなければならない。リードは謝っていたが、彼の愛するヤギが治るまで、面会は延期せざるを得なかった。たぶんマキシマスには電解質[1]が必要なだけかもしれないと、電話の最後に彼は言った。私はがっかりしたが、感銘も受けた。人間との約束をキャンセルしてまで、ヤギの健康に気を配るほど動物を大切にしている男がここにいたのだ。

一カ月後、マキシマスは元気になり、私は、グロー・ヴァント・バレーの未舗装の道路を走るリードの小型トラックの前部座席に座っていた。フロントガラスに横向きのひびが入っていて、キラキラと光っている。リアウインドウには、ちっぽけな人間を怖がらせているTレックスサイズの雄ヤギの転写シールが、**MY GOAT ATE YOUR STICK FAMILY（俺のヤギがお前の家族を食った）**というフレーズ付きで貼られていた。箱形の白いトレーラー（荷台車）が、私たちの後ろでガタガタ音を立て、轍を踏むたびにリードのトラックから分離してしまうのではと思わせた。リードと妻のエイミーは、いつもこのトレーラーでマキシマスを運んでいた。しかし今日は、いつもより慎重に扱うべき荷物を運んでいた。

「後ろで元気にしてくれていることを願うよ」。リードがつぶやいた。この道路は、溺れるほどの深い穴があちこちにあるうえに、丘陵の斜面にはりついているため、反対方向から走ってくる車とぶつかりそうになる。眼下にはグロー・ヴァント川が見え、青くきらめく糸が、枯れたヤマヨモギの草原を縫うように流れている。短く刈った頭に野球帽を深くかぶったリードは、道行く他の車の負けず嫌いなドライバーたちに不平をこぼした。ようやく、道は谷へと下り、そこではコットンウッド・クリークと呼ばれる琥珀色の支流がグロー・ヴァント川の本流へと流れ込んでいた。リードは俊敏に車の方向転換をして、トラックを小川に向かってバックさせ、トレーラーの後部ドアが水辺に向かって開くようにした。そして運転席から伝い下りてくると簡単な打ち合わせを行った。

放流

「最も心配なことは、彼らが離れ離れになってしまうことだ」。彼は私と、別の車でついてきた数人の見物人に警告した。「俺が望んでいるように、彼らが上流に向かっていくかどうかは疑わしい。最も行きやすい方向に向かうかもしれない。俺は彼らが一緒にいられるように全力を尽くすつもりだ。絶対にやってはいけないことは、彼らの間に割って入ることだ」。リードは強調するために、ちょっと間を置いた。「動物たちの福祉は『常に』、人の楽しみに優先する」

「賛成！」集まっていた少人数の人たちが声を合わせて言った。「よし、それでは」とリードはトレーラーのドアの掛け金を外すと、それを下げて傾斜路をつくった。そして後ろに下がった。

ドリュー・リードのトレーラーの中の、藁でおおわれた寝床から顔を出したビーバーは「大き」かった。彼女の大きさに私は思わず息をのんだ。もしあなたがビーバーを見たことがあるなら、おそらく遠くで泳いでいる姿を見たのではないだろうか。その立派な体の大部分は氷山のように水中に隠れていたのではないだろうか。ビーバーは家ネコより少し大きいという印象を与える誤解を招くような光景だ。そうではない。この動物の体重は約二七キログラムで、大型犬のゴールデン・レトリーバーの多くと同じくらいだ。筋肉と脂肪とミルクチョコレート色の毛が密集した丸いかたまりは——動物界のラインバッカー(2)のようだ。彼女——ビーバーの性別を識別するのは難しいといわれているので私が適当につけた代名詞だ——は後ろ足で危なっかしくドアの前に立ち、鼻をヒクヒクさせて周囲を観察していた。おずおずと前足を胸に当てている姿は、まるで孤児のオリバー・ツイストが救貧院で粥のお代わりを頼んでいるようだ。しかし、彼女の警戒も長くは続かなかった。ここには流れる水があり、ヒロハハコヤナギの木があり、樹皮を餌とする半水生のげっ歯類が望む生息環境と食べ物がすべてそろっていた。ビーバーは四つん這いになり、恐竜ステゴサウルスの巨体のように腰と尻を揺らしながら傾斜路をよたよたと降りていった。陸上での移動に適した動物ではないのだ。

「よう、相棒」リードが優しく語りかけた、「水だぜ、水が好きなんだろ?」。

成獣の大きなビーバーが出てくると、すぐに子ビーバーが続いて出てきた。チワワほどの大きさの子ビーバーだ。私たちは嬉しくなって、抑え気味に感嘆の声をもらした。感情に流されないハードボイルドなリードでさえ、これは可愛いと認めざるを得ないだろうと私は思った。子ビーバーがためらっていたので、リードは、頑固な馬にするように、軽く尻をたたいてやり、「ママと一緒に行きな」とたしなめた。二匹のビーバーはすばやく水に入り、進んだり戻ったり、半ば泳ぎ半ば歩いていた。川は彼らの体が沈むほどは深くなかったのだ。

二匹は当然ながら混乱しているようだった。暗い部屋で長旅に耐え、新しい環境に放り出され、毛のない奇妙な二足歩行の動物に囲まれたのだ。彼らの試練は、私が思うに、住まいのあるカリフォルニア州サクラメント市のベッドからエイリアンにさらわれ、謎の母船に隔離されて一日過ごし、カンザス州トピカ市のトウモロコシ畑に手荒く放り出されたようなものだ。

その混乱があったからこそ、次のような展開になったのかもしれない。櫂《かい》のような尻尾を一振りして、子ビーバーは親から離れて下流に向かって飛び出し、岩場の急流をマスのように滑っていった。リードの切なる願いに反して、二匹は離れていく。親ビーバーなしでは、子ビーバーは生き残れないだろう。餓死するかピューマに襲われる。リードは玉石の上を駆け出して、急流の底に向かい、すねの深さまで水に浸かって立ち、まるで野球の遊撃手が難しいゴロを捕球しようとするかのようにしゃがみ込んだ。巧みに腕を川に突っ込み、驚いたことに、子ビーバーの、革のような尻尾をつかんで引き上げ、大物の魚を釣り上げた釣り人のように高く掲げた。ビーバーを扱う他の人たちからは、昔も今も、ビーバーの尻尾をつかんで運ぶと脱臼する恐れがあると注意されてきた。リードは脱臼説には納得していないものの、習慣的に尻尾をつかんでいるわけではない。その場のはずみで、そうするしかなかったのだ。

「あのチビが俺の目の前にあった深い穴に入ったので、こいつは大変だと思った」。ビーバーを再会させて上流に追いやった後、リードが私に話してくれた。「ビーバーには他につかむところがないんでね」

マウンテンマンの爪痕

グロー・ヴァント川は、山頂の尖ったティトン山脈の麓にある氷河によって削られたジャクソン・ホールの谷に流れ込んでいる。現在のジャクソン・ホールは、広い贅沢なスキー場、マウンテンバイク用のコース、高級なアートギャラリーのある、ハイクラスな行楽地となっている。しかし、二世紀前、この谷は毛皮の取れる場所としてしか知られていなかった。一八〇七年の秋、ルイス・クラーク探検隊(3)の元メンバーであるジョン・コルター(4)は、ビッグホーン川をたどってロッキー山脈に入り、インディアンのクロウ族と交易した。コルターは、雪に閉ざされた真冬のワイオミング州を、一丁のライフル銃とわずかな荷物を携えて数カ月間さまよった。どのようなルートをたどったのかは誰も知らないが、彼は「ホール」に入った初めての白人とされている。ホールとは、わなを仕掛ける猟師たちが使う言葉で、狩猟鳥獣類たちが生息する広い谷間のことだ。彼はまた多くのビーバーも見つけた。

その後、数十年にわたって、一獲千金を夢見る者たちが、コルターの足跡をたどって北ロッキー山脈へぞくぞくと押し寄せた。ある新聞はこの地域を「ペルーの鉱山に勝るとも劣らない毛皮の宝庫」[*1]と書き立てた。この旅行者たちは有名なマウンテンマン（毛皮のわな猟師）で、ビーバーにわなを仕掛けて狩る貪欲な猟師たちだった。マウンテンマンたちは、一八二〇年代初頭から一八四〇年代末期にかけて、コロラド州とカリフォルニア州の間にあるあらゆる池や川を計画的に略奪した。ほとんどの毛皮はミズーリ川を通ってセントルイスへ運ばれ、東海岸やヨーロッパに出荷され、流行の帽子に加工された。マウンテンマンたちは驚くべきスピードで資源を破壊し尽くし、アメリカ西部のビーバーをほぼ全滅させた。「猟師たちは、この寂しい平原を馬で駆けながら、そろそろ白人がこの山を去るときが来たかな、などと話していた」と、オズボーン・ラッセル[5]は一八四一年に記している。ワイオミング州やユタ州を頻繁に訪れていたビーバー狩りの猟師であるラッセルは、「ビーバーも狩猟鳥獣もほとんどいなくなったからな」[*2]と書いている。

　マウンテンマンたちの時代は短かったが、彼らは永続的な生態学的爪痕を残した。もしあなたがビーバーについて何も知らないとしても、ビーバーがダムをつくることは聞いたことがあるかもしれない。ビーバーたちは、木材、泥、岩などで壁をつくって水の流れをせき止め、池や湿地を形成する。ビーバーはまた、水から突き出た塔がそびえる、火山島のような巣を建設する。この建設物はビーバー自身を収容するだけではない。ナキハクチョウがビーバーの巣の頂上にうずくまり、営巣の土台として家賃なしで借り受けるという。ここに巣をつくると、キツネのような陸路で来る捕食動物から雛を守ることができるのだ。この雄大なハクチョウたちは、浅いビーバー池に生えるカナダモ、リュウノヒゲモなどの水生植物を好物としている。

北ロッキー山脈のビーバーを捕獲することで、マウンテンマンたちは知らず知らずのうちに、ハクチョウの何エーカーもの主要な生息地を破壊してきたのだ。数十年後、農場主と牧場主は畜牛やその餌であるアルファルファ（糸もやし）を育てるために湿地を干拓して、この仕事を完成させた。現在、この地域に留まっているナキハクチョウのつがいは九〇組ほどで、雛が生き残ることはほとんどない。「当時、ビーバー池はこの水域にネックレスのように張り巡らされ、地面は巨大なスポンジのようだったでしょう」。ハクチョウを研究するルース・シェイという名の生物学者が私にこう話した。「だから、ハクチョウが巣をつくる場所はどこにでもありました。ハクチョウはビーバーがいかに大切かを伝える象徴といえます」

二〇世紀の初めには、毛皮交易は、ビーバー乱獲によりほとんど消滅していた。その後ジャクソンの土地所有者たちにとっては残念なことに、ビーバーが復活し始めた。ビーバーがヒロハハコヤナギをかじったり、灌漑用水路をせき止めたり、畑を水浸しにするたびに、鳥獣駆除のわな猟師が呼ばれた。ビーバーはもはや毛皮としてではなく、単なる害獣としてしか見られていなかった。

ビーバーを再配置する試み

ドリュー・リードにはそれが受け入れられなかった。彼は南部のアーカンソー州出身で、二〇〇八年にワイオミング州湿地協会に就職した。ビーバーの生態学的可能性に興味をそそられた彼は、捕獲と再配置（移転）を優先させようと考えた。彼は独学で生け捕りのわなについて学び、このサービスを宣伝するちらしを掲げた。リードの人道的なアプローチの噂は、野生動物を愛するジャクソンの市民の間に野火のように広がった。「突然、ひっきりなしに電話が鳴りだした」と彼は話してくれた。新しい競争相手を脅すわなな猟師もいれば、顧客に彼を紹介する猟師もいた。やがて彼は、グロー・ヴァント川に週に二〜三回、ビーバーを放つようになっていた。BBCからドキュメンタリー番組を撮るために撮影隊がやってきた。『Beavers Behaving Badly（イケナイビーバーたち）』というみだらなタイトルがつけられていた。

二〇一五年、リードとシェイは資金をかき集め、新しい非営利団体「Northern Rockies Trumpeter Swan Stewards（北ロッキー山脈ナキハクチョウ管理者の会）」を設立した。鳥類を対象としていたが、彼らの関心はビーバーにあった。リードは通常、スーツケースのような箱形の生け捕りわなで獲物を捕獲するが、時には工夫を凝らさないといけないこともある。

私がジャクソン・ホールに来る直前、彼は特に狡猾な逃亡者をサーモンネット（大型の捕獲用ネット）で捕まえた。「むちゃな計画だった」と彼は嬉しそうに認めた。「ビーバーが網にかかったときは大混乱だったよ。まるでロデオのようだった」。この大捕り物に彼は何とか持ちこたえた。そしてビーバーは移転させられた。

全部で、二五〇匹のビーバーを移転させたと、リードは見積もっている。その中でどれだけのビーバーが生き残っているかは別問題だ。数年後に、昔の友を再捕獲したことはあるが、彼が移転させたビーバーの多くは、クマ、オオカミ、ピューマに食べられたり、わな猟師に殺されたりしているに違いない。しかし、リードがいなければ、彼らの運命は決まっていたし、もっと厳しいものになっていただろう。「一人の土地所有者がビーバーに自分の土地にいてほしいと思ったとしても、近隣の人たちが認めないだろう――ビーバーは敷地の境界線なんて理解していないからな」。帰りの車の中で、彼は私に言った。「俺はいつも最後通告を突きつけられる。『やつらを移転させてくれ、さもないとやつらは死ぬことになる』と。俺たちはビーバーに第二の生を与え、生き延びるチャンスを与えているんだ。俺はこれを『水路への再播種《さいはしゅ》』と呼んでいる。彼らは必ずしも放した場所に留まるわけではないが、この地域のどこかにいて、自分たちの仕事をしてくれれば満足さ」

まるでタイミングを見計らったように、リードはトラックを駐車場に入れた。双眼鏡を構えて、遠くの池に突き出たビーバーの巣を、気になる女を盗み見る男のような目で眺めている。あの巣はおそらく、移転ビーバーの手によるものだろうと彼は言う。最近、耳に彼のタグをつけたビーバーたちが川のあちこちを泳ぎ回っているのを見かけたそうだ。「おっ、すごいぞ、あいつ大きくなったな」。彼は興奮していた。「二年前の三倍の大きさだ」。彼は眼下の河川沿いにある氾濫原[6]を見つめた。広いヤマヨモギの牧草地は乾燥して、川から離れるほどにセピア色になり、ハクチョウもいなかった。「なあ」と、彼は独り言をいうかのようにつぶやいた。「あの牧草地全体が水に浸かっているのを見てみたいものだ」

健全な風景

目を閉じよう。そしてできれば健全な川の流れを想像してみよう。何が頭に浮かぶだろう？　もしかしたら、透明で流れの速い小川が、岩の上を軽やかに飛び跳ね、川幅は狭くて浅く、その上を跳んだり歩いたりして渡ることができる川の流れではないだろうか。もしあなたが私のように毛針釣りをする人だったら、澄んだ浅瀬でマスを釣るために釣り糸を投げる膝まで水に浸かった陽気な釣り人も目に浮かぶかもしれない。

美しい絵だ、釣り具専門会社オービス社のカタログに掲載されるような風景だ。しかし、それは間違っている。

もう一度やってみよう。今度はもう少し難しい状況で想像力を働かせてみよう。現代の川を頭に描く代わりに、過去にさかのぼろう。マウンテンマンや放浪者より前、ハドソンやシャンプラン[7]そして毛皮を取るためにビーバーたちを滅ぼしたその他の猟師たちより前にさかのぼって、一五〇〇年代に行ってみよう。グローバル資本主義が大陸から、「ダム建設、貯水、湿地形成の技術者」[8]を一掃するより前に存在した川を想像してみてほしい。十分な数のビーバーのいる風景を想像してみてほしい。

今度は何が見えるだろう？　水はもはや透明でもなければ、川幅も狭くはなく、流れも速くもないのではないだろうか。代わりに、棒きれや小枝を乱雑に組み合わせてつくったダムによって、数千平方メートルもの広さが確保された、よどんで濁った池が見えるのではないだろうか。かじられた切り株が先の尖った竹の杭のように沼沢を取り囲み、枯れた木や枯れかかった木が、人の胸の高さまである池の中に斜めに立っている。水中に足を踏み入れると、足元は岩ではなくぬかるみになっており、かび臭い腐敗臭が鼻孔に入ってくる。もしここに釣り人がいたとしたら、毛針を木に引っかけ、怒り狂っていることだろう。

このビーバーがすむ場所の絵は釣りやハンティング、アウトドアの雑誌『*Field & Stream*（フィールド＆ストリーム）』の見開きページを飾ることはないだろうが、多くの場合、歴史的にはより正確な絵であり、重要な点は、より健全な風景だということである。アメリカ西部の山間部では、湿地帯は総面積のわずか二パーセントを占めるだけだが、生態系の多様性の八〇パーセントを支えている。私たちの沼地では、水の流れる音は聞こえないかもしれないが、小川のほとりのヤナギの木にとまっているムシクイやヒタキといった鳥たちの鳴き声に耳をすましてほしい。池の周りの沼地ではカエルが鳴いている。カワウソは、倒れて水に沈んだ木の枝を伝ってマスを追いかける。倒れた木々が水の中に入っているので森が逆さになった感じだ。水深が深く、植物が生い茂っているため、釣りをするのは難しい。しかし、曲がりくねった細い水路や深みの冷たい水の中にはたくさんのマスが隠れている。『マクリーンの川』（ノーマン・マクリーン著、渡辺利雄訳、集英社、一九九三年）で、ノーマン・マクリーンはビーバーのいる森での釣りの試練と歓喜を描いた。彼は、ある人物について次のように書いている、「彼は浮き浮きした様子でわたしたちから別れると、湿地を通り抜け、薮の茂みで切り傷を作り、ビーバーダムと呼ばれる小枝がゆるく積み上げられてできた山を踏み抜いて水に落ち、最後は、首のまわりに水藻を花輪のようにつけて、ビクいっぱいの魚とともに戻ってくるのだった[*3]」。

ビーバーの恩恵を受けるのは釣り人や野生動物だけではない。池の重みで水が地中深くに押し込まれ、帯水層が涵養[9]され、下流の農場や牧場で使用することができるようになる。沈殿物や汚濁物質は、よどみでろ過され、流れは浄化される。洪水は池で消散し、山火事は湿った牧草地で消し止められる。湿地帯は、春の雨や雪解け水を取り込み蓄え、その後少しずつ水を放出し、乾燥した夏の間、作物の成長を支える。二〇一一年に、コンサルティング会社が発表した報告書によると、ユタ州のエスカランテ川の流域にビーバーを復活させると、貯水に加え、堆積物の保持などで毎年何千万ドルもの利益が得られると試算している[*4]（第一〇章参照）。自然に金銭的価値をつけることについては異論があるかもしれないが、ビーバーが非常に重要な生き物であることは否定できない。

人間の敵？

しかし、社会的には、ビーバーはいまだに人間の味方というよりは、敵として見られている。二〇一三年、私はパートナーのエリースと一緒にコロラド州のパオーニアという農村に住んでいた。ウェスタン・スロープと呼ばれる西斜面の高台に位置する隣人の農場や果樹園は、迷路のように入り組んだ水路で灌漑されていて、水路に並行して小道があった。点検の際には、このシステムを維持している灌漑設備管理人が、この小道に四輪バギーを走らせる。夕方になると、私たちはその水路を散歩した。水門を通る水のかすかな音がBGMとなり、ランボーン山に沈むバラ色の夕日が背景となった。ある夕暮れ時、黒い頭が、水に浮いた木材のように水路を漂っているのを見つけた。ビーバーは、私たちが数メートルのところまで近づくと、尻尾を水面に激しく打って、日の入り後の薄明の中、水中にもぐっていった。その後の散歩でも、私たちはこの「水路ビーバー」に何度も遭遇した。おそらく合計で六回は出会っただろう。私たちは彼に会うことを期待するようになり、気のせいかもしれないが、彼は会うたびに警戒心を解いていった。
激しい恋の多くに、悲しい運命が待ち受けていることを知っているからこそ、私たちとビーバーとの関係には胸の高鳴るような興奮があった。私たちのビーバーは水路にダムをつくろうとはしていなかった――実際、ビーバーはダムをつくらないことが多いのだが、灌漑設備管理人は妨害工作の可能性を決して許さないだろう。次に灌漑設備管理人が四輪バギーで私たちの前を通ったとき、彼の膝の上にはショットガンが置かれていた。数日後、人づてに悲しい知らせが届いた。あの水路ビーバーはもういないと。

この極端に不寛容な考え方は、例外的というよりむしろ一般的になっている。アメリカの多くの地域で、ビーバーは今でも「好ましくない動物」として扱われる。ビーバーは独創的ないたずらをする。二〇一三年、ニューメキシコ州タオスの住民が、携帯電話とインターネットを二〇時間にわたって使えなくなった。ビーバーが光ファイバーケーブルを嚙み切ったのだ。*5 ビーバーは、カナダのプリンス・エドワード島で車の上に木を落としたり、*6 サスカチュワン州では結婚式を妨害したり、*7 アメリカのアラバマ州ではゴルフコースを荒らしたとして非難されている。ここではビーバーたちは、くま手で、むごたらしく殺され、地元のある記者はこの虐殺を「暗黒のキャディシャック」*8(10) と呼んだ。時には、ビーバーが濡れ衣を着せられることもある。イギリスのウェールズで映画のセットを水没させた罪で告発されたが、その後、潔白が証明された[*9]（実際の犯人は、ビーバーよりものを大切にしない唯一の生物、一〇代の若者たちだった）。しかし、多くの場合、ビーバーは告発された通りに有罪となる。二〇一六年、メリーランド州シャーロット・ホールで、ならず者のビーバーが当局に逮捕された。デパートに侵入して、ビニール包装されたクリスマスツリーを盗んだのだ。[*10] このならず者のビーバーは野生生物リハビリセンターに引き渡されたが、彼は幸運なほうといえるだろう。

私たちがビーバーに敵意を抱くのは、ビーバーが私たちの所有物を壊すからに違いないのだが、私はもっと深遠な嫌悪感が作用しているのではないかと思っている。私たち人間は、自然界を熱狂的に整然と微細なところまで管理しようとする。作物は平行な畝に植え、ダムは滑らかなコンクリートを流し込んでつくり、川は拘束衣を着せて服従させる。一方、ビーバーは見かけ上は混沌をつくり出す。倒れた木がごちゃ混ぜになり、川沿いの植物は無秩序に生え、流れは気ままに土手を越える。私たちには無秩序に見えるが、正しくは「複雑系」と表現される。ビーバーの周囲には生命を維持するための生息地が豊富にあり、北米やヨーロッパにいる、這うもの、歩くもの、飛ぶもの、泳ぐもののほとんどに恩恵を与えている。ジェームズ・B・トレフェセン[(11)]は一九七五年に次のように書いている。「ビーバー池は一群のビーバーのニーズを満たすためだけの水域ではない。それどころか活動的な生態系全体の発生源でもある[*11]」

文明発展とビーバー

ビーバーはまた、私たち人類の歴史の渦中にもいる。現在は海峡だが氷河期には地峡だったベーリング地峡を通って、人類は北アメリカに分散した。これはビーバーが何百年も前に繰り返していた旅を人類としては初めて行ったということに過ぎない。実際、げっ歯類は、イロコイ連邦[12]から太平洋岸北西部のトリンギット族まで、先住民の宗教、文化、食生活に登場する。さらに最近では、白人を新世界に呼び込み、毛皮を求めて西に向かわせたのもビーバーだった（その結果ビーバーたちは自分たちの破滅を招いてしまったのだが）。毛皮交易はピルグリム・ファーザーズ[13]を支え、ルイスとクラークの探検隊（第二章参照）をミズーリ州まで行かせ、そして、何万人もの先住民を天然痘の脅威にさらした。ビーバーたちの年代記は、カリスマ性のある哺乳類の物語であるばかりでなく、人間による現代文明の栄華と愚行の物語でもある。

毛皮交易によって破滅的状況に追い込まれたにもかかわらず、ビーバーは現在、絶滅の危機には瀕していない。北米には約一五〇〇万匹のビーバーが生息している。しかし、その数を正確に把握している人はいない。実は、ビーバーは、野生生物の復活では最も成功した例の一つなのだ。ビーバーは、二〇世紀に入るまでに、わな猟師によって一〇万匹ほどにまで減少したが、その後一〇〇倍以上に回復した。ビーバーの返り咲きは、大西洋の向こうではさらに劇的だった。近親種であるヨーロッパビーバー（カストル・フィベル *Castor fiber*）の個体数が、わずか一〇〇〇匹から約一〇〇万匹にまで急増したのである。[*12] ビーバーは保護法の恩恵を受けただけではなく、保護法の制定にも貢献した。現代の自然保護運動のきっかけとなったのは、バイソンやリョコウバトなど、迫害されて姿を消した動物、そして、ビーバーの急減だった。

しかし、自画自賛はこのへんにしておこう。ここまで来たけれども、ビーバーの復活にはまだまだ先がある。ヨーロッパ人が北米に来たとき、博物学者のアーネスト・トンプソン・シートンは、六〇〇〇万匹から四億匹のビーバーが川や池を泳いでいたと推定した。[*13] シートンの見積もりは少々独断的ではあるが、北米のビーバーの個体数は、歴史的な水準で見ればごくわずかであることは間違いない。「Mid Klamath Fisheries Council（ミッド・クラマス水産協議会）」の理事であるウィル・ハーリンが話してくれたのだが、カリフォルニア州を流れる川の流域のいくつかでは、わな猟師がビーバーを絶滅のふちに追い詰める前の一〇〇〇分の一の数しかビーバーが生息していないという。

この話はもちろん、カリフォルニア州やビーバーに限ったことではない。ヨーロッパ人は、新世界の石ころだらけの海岸に足を踏み入れたその瞬間から北米の生態系を壊し始めたのだ。

入植者たちが犯した環境破壊の最初の罪は、皆さんもよくご存じだろう。彼らは、すべての木に斧を振り下ろし、すべての魚に網をかけ、すべての牧草地に家畜を放ち、草地を乾燥させて砂塵を舞い上がらせた。カリフォルニアのシエラネバダ山脈では、一九世紀の金鉱労働者たちが大量の土砂を吐き出し、その汚泥はパナマ運河を八回も満たすことができるほどだった。[*14] 私たちは、毛皮交易を、これらの地球を変えるような産業と同列に論じることに慣れていないが、おそらくはそうすべきかもしれない。ビーバーがいなくなると、湿地帯や草原が干上がり、浸食が進み、数えきれないほど多くの川の流れが変わり、水を愛する魚や鳥類、両生類が絶滅し、水辺が「ダストボウル[(14)]」となる。グレンキャニオンダムがコロラド川をふさぎ、カヤホガ川がゴミと廃油のせいで何度も炎上する何世紀も前に、毛皮目的のわな猟師たちが川の生態系を破壊していたのだ。組織的なビーバーの根絶は、「ヨーロッパ系アメリカ人による初めての大規模な流域の改変[*15]」を示すと、二〇〇八年に水文学者《すいもんがくしゃ》[(15)]のスザンヌ・フアウティ（第八章参照）は書いている。

　ビーバーをわなにかけて捕獲したことが、人類の自然に対する初期の罪の一つとされるなら、ビーバーを復活させることは、自然に対する償いの道となる。生態系を担う動物であるビーバーは、生態学的、水文学的なスイスアーミーナイフ（多機能ナイフ）のようなもので、適切な状況下であれば、私たちが直面するあらゆる景観規模の問題に対処することができる。洪水を軽減したい、あるいは、水質を改善したい？　ビーバーはそのためにいる。気候変動に直面している農業のために、より多くの水を確保したい？　ビーバーを配置すればよい。堆積物、サーモンの個体数、山火事が心配？　ビーバーを二家族連れてきて、一年後に確認すればよい。

もしこれが大げさに聞こえるなら、私はこの本によってあなたの考えを変えるつもりだ。

（ビーバーへの）信仰心の芽生え

川遊びを楽しむ多くの人と同じく、私にもビーバーとの出会いがあった。私はいつも、彼らの水中での優雅さ、独創性、そして家族愛に感銘を受けてきた。グレイシャー国立公園（モンタナ州）で、一組のビーバーのつがいが、三〇分にもわたって念入りに互いの毛づくろいをしているのを見たことがある。しかし、私が真のビーバー信奉者になったのは、二〇一五年一月、シアトルの陰気な朝だった。私は陰鬱さを振り払って、蛍光灯で照らされたマリオットホテルの会議室に入った。

心の底からの改心のためには似つかわしくない舞台だったが、悟りがいつ得られるかは誰にも予想できない。八時間以上にわたって、先住民の部族、連邦政府、大学の科学者たちが、次々と登壇した。ほとんど全員が、北西部の生物学者たちの慣習的なユニフォームになっているフランネルの服をまとっている。彼らは、「私たちの景観はビーバーがいないために損なわれてきた。ビーバーを復活させることが、多くの過ちを正す最も効果的な方法である」と、説得力のある証拠を示した。この会議は、水生生態学に対する私のありふれた認識の根底にあった隠された世界を明らかにしてくれた。そのうちの一つは、南西部のアロヨの幅からオレゴン州のサーモンの遡上の数の豊富さまでもが、ずんぐりしたげっ歯類の責任であるということだった。私は熱心なジャーナリストのはずなのだが、ノートを忘れてきてしまった。そこでしかたなく、紙ナプキンに考えを書き留めた。その日の終わりまでには、紙ナプキンの山は感嘆符と大文字で埋め尽くされていた。氾濫原の連結性！　ゆっくり流れる水の待避地！　河川植生のフィードバック・ループ！　「神の存在は証明できないので論じない」と考えていた怠惰な不可知論者だった私は、会議室を出るときには敬虔な信者となっていた。

その年の夏、私はビーバーの魅力に取りつかれたまま、ワシントン州の中心部を訪れ、西部で最高のビーバー伝道師の一人である、ケント・ウッドラフに面会した。彼は当時、森林局の生物学者であり、「Methow Beaver Project.（メソウ・ビーバー・プロジェクト）」の責任者だった。ウッドラフは三日間にわたって、彼のビーバーが影響を与えたこの国の一角について説明し、私をビーバーたちに紹介してくれた（「私的」なことだが、二日目の朝、ウッドラフは私に大きなオスと格闘させた。肛門腺からの分泌物を採取するためだ——もちろん私からではなくビーバーから採取するという意味だ）。私が、メソウ・ビーバー・プロジェクトによるビーバー移転の取り組み（詳しくは第四章参照）について書いた記事は、雑誌

『*High Country News*（ハイ・カントリー・ニュース）』に掲載され、最終的に本書が誕生することになった。

『ビーバー』のための調査では、ユタ州の滑らかな岩の砂漠、バーモント州の広葉樹の森、カリフォルニア州ナパの高速道路沿いの運河など、ビーバーが見つけられそうなところはすべて訪れた。農場のビーバー、森のビーバーにも会った。激流の中のビーバー、灌漑用水路の中のビーバー、荒野のビーバー、ウォルマートの駐車場のビーバーにも会った。また私は北米にだけ留まっていたのではない。エリースと共に、南西イングランドの湿原、ヒツジの散らばる丘のあるスコットランド高地まで行き、イギリスにビーバーが断続的に復活している様子を記録した。ビーバーは、歴史的にはアメリカのどこでも見ることができたが、ワニの格好の餌になってしまうフロリダ州南部にだけは生息していなかった。本書の主な舞台は、グレートプレーンズ[16]を貫く西経一〇〇度線の西側である。この明白な境界線を越えると、雨が降らなくなりビーバーはさらに重要な存在となる。「東部では水に困ることはないけれど、ここでは川は干上がっている」。乾燥したユタ州南東部を拠点とする科学者、メアリー・オブライエン（第一〇章参照）は、私が訪れたときにこう話してくれた。「ビーバーは、ここに湿地帯を出現させる。魔法のようです」

オブライエンと彼女の仲間たちは、一つの運動をつくり出している、野生生物学者、土地管理者、変わり者の牧場主の連合で、その構成メンバーは増加している。彼らは、チョウの生息地をつくるため、ウシに栄養を与えるため、飲み水を浄化するため、浸食された河谷を再生するためなど、この世界に存在するありとあらゆる理由でビーバーを保護し、復活させようとしている。この運動の追従者には名前がある。彼らは自分たちのことを「ビーバー信者」と呼んでいる。

偉大なるテーマ

ビーバー信者たちを結びつける特徴は、もちろん、「救いはビーバーにある」という揺るぎない信念である（彼らにはまた、改宗を勧めるという傾向がある。この運動のメンバーを表現するのに「恥ずかしがり」などという言葉は存在しない）。多くの環境保護活動がそれぞれの主張を通そうと偏った怒りを生む時代に、ビーバー信者たちは党派を超えて活動する。あなたは本書で、大勢の根っからのビーバー好きに出会うだろう。しかしまた、保守的な牧畜業者にも出会うだろう。信者の多くは熟練の生物学者である。しかし、そうでない者も大勢いることに私は気づいた。世界で最もビーバーのことを知っているビーバー信者の中には、元美容師、医師の助手、化学者、児童心理学者がいる。世の中には、もしかしたらイタチやカンガルーネズミのために闘っている元素人の人たちが多数いるのかもしれないが、それは考えにくい。私が思うに、ビーバーには何かしら人を惹きつける魅力がある。他の種を支える能力、複雑で無限に解釈可能な行動、自分たちの生活に合わせて景観を改変していく基本的に人間くさい態度。ビーバーは他の種とは違い、その生活が目に見えるのだ。そしてビーバーの信者たちもそうだ。「今では、町で私を見かけると、『あっ、ビーバーギャル！』と言われるようになったわ」。不動産業者から敬虔な信者になったシャーナ・ギルモアが、カリフォルニア州のスコット・バレーで会ったとき、そう話してくれた。彼女は挑戦的にニヤリと笑った。心の平穏を見つけた人の笑顔だ。「家族は私が中年の危機《ミッドライフ・クライシス》を迎えて精神不安定になったと思っているけどね」

この教団の外にいる人たちは、ギルモアが木をかじる同胞に抱いているような愛情を感じていないようだ。私はビーバー信者に改宗して以来、多くの友人、家族、そしてバーで出会った縁もゆかりもない人たちに、ビーバーの美点について、何とか気づいてもらおうと熱狂的に語ってきた。たいていは、外交辞令的な笑いか下品なジョークが返ってくる（あなたも、下品なジョークを考えていましたね）。時には、逆に話を聞かされる場合もある。悪党のビーバーに自慢のリンゴの木を奪われた父親の話とか、アディロンダック湖の静寂を破ってビーバーが水面に尻尾を打ちつける音とか、モンタナ州の牧場でビーバーダムを爆破した子ども時代の話など。「ビーバーは可愛いと思う」とはよく言われる。

それはすばらしいことだ。私もビーバーは可愛いと思う。しかし、読者の皆様にお願いしたい。この並外れた哺乳類を過小評価してはいけない。可愛い動物は多いが、生態系を構築する動物はほとんどいない。ビーバーが水を蓄え、他の生物を支えていることを認めても、それだけでは不十分だ。なぜなら、実のところ、ビーバーは大陸規模の自然力に他ならないからだ。私たちアメリカ人が町を建設し、食料を育てているこの大地を形成した責任のほとんどを担っている。北米の生態系、人々の歴史、地質を形成したのはビーバーなのだ。ビーバーはかつてこの世界をつくり上げた。そして、ビーバーを敵ではなく味方として扱うことを私たちが学べば、彼らはもう一度同じことをするだろう。私たちの未来は、私たちの過去がそうだったように、ビーバーと密接に関わり合っていなければならない。そして私たちとビーバーの関係を完全に変えなければならない。彼らに任せれば、きっとやってくれる。

作家メルヴィルは次のように書いた。「偉大な本をつくるためには、偉大なテーマを選ばなければならない」[*16]。今あなたが手にしている本書は、メルヴィルの『白鯨』（岩波文庫、全三巻、二〇〇四年）のような偉大な本ではないかもしれないが、それはテーマのせいではない。ビーバーの物語は、「どのように北米は開拓されたか」「なぜ景観はこのようになったのか」「どのような変遷をこの地はたどってきたのか」「どのような方策によって、河川の劣化や生物多様性の消滅、そして気候変動による荒廃を防ぐことができるのか」を語る物語でもある。そして何よりも、『ビーバー』は私が知る限り最も偉大なテーマである。この地球の旅の道連れといかに共存し、共に繁栄していくかについて学んでいこう。

アメリカビーバー

カストル・カナデンシス（*Castor canadensis*）

凡 例

現在のカストル・カナデンシスの生息域

著者が訪問した地域

1. ワイオミング州、グロー・ヴァント・バレー
2. ネブラスカ州、アゲイト・フォッシル・ベッズ国定公園
3. モンタナ州、センテニアル・バレー
4. ノースカロライナ州、フォートブラッグ
5. バーモント州、グラフトン
6. マサチューセッツ州、ウェストフォード
7. ワシントン州、メソウ・バレー
8. オレゴン州、ブリッジ・クリーク
9. カリフォルニア州、スコット・バレー
10. カリフォルニア州、マーティネズ
11. カリフォルニア州、オクシデンタル・アーツ&エコロジーセンター
12. ネバダ州、エルコ
13. イエローストーン国立公園
14. ユタ州、ローガン
15. ユタ州、モアブ
16. ニューヨーク州、ブロンクス川

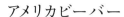

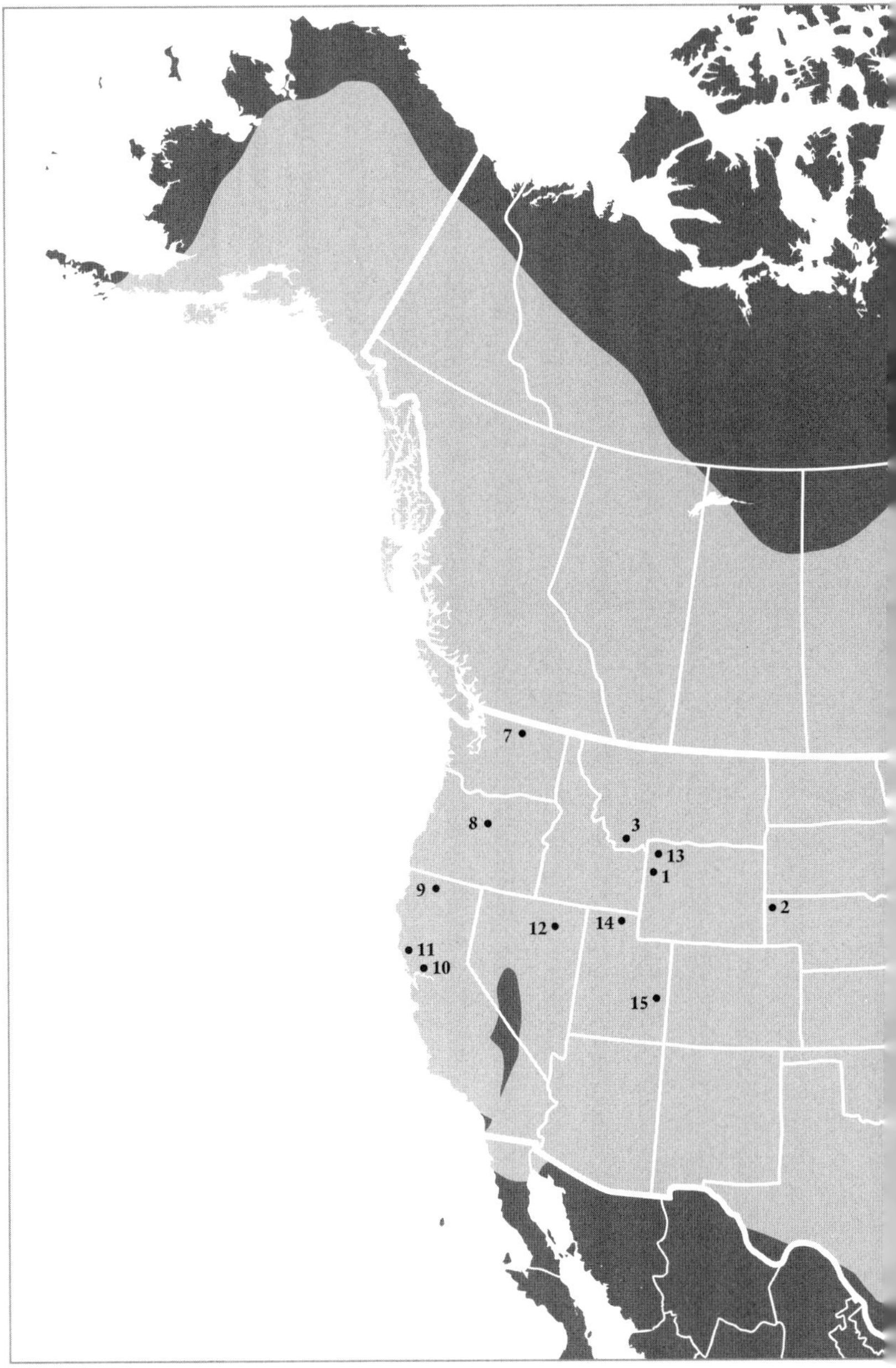
7
8
3
13
1
9
2
12
14
11
10
15

第一章

ビーバーの奇妙なる生態 ―― その発見と進化の歴史

人間であるということは動物界の生存競争の勝者であるということだ。「ホモ・サピエンス（*Homo sapiens*）」はこの地球上に現存する唯一のヒト科の動物であり、私たちは過去四万年にわたって孤独だったと考えられる。しかし、私たちが孤独な種になったのは地球の歴史から言えば最近のことだ。四万年より前の数千年間は、二足歩行のいとこたちと、この星を共有していた。ネアンデルタール人がヨーロッパの森や海岸をうろつき、デニソワ人[1]が東南アジアを歩き回り、ホビットみたいに小柄な「ホモ・フローレシエンシス（*Homo floresiensis*）[2]」がインドネシアの洞窟に住んでいた。こうしたいとこたちが皆滅びたのに、なぜ私たちが生き残ったのかはいささか謎ではあるが、おそらくは革新的な道具の使用と人口動態の幸運が重なったのだろう。その意味では、私たちには仲間がいる。

一八九一年、アーウィン・ヒンクリー・バーバー[3]という地質学者が、ある化石を調べてほしいと頼まれた。バーバーは、ワックスをたっぷりとつけた髭が顔からはみ出した、痩せて骨ばった男で、科学の分野では非の打ちどころのない経歴を持っていた。イェール大学では、世界初の古生物学教授であるO・C・マーシュ(4)に師事した。半世紀に及ぶキャリアを通してずっと、ネブラスカ州の地質学者を務めていたバーバーは、特に絶滅したゾウに興味を示し、マストドン、マンモス、四本の牙を持つゴンフォテリウムなど数多くの絶滅したゾウについて記述した。一九世紀後半に、アメリカ中西部の化石を鑑定する必要があったとしたらバーバーほどの適任者はいなかった。しかしジェームズ・クックという名のネブラスカ州の牧場主が自分の土地で発見した砂岩の巨大ならせん状の化石について知恵を貸してほしいと、バーバーに依頼してきたとき、この権威ある科学者でさえ、目の前にあるものが何なのか、まったく見当もつかなかった。

謎の螺旋状構造体

この奇妙ならせん状の化石は、地元の牧場主たちにとって珍しいものではなかったが、バーバーにとっては、それまで見たどの化石とも似ていなかった。明らかに骨ではない。その標本とは、垂直のらせん状の石で、人間の身長より高く、「太さ八センチメートルの蔓が……一〇〜一三センチメートルくらいの棒に巻きついたような」、若木に巻きついた「絞め殺しの植物」のようだった。散在するらせんの中には「高さ九メートルを下らないものもあるだろう」とバーバーは推定した。らせんは垂直の底面から比較的太い『横の部分』で終わっており、その部分は逆さにしたワインのコルク抜きのハンドルのように見えた。このらせん状の化石はネブラスカ州の悪地の数平方キロメートルにわたって散在していた。バーバーは、「これらの化石はまったく驚嘆すべきものであり、堂々とした大きさで独特の形状をしている」、そして「これらが何であるかについて提言するのには、大きなためらいを感じた」[*1]と書いている。困惑した地質学者は、巨大な淡水海綿を発見したのではないかと推量したが、その後、この見立てを修正し、巨大な植物の根が枯死したものであるとした。後に、どちらの推測も間違いであったことが証明される。しかし、バーバーがこのらせん状の化石につけた名前だけは残った。彼はこれを「デーモネリクス（*daemonelix*）」と呼んだ。牧場主たちが昔から「悪魔のコルク抜き」と呼んでいたものを、もったいぶったラテン語にした呼び名だった。

不可解なコルク抜き状の化石を調査する中で、バーバーは、らせんの内側が植物組織でおおわれており、時にはげっ歯類の骨も見つかることに気づいた。彼はこれを自分が唱える巨大植物説の証拠として解釈した。しかし、一八九三年、オーストリアの古生物学者テオドール・フックス(5)がデーモネリクスを分析したとき、この構造物が生物ではないと見抜いた。植物ではなく、この構造物の底で死んでいたげっ歯類たちが地下に掘った巨大な巣穴だったのだ。一九〇五年、オラフ・A・ピーターソン(6)がついにこの巣穴を掘った生物について詳しく述べた。それは「パラエオカストル（*Palaeocastor*）」という名で知られるようになる種類の動物の仲間であることを明らかにした。「古代のビーバー」[*2]という意味だ。「パラエオカストル」は、地下にもぐる習性と小柄な体から、少なくとも外見上は現代のビーバーに似ているというよりは、むしろホリネズミに似ていた。古代のビーバーたちは屈強な前歯を持っていたが、門歯で木や木材を伐《き》ることはなかった。その代わりに歯で穴を掘った。「巣穴の壁は広い溝でおおわれていた。ビーバーの頭蓋骨の化石の門歯で湿った砂を削ってみると、その跡は壁の溝と一致した」。一九七〇年代に一〇〇〇個を超えるデーモネリクスを調査した古生物学者のラリー・マーティン[(7)]は雑誌『*Natural History*（自然史）』に次のように書いている。「ビーバーたちは壁から土を削るのに歯を使った……穴掘りをしているとき、ビーバーは後ろ足をらせんの軸に固定し、地面の中へ文字通り体をねじ込んでいったのだろう」……板にねじ込まれるドリルの刃と同じようなものだ。[*3]削った砂は爪で放り出すのではなく、広くて平らな頭部で押し出して片づけた。

生きていくためとはいえ砂まみれで大変そうだと感じたあなたに言っておくが、「パラエオカストル」が繁栄した期間は、「人類」が発生してから現在にいたるまでの期間より約四倍長い。巣穴が縦長のらせん状だったからこそ、狭い範囲に深い穴をいくつもつくって密集させることができ、自分たちを捕食しようとする天敵を抑止し、湿度と温度を調節し、洪水を生き延びるために役立ったのだろう。しかしこの独特な住まいでさえ、地球の極端な気候変動から古代のビーバーたちを救うことはできなかった。寒冷化と共に世界は干上がり、湿潤な気候に適応していた「パラエオカストル」は、約二〇〇〇万年前の中新世初期[8]に絶滅した。バーバーのデーモネリクスを掘った古代のビーバーたちは、数百万年の差はあるかもしれないが、彼らの血統の最後の生き残りだったのだ。

ネブラスカのバッドランドの地層には何百ものコルク抜きが散在しているが、そのほとんどは個人の牧場の中にある。中新世を探検したい人には、ネブラスカ州のアゲイト・フォッシル・ベッズ国定公園へのトレッキングをお勧めする。一年間の観光客数が、イエローストーン国立公園の夏の繁忙期の一日の観光客数より少ない、石灰岩におおわれた丘と緑豊かな窪地が魅力的な人里はなれた土地だ。六月のある朝、私は国定公園の入り口近くに車を停め、草原に浮かぶ大型帆船のようにそびえる削られた砂岩の断崖に向かって、短い小道を歩いて登った。二〇〇〇万年前、ネブラスカ州はアフリカのセレンゲティ国立公園によく似ていた。草原に川が網の目のように流れ、小さなラクダや巨大なクズリ[9]、二本の角を持つサイや豚に似たオレオドン、筋骨たくましいベアドッグ[10]や俊敏な馬など、図鑑でしか見たこともないような哺乳類が餌を漁っている様子は壮観だっただろう。登り道の入り口の標識にはガラガラヘビに注意と書かれていたが、中新世以降、この土地は丘や谷が露わになり、野生動物はいなくなった。道端のプレートにはダウニー・ペイントブラシ、ボトルブラシ・スクウォールテイル、ラバーウィードなど、形状から似た物を彷彿とさせる草原の植物の名前が書かれていた。ここではゴルフボールをどの方向に打っても木に当たることはないだろう。灰色の露頭の基部にデーモネリクスがあった。砂岩に刻まれたその曲線は、『スター・ウォーズエピソード5／帝国の逆襲』で炭素冷凍されたハン・ソロのようだった。保護のためにかぶせられた汚れたガラスケースの後ろにそびえ立つらせんは、その形状が完璧に近く、自然のものではないように見えた。私は近くのベンチに腰を下ろし、マキバドリの鳴き声やバッタの羽根の震える音に耳を傾けながら、聖なる遺物の前にひざまずくため聖地に詣でた巡礼者のような気分になっていた。ビーバーが建設した最も聖なる遺物の一つ、ビーバー類の「メッカ」がここにあった。

私は急いで小道を下り、パークレンジャーに追いついた。カップルをガイド付き散策で案内していた彼のつばの広い帽子が草原に揺れていた。そのレンジャーは、トレバー・ウィリアムズという名の気さくな地質学者で、らせんの機能について、私が知る説とは別の説明をしていた。彼の好みの説は、巣穴の底の部屋がわずかに上向きに傾斜しているのは、古代の平原を襲った洪水からの避難場所にするためだというものだ。

「私がモグラを溺れさせて退治するようなものね」と女性が言った。

この穴は古生物学者を困惑させたが、ウィリアムズによると、地元の先住民ラコタ族はこの建築的構造物について誤解していなかったという。らせんの石はラコタ族の神話に登場する。それによると、古代の雷神がビーバーをらせんの石に変えて、破壊的な水の怪物から守ったという。この先住民の考古学者たちには驚きを禁じ得ない。その穴は現代のビーバーの巣とは似ても似つかないが、ラコタ族はだまされなかったのだ。ラコタ族の言葉では岩のらせんは、「Ca'pa el ti（チャパ・エル・ティ）」つまり「ビーバーの宿」と呼ばれていた。白人が考え出したよりも、はるかに正確な命名だった。*4

「バーバー博士が、学界の大物たちがそろった部屋で、植物の根の仮説を発表し、聴衆が拍手喝采で『ブラボー！　ブラボー！』と言っているところをよく想像します」と、ウィリアムズが言った。「そして、ラコタ族の男が二人、部屋の一番後ろで両腕を組んで立っている。そしてこう言うのですよ『ビーバーのことを話すべきか？　やめとけ』ってね」

私たちは短いほうの散策コースを歩いた。そして私はパラエオカストルの世界に思いを馳せた。どのような選択圧が、近縁種に水中での生活を取り入れさせたのか？　進化を再現するには、常に少々の推測を働かせる必要がある。しかしそれでも問いかけるに値する疑問だ。なぜパラエオカストルではなく、現在北米に生息するビーバー、カストル・カナデンシス（*Castor canadensis*）なのか。なぜホモ・ネアンデルターレンシス（*Homo neanderthalensis*）ではなく、私たちホモ・サピエンスなのか。それぞれの種はどんな答えを見つけたのか？

ウィリアムズも、同じ疑問について考えていたようだ。「ビーバーたちが今でも、何らかの形で存在しているのは驚きです」と、彼は言った。「ベアドッグには、現存する近縁種がいない。サイはアメリカから姿を消した。かつてアメリカにすんでいた動物の中で、ビーバーは大勝利者だといえる。

人類との共通性

げっ歯類と霊長類の進化の道は、八〇〇〇万年以上前に分岐しているが、分岐した系統にだまされてはいけない。ビーバーは生態的にも、そして技術的にも私たちに最も近い親族なのだ。ホモ・サピエンスとカストル・カナデンシスは、どちらも水辺に住み、精巧なインフラが好きで、緩勾配の川によって切り開かれた肥沃な谷床を好む、非常に創造的な、道具の使い手である。

そして、すべての生物は、自然が与えてくれるニッチ（生態的地位[11]）に生息するが、ビーバーも人間もそれだけでは満足しない。それどころか、私たちは積極的に、容赦なく環境を変え、食料と住居の供給を最大限に増やそうとする。私たちは生息地で育まれてきた単なる進化的産物ではない。生息地の生産者なのだ。もし人間が世界で最も影響力のある哺乳類であるとすれば、ビーバーは二位といっても過言ではない。

ビーバー類、カストリダエ（*Castoridae*）は、三五〇〇万年前から四〇〇〇万年前の間の、熱帯林が草原に取って代わられた始新世後期(12)に、げっ歯類の互いに繁殖可能な個体からなる集団から進化した。パラエオカストルは、初期のかなり奇妙なビーバーだったかもしれないが、最初のビーバーではない。その栄誉に浴するのは、アグノトカストル（*Agnotocastor*）と呼ばれるあまり知られていない祖先だ。マーモットの一種、ウッドチャックに似た生物で、ネズミのようなうろこ状の尾を持っていたようだ（彼らの化石は、その頭蓋骨の形から初期のビーバーであると識別できる）。数百万年の間に、約三〇種のビーバーが進化と絶滅を繰り返した。盲目の小さな根食いビーバーから、カストロイデス（*Castoroides*）と呼ばれるカバのようなビーバーまでいた。カストロイデスは、フロリダからアラスカまでを歩き回っていた小柄なクロクマほどの大きさのビーバーで、姿を消したのはわずか一万年前だ。ポコムトゥク族の伝説によると、マサチューセッツ州ディアフィールドの丘は、巨大ビーバーの死骸でできたという。私たち二つの種が地球を共有していた頃の文化的記憶なのかもしれない。

かつて花を咲かせたカストリダエの系統樹は、現在ではカストル（*Castor*）として残っている。北米ではお馴染みの、カストル・カナデンシス、大西洋を渡ると、ヨーロッパのビーバー、カストル・フィベル（*Castor fiber*）がいる。これら二種類の生き物と、ビーバー固有の行動と考えられる、水中にすみ、ダムをつくる行動は、神秘的な祖先の子孫である所以だと思われる。その奇抜な適応は、ビーバーの進化だけでなく、二つの大陸の地形的輪郭をも形成した。パラエオカストルの一族が、グレートプレーンズにトンネルを掘ったのに対し、現代のビーバーの直接の祖先は、水辺に向かった。

最初に木こりとなったビーバーは誰か？

　エルズミア島は、カナダ最北端のヌナブト準州にある、アメリカのサウスダコタ州ほどの大きさの、風の強い島である。ヤナギの木がたまに見られるくらいで、ツンドラにおおわれた島をオオカミやジャコウウシが徘徊する。ビーバーがすめる場所ではない。しかし、かつてエルズミア島は、現代のモンタナ州のような比較的穏やかな気候に恵まれ、森林があった。そのトウヒやマツの木はやがて、クズリやシカ、馬などの骨と一緒に、北極圏の池の底にある、人の背丈よりも厚い泥炭層に沈んでいった。その池にはビーバーも生息していた。世界で最も重要なビーバーの化石が見つかったのだ。

　エルズミア島の池のビーバーは、今では絶滅してしまったディポイデス（*Dipoides*）という属のビーバーだった。現在のビーバーと同様に、水中で生活し、木をかじっていた。科学者たちはエルズミア島のビーバー池からディポイデスのかじった木を抽出した。その中には、ダムの残骸に似た木の幹や丸石も混じっていた。ディポイデスはカストルの三分の二の大きさしかなく、かじる力も及ばないが、エルズミア島の貴重な収集物を発掘した古生物学者のナタリア・リプチンスキー(13)は、それにもかかわらずこの生き物は「熱心な木こり」であり、そのかじった木は途方もなく重要であると書いている。[*5] 樹木の伐採というような奇妙な行動が、一度ならず何度も進化することは考えにくいので、ディポイデスとカストルが共有する祖先、つまり約二四〇〇万年前に生きていた最も新しい祖先もまた木をかじり、ダムを建設するエンジニアだった可能性が高い。なぜそれが重要なのか？　カナダ人のフランシス・バックハウスは彼女の著書『*Once They Were Hats*（かつて彼らは帽子だった）』で説明している。「ビーバーのダムが存在していた期間が長ければ長いほど、水生無脊椎動物、植物、魚類、両生類、湿地に依存する鳥類や哺乳類など、多くの種の進化に与えた影響は大きい」[*6] からである。読者には間もなくわかっていただけるが、北米のさまざまな動植物がビーバーのつくる水辺の特性に依存している――そして、もしディポイデスが本当にダムをつくっていたのなら、その依存関係は二四〇〇万年前にさかのぼるかもしれない。

それでは、門歯を使って木を伐った最初のビーバーは誰だったのか？　そして何のために伐ったのか？　二〇〇七年、リプチンスキーは、木の伐採について二つの説を唱えた。中新世初期には、高緯度北極域は気候の寒冷化に見舞われていた。エルズミア島のビーバー池のような湖は凍り始めていた。初期のビーバーは、木を伐って食用の木をたくさん泥水の池の底に積み上げ「食料庫」をつくったのかもしれない。北部に生息するビーバーたちは、厳しい冬を乗り切るために、今でも備蓄する。あるいは、地中にトンネルを掘るよりも暖かい、居心地の良い巣をつくることができたのかもしれない。[*7]

そのような恵まれない生い立ちから、水中で生活し、木の建築物を建てる行動が盛んになった。ホリネズミのような穴掘り族が絶滅した一方で、水辺に向かった一族は、かつて二つの大陸を結んでいたベーリング地峡を通って、北米大陸とユーラシア大陸を行き来し、一〇〇〇万年ほど前に、現代のビーバーを含むカストル属を誕生させた。経験豊富な野生生物学者でさえ、北米とヨーロッパのビーバーを見分けるのに苦労している。DNA分析によると、彼らの軌跡は約七五〇万年前に分岐している。その頃、勇敢なカストルの入植者たちが、地峡を通ってアジアから北米に戻ってきたのである。その二〇〇万年後、海面上昇によりベーリング地峡が海に沈んで大陸が分断され、それぞれの系統は孤立し、独立した進化を遂げた*8（ここまで読んできた読者はお気づきかと思うが、ビーバーは北米で誕生し、ユーラシア大陸に渡り、ついには帰ってきた。「放蕩ビーバーの帰還」である）。現代の北米ビーバーであるカストル・カナデンシスは、一〇〇万年以上前に誕生し、その後にやってきたクローヴィス人(14)のように、急速に肥沃な大陸に分散した。アラスカ内陸部からメキシコ北部、ニューファンドランド島、そしてフロリダパンハンドル地域まで、水のあるところにはビーバーがいた。そして、ビーバーのいるところには水があった。

ビーバーダム見学へ

ニューメキシコ州北部にあるタオス・スキー・バレーへの道は、リオ・ホンド川に沿っている。黒みがかったポンデローサマツにおおわれた急峻な谷間を流れるまばゆいばかりの渓流だ。川岸近くでは、針葉樹に取って代わってポプラの仲間の広葉樹アスペンが生えていて、その葉は毎年秋になると、細い枝の上で黄金色に輝く。ホンド川ではビーバーが権勢を振るっている。道は、四〇〇メートルごとに、川にかかったビーバーダムの後ろに形成された澄んだ池の傍らを縫って、曲がりくねっている。タオセノス（タオスの住民）はほとんどの場合、家を建てるという誘惑を、この狭くて洪水の起こりやすい谷では賢明にも避けてきた。しかし、遠くまで車を走らせれば、驚くべき水紛争の場を見ることができる。そこではビーバーと人間が谷の底の支配権をめぐって戦い、そして、降伏したのは人間だった。

九月のある日、私は友人のリアと一緒に初めてこの廃墟を訪れた。リアは地元の人間で、私がビーバーに夢中であることは知っていた。タオスから一三キロメートルほど離れたところで、私たちは車を停めて、この場所を眺めた。「ビーバー池」というよりは、「ビーバー工業団地」と呼んだほうがしっくりくる。すんでいるビーバーたちが、リオ・ホンド川の真ん中に、木の枝を使って高さ一・八メートル、長さ一五メートルほどの障害物をつくり、流れを封鎖していた。そのため、川の流れはとんがり屋根の小さな赤い小屋の前庭に流れ込んでいた。その小屋は、浅い湖に半分沈んだ孤島のようになって打ち捨てられていた。水の黒いシミが小屋の壁の上方に向かって広がっていた。浄化槽は沼地に転がっていた。電柱が数本、ポツンと取り残され、支線が池に向かって無意味に伸びている。驚いたことに、ビーバーたちは、彼らのメインダムを巧みに延長し、小屋の玄関先まで届くようにしていた。そして玄関の支柱が、巨大なダムの一部となっていた。私たちは湿地の周辺を歩き回り、アスペンの削られた切り株を手でなでた。まだ残っている数本の木には、金網が巻かれていることに私は気づいた。

　この土地の所有者は怒っているだろうが、このダムと小屋の複合体は私の目には、すばらしい仕上がりのインフラに見えた。異種のそれぞれの設計要素が調和して機能していた。六つの付属のダムは、外科的な正確さで配置され、水は、曲がりくねりながらクモの巣のように張り巡らされた水路へと追いやられ、ヤナギの木のほうへ流れる。複雑な水路のネットワークによって、この水の都の小さなベネチア人たちは、危険な陸路を移動することなく木を伐採して運ぶことができる。ダムの下流では、まだらに白い泡を立てながら、川は容赦なく流れていたが、上流では、川は草と玉石の上に静かに広がり、二〇〇〇平方メートルの広さの港のようになっていた。注目すべきは、この複合体の巨大さより、その精巧さだった。ビーバーが環境と建築を融合させる巧みさは、建築家のフランク・ロイド・ライト(15)を思い出させた。どちらかといえばビーバー初心者のリアは驚嘆していた。「すごいね」と彼女が言い、私も同意せざるを得なかった。

ビーバーたちはどうやってこのような壮大な作品をつくり上げるのか、そしてなぜここまで手の込んだことをするのか？　その主な理由は、人類が初めて自分たちの家を建てようとした理由と同じだ。捕食者からの安全確保、風雨からの避難、食料の貯蔵である。ビーバーは、北米では最大の、世界では南米のカピバラに次いで二番目に大きいげっ歯類だ。しかし陸上では、不格好で弱々しく、そのナシ形の体は、クロクマ、ピューマ、コヨーテ、オオカミたちにとって格好の餌食となる。しかし、陸上での不器用さに反して、水の中ではバレリーナのように華麗に動く。一五分も息を止めていられるうえに、水かきのある後ろ足のおかげで水中での動きがパワーアップする。まぶたは透明なため、水面下を見ることができる。毛皮でおおわれた第二の唇は歯の後ろで閉じているので、溺れずに木を噛んだり引きずったりすることができる。ダムの建設により、ビーバーは水辺の縄張りを拡大し、ロッジ（小屋）と呼ばれる巣の入り口を水没させて、捕食者から身を守り、同時に食料の隠し場所とする。池はまた、ヤナギのような水を好む樹木に灌漑する役割を果たしており、ビーバーがこうした樹木を輪作できるようにもしている。ビーバーは複合体の一角で草木をかじりながら、別の場所で次に食べる作物を栽培しているのだ。

建設工程

　賢い建設作業員がするように、ビーバーはダムの基礎づくりから始める。泥で低い畝をつくり、石と棒を、川の流れに対して垂直に設置する。次に、長い木の棒を斜めに積み上げ、川床に固定する。続いて、小さな枝を上部構造に織り込んでいく（ビーバーは素材にこだわらない。二〇一六年に、ウィスコンシン州、フォレスト郡で、ビーバーダムに義足がはめ込まれているのをカヌーで通りかかった人が見つけた。その義足は、心配ご無用、正当な所有者のもとに戻った。その所有者は地域情報サイト「クレイグリスト」に、「義足を無事に返してくれた人には五〇ドルの報奨金を支払う」という広告を出していたのである）[*9]。最後に、泥や草、葉っぱで隙間を埋める。ダムの形や大きさは実にさまざまだ。人の歩幅ほどのこぢんまりしたものもあれば、カナダのアルバータ州の湿地帯を八〇〇メートルにもわたって曲がりくねって伸びるものもあり、後者は宇宙からも見えるほどだ。多産のコロニー、または世帯が一つあれば、一二個以上のダムを建設、維持し、狭い川を広い池の列に変えることができる。生物学者のディートトラント・ミュラー・シュヴァルツェ[(16)]は、水路と池の典型的な複合体は、「高速道路、水門、錠前、逃げ道、隠れ場所、菜園、食料貯蔵庫、冷蔵庫・冷凍庫、貯水タンク、バスタブ、スイミングプール、水洗トイレ[*10]」の役割を果たすと書いている。

ビーバーはダムに加えて、巣穴やロッジをつくる。「どちらもビーバーの安全と幸福に欠かせない」[*11]と、一九世紀のある観察者は書いている。危険性がなく、ニーズにも合っていれば、ビーバーは川や湖の水面のすぐ下の土手に直接穴を掘る方法を好む。ビーバーのように忙しい（*busy as a beaver*）ことは、勤労を尊ぶ私たち人間の社会ではほめ言葉にあたるが、ビーバーは決して偏執狂的な建設者ではない。一九八〇年代、ロシアの研究者たちは、調査したビーバーの約四分の一が、土手の巣穴の中で目立たず暮らすことに満足していることを発見した。[*12]巣穴に適した場所が見つからない場合、ビーバーは伝統的なロッジを水上に建設する。周りを完全に水に囲まれた浅瀬に、丸太や棒を山のように積み上げるのだが、時には人間の家の居間ほど広いロッジもある。入り口のトンネルは、家主が睡眠をとり、子育てをするための居心地の良い暗い部屋から外の水の世界につながっている。ビーバーは自分たちの要塞によく泥を塗る。それは凍るとコンクリートのように固いシーリング材となり、「アースシップ」(17)のような防寒設備となる。ミネソタ州の科学者たちは、外気温が摂氏マイナス一八度以下になっても、居心地の良いロッジ内部は、氷点下より数度上で推移していることを発見した。[*13]ビーバーは冬眠しない。冬は、水中の食料置き場から食料の棒や根っこを、家で待っている家族のもとへ運ぶ。かつて、わな猟師たちはロッジの換気口から立ち上る水蒸気を見て、ビーバーがすんでいるかどうかを見分けていた。中のビーバーたちは、液化して白く見える自分たちの息に裏切られていたのである。

建築資材を得るために、ビーバーは当然、木をかじって倒す。後ろ足で不安定に立ち、尻尾を自転車のキックスタンドのように立てて体を支え、前足を幹に当てて巨大な門歯で木を削る。木という獲物を捕らえると彼らはそれを解体する。大きな枝は噛み切り、引っ張っていきやすいようにし、大きすぎる幹は切り分ける。ビーバーは働き者だが、頭も良い。カナダのサスカチュワン州の研究によると、伐採された木の六二パーセントがダムのほうに向かって倒れていた。小柄な伐採者が資材を運ぶのを容易にしたようだ。[*14] それでも事故は起こる。一九五四年、バーモント州ミドルベリー大学の生物学者、ハロルド・ヒッチコックは、割けたトネリコの木に押しつぶされたビーバーについて報告している、「その頭部は、割けた幹の間に挟まれていた」。[*15] チェーンソーを使おうが歯を使おうが、木材伐採は世界でも最も危険な職業の一つである。

ロッジやダムを構成する木材をよく見てみると、たいていはポケットナイフで削ったように滑らかに皮が剝かれている。ビーバーは万事において確実に効率的で、一般的に樹皮の内側の部分を食べる。樹皮の内側の形成層として知られる組織は糖分を含み、軸付きコーンのように成長する。その後、その棒を自分たちの城に織り込むのだ。世界が青々としている夏には、ビーバーはウシのように満足げに草や葉を食べる。シダからツタウルシまで何でもムシャムシャ食べる。冬になると、食事内容を木に変えて茎や樹皮を食べて生きていく。好物はアスペン、ヒロハハコヤナギ、ヤナギだが、いざというときには何でも食べる。ミシシッピ州で、ある研究者がビーバーの胃を切り開いたところ、四二種の樹木、三六種の草、木本性つる植物、ふやけた敷草が詰め込まれていたという。[*16] 倹約家でもある彼らは、糞食を行う習性がある。自分のプリン状の排泄物を食べて、栄養を余すことなく摂取するのだ。翌日、糞が再度出てくるときには、おがくずのようになっている。ビーバーは摂取したセルロースの三分の一を消化する。このプロセスは、ウンチを食べることだけでなく、非常に長い腸と多様な腸管内菌叢によって助けられている。[*17] 二〇一六年、研究者たちはビーバーの糞には一四〇〇種を超えるバクテリアが生息していることを発見した。比較的貧弱な私たち人間の腸から検出されたものより数百種も多い。[*18]

工具としての歯、香り高い分泌物、櫂としての尾

絶え間なく噛み続けるには強靭な歯が必要だが、ビーバーの有名な歯はその役割を果たす。ビーバーは、上顎二本、下顎二本の門歯でものを削るが、これらの門歯は絶え間なくすり減るのを補うため死ぬまでずっと伸び続ける。これら比類のない切削工具には、自ら研磨し合う自生発刃作用《じせいはつじんさよう》がある。ビーバーの前歯の表側、外から見える面は、硬くて緻密なエナメル質でおおわれ、歯の裏側は柔らかい象牙質でできている。内側の面は外側の面より早く摩耗

するので、歯の先端は斜角のあるノミのような形になる。門歯はオレンジ色で、エナメル質の化学構造に組み込まれた鉄分が露出している。歯ブラシもフッ素もないのに、ビーバーは非常に虫歯になりにくいのだが、それは口の中の切削工具によって生死が分かれる動物にとって当然のことである。*19 もしも、歯の嚙み合わせがずれてしまい、上下の歯が互いを研磨し合うことができなくなると、無限に成長する歯は危険なものとなる。歴史的な記録では、門歯がどんどん伸びて、食べ物を食べることができずに餓死したとか、自分の脳に突き刺さったとかいった報告がたくさんある。

ビーバーの歯と、ほとんど同じくらい注目すべきは、その毛皮である。北米大陸の植民地化に拍車をかけたほど、柔らかくしなやかな素材だ。ビーバーには二種類のタイプの毛が生えている。五センチメートルほどの長さの粗い保護毛があって、その下に豪勢な下毛が生えている。彼らの毛皮は厚く、浮力があり、実質的に、防水性があり、甲冑として、救命具として、内部に水が侵入しない潜水服として役に立つ。ビーバーの毛皮は、切手の大きさあたりで十二万六〇〇〇本もの毛が生えている。これは平均的な人間の頭部全体に生えている毛より多い数だ。ビーバーの毛皮で帽子をつくる職人は、硬い保護毛を抜いて捨てるが、下毛は人間が身につけてきたものの中で最高級の素材の一つに数えられる。ベン・ジョンソン(18)はその詩『The Triumph（カリスの凱旋）』で、女性の美しさを次のように例えている。ハクチョウの羽根、ユリ、雪、そして「ビーバーの毛皮*20」。

もしジョンソンが自分の愛人にもっと高いほめ言葉を贈りたかったら、彼女の香りをげっ歯類の腺分泌物に例えたらよかったかもしれない。ビーバーは自分たちの縄張りの境界をはっきりさせるために、体内にある袋、香嚢からムスクかバニラのような甘い香りの分泌物を出す。ビーバーは、視力の低さを補う強力な鼻を持っており、カストリウム[19]と尿を混ぜ合わせて、川底をさらって積み上げた盛り土の上に噴射して、侵入者に警告を与える。あたかも刺激的な匂いの囲い柵を縄張りの周囲に設置するかのようだ。紀元前七七年に、ローマの博物学者、大プリニウスによって書かれた『博物誌』（雄山閣、縮刷版、二〇一二年）では、カストリウムは頭痛を治し、便秘を解消し、てんかんの発作を抑える奇跡の薬であると記されている。すばらしい価値を持つ「ビーバー・ストーン（香嚢）」は、その後、西ヨーロッパからペルシャ、アフリカへと貿易ルートをたどり、医者たちは、「胃痛、赤痢、寄生虫、尿閉、肝臓と脾臓の硬化、肋膜炎、痛風、ヒステリー、片頭痛、記憶喪失」[*21]などの症状に薬として処方した。解剖学的にはとんでもない寓話がある。『イソップ寓話集』（イソップ著、中務哲郎訳、岩波文庫、一九九九年）の「海狸《ビーバー》」という寓話の中で、イソップはカストリウムを狩るハンターに追われたビーバーが自分の生殖腺をかじり取り、それをハンターに差し出すと主張した。「猟師が魔法の薬を手にするや否や、追いかけるのをやめて、犬を呼び戻す」とギリシャ人であるイソップは主張した。カストリウムは睾丸ではなく香嚢から取れるし、ビーバーの睾丸は体内に内蔵されているので、かじり取ることはできない[*22]、ということは気にしなくてもいいとして、カストリウムの有益な特性が誇張されていたことは間違いないが、ブームになった理由は疑似科学によるものだけではなかった。カストリウムに含まれる数十種類の植物由来の化合物の中には、ビーバーがヤナギから抽出したサリチル酸が含まれている。これは現代のアスピリンの有効成分でもある。

　イソップの睾丸の寓話は、ビーバーにまつわる最も奇妙な伝説だったかもしれないが、奇妙な物語はこれだけではなかった。「(ビーバーのロッジに関する)絵が複数登場した……いずれも二階建ての家々で、窓やドアが**四角**く切り取られている」、と自然主義者のアーサー・ラドクリフ・ダグモア[20]は、一九一四年に出版した『*The Romance of the Beaver*（ビーバーのロマンス)』の中で憤慨したように書いている。「これらの『事実』の不条理さを理解するのに、それほどの知性は必要ないだろう」[*23][21]。ビーバーの幅広で、表面がでこぼこした、パドルのような尻尾もまた、別の困惑の物語の原因となった。毛皮のわな猟師たちによれば、「ビーバーは尻尾を、棒を打ち込むための杭打機として使っている」というのである。一七一五年につくられた版画には、尻尾を、岩を運ぶための入れ物として使っているビーバーの流れ作業が描かれていた。

　現実は伝説より奇なり。ビーバーの平らでうろこ状の皮膚におおわれた尻尾は、半水生生活に見事に適応したすばらしいマルチツールである。キックスタンドとしてだけでなく、泳ぐときの舵や警報装置としても機能する。晴れた日に、ビーバー池でカヤックを漕いだことがある人なら、尻尾で水を打つ射撃のような音で、静寂を打ち砕かれたことがあるかもしれない。これは、外敵を驚かせ、近くにいる家族を安全な場所に逃がす明快な合図だ。また、尻尾には奇網、「驚異的な網」と呼ばれる網目状の血管が張り巡らされており、血管の壁を介して熱交換を行い、ビーバーの体温を調節する。最後に、この革製の付属物には、厳しい冬に耐えるため、かなりの脂肪が蓄えられている。串焼きにされた尻尾のクリーミーな脂肪はわな猟師たちの珍味だったと、デイビッド・コイナーは書いている。「火であぶると、表面に大きな水ぶくれができるが、これは簡単に取り除ける。そうすると尻尾は真っ白になって、とてもおいしい*24」。

ビーバーは家族思い

ビーバーは家族を大切にする生き物で、多くの人間と同様に、一般的に一夫一婦制をとっている。典型的なコロニーは、つがいの成獣、五月か六月に生まれたばかりの子、前年の春に生まれた一歳の子を含む四〜一〇匹で構成されている。二歳になると、新たに末っ子となる弟妹が生まれた直後に、自分の縄張りを求めて出ていく傾向がある。人間でいえば大学に進むために実家を出る若者のようだ。しかし、カナダ、ケベック州のフランソワーズ・パテ

ビーバー池、湿地、牧草地はビーバーだけでなく、ヘラジカ、カワウソ、ナキハクチョウ、ギンザケ、そしてノースカロライナ州では絶滅危惧種となっているセント・フランシス・サティロス・バタフライなど、さまざまな動植物の避難所となっている。
イラスト：サラ・ギルマン

ノードによると、二歳になっても巣に留まり、子ビーバーの弟妹の毛づくろいや、餌やり、子守りをしている事例が観察された。[*25] ビーバーにとって、二年間の実家暮らしは実務研修のようなものだ。この期間に木の伐採、ダムの建設、捕食者の回避などを学び、身につける。自然主義者のホープ・ライデン[22]は、彼女の著書『*Lily Pond*（リリー・ポンド）』で子ビーバーを観察している。一歳の子が、年長のビーバーから、餌を取るための細かいコツから、食べやすいようにスイレンの葉をブリトー風に巻くことまで、[26]さまざまな行動を学んでいる様子を書いた。

自然はビーバーたちに、子どもの養育を重要視するのと同じくらい、最も重要な行動構成要素を彼らの行動に組み込んでいる。一九六〇年代、スウェーデンの動物行動学者であるラース・ウィルソンは、ダム建設の経験がない飼育下のビーバーを対象に、一連の巧妙な実験を行った。ウィルソンは次のような発見をした。流水に放たれた世間知らずのビーバーたちは、初めての試みで模範的なダムを建設した。その後、ウィルソンは、水のない部屋で、流れる水の音をスピーカーから流すと、混乱したビーバーたちはコンクリートの床にダムをつくったのだった。[27]

飼育下のビーバーは、ダムづくりの本能が笑いを誘うような結果を生むこともあるが、野生のビーバーでは、その勤勉さと集中力が彼らの強みとなる。自然主義者アーサー・ラドクリフ・ダグモアは次のように書いている。ビーバーは「ダムの点検のために歩き回り、劣化の兆しが見られる部分を補修し強化しないで……一晩たりとも過ごすことはめったにない」[28]。毎年、大量の雪解け水によって洪水の起こる「急流河川」では、ダムは一時的なものとなる。毎年、春になると洗い流されるため、夏になって水が引いたときに再構築が必要となるのだ。しかし、条件が許せば、ビーバーがつくった複合体は驚くべき耐久性を発揮し、後続の世代によって何十年、あるいは何百年にわたって維持されることもある。

ビーバー研究の黎明期

ビーバーが建設する複合体の驚異的な耐用年数についての知識は、ルイス・ヘンリー・モーガン(23)の功績によるものが大きい。人類学者であると同時に鉄道事業者でもあったモーガンは、その研究が人種差別につながるような怪しい学者だった。モーガンは、人類の文化を「野蛮」「未開」「文明」に分類したことで悪名高い。彼は鉄鉱石を採掘するためにミシガン州のアッパー半島へ旅した。ここで、ビーバーに遭遇し、ビーバーのつくったダムや水路はたちまち彼の人類学的興味を捉えた。「人間以外の哺乳類で……このような一連の作品を私たちの調査に提供してくれるものはいない」と、一八六八年に出版した著書『*The American Beaver and His Works*（アメリカのビーバーとその作品）』で、感激を表している。「また、動物心理学の研究と実例としてこのようにすばらしい材料を提供してくれるものもない*29」

モーガンがその著書で紹介した地域はミシガン州にある。そこはビーバーの楽園で、小川が網の目のように張り巡らされ、カバノキ、カエデ、ヤナギなどの森林におおわれた「手つかずの自然」があった。モーガンの数えたところによると、ビーバーはこの地に六三基のダムを建設していた。その中には幅七九メートル、高さ二メートルにも及ぶ巨大なダムもあった。「現在の大きさになるまで、毎年毎年、増築され修理されてきたに違いない。そして、このダムが何世紀にもわたって存在し続けてきた可能性は、大いにある」と彼は書いている。モーガンは、これらの建造物の「驚くほど芸術的な外観」「戦略的な配置、そして職人の技」を絶賛した。「ダムはバラバラに組み合わされているように見えたが、いくつかを持ち上げてみたところ、片方の端がしっかりと固定されていたり、非常に複雑に絡み合っていたりして、取り外すのは難しそうだった」と感嘆している。あるダムの土塁（盛り土などによる堤防状の壁）は、非常に強固で幅も広かったので、「その上を馬と馬車が走って、安全に川を渡れたかもしれない」*30と書いている。

モーガンのダム観察は、正確であると同時に熱狂的だった。二人の鉄道技師の助けを借りて、この地域の河川、鉄道、ビーバーがつくった湖の地図を作成した。ヘレン湖、グラス湖、スタッフォード湖など数多くの湖がある。モーガンの地図は、繊細な芸術作品であり、トールキン(24)の小説の冒頭で見られるような空想的な概略図に似ていた。また、この地図は、これまでに描かれたビーバーのつくった風景の中で最も緻密に表現されているものの一つだといえる。この地域は、歴史的には先住民オジブワ族の領土に含まれており、ある酋長はビーバーを「インディアンの豚肉」*31と表現していた。鉱山鉄道は、この湿潤な地域に白人が侵入した最初の例となった。この地図は三九六ページからなる『アメリカのビーバーとその作品』

に折り込まれる形で挟まれている。いわば、失われた世界への鍵であり、科学のための貴重なツールである。

モーガンの没後、一世紀以上経ってから、サウスダコタ州立大学の生態学者であるキャロル・ジョンストンは、博士号取得後の研究中に彼の地図の存在を知った。[32] モーガンが記録したビーバーがつくった地形はその後どうなっているのだろう、と彼女は思った。二〇一四年に撮られた同じ地域の航空写真の数々を調べてみると、一八六八年の『アメリカのビーバーとその作品』に登場するダムや池の四分の三が残っていることがわかった。だが、その多くは放棄され、ビーバーが積極的に手入れすることなく、土に埋まり草原や低木の茂みになっていた。他の池は過去一五〇年の間に、実のところ、大きくなっていた。これはビーバーがより多くの水を取り込むためにダムを高くしたことを示している。モーガンの地図とジョンストンの最新情報は、ビーバーの生態系の中心にあるパラドックスのようなものを示している。つまり、地形が年々変化しても、コロニーの足跡は数十年あるいはそれ以上の長きにわたって残る。ビーバーのつくった風景は、混乱の大釜であり、安定の砦でもある。動的であるのと同等に耐久性がある。「この恒常性はビーバーの復活力《レジリエンス》の証明である」とジョンストンは書いている。「そして、ビーバーの活動が何世紀にもわたって北米の景観を変えてきたことを思い出させてくれる」[33]

「スパゲッティ」としての川

その変化の大きさを把握するのに最も適した場所の一つが、モンタナ州のセンテニアル・バレーだ。ここは、雪におおわれた四つの連山に囲まれ、常に風が吹きすさぶ、広い草原地帯だ。センテニアル・バレーには、多くの小川が流れ、浅い湖が点在する。グリズリー・ベア（ハイイログマ）が木の茂った場所をゆっくりと歩き、ナキハクチョウが湿地帯で水しぶきを上げている。ここは、（アラスカとハワイを除く）米国四八州の中で、最もモンゴルに似ている土地だ。人の手による建造物がないので、どの方向からでも地平線を見渡すことができ、米国魚類野生生物局が、バードウォッチャーに、満タンのガソリンとスペアタイヤを持参するよう警告している、車のエンジン音よりカナダヅルの不気味な鳴き声が聞こえる確率のほうが高い地なのだ。冬の間、この谷の人口は両手で数えられるほどになる。センテニアルに年中住んでいる数少ない勇敢な人物の一人がレベッカ・レヴィンだ。そばかすのある元気のいい、モンタナ・ウェスタン大学の教授だ。レヴィンは、谷の野生生物保護区で働く生物学者の夫、カイル・カッティング、双子の子どもたちと共に、二〇一〇年から年間を通して、ここを住まいとしている。ここは、子育てをするには波乱万丈の土地柄である。二〇一七年の冬のある日、私が訪れる数カ月前のことだ。カッティング一家が外で遊んでいると、一頭の怒ったヘラジカが襲ってきた。ヘラジカは鼻孔を広げ、ひづめを打ちつけながら、家と平行してそびえていた雪の吹きだまりの近くにいた一家に向かって走ってきた。このままでは踏み殺されると思ったレヴィンは、一番近くにいた子どもをつかまえて上からおおいかぶさった。一方、カイルは本能的に、家の側面に立てかけてあった鉄製のバールを手に取り、大学時代の野球の経験を生かして、前進してきたヘラジカを殴りつけた。ヘラジカは雪の粉を舞い上げて卒倒した。数分後、家族が家の中から見守る中、ヘラジカは目を覚まし、よろめきながら立ち上がり、ふらつきながら立ち去った。もうレヴィンとカイルを悩ませることはないだろう。

そのような心臓が止まりそうな出会いにもかかわらず、レヴィンがその時間の大半を費やして考えている哺乳類はヘラジカではない。レヴィンは河川地形学者で、河川の形成について研究している。河川がどのようにつくられ、どのように機能し、時間と共にどのように変化しているのかを研究しているのだ。そのため、必然的にある水生生物と接触することになる。彼女は私にこう説明した。「よく働く、小さな面白いげっ歯類」。そして、湿地帯ばかりで、ほとんど人間のいないセンテニアルでは、小さな面白いげっ歯類には事欠かない。

春の終わりの冷え込んだ日に、レヴィンと私は、谷で待ち合わせた。猛烈な風が草原を吹き抜け、コバルトブルーの体をしたステラーカケスが小型のヤナギの木に逃げ込んだ。私は、「Greater Yellowstone Hydrology Committee（広域イエローストーン水文学委員会）」に参加していた。約二〇名の科学者が、センテニアルに集まり三日間、議論をする。ビーバーの人気が高まっている証しとして、その年の会議ではビーバーが話題の中心となった。この会議に、現地住み込みの専門家、レヴィンが登場した。

顎紐をしめたサファリハットの下から縮れた髪の毛を飛び出させたレヴィンは、私たち一行をオデル・クリークという小川に沿って案内してくれた。この川はクレーターのある未舗装道路の下を曲がりくねりながら、ローワー・レッド・ロック湖に流れ込んでいる。レヴィンはふくらはぎまでの高さのゴム長靴を履いていた。「ビーバーの影響を受けた氾濫原を歩いたことがない人は」と、彼女は注意を促した。「道路から一歩飛び出しただけなのに、荒野を探検しているような気分になりますよ」。彼女はハイキング中、地質学的なトリビアを話し続けてくれたので、訪れた水文学者たちは、浸食された川岸に立ち並ぶ胸の高さほどのヤナギの木のかたまりに行く手をさえぎられながらも、彼女の声の届く範囲にいようと必死になっていた。レヴィンは有能な教師だった。私のような劣等生にも地形を理解させるコツを知っていた。草原の浅い窪地を歩いていたとき、曲がりくねった溝のかすかな輪郭が、密生した草に刻まれていた。過去の川の亡霊だ。「現代の川はほとんどが一本の流れですが、扇状地には古河川がいっぱいあります」。風の中、彼女は大声で言った。「捨てられたウシのくびきがあります。昔は湿地帯で生物の生息地だったのが、今は乾燥地になっているのがわかります。今はまったく水路がないけれど、再び多くの川で満たされるかもしれません」。

専門用語がいくつかは混じっていたが、重要なのは、オデル・クリークのように、ビーバーのいる川は取り散らかっているということ。しかし、それはとてもいいことなのだ。

川というと、グラフ用紙に描かれた正弦曲線のように、谷間を蛇行する青い線を想像しがちだ。そのイメージを強めてしまったのは私のせいかもしれない。この本の中で私は川を「糸」とか「紐」と呼んでいるからだ。しかし、歴史的により正確な例えは、スパゲッティかもしれない。麺はよじれ、絡み合い、時には皿からこぼれることもある。地形学者はこのような乱雑な川をアナブランチング（anabranching）と呼ぶが、私たち一般人は「カオス」と呼ぶ。用語はどうあれ、かつてアメリカの川の多くがどれほど自由に走り回っていたか、その風景を想像するのは難しい。『*The Control of Nature*（自然をコントロールする）』の中で著者のジョン・マクフィーは、ミシシッピ川とアメリカ陸軍工兵隊の過酷な戦いについて興味をそそる記述をしている。ビッグ・マディー(25)はかつて、「三二〇キロの弧内で、片手で演奏するピアニストのように、あちこちに飛び出し、左岸や右岸に押し寄せては、頻繁に大きく進路を変え、まったく新しい方向に進んでいった*34」。

活動的な川がピアニストの手を持っているとすれば、ビーバーはオデル・クリークを格別な技巧を持つ達人のピアニストに変えてしまった。現在、目に見える流れは一つだが、氾濫原には歴史的な水路が迷路のように張り巡らされており、まるで車線変更を繰り返すせっかちなドライバーのように、オデル・クリークはその間を行き来していたのだと、レヴィンは話してくれた。ビーバーは、この活動に大きく関わっている。流れを緩やかにし、土砂を取り込み、川面を高くすることで、ビーバーのダムはオデル・クリークの水を繰り返し周辺の氾濫原に流し、草原に栄養となる土砂を供給し、川の流れを曲がりくねらせ、側方流路[26]をつくり、迷路のような湿地帯に変えた。一本の糸をスパゲッティの入った皿に変えたのだ。放置されたビーバーダムの、草だらけの哀れな痕跡でさえ、川の流れの方向を屈折させ、穴を洗い流し、流れの方向を変えた。コロラド州のある研究では、放置されたビーバーダムの後ろには、島が形成されることが多く、それが水路を分断して一本の流れを、編み込んだ髪のような流れにするという。[*35]

「ビーバーダムが行う最もすばらしいことの一つは、壊れることです」。そう言いながら、レヴィンは、木材が流れの中でわずかに揺れている半壊したダムを見てうなずいた。「これらの構造物は実際のところ、土砂の輸送や水路の動きに影響を与え、システムに活力をもたらしているのです」

　レヴィンが案内役を務めるビーバーの国は、自然にできた符号や模様であふれ、作家のアニー・ディラード[27]が、「包装されてない贈り物や無料の感動」と呼んだように、ここに浸食された土手、あそこに古いダムの亡霊と、驚きと感動があふれていた。この驚きと感動は、もちろん、地形学者になるために役に立つだろう。しかしもっと大切なのは、川の物語を知る手がかりに注意を払うことである。レヴィンは点状砂州で立ち止まった。点状砂州とは、川の湾曲部の内側にできた砂浜のことで、ここにカヌーを上陸させてピクニックをすることができる。彼女は、砂州に散らばっている樹皮の剝がれたヤナギの棒きれに注意を向けた。

「この川の砂州にあるヤナギの棒きれは、基本的にどこから来たと思いますか？ ビーバーのダムからです」と、レヴィンは言った。「整理整頓をしないで建設を行うので、彼らが作業をしているときは常に川下に棒きれが流れてきます。伐られた幹からヤナギの芽が出てきて、生息地はさらに複雑になります」。ビーバーが運んだヤナギが砂州に根づくと、川は外側のカーブに向かって押し出され、土手を砕き、さらに多くの土砂を運び出し、下流のダムの後ろに沈殿させる。この物語の詳細は、それぞれの川によって変わる。しかし包括的な事実は次の通りだ。ビーバーは重大な変化をもたらす仲介者であり、川の形を改造し、その機能を決定する役割を担っている。

今でこそ当たり前のようになっているが、ビーバーが川の流域全体を形成しているという考えは必ずしも通説ではなかった。河川地形学の先駆者の中には、カリフォルニア大学バークレー校の研究者で、伝説の生態学者アルド・レオポルドの子息であるルナ・レオポルド(28)がいた。ルナ・レオポルドは先見の明のある人物で、彼の緻密な計測は川の仕組みを理解するうえで大いに役に立ったが、彼には盲点があった。彼の代表的な論文『River Flood Plains:

Some Observations on Their Formation（川の氾濫原――その形成についての若干の考察）』では、ビーバーについて何ら触れられていない。[*36] ルナ・レオポルドと共著者のM・ゴードン・ウォルマン[(29)]は次のように書いている。多くの川に隣接する広くて草の生えた氾濫原は、「降雨や雪解け水によって生じる土手の高さを超える洪水によって、水路の外を流れた水あるいは貯まった水で堆積した物質」によるものであるとしている。川をそれほどまでに高水位にさせた、私たちの膝までの高さしかないげっ歯類の活動は、彼らの目には留まらなかったのだ。「谷の堆積物がどのようにしてできるかという伝統的な説は、蛇行流が何度も往復して土砂を堆積させるというものですよ」アメリカ海洋大気庁の魚類生物学者で、ビーバーを称賛するクリス・ジョーダンが話してくれた。「しかしビーバーがいれば、歴史的な景観のプロセスはまったく違ったものになっていたでしょう」

ルナ・レオポルドの見落としを恨むことはできない。彼が参考にした川の流れのデータや現地観測は一九〇〇年以降のものであり、ビーバーがアメリカのほぼすべての土地や水域から姿を消してずいぶん経っていた。その後、ビーバーが毛皮交易による乱獲の痛手から回復するにつれて、私たちはビーバーの影響を考慮しながら概念モデルを更新する必要性が出てきたのである。例えば、一九八〇年には、水生生態学の分野では、「河川連続体」という概念が主流となった。これは、水路はその流れのコースに沿って、上流の急峻な森林地帯から広い谷床までシームレスかつ予測可能な形で変化するという考え方だ。しかし、その三〇年後、デニス・バーチステッド[30]という名の女性エンジニアが別のモデルを提案した。「河川の不連続体」というこの考え方は、アメリカが植民地化される前の川は全長にわたって氷河によって削られた穴や、倒木、そして何よりもビーバーダムによってかく乱されていたというものだ。バーチステッドは次のように書いている。過去の川は、自由に流れる急流というよりは、池、草原、網目状の水路などを継ぎはぎしたネットワークだった。上流と下流は不規則につながっているのみだったが、土手と氾濫原からは切り離せなかった[*37]。自然の水系の多くは、陸域と水域の境界をあいまいにしていたようだ。氾濫原は推移帯（エコトーン[31]）というよりも、境界がはっきりしない景観的特徴を持っている。湿り気が乾いたものに浸透し、あらゆるものを驚くほど湿らせてしまう、あいまいな過渡的世界である。

北米でビーバーの数が完全に元に戻ることはないかもしれないが、かつて広がっていた水浸しの世界を思い浮かべることはできる。二〇〇五年、テキサス州立大学の地理学者であるデイビッド・バトラーとアイオワ大学の地理学者であるジョージ・マラソンは、ヨーロッパ人が入ってくる前の北米には、一五〇〇万から二億五〇〇〇万面のビーバー池があったと計算した[*38]。北米大陸の多様な地形を考えると、「典型的な」ビーバー池というものは存在しない。モンタナ州のグレイシャー国立公園の研究者たちが調査した池の面積は、平均して約四〇〇平方メートルという貧弱なものだった。一方、ノースカロライナ州東部の研究者たちによると、平均的な池の面積は約一万八〇〇〇平方メートルだった。議論をしやすくするために、中間をとって、大陸には平均四〇〇〇平方メートルの池が一億五〇〇〇万面あったと仮定してみよう。もしそれが本当なら、ビーバーはかつてネバダ州とアリゾナ州を合わせた面積よりも広い六〇万六〇〇〇平方キロメートルの北米大陸を水没させていたことになる。

ビーバーのおかげで、私たちの国は、池や沼、湿地帯や定期的に冠水する低地、山の湿った牧草地や入り組んだ低地のある水分の豊富な土地だった。しかし、ビーバーをこの水の世界に適応させたその魅力的な毛皮が、やがて彼らの命取りとなり、そして、ビーバーがつくり上げた生態系の破滅へとつながっていく。

第二章
ビーバーの壊滅 ―― 人類との関係

もし、あなたが一八三〇年代に、地図に載っていないアメリカの西部を歩き回っていたマウンテンマン（毛皮のわな猟師）だったら、「ロッキー・マウンテン・ランデブー」は、あなたの予定の中で、最もワクワクする、そしておそらく年に一度のイベントだっただろう。ランデブーは、市場であり、仲間との再会であり、ロデオ大会でもある。毎年夏になると、髭ぼうぼうのわな猟師たちが雪解け水のように山から下りてきて、ワイオミング州、アイダホ州、ユタ州の谷間にある野営地で、一年かけて捕獲してきた「毛深い紙幣」を火薬やタバコ、その他の必需品と交換した。この交換会は、たいてい乱痴気騒ぎの場となり、参加者の多くはギャンブルに興じ、大酒を飲み、数日で一年間の稼ぎを使い果たしてしまう。ある年に参加した鳥類学者のジョン・カーク・タウンゼント[1]は、次のように不平を記している。「酔っぱらった商人たちのしゃっくりしながら話す隠語、下品な言葉を叫ぶ野放しのフランス人、我々の仲間のなじり言葉や叫び……彼らの間で自由に行き交っている忌まわしい酒のせいで皆、頭に血がのぼっている」[*1]。銃と酒が組み合わさると一触即発となる。「不満を抱えた我々も」と言っているタウンゼントたちも酔っぱらっているのだろう、「野営地を突っ切る弾丸を避けるため地面に伏せなければならなかった」[*2]。

ロッキー・マウンテン・ランデブーは、現在も開催されているが、その内容はずいぶんとおとなしくなった。ワイオミング州パインデールで開催されたグリーン・リバーの集まりに参加したとき、私は一発も銃弾をかわす必要がなかった。パインデールは、現代のランデブーに参加するのに最適な場所だ。ランデブーといっても本質的には、中世風のチュニックより西部開拓時代風のバックスキンの衣装が好きな人々のためのルネッサンス・フェア、つまり歴史コスプレ祭りである。険しいウィンドリバー山脈に接するこの町は、毛皮交易の郷愁をお祭りに変えた。パインデールの主な呼び物は「マウンテンマン博物館」で、毎年開催されるランデブーでは、二〇〇〇人の人口が倍に増える。この町のスローガンは、未開の地が多いため地図があいまいで、山が荒々しく、人間の命が安かった時代を懐かしんでいる。

「パインデールへようこそ、あなたが必要とするすべての文明がここにあります」

あるさわやかな朝、私はビーバーについての会話を求めてグリーン・リバー・ランデブーの会場の草地を歩いた。現代のランデブーの客層は、イエローストーン国立公園にキャンピングカーで訪れる中西部の人々が多いようだ。しかし中には、自ら調達した毛皮を売る本物のわな猟師もいる。キャンバス地のテントが芝生を取り囲むように並び、暗いテント内には

バッドランズに散在するデーモネリクスは、発見当初科学者たちを困惑させたが、調査の結果、パラエオカストル（Palaeocastor）（プレーリードッグに似た古代のビーバー）の巣穴であることが判明した。写真提供：ネブラスカ大学

ビーバーのロッジ（巣）はどこからも入り込めないように見えるが、入り口は水面下にあり、捕食者に襲われることなく安全に出入りできるようになっている。

ニューメキシコ州タオスの近くにあるビーバーがつくった長さ30フィート（約9メートル）のダムは、真っすぐで単調な川を池や側方流路のあるビーバーの国へとつくり変えた。

メソウ・ビーバー・プロジェクトの「愛の小屋」で、つがいの相手が見つかるのを待つハーフテイル・デイルと名づけられたビーバー。

「ビーバー・ディシーバー」のメンテナンスをするスキップ・ライル。この装置を設置すればビーバーの起こす洪水から道路を守ることができるのでビーバーを殺さなくても済むようになる。

メソウ・ビーバー・プロジェクトのトーレ・ストッカードが、りんごの木をかじり倒して苦情の出ているビーバーを捕えて再配置するため、ヤナギの餌を置いて、生きたまま捕獲できるハンコックタイプのわなを仕掛ける。

ワシントン州のメソウ・バレーにビーバーを放つ準備をするキャサリン・ミーンズ、トーレ・ストッカード、ジョン・ローラー。

ビーバーダムにより広がった池。ポールとルイーズのラムジー夫妻は、2002年、スコットランドの彼らの私有地であるバンフに初めてビーバーを放った。

ワイオミング州にあるグロー・ベンター川の支流に子ビーバーを移転させる「Northern Rockies Trumpeter Swan Stewards（北ロッキー山脈ナキハクチョウ管理者の会）」のドリュー・リード。

かじり倒された木に残る歯形。4世紀ぶりにビーバーが導入されたスコットランドで。

ユタ州のミル・クリークで、何者かに破壊されたビーバーダムを調査するメアリー・オブライエン。

人間とビーバーの共同作業によってつくられたカリフォルニア州、スコット・バレーのビーバーダム・アナログ（模造ビーバーダム）はギンザケに生息する場所を与えている。

オレゴン州のブリッジ・クリークで捕獲されたニジマスの幼魚。ビーバーから恩恵を受けている生物種は多いがニジマスはそのうちの一つである。

人間が鉄道などのインフラを河谷の低地に構築すると、ビーバーとの紛争が起きることが多い。

ネバダ州のルビー山脈。「動物の中でいえば、ビーバーの生活が最高である。彼らは詩的な場所にいる」イーノス・ミルズ、『In Beaver World（ビーバーの世界で）1913年』

上から1992年、2013年、2017年に撮影されたネバダ州エルコ郡にあるスージー・クリークの写真。ひどく荒廃した川が、家畜の管理放牧とビーバーの復活によって、生態学的にも水文学的にも健全性を回復したことが見て取れる。写真提供：キャロル・エバンズ

毛皮がぶら下がっている。私は品揃えが豊富なテントの一つにもぐり込み、壁際を歩いて、命のない鼻に通されたリングでつるされた商品を触ってみた。ハイイロギツネ、アカギツネ、コヨーテ、ボブキャット、シマスカンク、足のあるカワウソ、足のないカワウソ、アライグマ、大きさの違う三匹のオコジョ。ビーバーの毛皮は、バルサ材のような薄いベージュ色からココアのような濃い色合いのものまで、サイドテーブルの上にパンケーキのように積まれていた。

薄茶色の髪にサンタクロースのような長い髭をたくわえた妖精のような店主が私に挨拶をしようと駆けてきた。彼の名前は、ドン・クーパーだったが、ミッシング・リンクという名でも通るという。「ヘアボール、ファーボール、クラック、スパイダー・バイト、ミッシング・ブリチズと呼ばれることもあるよ」と、店主は母音を引き伸ばして言った。残念ながら、私は彼のように変化に富んだニックネームの数々を披露することはできなかったが、店主はビーバーについての私の質問に答えると約束してくれた。

ミッシング・リンクのテントは、ビーズの財布、革ひもについた矢じり、革製のホルスターに入った木製のピストルなど、ゴテゴテ飾り立てた安物の小物であふれていた。しかし、彼のビーバーに関する知識は本物で、疑う余地のないものだった。クーパーは人生の大半を旅に費やし、モンタナ州からワイオミング州、オクラホマ州を周回するランデブーで毛皮の売買を行っている。しかし自宅のあるテキサスに戻れば、迷惑なビーバーを見つけて捕獲する仕事をしていた。特に二月と三月は、冬の終わりに降った雨で池の水位が上がるため、土地の所有者たちは注意しなければならない。ところが、夏になると土地の者は、池を満杯にしておいてくれるビーバーに感謝するのだと、クーパーは言う。彼の顧客はそのことをわかっているのだろうか。彼は独自の調合でつくった匂いでビーバーをおびき寄せる。カストリウム、グリセリン、シナモン、そして彼独自の成分をブレンドするそうだ。その土地に住みついたビーバーが、生来の縄張り意識に駆られて、自分の縄張りに侵入したよそ者の匂いを嗅ぎつけて泳いできたとき、クーパーの鉄製のわなに体を挟まれるか、輪わなに搦《から》め捕られるかして命を落とすことになる。クーパーの仲間のわな猟師たちは、カストリウムを原料とする匂いでおびき寄せる猟の有効性を少なくとも三〇〇年前から知っていた。オズボーン・ラッセルはカストリウムについて次のように書いている、「猟師たちによってビーバーが全滅したのはこの沈殿物のせいである[*3]」。

現代の猟師

現代のわな猟師の多くがそうなのだが、クーパーもビーバーの毛皮を売るよりも、裏庭から悪魔のような害獣ビーバーを追い払う仕事ではるかに多くの収入を得ていた。あなたの牧場で、八日間かけて厄介なビーバーを捕獲すると約六〇〇ドルかかるよと彼は話した。彼は利益のためだけでなく、楽しみのためにもわなを仕掛けているようだった。「友人が所有する池に、ビーバーがいるのだが、そいつの片足はつま先が欠けている。なぜ私がそれを知っているかというと、一度足をつかんで捕まえたのだが、つま先だけ残して逃げられたからだ」。クーパーは、客がテントを出入りしている間に、そう話した。「三年後に、またその池にビーバーの捕獲に行って、捕まえたのがあのつま先の欠けたビーバーだった。私はその毛皮をなめして、池の所有者に進呈した。彼は私が結婚したときの付添人だった。心から喜んでくれたよ。私もいい気分になった」

クーパーと私は毛皮の山に歩み寄った。クーパーはネックレスの売り場を見ているカップルに優しくうなずき、声をかけた。「皆さん、よくいらっしゃいました」。そして、かがんで、哺乳動物の山をめくって目を通した。そのうちのいくつかは、クーパーが自ら捕獲し、なめして仕上げたものだ。その他は仲間から購入したものだった。鉄製のわなでビーバーを捕まえると、皮を剝ぎ、付着した肉を取り除き、針金の輪っかの上でトランポリンの表面のようにピンと張って乾かす。彼のわなにかかったビーバーがすべてこのようなつらい目にあったわけではない。森の中に置き去りにされて、コヨーテの餌になったものもある。「食べ物が悪かったり、病気にかかっていたりすると、毛並みが貧弱になる。皮を剝ぐ手間をかける価値がない」と彼は言った。私は毛皮の山を手でなでていた。分厚い皮は、このげっ歯類が生きていて、アーカンソー州やミシガン州、ユタ州でヤナギの木をかじっていたとき、寒さや湿気からその体を守っていたものだが、私の指に触れるその毛はふっくらとして暖かくこの上なく贅沢な感触だった。私はちょっとした物欲に駆られた。「仕事の質によって三〇分で四ドルかまたは八ドル稼げるとしたら、八ドル稼がないと意味がない」とクーパーが言った。

クーパーは毛皮を裏返して、なめされた面を見せた。細いメタルフレームの眼鏡で、手相を見るように毛皮の主の経歴を読み解いた。「その白い傷は、他のビーバーと争ったときにできたものだ」「そして、これもユタ州のビーバーだ。毛足の長さが見て取れるね、ユタ州のビーバーは実に柔らかい保護毛を持っている」。クーパーは両手で毛皮を裏返した。誰が毛皮をなめして仕上げたかは、ビーバーの皮が輪っかに張られたときの皮の縁にある小さな穴の質でわかると彼は言う。「この穴は開けられた間隔がちょっと広すぎるな」と、彼は顔をしかめて言った。

現代のランデブーの皮肉は、実際に存在したマウンテンマンの数より何千人も多い数の人々がマウンテンマンの時代を追体験しているというところだ。ロッキー山脈の毛皮交易は、ドットコムバブルのような速さで、にわか景気と不景気を繰り返した。一八二五年の最初のランデブーからわずか一五年後、ビーバーが手に入らないために交換会は崩壊した。毛皮交易を行ったと私たちが考える人物の多くはこの時代に活動している。ジム・ブリッジャー(2)、キット・カーソン(3)、ジェデダイア・スミス(4)、そしてヒュー・グラス(5)、がグリズリー・ベアに襲われた様子は映画『レヴェナント：蘇えりし者』の中で生々しく描かれている。「西部のわな猟師たちほど、継続的に激しい肉体労働を行い、危険と興奮に満ちた生活を送り、自分の仕事に夢中になっている人間は、おそらくこの世界のどの階級を探してもいないだろう」と、ワシントン・アーヴィング(6)は書いている。[*4]

しかし実際には、マウンテンマンたちがビーバービジネスに参入するのは遅かった。一五〇〇年代から、わな猟師や商人たちは、コート、ケープ、そして何よりも帽子をつくるために北米のビーバーを捕獲してきた。ジム・ブリッジャーとその仲間たちは、三世紀にわたる殺戮の最後の執行人だった。毛皮を求める衝動が、マウンテンマンたちが立ち向かった荒野を開拓して町や農場をつくるための道を切り開いた。毛皮産業はまた、先住民のコミュニティを壊滅に追い込み、白人のために西部を占領しようとしていた無慈悲な政治家、軍の指導者、ビジネスマンの先陣を切る形で、時には無意識に、時には意図的に動いた。「これらの冒険家たちは、わな猟師としてだけでなく、先駆者としての役割も果たした。文明が生まれる前の荒野に足を踏み入れ、現在では農場主や機械工が占拠している国土を発見した」と、一八四七年にデイビッド・コイナーは書いている。[*5] 毛皮交易は、他の多くの採取産業と同様、自らを食い尽くし、その過程で北米の形を変えていった。ドン・クーパーが、パインデールの緑地のテントで自分の毛皮をなでているのを見て、私はオスカー・ワイルドの詩を思い出した。「誰もが愛する者を殺す[*6]」

ビーバーの上に築かれた国

「カナダは、ビーバーの死骸の上に築かれた[*7]」と、カナダの作家マーガレット・アトウッド(7)は書いている。この疲れを知らないげっ歯類は、私たちの北の隣人たちの精神に確かに大きくのしかかっている。二〇一〇年のバンクーバー・オリンピックの閉会式では、膨らませた、力士のような体格をしたビーバーが氷上に登場した。メープルツリーと並んで、ビーバーは、カナダの公式なシンボルであり、関連は非常に強く、ビーバーの種小名（学名の一部）であるカナデンシス（*canadensis*）にも固く結びついている。

アメリカ人はビーバーの遺産にはあまり関心を持たないが、アトウッドは合衆国についても同じことを書いたかもしれない。ビーバーの毛皮は、アメリカ合衆国建国の始祖ピルグリム・ファーザーズをイギリスから運んだ**メイフラワー号**の帆に風を送り、ピルグリムたちがイギリスの債権者たちに借金を返済するために取引可能な商品となった。「聖書とビーバーは、この若い植民地の二つの柱だった」と、ジェームズ・トラスロー・アダムズ(8)は書いている。「前者は士気を高め、後者は請求書の支払いをした、そしてげっ歯類の貢献は大きかった[*8]」。

ビーバーの存在は、ヨーロッパ人が上陸してから南北戦争までの間に起こったアメリカの地政学的に重要な出来事を説明するときに、木材、魚のタラ、その他どんな天然資源よりも役に立つ。アメリカ独立戦争のきっかけの一つは、一七六三年の非常に悪意のある「布告」だった。イギリスの毛皮貿易の妨げにならないように、入植者がアパラチア山脈以西に定住することを、イギリス国王の王命により禁止したのである。[*9] 一八一二年の戦争はカナダとアメリカの商人が、五大湖周辺のビーバーが多く生息する土地の支配権をめぐって争ったことに端を発する。また、フランスが新世界の植民地を明け渡すきっかけとなった戦争は、大陸に広がるフランスの毛皮の前哨地にとって重要な拠点だったオハイオ渓谷での争いに端を発する。ジェームズ・ポーク[9]が、マニフェスト・デスティニー（明白な運命）を唱えて彼の帝国主義的傾向を正当化する数十年前、ビーバーは入植者たちを西へと駆り立てていた。トーマス・ジェファーソン[10]は、新たな捕獲地を確保したいという思いからルイジアナ準州を購入し、ルイス陸軍大尉とクラーク少尉を派遣して探検させた。

　言うまでもなく、白人の入植者は、ビーバーに依存することについては、最初の北米人たちより何千年も遅れていた。何千年も前から、先住民はビーバーの肉や脂肪分の多い尾を食べ、毛皮をまとい、薬としてカストリウムを使っていた。例えば、一六〇九年、フランス人作家のマルク・レスカルボ[11]は、カナダのノバ・スコシア州のミクマク族が、「ビーバー・ストーン」の薄切りを傷口に当てているのを目撃している。[*10] ナスカピ族は、ビーバーの肩甲骨を焼き、焼いた骨の割れ目から吉凶を占った。ブリティッシュコロンビア州のクレヨケット族はビーバーの臼歯をサイコロとしてギャンブルに使っていた。多くの部族やファースト・ネーションズ(北米先住民族)が、ビーバーの下顎や門歯を、ノミ、スクレーパー(へら)、ナイフとして使用していた。クリー族の創造神話の一つにグレート・ビーバーにまつわる話がある。自分の巨大なダムが全世界を水没させたために、いたずら者のワイザガタカック(Wisagatcak)[12]は、しかたなく他の動物たちをいかだに乗せて、この惑星にコケを植え直した。*11

先住民とビーバー

ヨーロッパ人の到来は、先住民とビーバーとの関係を歪んだものにした。「必要最低限の採取と親族のような関係」から「根こそぎの採取」へと変化し、ハロルド・ヒッカーソンが言うように、多くの部族を、「生の毛皮を生産する広大な森林のプロレタリアート」*12に変えてしまった。この交易は一五〇〇年代に何の悪気もなく始まった。ヨーロッパのタラ漁師たちは、カナダの最東端に位置するニューファンドランド島に上陸したときに毛皮と品物を気軽に交換した。

一六〇九年、ヘンリー・ハドソン[13]が、現代ではニューヨークと呼ばれる場所で、交易をしたがっているモホーク族を見つけたときから需要の急増は始まった。当時、ヨーロッパは、自国のビーバーを絶滅させかけていた。北米という未開拓の毛皮の供給源は魅力的なものだった。すぐに、イギリス人、オランダ人、フランス人、そしてスウェーデン人までもが、ニューイングランドの内陸部から海に向かって毛皮を運ぶため、ハドソン川、デラウェア川、セント・ローレンス川、ケネベック川といった東部の大動脈を支配しようと競い合った。オランダ人がレナペ族からマンハッタン島を購入したとき、島自体の値打ちはさほどたいしたものではなかった。彼らの本当の獲物は、ヨーロッパに向けて出航したアームズ・オブ・アムステルダム号に積載された七二四六枚のビーバーの毛皮だった。[*13]

ビーバーには、自分の存在を広報してしまうという不幸な習性がある。何百万年もの間、ビーバーたちを守ってきたダムやロッジは、活動中のビーバーたちがいることをわな猟師たちに知らせる紛れもない広告塔となった。「最も簡単な方法は」と、ある旅行家は書いた。「(ビーバーたちの) 家を破壊し、家の建っている池の水を抜くことだ。やつらは驚き、生存に必要な水を奪われると、すぐに逃げ出して、格好の獲物となる」。そして棍棒や矢、網で殺す。[*14] 一七〇〇年代初頭、イギリス人は鉄製のわなとカストリウムの匂いをこの交易に持ち込んだ。この二つは確実な組み合わせだった。一八世紀末には、ほとんどのわな猟師の道具に組み込まれていたと、歴史学者のハロルド・イニス[14]は書いている、これが「ビーバーの枯渇」[*15]を招いた。

ヨーロッパ人の多くは、自分でビーバーを捕まえる技術と忍耐力がなかったので、インディアンから毛皮を買った。その代価は、ナイフ、斧、やかん、布、ビーズ――そして散発的に禁止されていたにもかかわらず――酒、銃の形で支払われた。インディアンの中には交渉上手な人も多く、商人同士を競わせてより有利な取引をしたが、悪質な白人は、先住民のパートナーを高利貸しの網に巻き込むこともよくあった。多くの先住民が、交易の借金から逃れるために、自分たちの土地を通常よりずっと安い値段で交換した。戦争や病気で命を落とした者も数えきれない。特に天然痘の大流行は、一八三七年にミズーリ川の毛皮商人たちで満杯だった蒸気船で発生したが、スー族、ブラックフット族、マンダン族など、六つの部族を襲った。ウイルスが自然消滅する頃には、一万七〇〇〇人ものインディアンが死に、彼らの村は廃墟と化した。「草原は墓場と化した」とある人物は書いた、「野生の花々がインディアンの墓をおおっている*16」。

この殺戮を生んだ軽薄な装身具が「ビーバーハット」である。これはロシアのウシャンカ（ロシア帽）や西部開拓時代の英雄デイビー・クロケットの尻尾が後ろにぶら下がっているアライグマ帽のようなヘッド・ウォーマーを連想させる言葉だ。しかし実際には、「リージェント」「ウェリントン」「パリ・ボー」などと呼ばれるフェルト製のエレガントなものが多く、裕福な貴族を象徴するものだった。動物の毛は丸めて圧縮すれば、どのようなものでもフェルトになるが、ビーバーの下毛は、小さな突起があり、マジックテープのように絡み合い、耐久性、防水性、柔軟性に優れた帽子になった。「多くの人が死に、大陸が探検され、先住民が堕落し、その文化が破壊された」と、作家のドン・ベリー[15]は書いている。「すべては、ビーバーの毛には小さな突起があり、他のどの毛皮より質の高いフェルトになったからだった[*17]」

ヨーロッパのファッション志向が動機となって、毛皮交易は、西へ西へと進んだ。陽気でがっしりとしたフランス系カナダ人の運び屋はカストルを求めて、シラカバの樹皮でつくられた細長いカヌーを漕いだ（フランス人はイギリス人に比べて、先住民に対して公平な態度で接した。イギリス人は公平の基準を低く設定していた）。一七世紀から一八世紀にかけて、この産業は、同盟関係の変化、地政学的策謀、ビーバーや人間の残酷な殺戮などを特徴とする、熱狂的な自由競争の場だった。イロコイ族はヒューロン族を虐殺し、オランダ人はスウェーデン人と衝突し、チペワ族はマイアミ族を虐殺し、そしてイギリス人は、宿敵のフランス人と常に対立していた。唯一変わらなかったものは、膨大な量の毛皮の供給だった。一七〇〇年、商品があまりに過剰となったので、モントリオールでは倉庫主が在庫の四分の三を焼却した。「信じられないほどの悪臭と黒い油煙が町中に広がった[*18]」

かつて北米のほとんどの川や湖はビーバーであふれていた。しかし、それは少なくとも、商人という略奪者たちがやってくるまでのことだった。エリー湖周辺では、わな猟師たちは日常的に一晩で三〇匹を捕獲していた。デラウェア渓谷では、イギリス人旅行者がこの国全体が、「ビーバー、ラッコ、その他の小型動物の毛皮であふれている」と述べている。[*19] ジョン・ベイクレス[(16)]はその著書『*The Eyes of Discovery*（発見の目）』の中で、「ビーバーは、はるかロッキー山脈まで、内陸の川、小川、池を水で満たしていた」[*20]と書いている。一七八四年にハドソン湾にやってきた測量技師デイビッド・トンプソン[(17)]は、四〇度線より上の北アメリカは「人間とビーバーという二つのまったく別の種の生き物が所有していたと言えるだろう」[*21]と書いている。また、ニューヨーク州のアディロンダック山地では、ハリー・ラドフォードが書いたように、「すべての湖や池が占領されていたことは明らかで、最も大きな川から取るに足りない細流まで、すべての川、小川、細流がこれらの働き者で多産な動物で満ちていた。彼らはこの土地を完全に支配していたようで、現代の我々の想像をはるかに超えるほど満ちあふれていた」[*22]。

ビーバー景観の発見

白人の探検家たちは、ビーバーが満ちあふれているだけではなく、ビーバーがつくった池やダムによって景観が形成された大陸を発見したのだった。川の流域の多くはダムや池で詰まっていて、航行できないため、カヌーで広くて深い水路を進むか、徒歩で高地を横断しなければならなかった。デラウェア川の支流であるリーハイ川は、ビーバーダムのせいで「ほとんど窒息状態だった」。それはベイクレスによれば、この川の上流に「大沼」を形成するのに一役買った。大沼は陰鬱な広がりで「死の陰」[*23]という名で知られていた。一六七九年に中西部を探検したベルギー生まれの司祭、ルイ・エネパンは、ビーバーが多く生息するカンキー川の特徴を次のように述べている。「湿地帯にはぬかるみが多くあり、ほとんど歩くことができない」。地面が凍っていなかったら、エネパン一行は乾いた野営地を見つけることができなかっただろう。[*24]

カナダ人のピエール＝エスプリ・ラディソンも同じような話をしている。一六歳でモヒカン族に捕らえられ、逃れて商人となり、やがてハドソン湾会社の設立に携わった。この会社はイギリス政府が認可した毛皮の独占企業で、現在も小売店のチェーンとして存続している。一六六一年、スペリオル湖を探検していたラディソンと仲間たちは、経験豊富な木こりでさえ驚嘆させられるほどの複合体に遭遇した。「この動物のつくったものを目の当たりにするのは何とすばらしいことだろう。四七〇平方キロメートル以上の土地を水浸しにし、すべての木を切り倒していた」と、ラディソンは書いている。カヌーの通路を確保するためにダムを破壊したが、その結果、地形は危険なものになった。沈泥でいっぱいのビーバー池には「厚さ六〇センチメートルほどのコケ」があり、「揺れる地面」を形成していた。[*25]「気をつけないと体の半分どころか頭まで沈んでしまう。一つの穴から出たと思ったら、また別の穴にはまってしまう」と、ラディソンは言っている。ラディソンは、現地の仲間からのアドバイスがなければ、ここを乗り切れなかったかもしれない。彼らは、体重を地面に分散させて、「カエルのように」這って歩けとアドバイスした。

軍人であるルイスとクラークは、ラディソンのようにぎこちない移動方法に頼ることはなかったが、彼らもまたビーバーの仕事に驚かされた。一八〇五年の真夏、ルイスとクラークの探検隊は、現在のモンタナ州を流れるミズーリ川に沿って、切り立った崖やヒロハハコヤナギの生えた低地を通過した。低地はヘラジカ、ヒツジ、バイソンであふれていた。「木材があるところには必ずビーバーがいて、隊員のドゥルイヤーは今日二匹殺した」と、ルイスは六月三〇日に書いている。[*26] ビーバーはその後、復讐を果たした。傷を負ったビーバーがクラークが連れていたシーマンという名の犬の後ろ足を嚙み、ほぼ致命的なダメージを与えたのだ。また、別のビーバーは、ルイスが川の分岐点で仲間へのメモを貼ってあったポールをかじって倒し、そのためクラークは一・六キロメートルも迷ってしまい、かなりのいら立ちを感じさせられた。[*27]

探検隊がミズーリ川をさかのぼればさかのぼるほど、ビーバーの影響は大きくなっていった。七月一八日にルイスが書いている。クラークが支流を探索し、「いくつものビーバーダムが短い距離を置いて連なっているのを見た。それは遠くまで続き、彼の見た限りでは山のほうまで続いていた」[*28]。一週間後、一行は狭い水路と茂みの多い群島が入り組んだ場所を進んでいたが、鋭い観察眼を持つ博物学者でもあるルイスは、ビーバーは「このあたりの川に他の水路をつくらせるようにしている……したがって、散在する島々の間の多くの場所で、川は常に水流の方向を変えている」。全体として、ビーバーは「川を混雑させている島の数を増やすのに一役買っている」[*29]。

七月三〇日、ジェファーソン川をさかのぼっていたとき、ルイスはビーバーダムやビーバー池のある沼地に入ってしまい、「腰まで泥と水に浸かって」谷を脱出しなければならなかった[*30]。このような経験をしてもビーバーへの称賛は止まらなかった。三日後には、高さ約一・五メートル、一基で数エーカーの水をたたえたビーバーダムを見たと報告している。「これらのダムはヤナギの小枝、泥、砂利でできている」と、ルイスは感嘆している。「非常に密接に織り込まれているため、完全に水を通さない」。このような構造物を模倣しようとすると、「人間の創意工夫が試されるだろう」[*31]。その月はほとんど毎日、「いつものようにたくさんのビーバー」が見られた。探検隊の日記には、ダム、池、倒れた木、そしてビーバーによる川や小川に対する大規模な操作についての記述がよく見られる。

ルイスとクラークが開拓地最大の拠点であるセントルイスに戻ってくるやいなや、口の軽い探検家たちは、ミズーリ川の恵みについて食欲をそそるような話を広め始めた。彼らとの「たき火を囲んでの雑談、酒場で聞いた冒険談、そして、コニャックや葉巻を手にして交わされるディナー後の洗練された会話」[*32]に魅了され、わな猟師志願者たちが次々と川を上っていった。東部では、ビーバー狩りは先住民が行っていたので、白人の商人は手を汚さずに利益を得ることができた。ブラックフット族やクロウ族のような部族は、バイソンを中心とした文化や食文化を持っていたので、げっ歯類を追いかけることにはほとんど興味がなかった。ある商人が言うには、平原の部族は「白人の欲を満たすために地の底でビーバーを探す作業は、面倒であるばかりでなく、非常に下劣なことだと考えた」[*33]。

宗教におけるビーバー

困った商人たちは、これらの部族の消極性を「怠慢」と決めつけていた。しかし、本当の理由はビーバーの生態と深いつながりのある宗教的なものだった。このつながりについて理解しているのは今日、ロザリン・ラピエール以外にはほとんどいない。彼女は民族植物学者であり、モンタナ州北西部にあるブラックフット族の保留地で育ったブラックフット族の一員である。ラピエールはブラックフット族の伝統に浸かって育った。彼女の祖父は儀式時の歌手で、好んで孫娘に小遣いを渡して一族の系譜を暗唱させた。ラピエールは祖父母から、ブラックフット族が空の世界、地の世界、水の世界という三つの異なる存在の領域を信じていることを、幼いうちから教えられた。水の世界には「スイタピ（Soyiitapi）」、つまり水の存在がすんでいる。「私は、水の世界やそこにすむ超自然的な存在に敬意を払うように育てられた」と、ラピエールは語ってくれた。そして、水の世界で最も尊敬されている存在は「ビーバーの化身（Kitiaksisskstaki）」である。

ラピエールは大学では物理学を学び、部族のエネルギー開発に携わったこともあるが、最終的にはブラックフット族の宗教に戻り、二〇一五年にモンタナ大学で歴史学の博士号を取得した。彼女の論文は、ブラックフット族が自然をどのように捉えていたかについての複雑な説明となっている。自然は、無力な人間に働きかける気まぐれな力ではなく、人間の応答に敏感に反応して、その変動をコントロールすることができる、人間のパートナーである。中でもビーバーは最も貴重なパートナーだった。ある部族の物語では、ビーバーの化身が、人間をロッジに招き、一緒に冬を過ごす。その超自然の存在は人間に自然の法を教え、タバコのような「自然の要素」を紹介し、「水の力」を与える。ラピエールは付け加えた。「翌年の春、ビーバーはこの超自然的な知識と物質を人間に『譲渡』した。人間はそれを他の人間と共有した」[*34]。ビーバーはまた、タバコの種や動物の皮など神聖なものを集めた「薬の束」を人間に授け、さらに、部族の最も大切な食料源であるバイソンを支配する力をも人間に与えた。ラピエールは、ブラックフット族の物語や儀式の中でビーバーが中心的な役割を果たしていることは、生態系への強力なメッセージであると考えている。「ビーバーは重要です。乾燥した環境で生きていくためには、非常に大切な存在です」と、彼女は私に話した。ビーバーは狩猟動物が集まる水場や、植物が繁茂するオアシスをつくった。また、女性たちがたき火の燃料として集めた流木を伐ったり樹皮を剝いたりした。

ブラックフット族のビーバーに対する尊敬の念は、ビーバーを殺すことを厳しく禁止しているところに現れている。ある物語では、ビーバーを殺そうとした男が、怒ったビーバーに妻を連れ去られている。*35 ブラックフット族が、ビーバーの交易への参加を断ったのも不思議ではない。カナダの人類学者R・グレース・モーガン(18)が一九九一年に述べたように、平原の部族は、「地表の水の入手が限られていること、そして水資源を維持するビーバーの役割を認識していた*36」。北部の森林地帯では、クリーク族のような部族はそのような文化的な制約を受けずに活動したと、モーガンは言う。ビーバーの毛皮や肉を大切にしていただけでなく、ビーバーの池から水があふれて森が水浸しになるのは狩猟の障害であり、恵みではなかった。「二一世紀になって振り返ってみると、当時の人々は生態系を、現代の私たちが認識しているよりずっと高度に理解していたことがわかる」と、ラピエールは言う。西洋の科学者たちは、ビーバーが生命を生み出すという考えにたどり着くまでに何世紀もかかったかもしれないが、ブラックフット族をはじめとする他の部族にとっては、ビーバーの生命力は自明のことだった。

「森林のプロレタリアート」である先住民に頼ることができなかった何千人もの白人男性た

ちは自分たちで狩りをするため丘に登り、あっという間に西部からすべてをはぎ取った。一八四三年、ジョン・ジェームズ・オーデュボン(19)は、絵になる動物を求めて、ミズーリ川に沿って約三五〇〇キロの旅をした。しかし足跡を見、水面に打ちつけられる尾の音を聞き、ロッジを解体したものの、一匹のビーバーさえ発見できなかった。彼に雇われたマウンテンマンでさえ、標本を調達することができなかった。この土地は「かなり貧弱」だったと画家は書いている。[*37]

大陸規模では、毛皮産業は決して衰退していたわけではない。ハドソン湾会社は一八七五年に最大の毛皮取引を行い、二七万枚を超える毛皮を販売したが、そのほとんどがカナダ産だった。しかし、ビーバーがアメリカの文化、経済、政治をけん引する重要な存在だった時代は終わった。「アメリカの辺境について、具体的で不変と思われる真実がある」と、エッセイストのチャールズ・ピアス(20)は書いている、それは「何事も長続きしないということだ[*38]」。

ビーバーの痕跡

正直に言って、不毛のミズーリ川を見てオーデュボンが落胆したのは当然のことだった。二世紀以上もの間、白人のわな猟師や商人たちの「征服軍」が、あらゆる川や池で見かけたビーバーを捕獲したため、彼らの通った跡には廃墟となったロッジしか残らなかったのだ。

ニューイングランドのビーバーの数は、一六〇〇年代には減少し始め、一八世紀にはマサチューセッツ州からはビーバーがいなくなった。コネチカット州、バーモント州など、北東部のいくつかの州も、間もなくビーバーのいない州の仲間入りをした。このような状況を嘆いていたのが、隠者、ソローである。ビーバーを「高貴な」動物と考えていたソローは、ピューマ、クマ、ヘラジカその他の種の根絶と共にビーバーの絶滅は、北東部を「弱体化させた」と書いている。*39

わな猟師たちの第一陣がビーバーによって形成された大陸を見たとするなら、その後に入ってきた農民や入植者はビーバーがいなくなってから形成された風景を見た。「ビーバーの排除によって……ニューイングランドには、もはや意味をなさない多くの地名が残された。この地域の地図には、ビーバー・ブルックス、ビーバー・ステーション、ビーバー・クリーク、ビーバー・ポンドという名前が今でも見られる」とウィリアム・クロノン(21)は『変貌する大地：インディアンと植民者の環境史』(佐野敏行ほか訳、勁草書房、一九九五年)に書いている。*40 そして、それは英語の地名だけにとどまらない話であった。ミシガン州のアーミーク、サウスダコタ州のキャパ、オクラホマ州のキンタは、いずれもビーバーを意味する先住民の言葉に由来している。

名称に関することだけではなく、生態系への影響はさらに深刻だった。ビーバーが形成した湿地帯の多くは、本質的にある形を永く留められるようなものではなく、ある状態から次の状態へと絶え間なく移行する。ビーバーのつくった複合体は、私たち人間が一人の人間の一生の間に、地質学的プロセスの展開を見ることになる数少ない機会の一つである。多くの場合、そのプロセスは水辺から陸地へと進行する。ビーバー池は流れを緩やかにし、堆積物を貯めるので水路は徐々に土砂と地衣類やコケなどの先駆植物で満たされる。そうすると、創造者たちは同じことを繰り返すため上流へと移転する。後に残されるのは、草におおわれた広々とした草原だ。表面は平らで木もなく、足元には草におおわれた昔のビーバーダムの輪郭がある。太陽の光が降り注ぐこの楽園の豊かさを、猟師たちはよく知っていた。「ビーバーの牧草地はシカやその他の動物にとってすばらしい餌場だ」と、わな猟もする猟師のジェームズ・キャンベル・ルイス、通称ブラック・ビーバーは言った。「数十万平方メートルもの広さの、ビーバーの牧草地を見たことがある」とも述べている。*41

わな猟師たちが北アメリカからビーバーを排除したとき、自然の進化は早送りされた。ビーバーダムが劣化し、池の水が排水されると、農夫が耕すことのできる最高の土壌が残された。ジェレミー・ベルナップ(22)が著書『*History of New Hampshire*（ニューハンプシャーの歴史）』で述べているように「葉、樹皮、腐った木、その他の肥料」が混じり合った新たな地質体が露わになった。「池の底だった広い土地は、野生の草でおおわれている。草は人の肩ほどの高さで、密集して生えている……このような自然の草原がなければ、開拓は難しかっただろう」[*42]。ヘンリー・ワンジー[23]というイギリス人の旅行者の記録がこの話を裏付けている。「これらの勤勉な動物がすんでいた土地を購入できたのは幸運なことだ」とワンジーは書いている。「いくつかの土地では、一エーカー（約四〇〇〇平方メートル）で四トンの干し草が刈られたこともある」[*43]。ビーバーがアメリカ南西部からいなくなってから一世紀以上経った頃、突然ダムが決壊し、大量の水が放出されたので、アリゾナ州のヒラ川沿いに住むインディアンのピマ族は、彼らの口承歴史の中でこれまでには一度もなかった洪水のことを、今回の放水によって初めて記録することになった[*44]。

　ビーバーがいなくなると、景観がどれほど劇的に変化するのか、ヨハン・ヴァレカンプの研究を見てみよう。やせ型で、早口で、オランダ生まれのヴァレカンプは、コネチカット州ミドルタウンにあるウェズリアン大学の地球化学者である。妻のエレン・トーマスは近くにあるイェール大学の微古生物学者である。二人は一九九〇年代に、ロングアイランド湾で一連の調査クルーズを行った。ロングアイランド湾は、コネチカット州の海岸線とロングアイランドの先細りの氷堆石[24]に挟まれた海のくさびだ。ヴァレカンプとトーマスは、底面貫通コアチューブを使って、円筒形の泥のサンプルを採取し、花粉から塩分まですべてを分析した。しかし、彼らの注目を引いたのは、フーサトニック川の河口付近で急上昇した水銀の濃度だった。

　その原因は、かつて毛皮の帽子製造の中心地だったダンベリーという街にあることを二人は知った。帽子製造はかつて恐るべき化学的行為をともなっていた。帽子職人はビーバーやウサギの毛皮に硝酸水銀を塗っていた。絡み合った毛を打ち延ばしのできるフェルトに変えるオレンジ色の溶液である。この強力な神経毒を扱った帽子職人の多くは、意識混濁や制御できないけいれんを起こしていた。「ダンベリー・シェイク」として知られるこの病気は、「帽子屋のように気が狂っている」という慣用句が生まれるきっかけとなった。[*45] 何年にもわたる労働者たちの訴えの結果、一九四一年になってようやく、州は帽子に水銀を使用することを禁じた。しかしそれまでに人の健康と環境へのダメージは進んでいた。ヴァレカンプは、ある帽子工場の敷地内で、水銀が州の規制値の三倍も残っていることを発見した。[*46]

しかし、ヴァレカンプのげっ歯類に関する調査はまだ始まったばかりだった。というのも、ロングアイランド湾に痕跡を残したのは毛皮交易だけではなく、ニューイングランドのビーバーの構築物も痕跡を残していたからだった。彼とトーマスが泥の層を調べたところ、珪藻植物、つまりシリカ系の藻類が一八〇〇年頃爆発的に増えたことを発見した。これは説明がつく。その頃、ヨーロッパ人による植民が拡大し、その家畜が水路を汚し、窒素を多く含む廃棄物が海を肥やし、藻類が発生したのだ。しかし、驚いたことに、それ以前の一六〇〇年代にも、人間の人口とは無関係に思われる藻類の急増の証拠が見つかった。ヴァレカンプは、その理由を求めて歴史書を漁った。彼は水銀に気づき、帽子や毛皮について考え、最後にビーバーに気づいた。

私が彼から聞いた話は次のようなものだ。ヴァレカンプと同じオランダ人のアドリアン・ブロック[25]をはじめとするヨーロッパの初期の探検家たちは、一六一一年から一六一四年の間にこの地を四回訪れ、すぐに毛皮の可能性に気づいた。一六〇〇年代半ばには、毎年約八万枚の毛皮がオランダやイギリスに向けて出荷されていた。*47 ビーバーがいなくなると、比類のない農地をつくっていた彼らのダムを手入れするものがいなくなり、ビーバーダムは崩壊して、朽ちた葉や棒きれ、虫などのゴミを含んだ汚泥が大量に海に流れ込んだ。その結果、ヴァレカンプとトーマスが「ビーバー・ピーク」と呼んだ肥料の急増が起こった。*48「結局は荒廃してしまったけれど、ビーバー池がたくさんありました」と、ヴァレカンプは話した、「その朽ちた木材や有機物は最終的には湾に栄養物を送り込み、藻類の異常発生につながったのです」。

言い換えれば、かつてビーバーは北東部に普遍的に存在し、大きな影響力を持っていたため、その崩壊の痕跡が今でも海の中に残っているのだ。

植民者たちはすぐにニューイングランドを人間がつくったダムで窒息させ、コネチカット州の川だけでも四〇〇〇以上の堰をつくり、製材所、製粉所、製紙所に電力を供給した。それでも、ヴァレカンプによると、ロングアイランド湾の水域では、白人が入植する前に比べて数倍の土砂が流れ込んでいるという。その理由の一つは、森林伐採によって土壌が不安定になったからだが、もう一つの理由は、私たち人間がいくらダムを建設しても、平たい尾を持つ先達のようにはうまく土砂をたくわえることができないからだという。「二級河川や準用河川はすべて完全にせき止められていたのでしょうね」。哀愁を帯びた口調でヴァレカンプは言った、「全体の景観がどのようなものだったのか想像もつかない。どんなに青々としてみずみずしい、豊かな風景が広がっていたのだろう」。

ビーバーがいた頃の土地を想像する

毛皮交易の商人が行った多くの不正な行為の一つは、ビーバーがわな猟師に捕獲され尽くされる以前、ビーバーがこの土地にあふれていた頃、北米に広がっていた風景についてほとんど伝えてくれなかったことだ。マウンテンマンの多くは博学だったが、熱心に日誌をつけるタイプではなかった。森林の中で生きる感覚を持ち合わせてはいても、訓練された科学者ではなかった。わな猟の遠征隊の中には博物学者を連れていくところもあったが、学者たちには気の毒だが、彼らは利益の足かせになると考えられていた。ハドソン湾会社のピーター・スケーン・オグデン(26)はある手紙で、「花を求めている者が二人、コロンビア川で鳥を殺しまくっているのが二人、岩や石を求めている者が一人……まったく迷惑な人たちだ」*49と不平をこぼしている。一八一一年にミズーリ川を旅したイギリス人植物学者のトーマス・ナトール[27]は、植物に対する執着から、船頭たちから「ル・フー（愚か者）」というあだ名をつけられた。[*50] ジョン・カーク・タウンゼントは、鳥類の有望な生息地を適切に評価する前にそこから引き離されてしまい、「博物学者だけで構成された一行であったら科学にとってどれほど貴重で興味深い収集物が、この豊かな未踏の地の旅を通じて得られたことだろう」と嘆いた。[*51]

初期の博物学者による詳細な観察がなかったため、二〇世紀の科学者たちはビーバーがどのように大陸を形成したのかを、さかのぼって推論することになった。最も鋭い推論をしたのは、ニューヨーク州の古生物学者であるルドルフ・ルーデマン[28]だった。一九三〇年代に彼はトロイの東にある「完全に平らな」土地に興味をかきたてられた。長さ一四キロメートル、幅八〇〇メートルで、谷底に蛇行している小さな小川が削ったにしては広すぎる土地だった。氷河期につくられたと考えるのも妥当ではない。古生物学者は、「第三のエージェント」、つまりビーバーがこのなだらかな平原をつくったに違いないと考えた。

この動物は、谷の下流にダムをつくり始めたのだろうとルーデマンは考えた。池に水が満ちると少しずつ上流に移動して新たなダムを建設する。このプロセスが二万五〇〇〇年もの間繰り返され、谷は滑らかで肥沃な土壌でおおわれるようになった。ビーバーがわな猟によって捕獲され、この谷からも他の谷からも姿を消したとき、彼らは、地味だが、重要な財産を残した。「ビーバー池に集まった細かい沈泥は、北アメリカの北半分にある森林地帯の谷間に豊かな農地を生み出した」とルーデマンは書いている。[*52] 七〇年後、コロラド州立大学の研究者であるリナ・ポルビとエレン・ウォールは、ルーデマンの「ビーバーの谷の仮説」を遠く離れた場所で裏付けた。二人は、ロッキー山脈のある草原の堆積物の最大で半分が、昔のビーバー池でのみ沈泥したと思われる細かい粒で構成されていたことを発見した。[*53]

ルーデマンはさておき、ほとんどの科学者はビーバーの影響の大きさを理解することができなかった。生物が互いに、そして周囲の環境とどのように相互作用しているかを研究する「生態学」は、歴史の浅い学問である。生態系という言葉が一般に使われるようになったのは、北米のビーバーが事実上消滅してから一世紀後の一九三五年のことだ。研究者たちは、ビーバーが個々の池をつくったとは認識していたが、ビーバーが、私たちが北米と呼んでいるこの地質学的かたまり、フランシス・バックハウスが的確に「ビーバーの国」[*54]と名づけた、この大陸を形成したという可能性を理解するのは困難であり、数値化するのはさらに難しかった。

結局、北米大陸内部の謎を解き明かすには海洋研究所の研究者が必要だった。ボブ・ナイマン(29)がビーバーに取りつかれたのは、ケベック州の奥地で、完璧な小川を探して無駄骨を折っていたときだった。一九七〇年代後半、ウッズホール海洋研究所に勤務する生物学者のナイマンは、生息地と餌がアトランティックサーモンの産出に与える影響を解明しようとしていた。そのためには、他の水路との比較ができるように、人間の手の入っていない自然のままの川を「基準区域」として見つける必要があった。ナイマンは、基準となる川を探してカナダの森の中を、足を棒にして歩き回った。しかし、どこもかしこも、人間ではなく、ビーバーによって手が加えられていて、使い物にならなかった。このような辺境では、わな猟はあまり徹底的には行われてなかったのだ。ついに、ナイマンは、ケベック州の水域の物語を語るうえで、ビーバーはデータ解析における因果関係の判断を惑わせる交絡因子ではなかったことに気づいた――ビーバー**こそ**が物語そのものだったのだ。「それはとても明白なことで、長い間、私の目の前にあったのです」ナイマンは私に語った。「確信はますます強くなりました」

しかし、ただ一つ問題があった。ナイマンの新しい構想――ビーバーが二万六〇〇〇平方キロメートルの水域の地質、生態系、水文学を、どのようにして変えたのかを探る――は、野心的すぎて不可能に思えた。「淡水生物研究者の誰もが不可能だと言っていました」とナイマンは話してくれた。しかし、何といってもナイマンが勤務していたのは海洋研究所であり、そこでは多くの同僚が、例えばインド洋の循環といった広大で不可解なプロセスを研究していた。「この人たちがやっていることに比べたら、一万平方マイルなんてたいしたことじゃない」

その後、数年をかけて、ナイマンは、これまでに試みられた中で最も大規模なビーバーの影響に関する研究を行った。ナイマンと彼のチームは、川の中に埋まっていた堆積物のコアを採取し測定した。水のサンプルを採取し、昆虫を捕獲し、木をメッシュの袋に詰めて分解する様子を観察し、ベル形のジャーでメタンの泡を捕らえた。その結果、ビーバーはその堂々とした門歯をケベック州の景観のあらゆる面に食い込ませていることがわかった。小さな川には、一キロメートルあたり一〇・六基のダムがあった。ダム一基でサッカー場一面分の大きさの池を支えている。（ワイオミング州の研究者たちは一キロメートルに**五二基**のダムが詰まった川を発見した。一八メートルに一基である）[*55]。個々の池には、一ブロック以上の市街を水浸しにするのに十分な水が溜められていた。ビーバーは、木を水の中に倒したり、切り倒したりすることで、日光が密度の高い森の天蓋を通り抜けられるようにし、光合成を活発にして、微小植物を育てた。そして微小植物は水生生物の食物網を支えた。一部の池では、六五〇〇立方メートルの土砂を貯め込んでいた。これはオリンピック用プール二つ分以上を満たす量に相当する。ナイマンの計算によれば、この地域のビーバーは、合計で三二〇万立方メートルの土砂を蓄えていたことになる。もしビーバーがいなかったら、この水域のすべての川を一フィート（約三〇センチメートル）以上の土砂で詰まらせるのに十分な量だった[*56]。

ケベック州での研究が動機となり、ナイマンはさらに壮大なビーバーの研究に着手した。生物学者ナイマンは、ミネソタ州のカベトガマ半島を測量技師が撮影した六三年分の航空写真を手に入れたのだ。この写真の撮影が始まった一九二七年当時、半島に点在するビーバーダムはわずか六四基だった。一九八六年には、厳しい捕獲規制、オオカミの消滅、広葉樹アスペンの再生がビーバー復活の助けとなり、ナイマンは八三五基のビーバーダムを数えることができた。数十年で一〇倍以上の増加である。当初、ビーバーの池として水が貯められていた場所は全体の一パーセントにも満たなかったが、現在では半島の一三パーセントが水没している。[*57] 植物群落も同様に進展した。沼から湿地そして森林湿地へと変化していった。そして再び、池には沈泥が貯まり、川が草原を切り開いていった。空からの眺めは、ナイマンが地上で推理したことを裏付けていた。ビーバーは比類のない建築家だった。「事実上、写真にあったすべての川が何らかの影響を受けていました」と、ナイマンは私に話してくれた。そしてそれは単に**目に見える**変化にすぎなかった。ナイマンは、窒素、リン、カルシウム、マグネシウムなどの栄養素やイオンが、草地や池に集まり、濃縮していることを発見した。例えば、鉄分は一一八パーセント増加した。一七世紀のニューイングランドの人々が、ビーバーの足跡を見てその土地が肥沃であると考えたのも不思議ではない。[*58]

私はナイマンに、想像力を働かせて往時の自然環境を思い浮かべてほしいと頼んだ。例えば、初期の探検家であるメリウェザー・ルイスになって、鉄製のわなが仕掛けられていない西部の川に出合ったとする。彼は何を見ただろう？「自由に流れる水路はほとんど見なかった」と、ナイマンは言った。「迷路のようなビーバー池」がほとんどすべての小川にあり、大きな川でも、側方流路やぬかるみにはビーバーが築いた壁があった。「河川は氾濫原のある横方向には移動できた。そこにはビーバーがいっぱいいた」ナイマンは言った、「広い谷間の低地は、あちらを向いてもビーバー、こちらを向いてもビーバー、どこもかしこもビーバーだらけだった」。

絶滅の時代

一九世紀は、水生のげっ歯類にとってだけでなく、羽毛や毛皮を持つ動物すべてにとって最悪の時代だった。「腐敗した（バイソンの）死骸、その多くが皮を被ったまま、何千平方キロメートルもの平地の草原にびっしりと散らばり、空気や水を汚し、景観をも害していた」と、ウィリアム・テンプル・ホーナデイ[30]は書いている。*59 水鳥は、ボートに取り付けられた一発で一〇〇羽の鳥を殺す、恐ろしい銃で大量に殺戮された。オットセイやラッコは、中国に毛皮を供給するために、絶滅寸前まで追い込まれた。スカンク、アライグマ、マスクラット[31]、シカ、シラサギ、サギ、ハチドリ、など、皮や羽毛を衣服に加工できる動物はすべて絶滅の危機に瀕した。あまりにも徹底した虐殺が行われたため、作家のフランク・グラハム[32]はこの時代を「絶滅の時代」と呼んだ。*60

脅威は狩猟だけではなかった。生息地の喪失もまた多くの動物に深刻な被害をもたらした。まず森林が完全に伐採され、木は木材や薪として使用され、開かれた土地は穀物を栽培するために確保された。一六三〇年代から、とウィリアム・クロノンは書いている、「典型的なニューイングランドの家庭では……一年に一エーカー以上の森林を消費していた」[*61]。一八世紀後半には、ニューヨークからボストンに向かう旅行者は、三二キロメートル以上の森林地帯を通過することはなかった。かつて森があった場所は農地になっていた[*62]。

湿地帯は、白人の新しい主人の下で、さらに悪化した。初期の入植者たちは、湿地や沼地を「暗闇、病気、死、恐怖と不気味さ、陰鬱さと醜さが支配する場所、要するに、汚い水域として考えた[*63]」と、ロッド・ジブレット(33)は書いている。それよりも、湿地帯は柔らかすぎて耕すことも家を建てることもできない不毛の地だった。一九世紀に一連の湿地法が制定され、数百万エーカーの湿地が、堤防、水路、溝、土塁に「造成する」という合意の下に、ルイジアナ州からアイオワ州までの各州に譲渡された。湿地帯が生物多様性のゆりかごになるかもしれないという考えは、開発まっしぐらの国にとってはあまり気にならないものだった。一六〇〇年代、アメリカ本土四八州には八九万平方キロメートルの湿地帯があったが、一九八〇年代には、その面積は半分以下の四〇万平方キロメートルにまで減少した[*64]。「それで、土砂をさらう浚渫機《しゅんせつき》と堤防、下水管とガスバーナーを使って、我々は中西部の湿地帯の水分を抜いてトウモロコシ地帯をつくり、今は小麦地帯をつくっている」と、アルド・レオポルドは書いている。「青い湖は緑の沼地になり、緑の沼地は固まった泥になり、固まった泥は小麦畑になる[*65]」。

森林伐採と排水は当然ながら、食と住を木と水に依存しているビーバーにとっては好ましくなかった。さらに、大陸にもともといたこの建築家たちの消滅は、それ自体が生息地破壊の最悪の状態を示していた。

北米の多くの地域では、ビーバーがつくる複合体を使わない動物より、使う動物のほうがよほど多いと考えられる。水生昆虫は、ビーバーダムやロッジの隅や隙間にすんでいる。*66 カモは池の縁に生える草の中に巣をつくる。鳴禽類《めいきんるい》と呼ばれるさえずる鳥たちはヤナギの枝にとまる。*67 生物学者は以下の事実を発見している。サウスカロライナ州のビーバー池の近くには、カメやトカゲが多く生息している。*68 ニューヨーク州では、ビーバーによって川辺の植物種が三〇パーセント以上増加している。*69 マサチューセッツ州のビーバーダム周辺では、魚類の生態系がより多様である。*70 ウィスコンシン州のビーバー複合体では、ミンクやアライグマがザリガニやヘビを狩っている。*71 ワイオミング州のビーバー池では、キタヒョウガエルが繁殖している。*72 アラスカ州のビーバー草原では、大量のコケが生えている。*73 奇跡のような働きをするげっ歯類は、ダムを築くことなく生息地をつくることもできる。二〇〇八年の研究では、アメリカアカガエルが、ビーバーが掘った水路を泳いで森の餌場にたどり着くことがわかった。*74 ビーバーの営みから栄養を得ている生物は多く、体の大きさは一切関係がない。ビーバーの糞からの栄養分は動物プランクトンを繁殖させ、ハバチはビーバーがかじったヒロハハコヤナギの新芽に卵を産む。*75 そしてヘラジカは確実に湿地の植物に引き寄せられる。そのため生物学者たちは、ビーバー池の広がりを角の生えたこの大きな動物の生息域とすることが多い。

これらの扶養家族の数を足してみよう。科学者たちがビーバーを究極のキーストーン種（中枢種）と考えている理由がようやく納得できるだろう。建築家にとってのキーストーン（要石）とは、石造アーチの頂点を形成するくさび形のブロックであり、アーチ全体を支えておくための石である。生態学者にとってのキーストーン種とは、生物群全体を同様に支える希少な生物のことをいう。サーモンはその腐敗した死骸がグリズリー・ベアやワシ、さらには樹木をも支えており、キーストーン種の一つである。サバンナの樹木や低木を根こそぎにして草原にしてしまうゾウもキーストーン種だ。そのキーストーン種を引き抜くと、アーチあるいは生態系が崩壊する。

貴重なチョウとの意外な関係

ビーバーが生態系でキーストーンの位置を占めていることを証明するため、セント・フランシス・サティロスに目を向けよう。サティロスは一ドル札の半分くらいの大きさの茶色のチョウで、唯一の装飾は羽根の周りに散在する眼状紋のみだ。私のような教養のない人間は、サティロスのひらひらと舞う野原を何も考えずに歩くことができる。しかし、ミシガン州立大学の精力的な保全生物学者であるニック・ハダドにとっては、すべてのサティロスの存在は祝う価値のあるものだ。なぜなら、この目立たない昆虫は、最も希少なチョウの一つであり、その個体数は地球上で四〇〇〇匹以下だからだ。あまりにも希少なため、学名ネオニンファ・ミッチェリイ・フランシシ（*Neonympha mitchellii francisci*）の研究に野外で膨大な時間をかけてきたハダドでも、このチョウの野生の幼虫を二匹しか見たことがなかった。しかも、そのうちの一匹は、ある学生がライム色の幼虫の上にサングラスを落としそうになったときだった。

世界のサティロスのほとんどは、意外な場所で命をつないでいる。ノースカロライナ州にある六五〇平方キロメートルの陸軍基地、フォートブラッグの砲兵射撃場である。二〇一六年に私がフォートブラッグを訪れたとき、そこが州立公園なのか交戦地帯なのか、よくわからなかった。真っすぐに立つマツの枝の間から黄金色の日差しが落ちて、ドクター・スース[34]の絵本にあるような森の地面から生えたオヒシバの房を照らしていた。爆発や銃撃の音が暖かい空気を揺らし、ヘリコプターが青いかすみの中を旋回していた。銃を搭載した装甲車がゴロゴロと走り、ヘルメットをかぶった兵士が装甲車からホリネズミのように顔を出して外をのぞいていた。

なぜチョウが爆弾や砲弾に囲まれた場所に生息するのかを理解するには、サティロスの生態を簡単にでも学んだほうがいいだろう。セント・フランシス・サティロスがどのような植物を食べているのか定かではないが、彼らは明らかに草のようなスゲ（*Carex*）がたくさん生えている日当たりの良い湿地帯を好んでいる。今日では、ノースカロライナ州中央部の森林におおわれた砂丘地帯では、そのような生息環境は非常に稀になっている。サティロスが好む植物の生息を可能にするために森の天蓋を開くには二つの方法しかない。一つは火である。これが、砲兵射撃場が最高の生息地である理由だ。砲兵隊の射撃場は、兵器による火の粉が絶え間なく降り注ぐため、事実上、燃焼サイクルが繰り返されている場所である。砲兵隊の射撃場は、州内で唯一燃焼サイクルが自然の頻度に近い場所である（ここは作業をするには過酷な場所である。年に一度、ハダドは軍を説得して砲撃をやめさせ、その間にサティロスの数を数える。射撃場では、不発弾を避けるため、爆破のエキスパートが付き添ってくれる）。

もう一つの方法はビーバーである。

毛皮交易というと北東部や西部山岳部[35]のイメージが強いが、カロライナもかつてはビーバーであふれていた。「働き者の動物たちが高いダムをつくって水をせき止めていたので、私たちは乗り越えるのに苦労した」と、イギリスの探検家ウィリアム・バード[36]は報告している。*76 バードの一行は、池を渡るために橋を架けなければならない場所もいくつかあった。しかし、一六九九年から一七一五年の間に、バージニアとカロライナの港からイギリスに向けて、約四万匹のビーバーの毛皮が出荷された。それは「藍色の染料、ウシ、ブタ、材木、船用需品の輸出額を合わせた以上の富を植民地にもたらした」。*77 一八〇二年には、サウスカロライナ州知事のジョン・ドレイトン(37)が、州内で、「ビーバーがめったに見られない」と嘆いている。*78最近では、カロライナでビーバーを見つけるのに一番いい場所は、ノースカロライナ州ダーラム市の「エラーブ・クリーク流域協会（Ellerbe Creek Watershed Association）」が主催する毎年恒例のお祭り、「ビーバー・クイーン・ページェント」である。二〇一七年のテーマは、「かじる魔法使い」だった。*79

南東部の生物の中で、セント・フランシス・サティロスほど、ビーバーがいなくなったことで被害を受けたものはいない。サティロスは、ビーバーが木を伐ってまばらにすることによってできる湿地の恩恵に頼っていた。実のところ、サティロスが必要としているのは、ビーバー自身ではなく、ビーバーが何年もかけて進める景観の進化だった。「ビーバーが初めての小川を開拓すると、そこに生息するチョウを死に至らしめることがある」とハダドは言う。新しい池がサティロスの幼虫が食べるスゲを水没させてしまうからだ。しかし、土砂が堆積すると、池は徐々に湿った草地になり、スゲが戻ってきて、それに伴いチョウも戻る。「混乱によって一部のチョウが死ぬことを受け入れなければならないという奇妙なパラドックスはあるけれど、ビーバーが自分たちの生息地をつくることでチョウの生息域が広がるという長期的なメリットがあります」とハダドは説明した。「チョウにとって重要なのは、ビーバーの存在ではなく、存在後の不在です」。この二つの生物は、古代のダンスのパートナーのように、ノースカロライナ州のいたるところで舞っていた。ビーバーがリードし、サティロスがそれに続き、両者は複雑に動きをそろえて、湿地から湿地へとワルツを舞っていた。

二〇一一年、愛するサティロスが絶滅の危機に瀕していたため、ハダドと軍の生物学者たちは、ワルツの音楽を再開する試みを始めた。一連の野心的な復活プロジェクトでは、チェーンソーで広葉樹を伐採し、ゴムチューブの壁を川の水で膨らませた「アクアダム」で小川をせき止めたりして、ビーバーの仕事を模倣した。彼らの実験場は、棟梁たち自身からお墨付きを得た。本物のビーバーたちが木材で壁をつくってアクアダムを改良し始めたのだ。ハダドは喜んで一つの区画を手放した。

ビーバーの真似は、「大成功」だったとハダドは私に話してくれた。一部のサティロスは自ずと新しい湿地のほうへ飛んでいった。チームは、チョウを飼育下で繁殖させ、それをビーバーの仕事を模倣した場所に放ったところ、チョウたちはそこで繁殖した。「私たちは、一年目に五〇匹、翌年に一〇〇匹、翌々年には二〇〇匹、そして今では七〇〇匹ものチョウを見ることができるようになりました」とハダドは言った。全世界のセント・フランシス・サティロスの四分の一が、復活した湿地に住んでいる。ビーバーの真似をしているハダドはもういない。彼と同僚たちは二〇一五年に、次のように書いている。「セント・フランシス・サティロスは、砲兵射撃場を除いて、すべての場所で絶滅していた可能性がある」[*80]

もちろん、生物学者たちがいつまでもビーバーの真似をするのは現実的ではない。サティロスを取り戻すのに十分な湿地帯をつくることができるのはビーバーのみである。しかし、歴史的に見ると、ビーバーたちはフォートブラッグでは歓迎されなかった。基地内には、防火帯としての役目を果たしたり、兵士の移動に使われたりする未舗装の道路が張り巡らされている。ビーバーがこれらの道を水浸しにすると、軍はわな猟師を呼ぶことが多い。ハダドと彼の学生たちはビーバーが道路を冠水させないように交差点の近くに金網のフェンスを設置したが、本当の解決策は、一部の道路を完全に閉鎖することかもしれない、軍はそれを現在検討中であると、ハダドは話してくれた。「ビーバーの健全な個体数やその他の騒動を回復させるには、たくさんやるべきことがあります」

その他の騒動というのは、もう一度言うと、火である。名誉のために言っておくと、フォートブラッグは、国内でも最も自然主義的にコントロールされた燃焼プログラムを実施している。ビーバーはある意味、火に似ている。火もビーバーも混乱をもたらすものとして、社会は何十年もの間鎮圧してきたが、その結果、生態系に副作用をもたらした。スモーキーベア[38]の強硬な山火事防止政策に洗脳された私たちは、最近になってようやく、森が燃えるのを許容することの重要性に気づいた。例えば、ロッジポール・パインのように、極度の熱でやけどをしたときにだけ種子を放出する遅咲きの球果を持つ木もある。また、オーストンオオアカゲラのような鳥は、火事の後に残る枯れた幹に巣をつくる。[*81] ビーバーもまた、ダムによって上昇する池の水に木を入れて、沈み木をつくり木を枯れさせる。ジェームズ・トレフェッセンは次のように書いている、「これらの大きな立ち木が朽ちると、そのくぼみや空洞がリス、アライグマ、フクロウ、アメリカオシ、ホオジロガモなどの営巣地となる。虫がはびこる樹皮や幹はキツツキ、アメリカキバシリ、ゴジュウカラの餌場となる」。[*82] 二〇〇一年、生態学者のマーク・ハーモンは、沈み木や丸太など、森林管理者が長い間無視してきた木質廃棄物の重要性を意味する「モーティカルチャー（*morticulture*）」という言葉を生み出した。[*83] ビーバーは巧みなモーティカルチャリストである。フィンランドを拠点としたある研究によると、ビーバーは風雨や山火事と同じくらい多くの枯れ木をつくり出していることがわかった。[*84] 破壊は再生の序章であり、死の力は生命をも活気づける。

変化を促す存在

ビーバーは火と違って生き物なので燃焼はしないが、火と同様にビーバーもまたプロセスとして、大規模な変化の触媒となる。ビーバーは何千世代にもわたって、セント・フランシス・サティロスのようなビーバーのつくる環境に依存する生物の進化を促してきた。カリフォルニアの生態学者でビーバー信者のブロック・ドルマンは、**ビーバー**という単語を動詞として使うのを好む。対話の相手に「生物を行為者として、操作者として、展開する空間と時間の連続体のプロセスに影響を与える存在」として、見てもらうようにするための言語的工夫であると、ドルマンは私に話した。少々斬新だが、刺激的な造語である。自然**は燃える**ことがある、するとそこは焦げて荒涼とした土地となり、草地となり、森林へと姿を変える。同じような用い方で、自然は**ビーバーする**こともある、池は湿地となり、草原となり、森林へと姿を変える——何世紀にもわたって繰り返される、氾濫、堆積、成長のサイクルだというのである。

二〇〇〇年のある会議で、ノーベル賞受賞者の科学者パウル・クルッツェン(39)が最初に口にした言葉で、人類が支配する現在の時代を象徴するようになったのは、「アントロポセン(*Anthropocene*)*85」(人新世《じんしんせい》)だった。この言葉は、人類の生物地球物理学的な指紋を表す略語となった。いつの日か他の星から来た考古学者がこの指紋を発見し、魅了され、困惑することになるだろう。核実験によって蓄積された放射性同位元素、大気中の二酸化炭素の急速な増加、圧縮されたストロー、ミネラルウォーターのボトル、ハッピーセットのおまけなどが発見されるからだ。しかし、一連の観測可能な現象だけに留まるわけではない。アントロポセンとは、私たちが地球の主要な地質学的変化の担い手であると同時に、現代世界の形成者であり破壊者でもあるという考え方である。「アントロポセン」は喜びの言葉ではなく、私たち自身への畏怖の念を表している。

ビーバーは、その環境への影響からいうと、必ずしも人間に近いとは言えない。化石燃料を燃やすこともなければ、プラスチックを砂浜に打ち寄せさせることもない。大草原をトウモロコシ畑に変えることもない。彼らの望みは食料と住居の確保だけであり、自分のために欲を出すことはない。私たち二つの種の違いは、種類の違いではなく、規模の違いであると、私は思う。なぜなら、ビーバーもまた、生物学と地質学の流れを形作ってきた。ビーバーは川を再形成し、草原を均一にし、谷を埋めてきた。私たちはビーバーが残した堆積物の上に文明を築いてきた。ヨハン・ヴァレカンプが発見したように、ビーバーの痕跡は、海底に書き込まれている。ビーバー池は、埋もれた有機物の形で炭素を貯蔵し、メタンとして放出することで、私たちの気候を変えている。ある研究によると、彼らは「分子遺伝学者」としての役割も果たしている。樹皮に含まれる不快なタンニンが少ないヒロハハコヤナギを選んでかじることで、川辺の森の木々の遺伝子構成を定めているのだ。[*86]「オオカミの牙があんなに鋭いのはなぜだ／カモシカの脚があんなに速いのはなぜだ？」詩人のロビンソン・ジェファーズ[(40)]は暴力と自然選択説に対する黙想録である詩、「血まみれの種（Bloody Sire）」で問いかけている。タイリクオオカミ（*Canis lupus*）の短剣のような犬歯をけなすわけではないが、進化に最も大きな影響を与えてきたのはビーバーのオレンジ色の門歯である。

すべてを勘案すると、ビーバーの影響は大陸規模で、歴史を変えるほど対象範囲が広い。放射線を浴びてゾウのように巨大化したゴキブリが、いつか、ロサンゼルスのダウンタウンの廃墟を這いまわるかもしれないのと同じように、私たちは今、ビーバーがつくった世界を生きているのだ。新しい時代の洗礼を受けても、人新世の概念についてさえ同意していない地質学者たちのあいだからは同意を得ることはできないかもしれないが、まあいいだろう。「カストロセン（ビーバー新世）」へようこそ。

第三章
ビーバーの復活 — 切り札のデバイス

ボストンでセスナ機をチャーターして、メドフォード、ウーバン、チェルムズフォードを越えて北西に四八キロメートル飛ぶと、そこはマサチューセッツ州ウェストフォードの空域である。しかし、コックピットから見下ろしても、おそらくそのことに気づかないだろう。ウェストフォードには二万人の人々が住んでいるが、空から人を見つけるのは難しい。この町はニューイングランドの他の多くの町と同じく都市というよりも森に近い。家々は、池や森林から成る海に浮かぶ島のように見える。もちろん、道路もあるし、病院や図書館、コミュニティセンターもある。しかし上空から見ると、ほとんどが緑と青色で、七面鳥や鹿の遊び場という印象だ。

ウェストフォードには、一八八一年に設立された「フレッチャー・グラニット・カンパニー」の採石場があり、その石はボストンのクインシー・マーケット(1)の建設にも使われた。現在、フレッチャー社の花崗岩《グラニット》のほとんどは、ダイヤモンドの刃をつけた超硬ワイヤで薄切りにされ、道路の縁石として埋め込まれている。花崗岩のかたまりは大きいものでは二〇トンもあり、トラックで運ぶのは効率が悪い。その代わりに、フレッチャー社は、会社の敷地内に敷かれた線路で輸送し、外部の線路に接続している。フレッチャー社は少なくとも二〇一七年の春まではその線路を使って「いた」。しかし、ビーバーが、線路に隣接する池にダムをつくり、線路を水没させてしまった。このとき、フレッチャー社の人々は、マサチューセッツ州でビーバーの被害に遭ったときにするべきことをした。マイク・キャラハンに電話したのだ。

じめじめとした四月のある日の午後、被害状況を確認するため傷だらけのトヨタ・タンドラでやってきたキャラハンは、フレッチャー社の敷地内に車を止めた。会社のオーナーであるヤギ髭のデイビッドは、彼を案内するために車に乗り込んだ。私は後ろの席にすべり込んだ。私たちは輝く花崗岩ブロックの迷路を縫って、近くの小さな湿地帯へと車を走らせた。冷たい霧雨が池の水面にさざ波を立てていた。茶色くひび割れた三メートルの高さのヨシが群生していた。遠くの採石場でかすかに機械のうなり音が響いている。いたるところにビーバーの痕跡があった。植えられた苗木はつまようじのように削られていた。つくられたばかりのダムが流出口を防ぎ、池の水面を高くしているので地面は水を含んで柔らかくなっていた。「巣のてっぺんが見えますか、巣というか何というか知りませんがね」デイビッドは、土手の上に築かれたロッジを指して言った。「『一体誰が苗木を全部切り落としてしまったのだ?』と自問したのですがね、巣の下のほうにある木のかけらを見てようやくわかりましたよ」

線路は今では水深三〇センチメートルのところに沈み、まるで海面が上昇した都市の遺構のように、拡大した池の中に水没していた。「一年前、一〇〇万ドル(約一億円)かけて新しいものに替えたばかりなんだ」デイビッドはため息をついた。怒っているというより悔しそうな様子だった。「私は野生の動物が嫌いなわけではないんです」と、彼は告白した。しかし、こいつはやりすぎだ。

フレッチャー社を救済しにきた騎士、キャラハンは輝く防水ズボンに身を固め、水の中でくま手の柄を使って体を支えながら、慎重に線路に沿って歩いた。彼は背が高く、肩幅が広く、肉付きのいい顔立ちで、もじゃもじゃの灰色の髪をした、よく笑う男だ。若い人たちが助言が欲しいときに、突然電話をかけて相談したくなるような、優しく寛大なおじのようなタイプだ。彼は、「ビーバー・ソリューションズ有限会社」と書かれた一人会社のロゴが入った、交通指導員が着るようなオレンジ色のスウェットシャツを着ていた。時折、シャーロック・ホームズが犯罪現場を物色するように腰をかがめて、切断された小枝や曲がったヨシを見た。「汝の敵を知れというでしょう、兵法ですよ」と、彼は言った、「ビーバーを敵と呼ぶのは好きじゃないけどね」。

「ビーバーに襲われる心配はないのか？」。デイビッドが不安そうに聞いた。
「やつらは、好都合なことに、尻尾を水面にたたきつける習性を持っています」。キャラハンは含み笑いをした。記録によれば、ビーバーが原因で死亡した人はこれまでに一人だけだ。ベラルーシの漁師が、写真撮影のために気性の荒いビーバーを捕まえようとしたところ、怒り狂ったビーバーに大腿動脈を噛み切られたとのことだ。しかし、彼らは一般的には内気な動物で、たいてい人間を見ると逃げ出す。「第一、活動するのは夜間ですよ」と、キャラハンは言う。「私はほとんどやつらの姿を見たことがありません。やつらは私が寝ているときに仕事をするし、私はやつらが寝ているときに仕事をする。シフトが逆なんですよ」

キャラハンはようやく納得したのか、背筋を伸ばして解決方法を述べた。「方法の一つは、わなで捕まえることです」と彼は言った。「しかし、自然は足らざるを補う。一年か二年すれば、ビーバーはまた『必ず』やってきます。ここは彼らにとって暮らしやすい場所ですから」。それなら、ビーバーをそのままにしておいて、彼らの池がフレッチャーの線路を飲み込むのを何とか防ぐ方法をとったほうがいい。「あなたの財産が守られるように、この水位を十分に下げる必要があります」とキャラハンは言った。大事な点は池の住人の怒りを買うことなく、池の水を抜くことだ。「通常、最大で三〇センチメートルまで水位を落としてもビーバーはあまり気にしません。水位を落とせば落とすほど、ビーバーは水を戻そうとしますけどね」

「新しいダムをつくるのに、どれくらいの時間がかかるのだろう？」とデイビッドが聞いた。

「あれを取り壊せば、一日か二日で再構築するでしょうね」とキャラハンが答えた。デイビッドは目を見張った。「でも、君はビーバーのやっていることを見たわけじゃないんだろ。あくまでも推測ってことだな」

ビーバーが何をしようとしているかを推測することにこれほど長けている人はあまりいないだろう。キャラハンはこの国で、ビーバーとの共存を奨励することで生計を立てている数少ないビーバー信者の一人だ。キャラハンは強硬なわな猟反対者ではないが、人間とビーバーを共存させることは、生態学的に健全な政策であるだけでなく、わな猟を無限に繰り返すよりも安価で効果的であると確信している。彼は不良ビーバーを排除するのではなく、その影響をコントロールしたいと考えている。そのためには何でもする。木に針金を巻き、放水路の周辺にフェンスを設置し、そして何よりも、パイプとフェンスでビーバー池の大きさを調節するようにした。ビーバーの良い面を享受しながら、悪い面を阻止するにはどうしたらよいのか？

この仕事には、創造性、木工や金属加工の技術、生態学的な歴史の知識、そして大量の手作業が必要だ。もちろん、毛皮をまとった戦闘員についての深い知識も必要だ。それはまるでチェスをしているようなものだ。ただし、相手はげっ歯類で、ゴールはステイルメイト

（引き分け）になることである。「特別な知識と技能が要求されますね。知識と技能というよりは、特別な見方、考え方といったほうがいいかもしれません」。雨の中、次の仕事に向かう車の中で、キャラハンはそう言った。しばらく考えると、「背が高いことも助けになる」とも言った。

復活の道のり

絶滅寸前まで追い詰められていたビーバーは、どのようにして驚異的な復活を遂げたのだろうか？　ニューイングランド郊外の採石場を水浸しにしようとするほどまでに復活したのはどうしてなのか？　一つには、資本主義がビーバーを滅ぼしそうになったのと同じように、その興亡がビーバーを救ったからだ。一九世紀半ばに、ビーバーの毛皮が非常に希少で高価になったとき、中国の安価なシルクが、ヨーロッパの帽子職人の工房に入ってきた。流行は気まぐれだ。需要と供給の関係により、市場では帽子のスタイルが変化していった。「ビーバーは、かつてこの国の毛皮産業の主役だった。しかし、残念なことに、シルクハットが致命的な打撃を与え、今やビーバーの主役の座は永遠に失われてしまった」と、一八九五年、ロバート・マイケル・バランタイン[2]は嘆いた[*1]。ビーバーの視点から見ると、ようやく主役の座は復活したのだ。

一九世紀後半、アメリカは「絶滅の時代」を象徴する血への渇望から抜け出し始めた。ジョン・ミューア(3)は自然の美徳を華やかに称え、ジョージ・バード・グリンネル(4)は『*Forest and Stream*（森と小川）』[*2]誌上で「樹木殺しの悪」を痛烈に批判し、若き日のセオドア・（テディ）・ルーズベルト(5)は、裕福なスポーツマンを集めて自然保護の大義を掲げた。時代精神の変化は、ニューヨークのナイトクラブだけでなく法律にも表れた。一八七二年には、イエローストーンが国内初の国立公園として指定された。各州は魚、狩猟動物、家禽を保護する法律を通過させた。これらの法律は、一九〇〇年に、州境を越えて密猟された野生動物の輸送を禁じた「レイシー法」が制定されたことによって、連邦政府の後ろ盾を得た。ルーズベルトは大統領に就任すると、一九〇三年に国立野生生物保護区制度を、一九〇五年には米国農務省森林局を設立し、自然保護活動に尽力した。迫害されていたクロクマ、ヘラジカ、カナダガンなどの種が狩猟や生息地の喪失から保護され、かつての生息地に戻り始めた。

ミューアのように、自然のために自然を守ることを提唱する作家もいたが、自然保護の指導者たちは、ほとんどが功利主義的な福音を説いていた。「自然保護とは」と、米国農務省森林局長官のギフォード・ピンショー(6)は書いている、「地球とその資源を永続的な利益のために賢く利用することである」[*3]。そしてビーバーより賢く利用できるものが他にあるだろうか？　ビーバーには毛皮としてよりも技術者としての価値があるという、かつては異端視された考え方が新しい宗教の教義となった。

最も熱心な伝道者はイーノス・ミルズだった。(7) ミルズは洞察力のある自然主義者であり、少々感傷的な自然環境ノンフィクション作家である。彼はコロラド州エステスパークの自宅近くで何年もの間、ビーバーたちと交流した。ある思い出に残る秋、ミルズは六四日間連続して毎日同じビーバーたちのロッジを訪れ、ビーバーダムや水路、そしてコロニーの活動状況などについて克明に書き記した。「ビーバーの成長を見るのはとても楽しいものである」。ミルズは嬉々として観察した。「彼らは水の中で、千の楽しいさざ波を岸に送る」*4。一九一三年、ミルズは四半世紀にわたる研究を『*In Beaver World*（ビーバーの世界で）』にまとめ、ダムを建設する隣人たちを称賛した。「ビーバーは実践的で、平和的で、勤勉である」と喝采を送り、「これらおよびその他の称賛すべき特徴は、野生の、その日暮らしのホームレスの大群の中で、名誉ある地位を得ている」と、やや独断的に語っている。*5 ミルズは綿密で粘り強い研究を通して、現代の科学者たちが今も数値化しようと努力しているビーバーの生態学的な利点の多くを直感で知っていた。ミルズは、ビーバーは「本質的に自然保護主義者」だと書いている。浸食を防ぎ、洪水を弱め、四季を通じて川が流れるようにし、マスなどの魚を増やす役割を担っている。「ビーバーが成し遂げてきたことは、途方もなくすばらしいことであるだけではない」と、ミルズは言う。「人間にとっても有益なものである」*6

後世の人々はミルズがもたらした影響をほとんど忘れてしまった。彼の文章は、ミューアの恍惚の高み、ソローの深み、レオポルドの博識には到底及ばなかった。しかし当時は、彼も重要な人物だと見なされていた。ある人物紹介作家は、ミルズを「自然と人間を結びつけるために、西部のどの男よりも多くのことをした」と書いている。[*7] ミルズにとってビーバーは生涯の生きがいだった。ある写真に楽しそうなミルズが写っている。縮れた髪が広がり、手にはビーバーがかみ砕いた枝を持っている。彼はドレスやスーツに身を包んだ取りすました数十人の図書館員を率いて、愛する池をめぐった。[*8] また彼は都会の子どもたちの一群をエステスパークに連れてきて、「ビーバー池のほとりで丸太の上に何時間も座っていなさい」と楽しそうに勧めた。[*9] ミルズはビーバーの有益な力を指摘した最初の人物ではないが、最も幅広い聴衆を得ていた。彼は次のように結論づけている。「生きているビーバーは、人類にとって、死んだビーバーよりももっと価値がある……彼の種族が増えますように！」[*10]

アメリカ各州の天然資源局も同じ考えだった。バーモント州、ユタ州、カリフォルニア州などでは、多くの州が湖や川にビーバーを再び放った。最も大きな成功を収めたのは、ニューヨーク州だった。一八九〇年代には、ビーバーの数は減少し、州の北東部に広がる森林地帯、アディロンダックに生息する五つのコロニーだけになっていた。[*11] 一九〇一年から一九〇七年にかけて、当局は三四匹のビーバーを連れてきた。その中には、カナダのオンタリオ州で捕獲されたもの、イエローストーン国立公園で捕獲されたもの、一九〇四年の「セントルイス万国博覧会」でカナダから譲り受けたものがいた。[*12] 法律によって捕獲から守られ、水と木を無制限に利用できるという恵まれた環境の中で、彼らは再び繁栄した。一九一五年には、ニューヨークのビーバーの数は一万五〇〇〇匹にまで増加した。そして一九二三年には、州当局はビーバーの数はわな猟師が毛皮の捕獲を再開できるくらい健全であると見なした。[*13]

ビーバーの移転は、西海岸の州でも実施されるようになっていた。アメリカが大恐慌に見舞われていた一九三三年、フランクリン・デラノ・ルーズベルト大統領[(8)]は、「市民保全部隊」を設立した。このプログラムは、登山道の整備、植樹、消火活動など、野外での仕事に若い人たちを積極的に参加させるものだった。隊員たちの仕事の一つは、ダストボウルが明らかにしたように誤った土地利用によって加速した土壌の浸食に取り組むことだった。人間で構成する浸食制御部隊と共に、カリフォルニア州、ワイオミング州、オレゴン州、ユタ州の川には、約六〇〇匹のビーバーが放たれた。このビーバーたちは、ルーズベルトが行ったニューディール政策の中でも最高の掘り出し物だった。ビーバー一匹を捕獲して移転させる費用として、連邦政府は五ドルを要した。そして後になって、ビーバーは、一匹あたり三〇〇ドルの価値を持つ土壌改良サービスを提供した。[*14] ノースダコタ州とワシントン州でもビーバーの移転が試みられたが、その成功率は記録されていない。カリフォルニア州は最も大胆に行った。一九二三年から一九五〇年の間に、当局は一二二一匹のビーバーを連れてきた。黄金の州（カリフォルニア州の愛称）にあるコロニーの多くは、当時の勇敢な移転ビーバーの子孫である。[*15]

返り咲き

再導入、自然環境保全法、そして善意の無視のおかげでビーバーは、ついに復活を果たした。一九二八年、アディロンダックに生息するビーバーの一部がマサチューセッツ州に流れ込み、一七七〇年代以降、初めてのコロニーをつくった。[*16] 一九五五年には、ビーバーはニューヨーク市とロングアイランドだけでなく、ニューヨーク州の隅々まで奪還した。オハイオ州科学アカデミーの機関誌に掲載された短い記事によると、ビーバーは一九八五年にシンシナティに出現したが、これはおそらく一七五五年以来初めてのことだろうと書かれていた。[*17] ルイジアナ州のバイユー(9)では、ビーバーに噛みちぎられたヤナギが再び倒れるようになった。[*18] メリーランド州の湿地帯からオレゴン州の海岸まで、ビーバーは増加の一途をたどり始めた。

最初は、あらゆる人々がこの返り咲きを祝福した。自然保護主義者たちは生態系を守るエンジニアを得、わな猟師たちは毛皮の再入荷を果たした。しかし、復活したげっ歯類が問題を起こすまでに長くはかからなかった。州境を越えてマサチューセッツ州に入るやいなや、彼らは道路や作物を水没させて農家の人たちを怒らせた。[*19] この初期の衝突は、その後の紛争の前触れとなった。ビーバーたちが戻ってきた風景は、かつての土地とは似ても似つかないものだった。リップ・ヴァン・ウィンクル(10)のように、自分たちがいない間に環境はすっかり変わってしまっていた。ビーバーが北東部から姿を消したのは、馬と馬車の時代だった。ジム・スターバ(11)が『Nature Wars（自然との戦争）』で述べているように、ビーバーがいない間に、「アメリカを動かし、経済を支えている広大な送電網の多くは、ビーバーの生息地として最適な場所につくられていた」*20。電力線、電話線、鉄道線路、高速道路、そして不規則に広がる郊外住宅地は、建設が最も容易な地、つまり、かつてビーバーたちがわが家と呼んだ河谷や低地に、激増していたのだった。道路は湿地帯を分断し、池の隣には農場があり、いたるところに家が建っていた。これほど多くのビーバーと、これほど多くの人間が、これほど狭い場所を共有したことはなかった。私たちのビーバーに対する認識は、衝突のたびに変化した。そして私たちはまだ敵対関係にあり、意思の疎通を仲立ちするのは、今なお、強力な顎を持つ仕掛けわなである。

エド・グラホスキーは、厄介な哺乳動物たちと角をつき合わせたことのある多くの土地所有者の一人だ。グラホスキーはメイン州東部にある四万平方メートルの土地に住んでいる。敷地の大部分は沼地と森林で、サトウカエデ、ブナ、シデ、トネリコなどが生えている。彼の家は暖炉と薪ストーブで暖をとっていて、自分で割った薪を使っている。彼は自分の森と、この森を住処としているカワウソ、ヘラジカ、シカ、フクロウ、キツネ、スカンクたちを管理することに誇りを持っている。「野生の七面鳥だけは飼わないようにしているよ」と彼は私に話した。「うちの犬たちが七面鳥の糞の上で転がり回るようになったのでね」

しかし、七面鳥でさえビーバーほどはグラホスキーを怒らせることはなかった。一九八二年に、彼がこの土地を購入したときには、げっ歯類はほとんどいなかった。しかし、ほどなくして大挙して現れた。グラホスキーが問題に気づいたのは、長さ一八〇メートルのビーバーダムが沼地を増水させ、裏の所有地へのアクセスを遮断してしまったときだった。ビーバーたちは何十本もの木を倒し、薪の供給を脅かした。グラホスキーはビーバーを嫌っていたわけではない。それどころか、元電気技師の彼は、ビーバーの職人技をプロとして称賛していた。何千年も前に先住民のペノブスコット族が発見したように、彼はビーバーのダムが沼地の小道として役立つことも知っていた。しかしこの乗っ取りは許すことができなかった。「彼らの水利施設があることは、私やこの生息地を利用するすべての生物にとっての財産だ」と彼は言った。「しかし、所有地の奥にさえ行けないほど豊富すぎる水があるというのは、私にとって得策ではない」

グラホスキーは、たいていの土地所有者がすることをした。わな猟師を雇ったのだ。わな猟師は二〇一四年の冬、六匹のビーバーを捕獲した。しかし、ほっとしたのも束の間だった。二〇一六年には、ビーバーは再び沼地に戻ってきた。おそらく近くのブランチ湖からグラホスキーの土地まで泳いできたのだろう。わな猟師が戻ってきて、さらに六匹のビーバーを捕獲した。今回は猶予期間がさらに短くなった。二〇一七年の九月にグラホスキーと話したとき、最近別のビーバーを見かけたと、彼は話していた。大きさから見て、おそらく家族から離れた二歳のビーバーだろうという。

私はグラホスキーに、この土地を所有している限り、ビーバーの捕獲を続けるつもりなのかと尋ねた。「もちろんだとも」と、彼は答えた。「最終的には彼らが勝つだろうがね。私はそのうち死ぬからね。自然には勝てっこない」

ビーバーがいかに容赦ない動物かを知ったのはエド・グラホスキーが最初ではない。一九八四年と一九八五年に、当時テネシー大学農業試験場の研究員だったアラン・ヒューストンは、小川が流れるエイムズ農園のビーバーを一匹残らず捕獲した。エイムズ農園は、ミシシッピ川がメンフィスを通過する地点から西に八〇キロメートルのところにある。そして、その後の四〇カ月間、この農園を監視し、この農園を占拠しようとやってくる忌まわしいビーバーを排除した。

ヒューストンの実験の結果は、ビーバーの回復力の強さを如実に示していた。ヒューストンは、最初の捕獲作戦で、住みついていた一六九匹のビーバーを排除した。その後の四〇カ月で、ここを占拠しようとやってきた一六二匹のビーバーを排除した。ビーバーの執拗さは、ギリシャ神話に登場する、切られても再生する九つの頭を持ったヘビの怪物ヒュドラのようだった。ヒューストンが殺したビーバーは、すぐに別の飢えたビーバーに取って代わられたようだった。ヒューストンはこの発見の意味を見逃さなかった。「これらの領域にビーバーが入ってくる可能性は高く、そのための管理プログラムは……資源を保護するためのプログラムと同じように永遠に続く可能性がある」[*21]と、ヒューストンは書いている。

文化的環境収容力

ビーバーが東部の風景に戻ってきたとき、マサチューセッツ州ほど彼らが人々の感情を刺激した場所はなかった。一九八〇年代にはマサチューセッツ州のビーバーの数は二万匹にまで増え、被害報告も増えていた。州の魚類野生生物局（MassWildlife（マス・ワイルドライフ））は、ビーバーが文化的環境収容力（*cultural carrying capacity*）に近づいているのではないかと懸念し始めた。文化的環境収容力とは、ビーバー、クロクマ、シカなど「人に不快感を与える可能性のある野生生物の、人間が許容できる数」をいう。文化的環境収容力は、生物学的環境収容力（*biological carrying capacity*）の兄弟といえる言葉だが、よりあいまいな言葉でもある。生物学的環境収容力とは、「与えられた生息地が維持できる動物の数」をいう。生物学的環境収容力は、理論的に確固とした基準である――とはいっても結局のところ、ニューイングランドには何キロメートルにもわたる開放された長い川がある。文化的環境収容力は、意味を明確にするのは難しく、物理的な事実よりも社会的な受け止め方や世間の認識に左右される。ビーバーは害獣であると信じ込んでいる人は、ビーバーが生息環境をつくるありがたい動物だと考えている人より、必然的に文化的環境収容力は小さくなる。

理論はともかく、マス・ワイルドライフはビーバーの数は二万匹が適正だと判断し、そのレベルを維持することを誓った。捕食動物がいなければ、ビーバーはペトリ皿の中のバクテリアのように増殖していくだろうと州は主張した。この悪夢のようなシナリオを回避するために、マス・ワイルドライフはビーバーの管理を毛皮の捕獲者にゆだね、捕獲者は州にライセンス料を支払い、捕獲量を報告し、毛皮を売った。

しかし、この捕獲プログラムが攻撃を受けるまでに時間はかからなかった。一九九六年、米国動物愛護協会をはじめとする動物保護団体がマサチューセッツ州野生生物保護法（クエスチョン1）と呼ばれる法案の住民投票を後援した。この法案は、残酷とされる足かせわなやコニベアと呼ばれる体を挟み込むタイプのわなを禁止するものである。コニベアの歴史は皮肉に満ちている。発明者はカナダのわな猟師フランク・コニベアで、獲物を巨大なネズミ捕りのように押しつぶす装置で、足かせわなに足を挟まれて長時間苦しませることを避けるために工夫された。一九六一年には、米国動物愛護協会から初めての表彰状まで授与されている。[22] しかし、コニベアは必ずしも獲物を即死させるとは限らず、保護活動家たちはわなにかかったビーバーが死に至るまで長い間苦しむのではないかと心配した。[23]

この運動は、動物愛護の闘いにありがちな、厄介なものとなった。動物保護団体の連合が、わなにかかってもがくペットの犬を描いたテレビ広告を放映した。マス・ワイルドライフはこの法案を非難するプレスリリースを発表した。しかし彼らはすぐに、州の資金を使用して有権者に圧力をかけたとして叱責された。『ボストン・グローブ』紙は、わなの禁止は「見当違い」だと社説で論じた。それでも、一九九六年一一月五日、法案は可決された。足かせわなとコニベアは一般的には使われなくなった。それでも、ビーバーを殺すことはできる、それは確かである。一部の人々は生け捕りわなでビーバーを捕獲して銃で撃ち殺している。この方法はコニベアよりも非人道的なのではないかとも言われている。しかし、娯楽のためにわな猟を行っていた者の多くは、お気に入りの道具を失ってしまったことに憤慨して、ビーバーを追いかけることをやめてしまった。[24]

マス・ワイルドライフの職員は、ビーバーの津波が来るという黙示録的な警告を発した。「五～七年後に（ビーバーの数が）一〇万匹になっていても不思議ではない」と、一九九八年に警告している。「ビーバーはげっ歯類で、非常に繁殖力が高い」。[25] 二〇〇一年には、ビーバーの数は約七万匹に急増し、わな猟禁止前の三倍以上になったと、同州は主張している。年間の苦情も四〇〇件から一〇〇〇件に増えた[26]（同州の毛皮獣生物学者デイブ・ワトルズは、

「わな猟禁止法によりマス・ワイルドライフは個体数を推定することができなくなったが、現在ではビーバーの個体数は生息地の制限にぶつかって安定しているようだ」と、話してくれた)。地元の新聞は、この州当局の話に油を注いだ。「わな猟禁止でビーバーが田舎町を牛耳る」という見出しが躍り、粗暴なビーバーの一団がほこりっぽい酒場でけんかをしている場面を思い起こさせた。「わな猟禁止法で、州は膝まで野生動物に浸かる」と、別の見出しは訴えた。動物に囲まれていること以上に恐ろしい運命はないかのようだった。*27

フロー・デバイス

この騒動が噴出していた当時、マイク・キャラハンの人生は、ビーバーに絡むことなどまったくなかった。キャラハンは、マサチューセッツ州西部にある麻薬中毒患者のための診療所でアヘン中毒者に麻薬を断たせるため、医師の助手として働いていた。妻のルースは看護師だった。二人は朝食付き民宿も経営していた。ビーバーにも論争にも巻き込まれることのない平穏な生活だった。キャンプ旅行でビーバーに遭遇したときも、この動物はちょっとかっこいいと思っただけで、それ以上ではなかった。

しかし、次第にキャラハン夫妻はビーバーの軌道に引きずり込まれていった。ニュースを注視していた夫妻は、一九九六年に行われた住民投票を支持した。その一方で、内気なげっ歯類の周りに渦巻く暴言にはますますあぜんとした。二人はキーストーン種としてのビーバーの役割を学び、動物保護団体が主催するワークショップに参加した。またニューヨーク州北部で開催されたビーバー会議にも参加した。非致死的なビーバー管理に興味を持ち、そして夢中になっていった。「中道という方法があるはずだと、私たちは考えました」と、キャラハンは振り返った。

彼とルースが最も興味をそそられたのは、フロー・デバイスと呼ばれる、パイプとフェンスで池の水を部分的に排出するシステムで、ビーバーでさえもふさぐことができない水漏れをつくり出すことができる。フロー・デバイスという言葉はどのような仕掛けにでも使えるが、どのフロー・デバイスも、ある批評家が言ったように、「欺瞞と排除」の組み合わせによって機能する。[*28] 例えば、ニシキヘビのように長いプラスチックのパイプを思い浮かべてみてほしい。その口にあたる端はビーバー池に沈められていて、胴体は新しいダムの木材でできた防波堤を通過し、尾にあたる端は下流の小川に水を噴出する。これが「欺瞞」だ。ダムに水漏れがあればダムを強化することを進化によって条件づけられているビーバーは困惑するが、水がパイプを通して池から外部に漏れ出ていることを理解できない。一方、パイプの両端は金属製のケージで囲まれているので、ビーバーが水漏れを発見してもふさぐことができなくしてある。これが「排除」だ。イライラしたげっ歯類がダムの補強に狂奔することはあっても水の流出は防げない。装置がうまく機能すると、ビーバーは最終的にはあきらめて、水量の減った池を新しい現状として受け入れる。

単純な技術を複雑にしているように聞こえるかもしれないが、要点は次の通りである。もしあなたが裏庭にビーバーがいるのは楽しいが、自宅の地下室を水浸しにされてシュノーケリングをするのは気が進まないというなら、湿地から家に浸水するのを防ぐために、フロー・デバイスを設置してはいかがだろう。自分でやるよりプロの専門家に設置してもらったほうがいいだろう。

欺瞞と排除、この二つの力に魅せられ、マイクとルースはフロー・デバイスを設置するボランティアグループを結成し、自分たちで紛争に取り組むことにした。キャラハンはカナダに行き、オタワでフロー・デバイスを設置している元わな猟師のミシェル・ルクレールに会い、バーモント州を拠点とする世界有数のビーバー紛争調停人であるスキップ・ライルを招いてワークショップを開催した。トレーニングを始めて間もない頃、近くのアマーストで行われる会議について耳にした。この会議では、町のリーダーたちが人気のある自転車道の近くに生息するビーバーの管理方法を決定するということだった。夫妻は、このような注目度の高い自転車道に自分たちが取り組むことができるのかどうか自信がなかった。そこで、会議の部屋の後ろの席に腰かけ、メモを取り、目立たないようにして地方政治の雰囲気を感じさせてもらうということにした。「それで会議に参加することにして、会議室に入ると、そこには町の役員しかいなかった」と、キャラハンは語った。「彼らは振り向いてこう言いました、『君たちはビーバーの人だね』」。それからの一時間は、キャラハンたちは自分たちがまだ何も知らないことを納得してもらおうと努め、町の役員たちはキャラハンたちに仕事をさせようと説得に努めることになった。

役員たちは説得力を持っていた。キャラハン夫妻は、フロー・デバイスで自転車道を保護し、マサチューセッツ州のビーバー狂のメディアはこの話をすぐに記事にした。新しい装置を求める声が次々と入り始めた。ボランティアグループは規模を拡大した。キャラハンは、ビーバーの仕事が医師の助手としての本業よりも楽しいことに気づいた。「依頼主にすぐに喜んでもらえますからね」と、彼は私に話してくれた。「私が働いていた診療所のアヘン依存症の人たちは、多くが回復しますが、それには長い時間がかかります。そして必ずしも期待通りにはいきません。一方、ビーバーはというと、一日でドーンと、違いが見えるのです」

二〇〇〇年、キャラハンはボランティアグループを、営利事業に転換した。社名は「ビーバー・ソリューションズ」。二〇一七年五月に私が訪ねたとき、彼は一三〇〇基以上のフロー・デバイスを設置していた。そのほとんどが、彼が恩恵を被っている偉人、ルクレールとライルが考案したデザインのバリエーションである。キャラハンは最近、ディベロッパーを雇ってウェブサイトを再構築した。グーグルに対応した新しいページは、彼の手に負えないほど多くの仕事をもたらしている。「今のところ、さまざまな段階の六一件の仕事を抱えています」。ウェストフォード周辺を車で見回っていたとき、彼は私に話してくれた。「春の保守点検をしなければならない場所が四五〇カ所あるのは言うまでもありません。それに、新しい依頼も

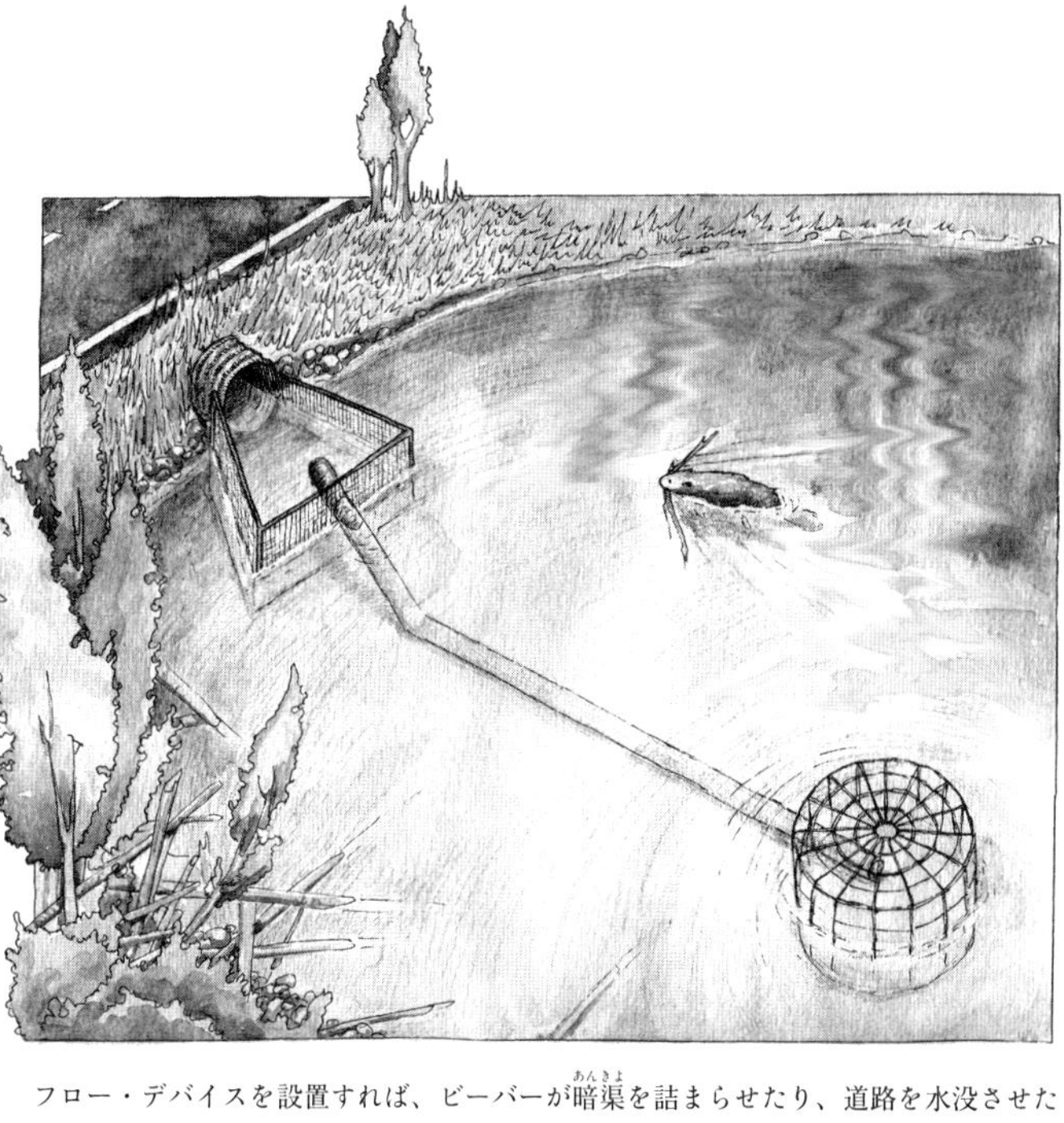

フロー・デバイスを設置すれば、ビーバーが暗渠《あんきょ》を詰まらせたり、道路を水没させたりするのを防ぐことができる。パイプは暗渠の中を通って水を流し、フェンスはビーバーがパイプの端を詰まらせるのを防ぐ。そして運輸局の出費を減らし、ビーバーの命を救う。*イラスト：サラ・ギルマン*

どんどん入ってきています」

暗渠というアキレス腱

キャラハンのお得意様は住宅所有者ではなく、交通機関である。マサチューセッツ州運輸局は、一〇年以上前から州全体で彼と契約している。地元の高速道路局の仕事が彼の仕事の半分以上を占めている。その理由は、アメリカで最も脆弱で、最もどこにでもある構造物の一つ、地味な暗渠である。暗渠とは、知らない人のために言うと、ギザギザの模様のついた、金属、コンクリート、プラスチックなどでできた大きなパイプを、線路や道路の下に設置して川や湿地帯の水を流すためのものだ。暗渠はなくてはならない。これがないと多くの幹線道路は雨が降るたびに浸水してしまう。暗渠はどこにでもある。ある生物学者は、ニューイングランドだけでも二五万本の暗渠があると推定している。[*29] そして暗渠は機能しなくなるまで――それは必ず起きる――私たちの目には見えない。あなたはこれまでに何百回も暗渠の上を歩いたり、運転したりしてきた。しかし、機能しなくなるその瞬間まで、これらの目立たない名前さえないパイプに気づかないだろう。

暗渠はアメリカのインフラ全体のアキレス腱である。自然環境が建築された物とこすれる摩擦ポイントであり、激しい水の流れによってすり減って薄くなったもろい接合部である。時には、激しい流れに押し流されてしまうこともある。しかし、たいていは目詰まりを起こす。嵐が丸太や棒を川に流し、曲がりくねった流木で暗渠を詰まらせてしまう。詰まったパイプから水を流出させることができない水かさを増した川は車道に流出し、時には完全に水没させてしまう。二〇一一年にアメリカ北東部を襲ったハリケーン・アイリーンは、洪水によって二〇〇〇カ所の道路を破壊し、一〇〇〇本以上の暗渠を破損させた。しかし、ハリケーン以上に暗渠にダメージを与えるのは、ビーバーのみである。

ビーバーになった自分を想像してみてほしい。家族と離れたばかりの二歳のオスだとしよう。あなたは最近、両親が溺愛する生まれたばかりの兄弟に取って代わられ、家族のロッジを離れた。あなたは家を探している。すぐに深い水を見つけるか、ダムをつくらなければならない。近くにクロクマの匂いがするからだ。しかし、理想的な家は他のビーバーに取られてしまう。あなたは大きなオスに対抗しようとして尻尾に切り傷を負ってしまった。命からがら逃げ出したが、今は必死になっている。ある晩、あなたはどこで夜を明かそうかと思案しながら川を泳いでいた。そのとき、奇跡的に、今まで見たこともないような立派なダムに出会った。それは岩と土でできたびくともしない巨大な壁で、川に垂直に建てられていた。あなたの住む小川の上を通る人間がつくった道路の堤防だった。このすばらしい構造物の外装に、たった一つだけ隙間があった。それは円形の金属パイプで、堤防を通って小川の水が堤防の反対側に出るようになっている。暗渠だ。暗渠を棒きれでふさぐのは一晩あればできる。そうすれば、上流側は広がって池になり、あなたは安全なわが家を手に入れることができる。道路のある堤防はあなたのダムだ。暗渠は水漏れ箇所だ。そしてあなたは水漏れが大嫌いだ。

暗渠にとってビーバーが破壊的なように、ビーバーにとっても暗渠は破壊的だ。運輸局ではビーバーがふさいだ暗渠を処理するため、ほとんどの場合、わな猟師を呼ぶ。暗渠はビーバーを惹きつける甘いわなであり、最高の生息地を約束しながら死へと誘う。「道路工事の担当者は、ビーバーを殺すことが最善の解決策だと信じているようです。それとは逆の証拠が現在も挙がってきているにもかかわらずです」と、スキップ・ライルは私に話してくれた。「証拠というのは、同じ暗渠を、何年もの間、何度も何度も掃除しなければならなくなるという形で表れています」

晩夏のある日、午後には雨が降りそうな蒸し暑い朝、私はバーモント州の緑豊かな一角にある曲がりくねった田舎道を車で走り、ライルを訪ねた。田舎の工場町の多くがそうなのだが、グラフトンも何世紀にもわたる人の移動によって人口が減少していた。一九世紀初頭、バーモント州のこの地域には今よりも多くの人が住んでいた。ライルが妻と一緒に住んでいる茶色の下見板張りの家は、四〇〇メートルの間で唯一の人間の居住地である。ライルの近隣には人がいない代わりに、水生のげっ歯類がいる。ライルの家に向かってトヨタ・カムリでガタガタ走っていると、オークとカエデの林から岩だらけの道が現れ、太陽に照らされた湿地を切り開くようにして進んだ。湿地には階段状になった大きくなりすぎたビーバーダムがあった。池には二つのロッジがあり、そのうちの一つにはアメリカ国旗がはためいていた。これが、ビーバー・ディシーバーズ（Beaver Deceivers）が築いた王国だ。

「ビーバー・ディシーバーズ・インターナショナル社」の創設者でありオーナーのライルが私有車道で私を迎えてくれた。カリーという名の元気いっぱいの黒いラブラドール・レトリーバーを従えていた。ライルは一度会ったら忘れられない人物だ。かなりの高身長で、俳優のロック・ハドソンのような顎のラインが、背筋の伸びた姿勢、すっきりと整えたグレーの髪、タックインしたシャツと相まって堂々とした印象を醸し出している。高校のレスリング部のコーチのように、規律正しく健康的な雰囲気を放っている。

彼の家は、彼が育った家でもあるのだが、『*Smithsonian*（スミソニアン）』誌[12]、コメディアンで俳優のウィル・フェレルのビデオソフト、それにもちろん木製のビーバーの置物などが散らばって陽気な雰囲気が漂っていた。ライルは居間のランプの笠を外して、ビーバーがかじったアスペンの木に固定された電球を露わにした。彼の両親は家具職人で、ビーバーがつくった作品をよく取り入れていたと、ライルは私に話してくれた。ライルは幼い頃、夕暮れ時に両親と車に乗って獲物がいそうな湿地で狩りをした。「両親はビーバーがすることに魅了されていた。でも、自分たちの木を伐り倒されたときにはビーバーに死んでほしいと思っていた」とライルは言った。一九七〇年、ライルは一二歳だった。両親は彼の「モスバーグ・ボルトアクション・22口径」を使って、彼らの池の近くにいるビーバーを撃つように要求した。ライルはしぶしぶ従った。「私がビーバーを殺したのはあれが最初で最後だった」と、彼は話した。

数年後、ビーバーが彼の所有地を通る道路の下の暗渠をせき止めた。この道路は私がこの家にたどり着くのに通った低地の道路で、誤った都市計画の典型でもある。ライルは父親の庭のフェンスを少々借りてきて、それを折り曲げて粗末なケージにし、暗渠のすぐ上流に設置した。これで水は暗渠に入ることができるが、ビーバーは入れなくなった。このありあわせのものでつくったのが、最初のフロー・デバイス、名づけて「ビーバー・ディシーバー（ビーバーだまし）」だった。一見単純に見えるフロー・デバイスを、ライルは残りの人生をかけて改良し、普及させ、守ってきた。

数々のビーバーデバイス

私たちは歩いてライル家の湿地へ向かった。カリーが追いかけてくる。両親が生きていたときには、定期的に庭の草刈りをしていたとライルは言う。ライルがこの家を相続して、二〇〇一年に戻ってきてからは、放置している。今ではジュニパー、シダ、ブラックベリーなどが乱雑に混じり合って生え、敷地をおおっている。長い間埋もれていた植民地時代の果樹園の名残である野生のリンゴの実が垂れ下がっていた。キツツキが枯れた立ち木をたたいていた。「枯れた木が好きなんだ」と、ライルは嬉しそうに言った。こんなに多くの両生類を一カ所で見たことはない。アメリカアカガエル、アオガエル、ピッカレルカエルは、私たちが近づくと水の中に飛び込んだ。トリゴエアマガエルは丸太の間を跳ね回り、ブチイモリは湿った葉の間に隠れた。トンボが空気を震わせ、草むらにはガーターヘビがいる。ニシキガメが、枯れた丸木から列をなして一匹ずつ飛び降りてきた。池の水面にはエメラルド色のジュンサイが一面に浮かんでいる。ジュンサイはビーバーが珍味としている多年草のユリ科植物である。太陽の光が差し込む静かな、ジュンサイが育ちやすい池をつくることで、ビーバーは自分たちの食料を自分たちで育てているのだと、ライルは言う。

ライルは豊かな風景を囲うように両手を広げたが、おそらく箱舟に乗った乗客を見守るノアのような思いだったのかもしれない。「ビーバーを撃たなくて済むようになったことで、あのビーバー・ディシーバーの原型は何百万もの生命を育んでくれた」と彼は言った。「設置したすべての場所がそうだとは言わないが、何千もの場所でそうなった。これがビーバーの持つ驚くべき生態学的可能性だ」

フロー・デバイスの設置が理論物理学の分野だったら、スキップ・ライルはその分野のアイザック・ニュートンということになる。メイン大学で野生動物管理学の修士号を取得してから、ライルはペノブスコット・ネーション（ペノブスコット族の保留地[13]で働いた。ペノブスコットは、ビーバーがたくさん生息するメイン州中部の湿潤な森林地帯に六一〇平方キロメートルの土地を所有する先住民族である。一九九〇年代後半に、ライルは、ペノブスコット・ネーションのビーバーがダムをつくりそうな道路脇の水路に数十基のビーバー・ディシーバーを設置した。時には部族の人たちから好奇の目で見られることもあった。彼らはライルの言葉を借りれば「ビーバーが勝つほうに賭けているようだった」。それから六年以上経って、彼が異動した頃には、「ペノブスコット・ネーションは、自分たちの土地に、ビーバーを殺すことなく、完璧なビーバー対策をした世界で初めての大土地所有者」になったと、ライルは私に話した。

二〇〇一年、ライルは独立して事業を始めた。公的機関、民間の土地所有者、自然歩道協会などの非営利団体など、ビーバーによる洪水に悩まされているあらゆる人たちと契約した。また彼は、ワークショップやトレーニングを行い、マイク・キャラハンやその他の人たちに「欺瞞と排除」の細かいコツを教えた。ライルのビーバー・ディシーバーのデザインは進化していった。フェンスは木枠の台形になり、その短辺が暗渠の入り口に置かれた。ビーバーは暗渠の近く、台形の最も狭いところでダムをつくり始める。ビーバーが必死になってフェンスに沿って棒を並べると、台形の角度のついた側面は暗渠からビーバーを遠ざける。言い換えれば、ビーバーがダムを拡張すればするほど、水漏れ地点から遠ざかることになる。

年月が経つにつれて、ライルは多彩な名前の発明品を次々と設計した。「カストル・マスター」は暗渠や単体のダムに水を通すパイプシステム、「ミザリー・マルティプライア」は、赤ちゃんビーバーでさえも通り抜けられない二重のフェンス。「ラウンド・フェンス」は丸いフェンスである。彼はまた独自の発明を進化させた。二〇〇〇年頃、ライルは単純な台形のビーバー・ディシーバーの製作をやめて、それぞれの現場の特有の地形を利用したカスタムメイドのビーバー・ディシーバーを採用した。彼はビーバー・ディシーバーの特許を持っているが、この言葉が誤って使われるのを聞いたことがある。薄っぺらな塩ビのチューブからヒロハハコヤナギの木に巻く金網まで、ビーバーを出し抜くためのあらゆる装置に使われているのだ。「ティッシュペーパーの〈クリネックス〉みたいにひとり歩きしている」と、ライルは鼻であしらった。

ビーバー・ディシーバーについて誤解のない町がある。ニューハンプシャー州中部の湖水地方に位置するアンドーバーで、人口二三〇〇人の村落である。町政委員会の議長を務める魅力的な白髪のビッキー・ミッシュコンが私に話してくれた。アンドーバーは、暗渠の詰まりと道路の水没に悩まされてきた。町は従来この問題を解決するために請負業者を雇っていた。重機を使って瓦礫を取り除く業者に、一時間あたり一五〇ドル、有害なビーバーを殺してくれるわな猟師には毛皮一枚につき一〇〇ドルの費用がかかった。「もちろん、それでは新しいビーバーの家族のために空き家の看板を出しただけで、何もしていないことになります」とミッシュコンは言う。二〇〇四年、豪雨が、詰まった暗渠を襲い、エルボー・ポンド・ロードと呼ばれる高速道路を押し流した。修理代として四万八〇〇〇ドルが必要になった。町が道路を修復するやいなや、ビーバーが再び暗渠をふさいでしまった。「みんな頭を抱えてしまいました」と、ミッシュコンは言った。

町の自然保護委員会は、この厄介な暗渠を守るためにビーバー・ディシーバーの設置をライルに打診した。ライルは、この装置を設置するには約三〇〇〇ドルかかると伝えた。「町の人たちはお金をかけたくなかったのです」と、ミッシュコンは言った。「効果がないだろうからお金の無駄だと言いました」。それでもアンドーバーはとにかくライルを雇った。「スキップ・ライルは注目され始めました」ミッシュコンは振り返る。「彼は大男で、トラックに柱やら金属製のフェンスやらを満載にしていて、奇妙な形の台形のものをつくっている。人々が立ち止まって見ていると、彼は気軽に話しかける。間もなく、近所の人々が全員集まってきました」。ライルは、アンドーバーでビーバー・ディシーバーを一基設置すると、もう一基設置し、そしてまたもう一基設置し、全部で一〇基ほど設置した。やがて、魚類、家禽、カエルが繁栄を謳歌し、道路の崩壊もなくなった。「今では、予算の中にメンテナンスやビーバー・ディシーバー新規設置のための項目があります」とミッシュコンは教えてくれた。「もう誰も文句を言わなくなりました。時間とお金の節約ができました」

アンドーバーやその他の場所での成功に気をよくしたライルは、ニューイングランドの野生生物機関や運輸局が設置を依頼するためにやってくるのを待った。しかし、待てど暮らせど来なかった。「フロー・デバイスの効果は、私にはあまりにも明白に思えた。世間知らずにも、ビーバーの管理のあり方を変えられると思っていた」と、ライルは話してくれた。「あれから二〇年が経った今、私たちは後退しているように思える」

長い年月の間にライルが耳にしたのは、多くの機関は、フロー・デバイスに興味を示さないばかりでなく、この奇妙な装置は機能しないと積極的に主張しているということだった。例えば、一九九七年にマス・ワイルドライフの科学者が発表した論文では、フロー・デバイスで解決できるビーバー問題の割合は五パーセントに満たないとしている。この主張は、多くのメディアがクエスチョン1の争いで大々的に取り上げた。[*30] 二〇一六年になると、ニューハンプシャー州の毛皮獣生物学者がニューハンプシャー・パブリック・ラジオ（NPR）に対し、フロー・デバイスは効果がなく費用もかかると述べた。[*31]

アンドーバーの町政委員会の議長、ミッシュコンは、州当局の頑迷さを自分の目で見届けた。エルボー・ポンドの近くの州道にビーバー対策を提案したときのことだ。「私たちはテーブルを囲み、自分たちの主張を伝えて、スキップ・ライルを雇ってくれないかと州当局に頼みました」と、ミッシュコンは私に話した。「州の担当者はそこに座っていて、会議の終わりに言うには、いや、彼らには興味はない、このフロー・デバイスは効果がないし、許可を得るのは難しいと言うのです。私はとても腹が立ちました。効果がないってどういうことですか。あなたは町に来て、見ていたじゃないですかって、言い返しました」

連邦政府もあまり乗り気ではない。米国農務省の部門で、厄介な動物の管理を担当する野生生物局は、二〇一六年だけで二万一一八四匹のビーバーを殺した[*32]。野生生物局は、バージニア州でのビーバー殺しを正当化する典型的な環境分析を盾にとって、次のように主張した。フロー・デバイスは「低地にある広いビーバー池では効果がないだろう……連続した流れのある川や溝では適切ではないだろう……(また)異常に高い降雨量や水量のある時期には効果がないだろう[*33]」。それではフロー・デバイスが「機能」するのは一体いつなのだと、読者が思うのも無理はない。

同局の研究部門である国立野生生物局研究センターのジミー・テイラーが私に話してくれたところでは、野生生物局とその協力者は、いくつかの州でフロー・デバイスを採用しているが、深刻な問題の多くはビーバーの捕獲を必要としているという。「もし公道が水没すると、運輸局は『大至急』その水を取り除く必要がある」と、テイラーは言う。「長期的にはフロー・デバイスに興味を持っているかもしれないが、人の健康と安全を守るためには今すぐ何かをしなければならないのです」

テイラーが指摘しているように、フロー・デバイスの有効性を証明する科学的文献は少ない。有効性に疑問を投げかけている論文もある。二〇〇〇年にミシシッピ州でクレムソン・ポンド・レベラーについて研究が行われた。この装置は初期のデザインで、今ではあまり支持されなくなっている。研究によれば、この装置の半分が故障していた。[*34] しかし最近の研究は、この装置にはそれなりの価値があることを示唆している。二〇〇八年、研究者のステファニー・ボイルズとバーバラ・サヴィツキーは、スキップ・ライルがバージニア州沿岸部に設置したフロー・デバイスの費用対効果を計算した。バージニア州運輸局は、ライルが介入する前は、年間三〇万ドルもかけて、州内の問題の起こりやすい道路のメンテナンス、修理、わな猟を行っていた。運輸局のビーバー駆除はあまりにも非効率的で、お金は水の泡となっていた。州がビーバーの管理と修理に費やした費用は一ドルにつき、わずか三九セントの便益を得たにすぎなかった。

ライルが四万四〇〇〇ドルで三三基のフロー・デバイスを設置したところ、ビーバーによる被害が一気になくなった。ライルの珍妙な仕掛けの費用便益比は驚くべきものだった。運輸局がビーバー・ディシーバーの達人に支払った一ドルは八ドル以上の効果を上げたのだ。[*35] カナダのアルバータ州を拠点とする研究者のグリニス・フッドが同様の便益を記録している。エドモントン近郊の湿地公園に設置された一二基のフロー・デバイスのおかげで、州政府は七年間で一八万ドル節約することができたとのことだ。[*36]

別の同志、同じ困難

マイク・キャラハンも同様にすばらしい効果を記録している。マサチューセッツ湿地科学者協会の機関誌に掲載された査読なしの論文で、キャラハンが設置した暗渠保護のためのフロー・デバイスの成功率が当時で九七パーセント、単体のダムに設置した池の水位を下げる装置の成功率は八七パーセントだったとキャラハンは書いている。[*37]

一〇年間のコストを年換算すると、一年あたり二〇〇ドルから二九〇ドルだった。これは道路補修費のほんの一部であり、わな猟をやめてビーバー・ディシーバーにして、かかった費用は、ビーバーのいる湿地一エーカーあたり約一四ドルである[*38]（比較のために書くと、二〇〇六年度の湿地復元プロジェクトの平均コストは、一エーカーあたり、何と三万八二七五ドルだった[*39]）。道路や暗渠の保護だけを考えても、フロー・デバイスはすばらしいものに思える。そして生息地の保全の価値を書き出していくと、闘いはフロー・デバイス側の完勝となる。

しかし、キャラハンがビーバー・ソリューションズを立ち上げたとき、彼の実の兄弟さえもフロー・デバイスは使えないと断言していた。「費用対効果に関する最新の研究が必要です」キャラハンは私にそう教えてくれた。二〇一七年、彼はビーバー・ソリューションズと対をなす非営利団体「ビーバー・インスティテュート」を設立した。研究に資金を提供し、フロー・デバイス設置者をトレーニングし、ビーバーとの紛争に悩む土地所有者を支援し、ビーバー教育を促進することを目的とする。彼は致死的駆除に反対しているわけではなく、契約している場所でも四分の一程度の場所では捕獲を推奨している。しかし、多くの野生生物管理者が反射的に捕獲に頼るのは彼の明るい性格をくもらせる要因の一つとなっている。「ビーバー・インスティテュートでやっていることは彼らがやるべきことだ！」マサチューセッツで会ったとき、彼は激怒した。「彼らは野生生物管理者なのだから最新で最高の情報を持っていると思うだろう。しかし時代遅れのたわごとを言っているだけだ」。カナダはビーバーを「国獣」と主張しているが、それはよりスマートな管理を保証するものではない。研究者のグリニス・フッドの調査によると、アルバータ州の自治体と公園地区の四分の三がビーバーとの紛争に銃やわなを使っているのに対し、フロー・デバイスを採用しているのはわずか五パーセントであることがわかった。[*40]

スキップ・ライルに聞くと、問題は立証責任の非対称にあると言うだろう。州の野生生物管理者の多くは、フロー・デバイスが機能するという確固たる証拠を要求するが、捕獲を支持する際の基準はそれほど高くない。「ビーバーを殺して暗渠を掃除することを、無限のサイクルで繰り返すことに疑念を抱く人はいない」。ライルは私たちが彼の湿地をあてもなく歩いているときにそう言った。「私を雇うように説得する際には、『今あなた方がやっていることはうまくいっていない、それは明らかでしょう』と言ってやる。しかし、多くの州の機関に、フロー・デバイスは機能しないし、ビーバーは常に装置を出し抜くだろうという結論に達している人々が大勢いる」

例外として、ライルの出身地であるバーモント州では、魚類野生生物局が、二〇〇〇年以降、約二四〇基のフロー・デバイスを設置してきた。その成功率は最近では九〇パーセントに近づいている。「私たちは、この動物に対する支持を高めるために、かなり努力したと思います」と、州の毛皮獣生物学者であるキム・ロイアーが後日私に語ってくれた。ロイアーは州の生物学者で、非常にビーバー寄りである。他の管理者とは異なり、彼女は「厄介なビーバー」という言葉を使わない。紛争を起こしているのは人間のほうであるという考え方だ。それでも彼女の機関の取り組みは慎重に抑制されている。ロイアーによると、州は独自に開発したフロー・デバイスを「ビーバー・バッフルズ」と名づけているが、流れの速い川や土砂の多い小川には、ビーバー・バッフルズの設置を避けているようだ。この装置に不安を持っているのか、バーモント州ではビーバーに関する苦情のうち、フロー・デバイスを設置するのはごく一部にすぎない。あまり難しくない案件しか扱わない。バーモント州は時折、自分たちの能力を超えた案件をスキップ・ライルに依頼することがあるそうだ。しかし、土地所有者の多くはこの支援を拒否し、わな猟や銃によって今も多くのビーバーが死んでいる。

ライルと私がブナの立ち木の後ろから出てくると、五羽のアメリカオシが飛び立った。しばらくすると水しぶきを上げて安全な距離に降りてきて、迷惑そうに羽根を膨らませている。ライルは池の二つのロッジを眺めていた。ロッジの骨組みには、ビーバーのつくった水域に繁茂している光を好む植物がちりばめられている。黒ずんだワイン色のニワトコの房、ヒヨドリバナの紫色のブーケ、繊細なオレンジ色のつぼ形のホウセンカ。「私には人間がわからない」と、ライルが言った。足元でカリーが戯れている。「ビーバーはわかりやすい。私はビーバーに対して怒りを感じたことがない。なぜなら彼らは決して悪意をもって行動しないからだ。それに対して、私たち人間は悪意をもって行動しがちだ」

教育の重要性

マイク・キャラハンが、スキップ・ライルの下でフロー・デバイスの設置を学んでから数年が過ぎ去った。アナキン・スカイウォーカーとオビ＝ワン・ケノービ、バットマンとラーズ・アル・グールのように、かつての師匠と弟子は袂を分かち、それぞれの道を歩んでいる。例えば、キャラハンは最後の手段として捕獲を避けることはできないと考えているのに対し、ライルは不殺生を説くジャイナ教の信徒のようにビーバーを殺すことを嫌っている。また知識の共有方法も異なる。キャラハンは、土地所有者にフロー・デバイスの基礎知識を提供する自己啓発DVDを約二〇〇〇枚配布した。一方、素人による設置はライルの悩みの種である。

「私がやっていることを見て、ああ、誰にでもできることだなと思うかもしれない」と、ライルは私に話した。「しかし、このフロー・デバイスを完成させるためには、膨大な時間と苦労があった。私は誰にも負けない経験と実績を持っているが、それでも問題の箇所を管理するのは、非常に大きな技術的課題だ。だからこそ、説明書さえあれば誰でもできるという考えには抵抗がある。他者の仕事を見て、これはポンコツだと言えるようにならないといけない。相手を怒らせてしまうかもしれないが、正直に言わないと問題を解決できない」

間違っていることを指摘するのは難しい。私はこれまでに、「ビーバー・ディシーバー」を試したが捨ててしまったという多くの土地所有者や管理者と話した。彼らに失敗の理由を尋ねると、必ずと言っていいほど、「日曜大工」でつくったもので、設計上のミスがあった。そして善意でつくった装置ではあるが何の訓練も受けていない素人が、ビーバー・ディシィーバーは使い物にならないと、近所の人に話すと、その噂話は広まり、ビーバーとの共存共栄という大義が損なわれてしまう。「このあたりの森林局の人が『ビーバー・ディシーバー』と彼が呼ぶものを設置したのだが」と、アイダホ州の好戦的な非営利団体「Watershed

Guardians（流域の守護者）」の理事マイク・セットルが私に話してくれた。「たくさんの穴があいている小さなパイプなんだが、それが詰まってしまった。そうしたら彼は、あのビーバー・ディシーバーは効果がないとみんなに触れて回った。当然、あんなポンコツが機能するわけがない」

訓練をしてキャラハンやライルのような人を大勢育て上げるまでは、北米はビーバー紛争に悩まされ続けるだろう。そう考えると、キャラハンのように、DVDを配ったりして誰にでも設置の方法を教える平等主義は、この国のビーバー対策の唯一の方法のようだ。「キャラハンとライルのどちらも必要です」と、一人のビーバー信者が私に言った。「『いいかい、これはロケット科学みたいに複雑なことじゃないんだ』と言う者も必要だし、『これは高度な知識と技術を要するロケット科学である。そして私がそのロケットの製作者だ』と言う者も必要です」

午後、その「ロケット製作者」に連れられて、ロケットのメンテナンスを見学した。ライルはグラフトンの脆弱な道路を効果的にビーバーから守るよう対策していたが、時折、ビーバーたちの反乱が勃発した。最近では、狡猾なビーバーが近隣の敷地のビーバー・ディシーバーに侵入し、暗渠を詰まらせ、林道を脅かしていた。「ビーバーのやつ、としか言いようがない」。ライルは冗談めかして言った。不屈の建築家たちは、葉っぱ、棒きれ、泥などで暗渠とフロー・デバイスの両方を包み込み、小山のようにしていた。「いい意味での怒りだけどね」と彼は言った、「私に意地悪をしているわけではないのだから」。

ライルは防水ズボンを引っ張り上げ、トラックの荷台からくま手を取った（トラックのバンパーには社名の頭文字BDIのバニティ・プレート(14)がついていた）。そして池に入っていった。猛烈な勢いで土を掘り返し、バスケットボールほどの大きさの泥を投げ捨てていく。袖の下の上腕二頭筋が盛り上がっていた。私は無駄に腰まで池の中に浸かり、上流の赤いカエデの中に消えていくダムと池の連なりに見とれていた。

ライルの最終目標は、自分のような人間が用済みになる世界の実現である。暗渠をめぐる人間とビーバーの対立を仲介して、人間とビーバーが共存するうえで争点の多い問題を消滅させることである。野生生物学者は、文化的環境収容力について、それが不変の数字であるかのように語る。しかし、私たちがビーバーを許容するのに苦労している唯一の理由は、ビーバーが道路や土地を水没させるのを防ぐことができないからだ。この衝突を回避するのがうまくなればなるほど、社会はより多くのビーバーを許容できるようになる。そうすれば、私たちはビーバーからより多くの報酬を得ることができる。「ほとんどの人は道路が冠水しなければ、ビーバーが生息していても気にしない」と、ライルは低くうなりながら、粘性のあるかたまりをくま手で払い落した。「暗渠を保護しさえすれば、文化的環境収容力は、基本的に、景観が許す限り大きくなるだろう」

小雨が濡れた葉っぱの上でタップダンスを始めるとすぐに、ライルは全身びしょ濡れになった。しかしそれが雨のせいなのか、汗なのかはわからない。くま手を一度振り下ろすたびに、くま手一杯分の障害物が取り除かれた。間もなく、まるでバスタブの栓を抜いたかのように暗渠の近くに小さな渦ができた。詰まっていた障害物が道路の下に流れていったので、池の水位は急低下した。ライルは、元気を取り戻した流れにひとつかみの棒きれや葉っぱを投げ込み、ダムの破片が押し流されるのを見ていた。池は元の小川に戻り、水没していたビーバー・ディシーバーが現れた。マツ材とエポキシ樹脂鋼でできた丈夫そうな構造物で、川の流れにぴったりとフィットして自然に見えた。

ライルのメンテナンスは全体で四五分もかからなかった（マイク・キャラハンも、彼のデバイスに必要なメンテナンスは一年につき一時間程度で済むと見積もっている）。ライルは今あるディシーバーの上にもう一枚フェンスを張ることを決意した。私たちはゆっくりと歩いてトラックに戻った。肩にくま手を担いだライルの膝の周りにはカリーがまとわりついていた。雨はホワイトオークの木の間を、音を立てて降っていた。

「フロー・デバイスを機能させられないことがあるとは、恥ずかしくてたまらない」とライルが言った。そして、くま手をトラックの荷台に投げ入れ、私に向かってこう言った。「ビーバーの脳みそはクルミくらいの大きさらしい*[41]。その気になれば、完璧なビーバー対策をして、ビーバーで悩まなくても済む世界をつくれるはずだ」

第四章
ビーバー再配置作戦 ── パラシュート降下からビーバーモーテルまで

サンディーとチョンパーが、ワシントン州、ウィスロップにある、床がコンクリート張りの檻《おり》の中で会ったとき、二匹はひと嗅ぎで恋に落ちた。

彼は二〇キログラムの、好奇心に満ちたよく動く目を持つオスで、リンゴの木をかじって倒したために、逮捕された。彼女は一〇キログラムの、太陽の光を浴びると金色に輝く艶やかな赤毛のメスで、シュラン近くのヒロハハコヤナギを破壊し──破壊ではなく、利用するためという者もいる──収監された。サンディーの世話係は、最初にヘンドリックスというたくましいオスを見合い相手として紹介したが、二匹はウマが合わなかった。それでサンディーはチョンパーの檻に移された。するとサンディーはすぐに彼のトタン屋根のバンガローに入り、ウッドチップの上にリラックスして横たわり、彼の餌として与えられていたリンゴの薄切りをねだった。見合い結婚が、時として最も幸せな夫婦を生むことがある。

結ばれてから六週間後の七月のある薄明の朝、二匹のビーバーはワシントン州の大自然の中の新居に移ることになった。人間の世話係たちは、二匹を別々のケージに入れて旅に出すことにした。チョンパーはケージの中で歩き回り、黒い鼻を金属の網目に当ててピクピクとさせていた。サンディーはうずくまって鼻を床に押し当て、来るべき苦難に備えているかのようだった。ワシントン州魚類野生生物局の専門家であるキャサリン・ミーンズは、ひざまずいてビーバーを調べていた。「初日から緊張していたのね」と言ったが、そういうミーンズ自身が緊張しているようだった。そして「サンディーを野生に戻すのが楽しみです」と言った。

サンディーとチョンパーは、ワシントン州と米国農務省森林局が協力して行っているメソウ・ビーバー・プロジェクトの保護動物である。同プロジェクトは二〇〇八年以降、カスケード山脈東側斜面周辺に約四〇〇匹のビーバーを移転させてきた。カスケード山脈は、カナダのブリティッシュコロンビア州から北カリフォルニアに向かってワシントン州を二分しているのこぎり状の山脈である。このプロジェクトの「収容者」のほとんどが同じような特徴のプロフィールを持っている。例えばオートキャンプ場の木を倒したり、ウシの牧草地を水没させたりして私有地に損害を与え、それぞれの土地所有者から出ていってほしいと思われたビーバーたちだ。そのような場合、殺して捕獲するわな猟師を呼ぶのではなく、生きたまま捕獲して、移転させるプロジェクトのスタッフに連絡を入れる市民が増えている。このプロジェクトは、オウカノガン＝ワナッチー国有林の一角、湖が点在し、クズリやピューマが徘徊する氷河の切り立つ五三〇〇平方キロメートルの土地にビーバーを放つというものだ。

私はメソウ・バレーに来ていた。ワシントン州北部の人口の少ない地域で、牧草地や果樹園が広がる牧歌的な風景が目の前にある。ビーバーと人間の関係に新たな章が幕を開けるのを目撃するために来たのだ。スキップ・ライルと彼がつくったビーバー・ディシーバーという装置は、北米の人々にビーバーの存在を容認することを教えた。今、メソウチームは、戦いの前線に衛生兵を配置するように、傷ついた風景の中にビーバーを積極的に配置している。「私たちはすべての川の上流と下流、すべての源流にビーバーを配置したいと思っています」と、このプロジェクトの創設者であるケント・ウッドラフは、オレンジ色の歯を持つ彼の保護動物（ビーバー）の前に一緒にしゃがんでいる私に、そう話した。[1] 飼い主が愛犬に似てくるのと同じように、ウッドラフはそのがっしりした体格といい、髭の生えた鼻の下といい、ビーバーに似ていると私は思った。彼は低いしゃがれた声で、信念を持って言った、「これらの川が再び氾濫原を横切って躍動することを望んでいます」。

ウッドラフの説得力のおかげで、毛皮の帽子が流行らなくなって以来初めてワシントン州でビーバーの需要が高まった。他の州ではまだビーバーに対し疑惑のまなざしを向けていたが、二〇一二年、ワシントン州議会は「ビーバー法案」を可決し、ビーバーが「太平洋岸北西部の川の流域の健全性を維持するうえで重要な役割を果たしている」ことをアピールした。そして「有益な野生生物の管理方法として……ビーバーを生きたまま捕獲し、再配置すること」を推進することにした。[*1] 二〇一七年には、この法律を改正し、さらに広い範囲への移転を奨励した。現在では六つ以上の団体、機関、先住民族が、この常緑州（ワシントン州の愛称）の最もホットな舞台でビーバーの再配置を行っている。そのほとんどがケント・ウッドラフとメソウチームの愉快な仲間たちが開発した技術を採用している。彼らは、ビーバーを納得させて、指示した場所に留まらせるという魔法の技術に誰よりも近づいた職人たちだった。

サンディーとチョンパーは、彼らにとって適切なスタッフによって拉致されたのだった。キャサリン・ミーンズは、チームスタッフの助けを借りて二つのケージを、待機していたトラックの荷台に載せ、以前他のビーバーが腺から分泌した液の匂いが残る防水帆布のシートでおおった。チームはトラックの荷台に、二匹が新しい環境に到着したらすぐに食べられるようにと切り立てのアスペンの枝も載せた。そしてトラックはビーバーたちの保護施設となっているウィンスロップ国立養魚場を出ると、小石を散らしながら、ツイン・レイクス・ロードに入っていった。ビーバーたちの移転が始まった。

ビーバーパラシュート部隊

メソウ・ビーバー・プロジェクトは、アメリカでビーバーの再配置に取り組んだ最も野心的なプロジェクト・チームだったかもしれないが、ビーバーの移転そのものは初めての取り組みではない。また最も創意工夫に満ちていたというわけでもない。創意工夫という点では、アイダホ州魚類鳥獣部（Idaho Fish and Game Department）が実施した「ビーバーのパラシュート部隊」に匹敵するものは過去にも現在にもない。アイダホ州の取り組みは、第二次世界大戦後間もなく、帰還した船員や兵士によって人口が増えたことから始まった。文明が、未開発の土地に進出した。特にアイダホ州の湖畔の町、マッコール周辺に人が移り住んだ。新参者が家や農場をつくると、そこに生息していたビーバーと衝突した。ビーバーたちは果樹園を破壊し、灌漑設備を止めてしまった。魚類鳥獣部が、ビーバーの再配置を決定したのは立派だった。しかし、どこに移すのか、どうやって移転させるのか？

州が学んだのは、ビーバーの移転は簡単ではないということだった。魚類鳥獣部は、馬の上にケージを縛りつけてみたが、この方法はまったくの失敗に終わった。ビーバーという動物は常に適度に寒冷な環境と水を必要とし、ストレスを感じると餌を拒否するようになる。家畜たちも幸せではなかった。「馬やラバは、もがいて騒ぐ独特な匂いのするビーバーを積むと、おびえてけんか腰になった」と、州の生物学者エルモ・ヘターは報告している。誰が家畜を責めることができるだろう。「あまりに頻繁にビーバーの命を奪うことになっている。この問題には他に何か手段を考えるべきだ……より早く、より安く、より安全な輸送方法が必要だ」[*2]。

幸いなことに、機知に富んだヘターは、先の戦争でパラシュートが余っていることを知っていた。またヘターは、トラベルエア社の軽量翼の単葉機を利用することができた。ビーバーは騎手としては失格だったが、パラシュート部隊としてはどうだろう。

ヘターの計画は奇想天外な天才的発想だった。ビーバーを箱に詰め、パラシュートに縛りつけて未開地の小川の上に落とそうと提案したのだ。彼は最初のビーバーの箱を、ヤナギを編んでつくった。それは中に閉じ込められたビーバーが着陸時に「自由に向かう途上でかじる」ことができる設計であると記録に残している。しかし、科学者である彼は、ビーバーが飛行機の中にいる間に箱をかみ砕いて、自由になる可能性があり、小さな飛行機の中でビーバーの群れが暴れると炎上する恐れがあることに気づき、この考えを捨てた。

ヤナギの箱のアイデアは没になったが、粘り強いヘターは、別の計画を考えた。スーツケースのような木箱で、衝撃が加わると伸縮性ストラップが解けて箱が開くという仕掛けである。衝突実験のパイロットとして重責を負ったのは、ジェロニモという名の年老いたビーバーだった。担当者たちは何度もジェロニモの箱を着陸地点に投げ落とした。ヘターは、極めて非科学的な口調でこの実験について語っている。「彼が箱から這い出てくるたびに、誰かがその体を両手で持ち上げた。かわいそうなやつ！　ついにはあきらめたのか、私たちが近づくとすぐに箱に戻って次の飛行準備をするようになった[*3]」。

概して言えば、一九四八年の秋、七六匹のビーバーを空輸して空からアイダホの荒野に落とす作戦は大成功を収めた。犠牲になったビーバーは一匹だけだった。不運な犠牲者は、どういうわけか空中を急降下する木箱から抜け出してその上によじ登り、そのまま墜落して死んだのだ。一年後、ヘターが落下地点を調査したところ、「空輸による移転はすべて成功していた。ビーバーはダムをつくり、家を建て、食料を蓄え、順調にコロニーを形成していた」(歴史学者のシャロン・クラークが、二〇一五年に魚類鳥獣部の地下室の奥で画質の悪いビデオテープを発掘していなかったら、この計画は信じられないものだっただろう)。費用は、スカイダイバー一匹あたり、一六ドル、現在の価格でいうと約一六〇ドルかかっていた。ヘターはさらに述べた。「重責を果たしてくれた『ジェロニモ』は、奥地に向かう最初の飛行機に優先的に予約を入れてもらい、三匹の若いメスが彼と一緒に行ったので、ご心配なく[*4]」。

ヘターの奇想天外な勝利は、ビーバー王国の歴史の中で最も有名な復活劇として記録されている。しかし、現代の科学者が彼のビーバー落下作戦を再現できないのには理由がある。現代のビーバーに比べて、ジェロニモたち飛行士には決定的な強みがあった。彼らが降り立った風景には捕食動物がほとんどいなかった。終戦から間もない一九四八年当時、農民、牧場主、政府機関は、アイダホ州のオオカミを絶滅させ、グリズリー・ベアやピューマを、ヘターが彼の荷物を落とした「狭いが開けた牧草地」から遠く離れた山の砦に追い払っていた。

ところがその後、自然保護主義者たちは、ついには北米全土の大型肉食獣を復活させた。今では、二〇〇〇頭のオオカミ、二〇〇〇頭のグリズリー・ベア、三万頭のピューマ、数百万頭のコヨーテが西部の丘や森林をうろついている。平たい尾を持つ落下傘兵が、北ロッキー山脈に空から降り立ったとしても、今日では、地面に降りた瞬間から牙と爪が待つ恐ろしい障害物コースを通過しなければならないだろう。

事前調査の重要性

現代のエルモ・ヘターであるマーク・マッキンストリーは、ビーバーの再配置の危険性を誰よりもよく知っている。一九九〇年代、当時ワイオミング大学で研究する生物学者だったマッキンストリーは、ジェロニモが三匹の魅力的な乙女たちを連れてアイダホ州の奥地に飛び込んで以来、最も大胆な再配置プロジェクトを開始した。マッキンストリーと彼のチームは、ワイオミング州の五〇〇〇人以上の人々にアンケートを郵送するところから、このプログラムをスタートさせた。ビーバーはどこで問題を起こしていますか？　ビーバーはどこでわなにかかりましたか？　ビーバーをどこに再配置すればいいですか？　「大きなプロジェクトを始める前に、それが人々に受け入れられるかどうかを確認したかったのです」とマッキンストリーは振り返る。「絶滅したオオカミをイエローストーン公園に再導入する計画が持ち上がったときと同じく、誰もこの動物の再導入を望んでいないのではないかと心配したのです」

結果的には、ワイオミング州民の多くがビーバーを望んでいることがわかった。アンケートに回答した土地所有者の半数近くと、公有地管理者の全員がビーバーの再導入に関心を持っていた。[*5] 過疎化が進むワイオミング州の広大な土地もマッキンストリーの野望を後押しした。「ワイオミング州には四〇〇〇平方キロメートル規模の牧場が複数あり、地主は山の頂上から大きな川の交差点までの全流域を所有している」とマッキンストリーは言う。「もしビーバーがヒロハハコヤナギやアスペンの木を数本消滅させても、この人たちは気にしない。我々はそういう人たちと一緒に仕事ができるのです」

調査が終わり、マッキンストリーは根気のいるビーバー捕獲作戦を始めた。一九九四年から一九九九年にかけて、輪なわと、金網で挟み込んで出られなくするハンコックタイプのわなを三三カ所に設置した。夕方の涼しい時間帯にわなを仕掛け、夜明けに確認した。捕獲したビーバーの約半数に無線機を埋め込み、トラックで、寛容な土地の所有者の敷地内を流れる一四本の遠くの小川に運んだ。時には、マッキンストリーのチームはビーバーが入った木箱を背負って人里離れた源流域まで歩いた。車で行けるところは、家畜用のトレーラーごと車をバックさせ、ケージを開けて、あっさりとビーバーを放った。最終的に、二三四匹のビーバーがマッキンストリーのプログラムから旅立っていった。[*6]

この試みはほぼ成功したと言えるだろう。コロニーは一四本の小川のうち一三本に湿地帯をつくり、水辺域の平均的な幅を三倍にした。豊かな新しい生息地は、アメリカアカシカ[2]、シカ、そして多くのムース[3]を惹きつけた。アカシカがヤナギを枯らしてしまうので、それを防ぐため州は特別な狩猟シーズンを設けたほどだった。カモの調査では、ビーバー池のマガモ、コガモ、ヒドリガモ、オカヨシガモの数は、ビーバーのいない池に比べて七五倍にもなった。[*7] 牧場主たちは、乾草の生産量が増加し、ウシたちに十分に水を与えられたことを喜んだ。北米湿地保全協議会から全米ライフル協会の環境保全部門（conservation arm）まで、さまざまな団体が何とかして金を工面してこのプロジェクトに資金を提供しようとした。マッキンストリーは、このプロジェクトを自分のキャリアの中で最高の業績だと考えている。

しかし、このプロジェクトの目標は達成されたものの、現場で歩兵となるビーバーたちの死傷率は残念なものだった。マッキンストリーが移転させたビーバーの子どもや一歳のビーバーは、移転先で避難場所となるロッジを持たないため、「ほぼDOA（到着時死亡）」となってしまった。ビーバーたちのタグに取り付けられたセンサーが、ビーバーの動きが止まると警告を発し科学者たちに知らせるようになっていたので、マッキンストリーは哀れなビーバーの死骸を見つけ出すことができた。足跡、糞、毛、噛み痕が、そのビーバーの不幸な物語を示していた。マッキンストリーが放ったビーバーの三分の一は、クロクマ、コヨーテ、ピューマ、その他の捕食動物の餌食になった。「ワイオミング州北部のコーディの近くでは、グリズリー・ベアにごちそうを提供しただけになってしまった場所もありました」。マッキンストリーは後悔しているような様子で私に話してくれた。「グリズリー・ベアにとってビーバーは、太っていて、動きが遅く、うまそうな匂いのする肉のかたまりだったのでしょう」

生き残ったビーバーたちも、マッキンストリーが彼らのために選んだ川を嫌う傾向があることがわかった。無線タグをつけられたビーバーの半数以上が、より良い生息地を求めてそそくさと逃げていった。移住したビーバーのうち、新天地にダムをつくったのは全体のわずか一九パーセントにすぎなかった。マッキンストリーは一つの場所に一つのコロニーを定着させるために、平均一七匹のビーバーを放たなければならなかった。[*8]

教訓：ビーバーを肉食動物でいっぱいの荒野に移転させることはできるが、それはあまり効率的とは言えず、家を持たない難民のビーバーにとって安全ではなかった。ワイオミング州の場合、移転させられたビーバーは、移転先の土地とそこに住む人々や動物たちにとって、万能薬であり獲物、奇跡でありごちそう、救世主でありおやつだった。太った、動きの鈍い、うまそうな匂いのする肉のかたまりを生かしておくためのもっと良い方法があるはずだ。

ワシントンでの再配置に向けて

マッキンストリーがプロジェクトの成果を発表しようとしていた頃、北西方向に数百キロメートル離れた場所で、ある生物学者が、同じようにビーバーの再配置の仕組みを考え始めていた。

マサチューセッツ州が体を挟み込むタイプ（ボディグリップ・トラップ[4]）の致命的なわなを禁止してから四年後の二〇〇〇年、ワシントン州の有権者も、同様に致命的なわなを禁止する住民投票案を可決した。殺すという選択肢が限られたため、土地所有者たちはビーバーの問題を解決するために、より優しい方法を模索するようになった。メソウ・バレーは、曲がりくねった川が巨大なコロンビア川に流れ込む五二〇〇平方キロメートルの流域で、土地所有者たちは、ジョン・ローラーという名前の米国農務省森林局の生物学者に連絡を取り始めた。

心得のある者を頼ったのだ。一九九一年に初めてこの谷を訪れたローラーは、乾燥して雑草が生い茂る草原に、かつては湿り気を与えてくれていたビーバーダムがないことを残念に思った。彼は屈強な消防士たちの協力を得、手づくりの砂防ダムを建設したが、無駄だった。「私たちのダムは、夏場はうまく機能していて、水をせき止め、すべてがうまくいっていました」と、ローラーは、私に話してくれた。「しかし、秋から春にかけては、水の量が増えすぎてダムが決壊し、問題が深刻化しました」。谷は「優れた建築家」を必要としていたが、ローラーは、ボディグリップ・トラップが禁止されるまでは、ビーバーを導入してもわな猟師に駆除されてしまうのではないかと心配していた。

　ローラーは、年老いたわな猟師から非致命的なハンコックタイプのわなの仕掛け方を学び、自宅の裏庭にコンクリートの池を掘って、ビーバーの捕獲を始めた。十分に練られていない、危険性のある捕獲作戦だった。一匹のビーバーがローラーの脚に噛みつき、皮膚を破ることはなかったが、ひどい痣をつくった。しかし、効果はあった。（ローラーには、危険な野生生物をいじくるという性癖がある。自分用のビーバー池をつくって間もなく、迷惑なガラガラヘビを捕獲し、飼育し、そして飼育器いっぱいのヘビを解放した）。ローラーは、自分の砂防ダムが失敗した場所である雑草におおわれた牧草地に捕獲した数匹のビーバーを放った。一年も経たないうちに、土埃が舞うような牧草地がカヌーを出せるほどの大きな湖に姿を変えた。ローラーは、森林局はビーバーを配置するという作業の規模を拡大するべきだと確信した。

　生物学者であるローラーの家の裏庭でビーバーを捕獲し、移転させた作業を専門的なプロジェクトにする仕事は同僚のケント・ウッドラフにゆだねられた。ウッドラフがビーバー・プロジェクトの先頭に立つのは、いくつかの点で奇妙な人選だった。ウッドラフはげっ歯類の研究をしたことがなかったからである。これまで担当したのは、コウモリや鳴禽類、猛禽類だった。しかし、足りない知識を、彼は意欲で補った。ウッドラフは、ワシントンＤＣで国務省のバグダッドへの人道的支援の調整を担当した短い期間以外は、一九九四年以来メソウで働いてきたが、仕事に対して満たされない気持ちがあった。あるプロジェクトで、彼はカラフトフクロウとアカケアシノスリのための一連の営巣台を設置した。営巣台は意図した通りに鳥たちを惹きつけたが、設計者は満足しなかった。「二〇個の営巣台は、わずかばかりの過去の遺産の残滓のように見えた」と、ウッドラフは私に話してくれた。彼は、もっと永続的な痕跡をこの地に残したいと切望していた。「長期的な改善につながる機会として、ビーバーの話が来たときには、もちろん参加すると答えました」。彼はいくつかの助成金を集めて、メソウ・ビーバー・プロジェクトに乗り出した。

問題は、ワイオミング州と同様、捕食動物だった。メソウにはピューマやクロクマが出没し、オオカミも進出し始めていた。ワシントン州中央部の針葉樹林には、グリズリー・ベアがいなかったので、ワイオミング州の大草原ほど危険ではなかったが、それでもメソウ・バレーは太ったビーバーにとって、肉食獣のいる恐怖の館だった。一匹で行動するビーバーが最も危険に直面しやすい。ウッドラフは、家族全員を捕獲して移転させる計画を立てたが、一族全員を一緒に捕まえることは常に可能というわけではなかった。ビーバーの中には、必然的に一匹で捕獲されるものがいる。このような単独のビーバーが、解放されると、宿無しとなり、仲間を求めて上流や下流をさまようという最も危険な状態に直面する。

ウッドラフは、ビーバーたちの仲人をすることで、この二つの問題を解決できるのではないかと考えた。独身のビーバー同士をつがいにすることができれば、それぞれのカップルは仲間探しの義務から解放され、すぐに落ち着き、捕食動物を寄せつけないビーバー複合体を建設するだろう。しかし、どうすれば見ず知らずの二匹のビーバーをカップルにすることができるのだろう？　ウッドラフが必要としていたのはビーバー向けの愛の小屋だった。

ビーバーモーテルでの愛の物語

サンディーとチョンパーが解放される日の前日の朝、私は初めてウッドラフのビーバー・モーテルを訪れた。一九四〇年に、連邦政府がウィンスロップ国立養魚場を開設したとき、そこはサーモンの世界最大の養魚場だった。今ではかつてほどは隆盛ではないが、並外れた養魚場であることに変わりはない。養魚場では現在も毎年一〇〇万匹のサーモンとニジマスが飼育されている。この施設の、流水で満たされたコンクリート製の楕円形の檻のことをレースウェイというのだが、ビーバーにとって理想的な檻でもある。二〇〇八年、ウッドラフは空いているレースウェイをいくつか確保して、顧客の入居を開始した。

ウッドラフの揺るぎない目標は、保護したビーバーたちに快適に暮らしてもらうことだった。「ここはビーバーたちのヒルトンホテルだ」。ボーリング場のように並ぶレースウェイを歩いているときに彼は私に言った。「捕食動物はいない。おいしい食べ物もある。きれいな木屑もある」。ビーバーたちは潜水艦のように檻の中を泳ぎ、もつれた厚い毛から泡の航跡を残し、小さな耳には色分けされたタグがぶら下がっている。各レースウェイの中央には、粗末ながらも、床に木屑が敷かれた居心地の良さそうな軽量コンクリートブロックの小さな小屋が建っていた。三角形のフレームには黒い布が張られていて、まるで小さな子犬用のテントのように、昇る太陽からビーバーを守っている。ハーフテイル・デイルと呼ばれている歴戦を物語るオスが、小屋に続く木製のスロープにしゃがみ込み、私たちを怪訝そうに見ていた。器用な両手を胸に当てて丸め、傷ついて小さくなった尻尾を尻の下に隠していた（ここに来たビーバーのほとんどは、プロジェクトの支持者や来訪した子どもたちによって命名されている。「たいていジャスティン・ビーバーという名の子が一匹はいます」と、キャサリン・ミーンズが後日、うんざりした様子で話してくれた）。

収容されたビーバーの中には、愛する伴侶を見つけられないものもいる。ハーフテイル・デイルはここに来てすでに六週間になる。野生の本能が衰えないようにするには、すぐにでも解放してやらなければならない。オスのビーバーはメスに比べて遠くまで出かけたり、暴れたりする傾向がある。このため、養魚場に拘留されるのはオスとしての本能を歪めることになる。うまくいかないこともある。野生の頃に感染症にかかっていたため、養魚場で死んでしまったビーバーもいる。それでも、ほとんどは最終的には伴侶に出会う。「多くのプログラムは、ある場所で捕獲して別の場所で解放するだけ。家族単位で移転させたり、相性の良いグループをつくったりする努力がなされていません」と、アメリカ海洋大気庁の水生生態系アナリストで、北西部でビーバーの第一人者であるマイケル・ポロックは、後日、私に語った。「動物を大切に扱っているところが、メソウ・ビーバー・プロジェクトが他とは一線を画しているところです」

雌雄が外見で判別できない?

メソウのチームは、半ば芸術、半ば科学とも言えるビーバーの雌雄鑑別を洗練させるために貢献した。ロマンティックな映画のハリーとサリーの関係[5]を築くためには、誰がハリー(オス)で誰がサリー(メス)なのかを知る必要がある。そこがビーバーの難しいところだ。ビーバーは、クジャクやチョウチンアンコウと違って「性的二型」を示さないので、外見ではオスとメスの区別がほとんどつかない。母ビーバーが授乳をしているときは、乳首が見えるからメスだとわかる。そうでないときは、どんなに鋭い目を持つ仲人でも外見でオスとメスの区別をすることはできない。

ビーバーの生殖器を調べても、何の発見もない。カストル・カナデンシス(*Castor canadensis*)は、哺乳類の中ではみ出し者だ。ハツカネズミ、ザトウクジラ、人間に共通するプラグとコンセントの外生殖器を持たない。その代わりに、この変わり者は、変形した総排泄腔（*cloacas*）を持っている。鳥類や爬虫類の解剖学的構造に類似した肉質の排泄腔で、排尿、匂いの分泌、繁殖の三つの役割を果たしている。ビーバーの交尾は、冬の終わりに氷の下で行われる。そのときオスのペニスは排泄腔から突き出ているが、それ以外のときは見えない。ペニスには哺乳動物の多くと同様に、「陰茎骨」と呼ばれる骨がある。ところで、ビーバーの学名はその見えない生殖器からきている。カストル（*Castor*）はカストラトゥム（*castratum*）から派生しているが、これがどこからきているかはおわかりだろう。(6)

ビーバーの生殖器が外からは見えないにもかかわらず、メソウのスタッフはほとんど確実にオスとメスをつがいにしている。どうすればそんなにうまくいくのかをウッドラフに尋ねると、「ここへ来たからには雌雄鑑別の実地講座を受けて、実際に試してみないと意味がないですよ」と、いたずらっぽく言った。外見ではなく、自分の鼻でわかると彼は言う。

指導は、他でもないハーフテイル・デイルで行われることになった。ところが、彼は私に迫られることを予期していたかのように、急いで小屋の中に入ってしまった。ミーンズがデイルの小屋のトタン屋根を優しくノックして外に出るように促し、ついにはなだめて檻の中に入れた。そこからデイルはかわいそうなことに、頭から青い布袋に押し込まれた。袋はジャガイモがいっぱい入っているかのようにかさばって見えた。ミーンズは袋をまくっていく。デイルの後ろ足、腹、表面がでこぼこした尻尾がのぞいた。不均一に切り取られたところが薄いピンク色になっている。おそらく昔、船のプロペラにぶつかって切り取られたのだろう。

「さあ、ベン」ウッドラフは真面目くさって言ったが、丸い顔にしわを寄せて笑いをこらえていた。「君の番だ」私は鼻にしわを寄せて匂いを嗅ぐ準備をした。

意外に思われるかもしれないが、ビーバーの強い香りを放つ分泌物は、服飾品としての毛皮と同じくらい古くから伝統的に消費されてきた。カストリウム（海狸香）は、シャネルやゲランのシャリマーなど、香水メーカーが香水の原料として使用してきた。現代のフレグランス百科事典によると、その香りを「野生的で肉体的、欲情的で情熱的、身につけた人に繊細な官能のオーラを授ける」[*9]と表現している。食品会社では、かつてはヨーグルト、フルーツドリンク、キャンディ、その他の食品に添加物としてカストリウムを加えていた。しかし現在では、一部のフードブロガーの主張とは裏腹に「ビーバーの尻」がバニラアイスクリームの味を引き立てている可能性はない。しかしスウェーデン人の猟師ならカストリウムで香りづけしたシュナップス（ベーベルホイット（bäverhojt）[(7)]）を手に入れることは可能である。[*10]

しかし、カストル嚢は有名ではあるが、ビーバーの持つ匂いを発する器官として最も有名なものであるにすぎない。ビーバーはまた**肛門腺**も持っている。隠された乳首のようなかたまりでそこから出る分泌物はビーバーが生きていくうえで導き助けるものとしての役割を持つ。肛門のオイルにはさまざまな機能がある。ビーバーはこれを、足指の爪を櫛のようにして毛皮に塗り込み、防水の毛皮とする。しかしその主な役割はコミュニケーションだ。ビーバーは一匹一匹がはっきりと異なった、指紋のような、固有の匂いを持っている。この匂いには微妙に系譜情報が含まれているらしい。一九九七年、生物学者のリクシング・サンはある実験を行った。コロニーを離れた個体に二匹のビーバーの匂いを嗅がせた。一つは血縁関係のないビーバーで、もう一つは自分がコロニーを後にしてから生まれた自分の弟の匂いだった。*11 コロニーを出たビーバーは血縁関係のないビーバーの匂いに対してより強い縄張り意識を持って反応した。例えば、自分の兄弟の分泌物のついた匂い塚(8)に比べ、サンが匂いをつけた塚を怒ったように足で引っかいたりした。コロニーを出たビーバーは、一度も会ったことのない兄弟姉妹を自分の身内として認識できるのである。生まれたときに離れ離れになったあなたの姉妹を、脇の下の匂いで識別しようとしている自分を想像してみてほしい。

私たち**ホモ・サピエンス**の臭覚は、怠けきっている。咲き誇るハイビスカスや焼き立てのブラウニーのそばを歩いていないときには、自分の鼻を意識することすらない。それでも、ビーバーの肛門腺に隠された秘密の一部は、鈍感な私たちの鼻でさえも解読できる。ミーンズがデイルの下半身を露わにしてくれている間に、プロジェクトの別の生物学者ケイティ・ウェバーが肛門腺の匂いについて簡単な説明をしてくれた。モーターオイルの匂いがしたら、それはオスである。古いチーズの匂いがしたらそれはメスである。さらに、オスはメスより色の濃い、粘性のある液体を出す。「五回も匂いを嗅げば、大体雌雄鑑別ができるようになります」とウェバーは請け合ってくれた。

何の経験もない私は、デイルの性別を判断する自信はなかった。彼がすでにオスだと確認されていてよかった。それに今回は単なる練習にすぎない。私はラテックス手袋をはめた手指を、腫瘍でも探すかのように、デイルの腹の湿った毛に押し当てた。ウェバーは私の肩越しに、不確かな手でつかまれて身をよじっているビーバーを覗き込んだ。「肛門腺が見つかったら、圧力をかけてみて、オイルが出てくるから」と、彼女はまるでボクサーに左ジャブを勧めるセコンドのようにアドバイスしてくれた。デイルは袋の中が暗いため落ち着いていたが、時折、爪の生えた足で蹴り出してくることもあった。しかしそれは責められない。

私のぎこちない指の下に、ピンク色をした肉の怒れる双子の火山、体臭の元である肛門腺がようやく飛び出した。片方の先端には琥珀色の液体が光っている。私はそれをティッシュでそっと拭い取った。ウェバーは私にもう少し強く絞るように言った。私はちょっといじめられているような気になった。「体勢に気をつけて」生物学者のトーレ・ストッカードが安全フェンスの後ろから声をかけてきた。「飛沫がかかりますよ」

デイルに小声で謝りながら、私は彼の肛門腺を強く押した。茶色っぽい粘性のある液体が噴き出した（「当然ながらこの処置は総排泄腔から適度に顔を離して行うべきである」と、あるガイドブックでは告げている。「口は閉じること」[*12]）。ウェバーが汚れを拭き取るために飛んできてくれた。幸いにも私の未熟な腕によるデイルの試練は終わった。「あなたはいいモデルね、デイル」。ウェバーが優しく言った。

彼女は、私が苦労して手に入れた分泌物がにじんだティッシュを掲げた。不本意ながら、私はそれを深く吸い込んだ。モーターオイル？　そうかもしれない。しかし香りには、熟れすぎた果物、ペットショップの屋内、死んだマスクラット、ペンキ、その他、無数の出所不明の匂いが含まれていた。不快ではなかったが、強烈だった。後になって、肛門腺からのオイルには一〇〇種類以上の化学物質が含まれていることを知った。その中にはオスまたはメスに特有の匂いも多くある。*13

ビーバーの尻の匂いを嗅ぐのは、特に科学的には思えないかもしれないが、効果はある。遺伝子解析によってわかったのだが、二〇一一年に、リクシング・サンの提案で腺を使った手法を採用して以来、メソウ・ビーバー・プロジェクトがビーバーの性別を間違えたのはたった一匹だけだったと、ウッドラフが教えてくれた。緻密な雌雄判定のおかげで、メソウ・ビーバー・プロジェクトの再配置の成功率は、それまでのプロジェクトを上回った。ワイオミング州の実験では、マーク・マッキンストリーが、二三四匹のビーバーを使い、一三カ所の土地を開発した。対照的に、メソウの三六〇匹のビーバーは、五〇カ所以上の場所に池をつくった。メソウのスタッフの野心的な場所選びが、この数字をさらに際立たせている。スタッフはビーバーが自分たちでは容易に侵入できないような高地を狙った。場所だけでなくタイミングも重要だ。春にビーバーを放すと、彼らはより良い環境を求めて散らばっていく。ところが、秋に移転させると、ビーバーたちは冬が来る前に身を粉にしてロッジづくりに励む。

メソウ・ビーバー・プロジェクトが設立されてから数年後、その再配置のテクニックは風で飛ばされた種のように各地に広がっていった。このプロジェクト・チームは、ビーバー飼育のための一連のワークショップを開催した。ビーバーに関連する仕事を志望する者たちの通過儀礼となったこのワークショップは、ワシントン州だけにとどまらず、全国に広がり、そして世界に広がった。ウッドラフは、二〇一七年、ついに引退し、プロジェクト・リーダーの座をトーレ・ストッカードに譲った。ストッカードは、コウテイペンギンの研究をしてきた真面目な生物学者である。その冬、「ビーバーの州(State of the Beaver)」会議が開催された。この会議は二年に一回開催され、ビーバー界の権威者たちがオレゴン州キャニオンビルに集まってくる。この会議に出席したワシントン大学の博士課程の学生であるベン・ディットブレナーは、これまでに何十匹ものビーバーをスカイコミッシュ川流域に再配置してきた。彼はウッドラフに敬意を表して、持参したスライドのうち、最初の三枚を彼に捧げた。頬髭のある師匠の顔をフォトショップで加工し、ゴッドファーザー、オビ=ワン・ケノービ、「世界で最も興味深い男」(9)に仕立てた。「ケント・ウッドラフの存在を知り、彼と連絡を取った瞬間、私たちはこの巨大なビーバーネットワークの一員となりました」と、後になって、ディットブレナーが私に話してくれた。「彼は私たちをメソウに招待して、私たちのプロジェクトの効率が上がり、成功するように気を配ってくれました。ケント・ウッドラフがいなかったら、私たちはどうなっていたかわかりません」

一見適して見える場所の落とし穴

いかにうまくビーバーを移転させ、正確に雌雄を鑑別し、慎重につがいにし、注意深く新居を選んだとしても、悲しいことに、多くのビーバーは、いや、ほとんどのビーバーはその土地に定着しない。ディットブレナーは、ビーバーの移転については、アメリカ北西部で最も優れた腕を持っている。しかし、そんな彼でも確実に定着させることはできない。「すばらしい場所もありましたが、彼らはただはしゃぎ回るだけです」と、彼は話してくれた。「完璧に思われた場所があり、ビーバーを五回から一〇回ほど導入しました。でも定着しませんでした」

マーク・マッキンストリーを悩ませた捕食動物の問題は、今でも多くの再配置をはばんでいる。「ビーバーの州」会議で、私は、オレゴン州立大学の生物学者ヴァネッサ・ペトロの講演を傍聴した。ペトロは二〇一一年と二〇一二年に三八匹の迷惑なビーバーを、尻尾に無線機を装着してオレゴン州沿岸部に移転させた。四カ月以内に半数が死んだ。そのほとんどがピューマの餌食になっていた。あるビーバーの一族は、腹を空かせたピューマの間を何度も行き来したため、ペトロはこれを「ピンポン・コロニー」と呼んだ。ペトロのビーバーがつくったダムは全部で九基あったが、いずれも最終的には消滅した。*14「私たちの目標がビーバーの個体数の増加とダム建設の促進であるなら、なぜ既存の個体群が自分たちでそれをしないのかを問うべきではないでしょうか」と、ペトロは後日、Eメールで私に伝えた。ビーバーの移転は、流域をビーバーのコロニーにする手軽な方法だと思えるかもしれないが、一見適した場所にビーバーがいないのには、理由があるのだ。

このような複雑な結果に不安を覚えるビーバー擁護派がいる。彼らは夢想的な自然保護主義者たちが、ビーバーに対する情熱から、ダムを支えることができない川に再配置して、再配置の基本的な理由を打ち消してしまうのではないかと心配している。「私たちはプロジェクトがうまく機能すると信じて、多くの希望と資本と信頼を託してきた。しかし正しい背景情報がなければ、他の場所でも失敗をすることになるかもしれない」と、オレゴン州立大学の博士課程に在籍するキャロライン・ナッシュは私にそう話してくれた。ナッシュはビーバー研究チームの一員で、このチームが重点を置いているのは期待のマネージメント(10)である。二〇一七年、このグループは、西部の放牧地におけるビーバーの復活について広範な検証を行い、結果を発表した。それによると、彼女が私に話してくれたように「科学の歩みより実践の歩みのほうがはるかに進んでいる」。現在、西部では少なくとも七六件のプロジェクトがビーバーを移転させているが、その結果を五年以上にわたってモニターしているのはわずか四件しかない。盛んに行われている再配置が、遺伝学上の問題や、コロニー間での病気の感染を起こしているかどうかはいまだに不明である。また、復活を望む善意の人であっても必ずしも細心の注意を払って再配置先を選んでいるわけではない。時には、不十分な食料、不適切な水の状態の川にビーバーを放り込み、死に追いやったり、移住するしかない状況に追い込んだりしている。再配置されたコロニーが消滅してしまうことも多い。ナッシュは、再配置の失敗が、人々の失望につながることを恐れており、再配置の減少につながるのではないかと心配する。そして最終的には、ビーバーを活用した環境の復活という大義名分に水を差すのではないかと危惧している。*15

ビーバーはもちろん野生動物である。野生であるということは、人間の操り人形ではなく、自分の意志を持っているということである。ビーバーが、私たちが配置した場所に住みつき、誠実に水をろ過し、作物を灌漑することを望んでも、結局は、彼らは私たちの計画ではなく、彼ら自身の計画に従うのだ。ビーバーと私たちの関係は、毛皮交易以来、ずいぶんと前進したかもしれないが、やはり功利主義的であることに変わりはない。私たちが搾取しているのが、今では毛皮ではなく、ダムづくりのスキルになっただけだ。「私たちはビーバーが好きです！」と、ナッシュが言った、「だからかわいそうな子たちを利用してほしくないのです」

捕食動物がプロジェクトの妨げになることはあるが、再配置したビーバーにとっての脅威はピューマだけではない。わなが仕掛けられているため、ビーバーの再配置が不可能になっている場所も多い。中国、韓国、ロシアでの需要に支えられて、毛皮の取引は多少回復しているが、ウェブサイト「*Trapping Today*（捕獲の今）」に掲載されている二〇一七年の北米毛皮オークションを振り返ると、ビーバーの生皮は一枚あたり「平均八～一三ドルで、生産コストを大いに下回っていた」[*16]。このような特売価格に躊躇するわな猟師たちもいる一方、レクリエーションでわなを仕掛けている人たちは金銭的な動機には動かされない。この国では、わな猟は他のどんな活動より文化的、歴史的に深いルーツを持っている。今日まで、多くの人々が自然と交わり、その伝統を子どもたちに伝えてきた。あるわな猟師が私に話したように、それは文化の一形態なのだ。

私自身、熱心な釣り人でもあるので、他の人々が野生動物を利用するのを批判できる立場にはない。多くのわな猟師の記憶に隠されている並外れた生態学的知識には敬意を持っている。実際に、ビーバーの行動や生物学に関して、どんな科学者にも匹敵する機能的な知識を持つ男たちに会ったことがある。一方、わな猟の管理者たちは、左手が右手のしていることを知らないようなことがあまりに多い。狩猟、釣り、わな猟のライセンス販売は、州の魚類野生生物機関の予算の最大九〇パーセントを占めているからだ。歳入の必要性とビーバーを活用する自然環境の復元がぶつかると、ばかげた政策が生まれる[*17]。生物学者のドリュー・リードはその渦中にいる一人である。彼はビーバーをブリッジャー＝ティートン国立森林公園（ワイオミング州）に移転させることによって、ハクチョウの生息地をつくっている。ところが米国農務省森林局がブリッジャー＝ティートンにおけるビーバーの利点を知らせても、公園を管轄しているワイオミング州鳥獣魚類保護局（Wyoming Game and Fish Department）は、わな猟師たちがこの地域で最大二五匹のビーバーを捕獲することを許可している。[*18] 時々、わな猟師たちがリードに電話をかけてきて、耳に彼のタグが留められたビーバーを捕獲したと伝えることがある。

「私には、ビーバーを殺して捕獲するわな猟師の友人がいる。私はそれには反対ではありません」と、リードは私に話した。「しかし、私たちが折り合いをつけて、狩猟禁止地域をいくつかつくり、その水路でビーバーを再繁殖させられればいいのにと思います」

アイダホ州でもまた、ビーバーとの関係が矛盾に満ちたものとなっている。アイダホ州の一部では、連邦政府が牧場主にお金を払ってビーバー池に似た池を掘らせ、コロンビアヒョウガエルを飼育している。[*19] また、二〇一五年に完成した州の野生生物計画では、もしビーバーが復活すれば、四〇種の「保全が最も必要な種」を助けることができると示唆している。それは、ニジマス、カオジロブロンズトキ、池の上空で昆虫を捕らえるシルバーコウモリなどである。[*20]「私たちはビーバーを『スーパー戦略』と呼んでいます」。州の計画のコーディネーターを務めるリタ・ディクソンが私に話してくれた。

しかし、アイダホ州の場合、完全にわな猟が禁止されている地域はほとんどなく、多くの川では、わな猟師は何の制限も受けない。非営利団体「流域の守護者」の理事マイク・セットルが私に話してくれたところでは、既存の規制は実際にはほとんど実施されていないとのことだ。「もし取り締まりがきちんと行われていないことをわな猟師たちが嗅ぎつけたら――いや、彼らは間違いなく嗅ぎつけるでしょう。そうなったら、いくらビーバーを再配置しても、移転させるそばから捕獲されてしまうことになります」。アイダホ州、ポカテッロにあるセットルの家で会ったとき、彼はそう警告した。セットルの家の暖炉のマントルピースには、他の家なら陶器の天使が置いてあるところに、ビーバーの置物や噛み棒、そしてイエスの代わりに、動物の守護聖人であるアッシジのフランチェスコの像が置かれていた。

「私はビーバーの移転計画には反対でした」

ビーバーを愛するセットルは、保守的な農家や牧場主、猟師が多いアイダホ州では異色の存在だ。毎年冬になると、「流域の守護者」はボランティア主導で、ポカテッロの南東に位置する五四〇〇平方キロメートルを流域とするポートヌッフ川でビーバーの個体数を数える。最新の調査では、多くの支流（ミンク・クリーク、ジャクソン・クリーク、バーチ・クリーク）のコロニーが減少または消失していたと、セットルは私に話してくれた。セットルは密猟のせいだと言う。「もしあなたがキャンプに出かけていて、夜に小川の近くで銃声が聞こえたら、何が起きているかはほぼ確実です」とセットルは言った。「もしその人たちがヘラジカの密猟をしていたら、刑務所に入っているはずなのに」

ワシントン州は、ビーバー擁護の姿勢とは裏腹に、そこに住むげっ歯類にとってはあまり安全ではない。「いまだにビーバーに対する文化的な恐怖が存在しているのです」ワシントン州スポケーンに拠点を置く非営利団体「Lands Council（土地評議会）」の復元生態学者、ジョー・キャノンが話してくれた。「時々、ビーバーが『はびこる（infestation）』っていう言葉を聞きますが、まるでネズミのような扱いです」。「土地評議会」はこの国で最も多くのビーバーの再配置を実施している団体の一つである。二〇一〇年以降、ワシントン州東部で一二五匹のビーバーを移転させ、九カ所でコロニーをつくり、『アトランティック』誌、『ウォール・ストリート・ジャーナル』紙、ナショナル・パブリック・ラジオ（NPR）などで報道された。しかし、電話でキャノンに話を聞くと、彼はビーバーの将来についてはまったく見通しが暗いと語った。「これだけ騒がれ、メディアに取り上げられ、プロジェクトが進められていますが、どちらかというと、私たちは長期的にはビーバーの個体数、ダム、湿地帯は減少すると見ています」と彼は言った。

キャノンが先頭に立って進め、前評判の高かった「ビーバー法案」の法律制定は、動物の価値を州法に明記するものだったが、実際の現場での殺処分を抑制する効果はほとんどなかった。二〇一四年から二〇一六年にかけて、ワシントン州魚類野生生物局が記録したレクリエーション目的のわな猟師や有害野生生物駆除業者によって殺されたビーバーは、七六九八匹に達した。年間で二五〇〇匹のビーバーが死んでいることになり、この数は、州内で行われたすべての再配置数を合わせたものより桁違いに多い。[*21]「ビーバーの価値を合法化しているのはこの州だけですが、『樹上性のリス科の動物』の保護のほうが充実しているくらいです」と、キャノンは不平をこぼした。「ワシントン州が本当にビーバーの保護をリードしようとしているのなら、私たちには長い道のりが待っています」

地下水への影響力

ビーバーの雌雄鑑別テストに何とか合格したので、ケント・ウッドラフは、私がメソウ・ツアーの次の目的地を体験する資格があると判断した。それは、未舗装の伐採道路を上った先にあるマクファーランド・クリークと呼ばれる高山地帯にある水路だった。チームは去年の春、ここでビーバーのつがいを放っていた。私たちが藪を切り開いて小川まで下りていくと、街区の半分ほどの長さのビーバーダムがエンジニアたちによって建設されていた。その塁壁からはアメリカヤマボウシが芽を出していた。かじられたアスペンのかたまりが新しい沼地に詰まっていた。池には、前途多難な数匹のビーバーが無力な姿でたたずんでいた。池の水面には花粉と根覆いの浮きかすがゆったりと渦を巻いている。キャサリン・ミーンズとケイティ・ウェバーはダムの後ろの池へ歩いていき、ぬかるみの中へ深く沈んだので、防水ズボンの中に池の水が入り込みそうだった。二人は巻き尺を広げてダムの長さに沿って伸ばした。「四〇メートル」とウェバーがトーレ・ストッカードに大きな声で言うと、ストッカードはクリップボードにすばやく書き留めた。ウェバーが私のほうを向いて言った。「このダムは、今年の春、二四メートルだった。驚くべき仕事の速さです」

「飲み物が欲しい人はこっちへ来て」と、ウッドラフが言った。私たちの耳には、ツグミ、ウタイモズモドキ、ウタスズメたちのさえずりが届いていた。ウッドラフは、泥の上につけられたクロクマの足跡を指差し、顔をくもらせた。「何かが死んでいる臭いがする。これは良くないかもしれない」と彼は言った。そして振り返ってウェバーに聞いた。「どのくらい新しい仕事が見られた?」「ダムの向こう側に新しい泥があります」と、ウェバーは泥の中から身を起こしながらそう言って彼を安心させた。「そしてここにも新しく切られた木がある。かなり活発に活動していそうです」

マクファーランド・クリークが野生生物の生息地であることは明らかな美点であるが、もう一つ重要な恩恵を私たちは足元で受けている。池の重さが地面を圧迫し、池の水が大地の割れ目や隙間を通って土壌に少しずつ浸透し、地下の帯水層に水を貯める。世界の淡水の三〇パーセントは地下に蓄えられている。雨の少ない地域では、帯水層が主な水源となっている。帯水層とは土壌や岩石の微細な隙間に地下水が浸透している層のことである。私たちと地下水の関係は、他のほとんどの天然資源と同様に、私たちが乱用している傾向がある。アメリカ中西部のほとんどを支えるオガラーラ帯水層の上に建つ農家は、帯水層の水を大量に汲み上げており、数十年分の水しか残っていない場所もある。カリフォルニア州のセントラル・バレーは国の農業の中心地だが、一九二〇年から二〇一三年の間に一六〇兆リットルの地下水を汲み上げた。これは五大湖の一つのエリー湖の水量の三分の一の量に相当する。[*22] 一九七〇年代には、汲み上げのペースが猛烈な勢いで頂点に達し、脱水した地盤が沈下し、九メートルも沈んだ農家もあった。州には一〇億ドルの損害が発生した。帯水層は、よく貯蓄口座に例えられる。利子よりも多く引き出してしまうと、間もなく元金を食いつぶす。そして破産する。

この比喩を広げると、ビーバー池は固定収入をもたらす。景観に水を行き渡らせて、土壌に水を浸透させる時間を与える。ビーバーは確かに、すべての場所で地下水を涵養することができるわけではない。例えば、オガラーラの一部では、岩盤が固く、地下水の涵養に何千年もかかるような場所もある。そのため、一流の科学者たちはその地下水を「化石水」と呼んでいる。しかし、土壌に十分に通水性があれば、ビーバーは、私たちが猛烈な勢いで枯渇させている帯水層に水を補充することができるだろう。カナディアン・ロッキーのじめじめした沼地では、ビーバーが泥炭をくさび形に掘り出して長い土壁を築いている。ビーバー池が、広範な地域の地下水を一五センチ以上上昇させた。[*23] コロラド州では、ビーバーダムが流れを地下に押し込み、夏の乾季にも下流の地下水面を上昇させている。[*24] そしてワシントン州東部では、「土地評議会」の研究者が、ビーバー池は地上よりも地下に、五〜一〇倍の水量を蓄えていると推定した。*25

それにもかかわらず、ビーバーにより蓄えられた地下水についてはほとんどわかっていない。池のつくり手たちが地下水の貯留に優れていることは議論の余地がないが、その効果を数値で示した研究はほとんどない。しかし、ワシントン州中央部ほどビーバーの湿地を必要としている場所はないということは明らかだ。ノース・カスケード山脈の斜面や峡谷には、七〇〇以上の氷河が点在している。米国本土四八州で最も氷の多い地域である。これらの氷河を補っているのは、膨大な降雪量である。年によっては、バスケットボールのゴールリングが埋まるほどの積雪がある。カスケード山脈の氷河は、州内のすべての河川、湖、貯水池の合計に匹敵する水を蓄えている。春になって気温が上がると、氷が溶ける。溶けた水の流れは膨張して急流となり、山腹を駆け下って、かつてないほど大きくなった小川や川に合流し、氷河の融解水はやがて農場や都市に運ばれる。氷河と積雪による水は、春の雪解け後も少しずつ長期にわたって流れ続け、秋になって高地の吹雪が発生し、新たなサイクルが始まるまで持続的に流れ続けて川を満たす。そういうふうにワシントン州の氷河は年間約八七〇〇億リットルの水を放出し、積雪はさらに数千億ガロンの水を供給している。レッドデリシャスと呼ばれるリンゴを食べたことのある人は、カスケード山脈から流れた水で育まれた作物を食べたことになるかもしれない。もしあなたがビールを飲むなら間違いない。アメリカのホップの四分の三は、ワシントン州中央部で育てられている。

だからこそ、「洪水かつ干ばつ」が気になるのだ。私が二〇一五年の夏にメソウに来たとき、この地域はまだ不気味なほど温暖な冬を引きずっていた。多くの降水量があったにもかかわらず、気温が高かったため、降ったのは雪ではなく雨だった。夏から冬にかけて、積雪は徐々に溶けて川を潤すが、この異常な冬の雨は、すぐに下り坂を駆け下りて海に消えていった。二〇一五年四月一日、カスケード山脈の積雪量は過去の平均値のわずか三パーセントと、記録的な低さとなった。夏には川の水量は減り、ぬるい水がわずかに流れるだけになり、灌漑地区は運河を閉鎖し、リンゴの木は茶色くなり枯れてしまった。北西部のサーモンの遡上にとって、このシーズンはほとんどこの世の終わりが来たかと思われた。コロンビア川では約二五万匹のベニザケが生ぬるい水と病気で死に、その多くが白いカビにおおわれていた。[*26]

カスケード山脈の積雪量は翌年の冬には回復したが、この傾向は続くと考えられる。ワシントン州の春の雪解けは年々早まり、年平均の積雪量は減少している。一九五〇年代以降、五〇カ所以上の氷河がワシントン州の山頂から姿を消した。二〇一四年から二〇一五年にかけての雪不足の冬は、異常というよりも、気候変動の予兆だった。

ケント・ウッドラフとメソウの仲間たちにとって、洪水かつ干ばつは戦闘準備開始の宣言だった。「雪山の積雪から何千億ガロンもの水が出ているのに、その貯水池が干上がろうとしているのです」と、白い無精髭の下に笑みを浮かべてウッドラフは私に話した。「問題は、その水をどうやって逃がさず貯めるかということです。私の中の伝道者が告げています、私が知っていると」

再配置したあとのこと

メソウのスタッフは見合いで成立した恋人たち、サンディーとチョンパーに指示を出した。この二匹からこの章は始まったのだが、二匹はベア・クリークと呼ばれる遠隔地の水路に放たれることになった。ベア・クリークは以前、スタッフを悩ませたことがあった。彼らがそこへ最後に放ったビーバーは、オウカノガン川をさかのぼってカナダとの国境近くに到達するという三二〇キロの冒険旅行をしたのだ（メソウのビーバーには、ＰＩＴタグと呼ばれる米粒ほどの大きさの追跡可能なマイクロチップが、放たれる前に尻尾に埋め込まれる。これにより、流域でのビーバーの行動を追跡することができる）。「ビーバーがそれだけの距離を移動する動機は何か？　何を探していたのか？」ウッドラフは私たちがトラックで坂を上っている間、まるでビーバーの「環世界《かんせかい》（*Umwelt*）(11)」に住もうとしているかのように黙ったまま考えていた。

キャサリン・ミーンズは、ビーバーたちを放つ場所の下流にある草地にトラックを停めた。

ここ数週間、猛烈な暑さが続き、干ばつが悪化して、遠くカナダの山火事で発生した青いもやが、招かれざる客のように流域をおおっていた。エンケリア・ファリノサ（キク科の植物）の茂みからバッタの翅の音が聞こえてくる。ウッドラフはミーンズに、熱くなった車のマフラーが発火させるかもしれないので、乾いた草の上には駐車するなと注意した。

メソウの住人にとって、山火事は決して他人事ではない。二〇一四年に発生したカールトン複合火災と呼ばれる火災は、当時、ワシントン州史上最大の火災で、一〇〇〇平方キロメートルの土地を焼き尽くし、二五〇軒の家を焼失させた。ケイティ・ウェバーの家もそのうちの一つだった。地獄のような業火だったが、それは序章にすぎなかった。二〇一五年に私が訪れた日から六週間後には、オウカノガン複合火災がワシントン州中部を襲い、さらに一六〇〇平方キロメートルの土地を焼き尽くした。近くのツイスプでは、消防車が大火にのみこまれ、三人の消防士の命を奪った。ウッドラフの三人の息子が訓練を受けた消防車だった。洪水かつ干ばつの原因となっている気候の変化は、より範囲の広い、より高温の山火事を、より頻繁に発生させることになる。ワシントン州中部では、焼けた木や胸が張り裂けそうな悲しみが急速に新たな日常になりつつある。

ベア・クリークまでの山道を登るとき、サンディーとチョンパーは王族のように金属の輿《こし》でスタッフに運ばれ、私たちは焼け焦げた風景の中を重い足取りで進んだ。黒ずんだロージポールマツが谷の急な壁にしがみつき、焼け焦げた枝は地面に散乱していた。しかし、カールトン複合火災は、炎がそうであるように、古い生命を破壊すると同時に新しい生命を生み出していた。焼け焦げた高地とは対照的に、植物が生い茂る小川の回廊は鮮やかな緑色に輝いていた。山火事の後、燃えた針葉樹の陰から解放されたアスペンが、柔らかい地下茎の一部を地上に伸ばしていた。火事はすべてを破壊した一方で、大量のアスペンというごちそうも運んできた。アスペンのごちそうがあればビーバーはメソウのあちこちの谷に再び生息できるようになる。

サンディーとチョンパーは、ごちそうを食べるだけではなく、草原を水浸しにし、燃えやすい針葉樹の下層植生を水没させて、土地の防火に貢献するのだと、ウッドラフが言う。広くて青々とした湿った川岸は、理想的な防火帯となる。ビーバーを消火器として使うというアイデアは今に始まったことではない。冷戦時代、アメリカはソ連が西部に焼夷弾を落とすのではないかと恐れていた。軍部はその計画を阻止するためにビーバーの再繁殖を提案したと言われるが、この作戦は実現せず、ソ連が焼夷弾を落とすこともなかった。*27

シンブルベリー（キイチゴの一種）を払いのけ、蚊をピシャリとたたき、土手を滑り降り、浅瀬で水しぶきを上げながら、私たちは上へ上へと進んだ。そしてついに、アスペンの日陰になっている空き地にたどり着いた。そこには、木でつくられた力作、メソウのビーバー・

サバイバル作戦の秘中の秘があった。新たに到着したビーバーたちのために特別につくられた、人間がつくった粗末なロッジだった。この不器用につくられた砦は、本物のビーバーのロッジからは程遠いものだが、ビーバーが本物をつくるまでの時間を稼ぎ、捕食動物から守ってくれる。

チームは、ロッジの入り口の、すねまでの深さで水が渦を巻いている場所にケージを降ろした。サンディーは、水の流れる音を聞いて、生き返ったように頭を上げて夏の空気を嗅いだ。「中に入ってくれるまでは、何とも言えません」。ウェバーは、ケージの掛け金を外しながら心配そうに言った。「またここに戻ってきたときに、彼らがどこか近くにいるのを見ると涙が出てしまうでしょうね」。ビーバーたちは、よたよたと進み、ロッジの薄暗い奥へと消えていった。しばらくすると、ロッジの中からビーバーの甲高い鳴き声が聞こえてきた。ウッドラフはこの声を喜びの声だと楽観的に解釈した。

泥で汚れた顔で小川をよじ登って這い出てきたスタッフの手には空のケージが軽やかに揺れていた。ウッドラフは飼育中のビーバーについては細かく管理しているが、配置後のビーバーの運命には妙に冷静だった。「あの場所に戻ったときに、ビーバーたちが活動中の池があれば、二匹だろうが七匹だろうがかまわない」。生まれ変わったアスペンの間を縫うように歩きながら帰る途上で彼はそう言った。個体の生存は要点ではない。重要なのは景観全体の復活だ。ビーバーを水路に戻すのは、それ自体が目的なのではなく、貯水、サーモンの復活、火災の軽減など人間中心の目的のための手段だった。ケント・ウッドラフの手にかかると、ビーバーは野生動物なのか道具なのか、その境界線があいまいになってしまう。確かにビーバーは意志を持っているが、同時に私たちの要求にも応えてくれる。しかし、私はサンディーとチョンパーを、貯水の機械としてだけでなく、意志を持った動物としても応援せずにはいられなかった。のろまで、うまい匂いのする肉のかたまりは、不確かな未来に向かってゆっくりと歩み出した。

「メソウ・バレーには、過去の生息数の一五～二〇パーセントのビーバーが生息しています」。トラックを停めてあったところに到着すると、ウッドラフは言った。一〇〇パーセントに戻すのが不可能だということは彼にはわかっていた。人間の足跡の範囲はあまりに広く、反対運動はあまりに激しく、景観はあまりにも変わってしまった。住宅、道路、牧草地、果樹園が谷間を埋め尽くし、マクファーランド・クリークのようにかつては荒れ放題でゴミが詰まっていた小川も、今では真っすぐで幅も狭くなっている。もうビーバーの手に負えない川もある。

しかし、ビーバーを以前の生息数の四〇パーセント程度に回復させるだけでも、メソウ・バレーは根本的に改善されるとウッドラフは言う。確かにもう手遅れの水路もあるが、国有林の上流では、湿地帯の栄光を取り戻すことができるかもしれない。何世紀か前に、それらの川がどのように流れていたのか、今の私たちの誰も知らない。ビーバーに仕事を託す利点は、私たちがその成果を推測する必要がないということだ。「私たちは、完全に機能する生態系とはどのようなものなのかを知りません。そこまで賢くはない」と、ウッドラフは額を拭いながら言った。「しかし、ビーバーは知っているのです」

第五章
ビーバーとサーモン――ダムの効用

初夏、晴れた青空に、ヒロハハコヤナギの種が舞い、低木層からモリツグミの笛のようなさえずりが聞こえてくる頃、サーモンが、ワシントン州のピュージェット湾に流れ込む川を遡上し始める。崩れかけた海岸の断崖を越え、海藻の茂る三角州を通り、上げ潮に乗って、ギンザケ、赤い肉を持つベニザケ、巨大なキング・サーモン、カラフトマスが、スカジット川、ニスクアリー川、スティルアグアミッシュ川をさかのぼっていく。川で生まれたサーモンは、幼魚期に海へと移動し、太平洋の大海原で大きく育つ。そして生まれた川に戻って繁殖する。サーモンたちはワシントン州の動脈ともいうべき川を血球のように流れ、カスケード山脈とオリンピック山脈の麓を流れる放卵の川の毛細血管網へと入るのだ。産卵を済ませたサーモンは間もなく死に、その死骸は、クマに食べられ、ワシにつつかれ、ネズミにかじられる。ついには、海の栄養素となり、土壌に吸収され、そびえ立つ針葉樹を肥やす。ティモシー・イーガン(1)は、世界の片隅のこの地で、「サーモンのいない川は、魂のない肉体だ」

と書いている。[*1]

その意味では、スノホミッシュ川はかつて北西部で最も「魂のこもった」水路の一つだった。スノホミッシュ川は、スカイコミッシュ川とスノコルミー川の合流点で始まる。語呂良く名づけられたこれらの川は、カスケード山脈の西側を流れ、ピュージェット湾に向かって二〇マイル（約三二キロメートル）の距離を旅し、岸辺の鳥、二枚貝、魚などが生息する、入り組んだ塩水沼地にたどり着く。先住民たちは何千年もの間、ピュージェット湾の恵みを受けて繁栄してきた。カニ、ハマグリ、そして何よりも重要なサーモンを収穫した。毎年初夏にやってくるサーモンは、ポトラッチと呼ばれる儀式の祝宴の場に登場する。スノコルミー族、スカイコミッシュ族、その他のピュージェット湾岸に暮らす部族や集団にとって、サーモンは単に資源というだけでなく、文化的パートナーであり、共生者だった。部族が川を守り、魚を畏敬の念をもって扱っている限り、サーモンは人間という依存者を忠実に養ってくれた。[*2]

白人の入植者が入ってきたことで、こうした古代からの関係が崩れる恐れがあった。一八五三年、フランクリン・ピアース大統領(2)は、新しく創設されたワシントン準州の知事にアイザック・スティーブンス(3)を任命し、この冷徹なる人物に、北西部の先住民を甘言で釣って保留地に誘導し、白人入植者のための土地を確保する仕事を課した。一八五五年一月二二日、スティーブンスと部族の長たちは、ポイント・エリオット条約に調印した。これによりピュージェット湾の先住民が八九平方キロメートルのトゥラリップ保留地に押し込められることになった。後に、ある判事はスティーブンスの条約を「不公平、不公正、不寛容、そして違法」と呼んだが、[*3] この条約には長所があった。この条約は、部族の人々が「いつもの慣れた」場所で釣りをする権利を恒久的に保証していたのである。しかし、この条約が守られることはほとんどなかった。一九六〇年代から一九七〇年代にかけて、部族の人々がその権利を行使しようとすると、ワシントン州の役人に逮捕されたり、白人から嫌がらせを受けたり、時には暴力的な仕打ちを受けたりした。（当時、よく使われた標語がある。「サーモンを守れ、インディアンを封じ込めろ〈Save a Salmon, Can an Indian.〉」）。一九七四年、連邦裁判所はついに、部族の人々に代わって魚をめぐる戦争に介入し、北西部の先住民に漁獲量の半分と、ワシントン州と共同管理をする権限を与えた。この判決はそれを下した判事の名前から「ボルト判決」と呼ばれている。この判決は、数十年後、遠回りしてビーバーにつながった。

テリー・ウィリアムズは一九六〇年代にトゥラリップ保留地で育った。濃い口髭をたくわえ、髪形をポニーテールにして、しゃがれた声で穏やかに話す部族の一員である。昔から半水生のげっ歯類に興味があった。幼いいとこと一緒に、ビーバーの子どもを犬と追いかけ、袋に入れて生きたまま捕らえ、家の近くの湿地帯に放した。理由は特になく、彼に言わせれば、「一二歳で好奇心旺盛だったから」だそうだ。アライグマも捕まえて、家の中で飼った。

「アライグマが戸棚を漁り始めたとき母の妹は怒り狂っていた」

ウィリアムズはベトナムで兵役に服した後、ワシントン州に戻り、鉄道会社で働きながら復員軍人援護法を利用して大学に通った。彼はピュージェット湾で商業漁業に挑戦し、網で獲ったサーモンは売り、カレイは自宅に持ち帰った。一九八〇年代の初め、友人たちから部族の水産部門で働いてみないかと誘われた。一年でいいからという約束だった。トゥラリップ族はその後、ワシントン州のあちこちで訴訟に巻き込まれた。ウィリアムズは週に七日は地方を回り、弁論の準備をしたり法廷に立ち会ったりした。一年が二年となり、いつしか一〇年が過ぎ、生涯の仕事となった。現在、ウィリアムズは部族のための条約上の権利に関するコミッショナーを務めている。そしてピュージェット湾をはじめとする多くの地域で、サーモンの漁獲量の回復に関わるすべての役員会、協議会、委員会に一度や二度は籍を置いた。

「とにかくこの仕事にのめり込んでしまった」と、彼は私に言った。

サーモン戦争

ウィリアムズがサーモンの管理にのめり込んだ理由は容易に理解できる。それは限りなく複雑な闘争であり、法的、社会的、政治的、生態学的な要素を含んでいた。危機に瀕していたのは彼の部族の経済的展望と文化的存続に他ならない。漁猟戦争の発端は、いとも単純な対立からだった。部族は、物理的な漁場へのアクセスと、漁獲高の取り分の保証を求めていた。この権利が、少なくとも書類上は保証されると、戦いの場は漁獲量の回復へと移った。ピュージェット湾のサーモンは、何十年にもわたるダム、乱獲、開発の犠牲となって壊滅的な打撃を受けていた。ウィリアムズは、サーモンではなく、虫のわいた小麦粉や、黄色の食用色素で染められたバターなどの政府支給の配給品を食べて育った。何千エーカーもの湿地帯が舗装され、何百もの入り江が消滅した。海岸は防波堤で固められ、低地の森林は破壊されてしまった。[*4] 魚を獲る権利を裁判所に認めてもらっても、獲る魚がいないのなら一体何の意味があるのか。

二〇〇七年頃、ウィリアムズは数十年ぶりにビーバーについて考え始めた。子どもの頃、ビーバーを移転させる実験をしたことを思い出したのだ。いとこと一緒にビーバーを捕まえて保留地の湿地帯に放ったら、池が広がったことを思い出した。ウィリアムズは、最近、ピュージェット湾のサーモンに新たな脅威が迫っていることを心配していた。気候変動である。彼は、ビーバーが水を取り込み、サーモンの稚魚を守る池をつくってくれれば、ピュージェット湾のサーモンを維持できるのではないかと考え始めた。

いかにも北西部らしいある霧の朝、私は夜明け前にシアトル郊外の何の変哲もない場所に車を走らせた。テリー・ウィリアムズの夢の実現をこの目で確かめるためだった。部族の一員ではないが、トゥラリップ族の自然資源部門の生物学者であるモーリー・アルベスとディビッド・ベイリーに会った。そこは、カモが点在する灰色の湿地で、洪水を心配した土地所有者がビーバーのコロニーがあると報告した場所である。「誰かまたビーバーを見たと言っては管理組合から電話が入ります」。水際まで重い足取りで歩いているとき、アルベスが私に言った。「それで私は言ってやります。『見た』からといって何か問題でもありますか？」。彼女はあきれた顔をした。「ビーバーがいたからといって、それは迷惑行為にはなりません。多くの場合、私たちはビーバーの存在を認めるよう皆さんを説得しています」

しかし、シアトルの成長著しいキング郡とスノホミッシュ郡では、たくさんの人々がたくさんの水辺に住んでいる。そのため一部の紛争はビーバーを移転させる以外、解決することはできなかった。この日の朝、ビーバーは捕獲を免れていたが、しかしスタッフが仕掛けたハンコックタイプのわなは一晩のうちに閉じていた。痩せてひょろっとした人当たりの良い科学者のアルベスは湿った空気を嗅いだ。「ビーバーの匂いがします」と顔をしかめた。もう一歩で捕獲できていたのではないかと彼女は思った。おそらくは体の小さな子ビーバーがトラップからすり抜けたのではないかと疑ったのだ。アルベスはトラップの枠で手を拭ってからベイリーに差し出した。「嗅いでみて」と、アルベスは歯を見せて笑いながら言った。ベイリーはひるんだ。「君の手の匂いを嗅ぐのは嫌だな」

「性別を当てられるかやってみて」

ベイリーは、身を乗り出し、鼻にしわを寄せた。「メス？」

アルベスは不満そうに舌打ちした。「オス」

ベイリーはため息をついた。「手の消毒液いる？」

アルベスとベイリーは、仕事を楽しんでいるように見えたが、これは重要な仕事だった。二〇一三年以来、トゥラリップ族の生物学者たちは、メソウ・バレーの手順を参考にしながら、ピュージェット湾の開発の進んだ低地からベーカー山＝スノコルミー国立森林公園にある部族の条約地に、一〇〇匹以上のビーバーを移転させた。ノース・カスケード山脈にまたがってヒマラヤスギとベイマツがそびえるおとぎの国だ。森の急斜面と網目のように張り巡らされている伐採道路のせいで、ビーバーは自力で源流までたどり着くことができない。密林はビーバーを放って定住してもらうのに最適な場所である。

実りのない捕獲作戦の後、アルベスとベイリーはスカイコミッシュ川沿いに車を走らせ、私を彼らのお気に入りの放流場所まで連れていってくれた。樹木の茂った幅の狭い谷を、音を立てて流れるターコイズブルーの川に沿って走り、ヒロハカエデに囲まれた名もない支流に着いた。再配置されたトゥラリップのビーバーたちのコロニーは、別々のいくつかの小川を連結して野球場ほどの大きさの鏡のような池を形成していた。そこから細い水路が自転車のハブ（車輪の中心部にある回転軸）から延びる金属のスポークのように放射状に延びていた。「場所を観察するのに救命胴衣が必要になったとき、初めて自分たちの仕事が成功したとわかるわけです」と、ベイリーは冗談半分で言った。
ビーバーの到来は、野生動物に恩恵をもたらした。動物の動きを感知するカメラには、ヤマネコ、コヨーテ、カワウソ、クマ、ミンクが新しくできた湿地帯をそっと歩いていく様子が映っていた。その多くはビーバーダムの頂上を体操の平均台を渡るようにして横断していた。しかし、最も劇的な変化は水面下で起きていた。トゥラリップ族がこの場所にビーバーを復活させる前は、近くの川からはほとんど遮断されていたため、この貧弱な湿地には何年間も魚がいない状態だった。しかし、ビーバーが池を広げたため、池は小川と合流し、孤立した水たまりから連結した水路へと拡大した。そして魚がそれに続いた。ビーバーが来てから二年も経たないうちに、アルベスは池に隠れている小さな魚を発見した。

しかし、アルベスとベイリーは、私たちが訪れた日、池に数十匹、数百匹の稚魚が集まっていたとは予想だにしていなかった。私たちが近づくと、たくさんの稚魚がビーバーダムの隅や隙間に逃げ込んだ。しかし、その白く輝くしりびれが、彼らがギンザケの稚魚であることを物語っていた。ビーバーは、カスケード山脈の西側に位置するこの小さな池を、相互に依存する広大な湾岸生態系に再統合したのだと、私は理解した。これらの稚魚の何割かは、生き残ってピュージェット湾に到達し、そこでオキアミやカタクチイワシを食べて太り、先住民の部族の猟師の網にかかり、ポトラッチ（祝宴）の主役となる。そして何世紀にもわたって耐久性のある文化を伝えるだろう。

「魚がこんなにいるなんて、感動した」アルベスの声は驚きで満ちていた。「部族の視点から見ると、これこそが重要です」

トゥラリップ族の功績は、ビーバーを再導入することだけで満足するのではなく、ビーバー復活の大義名分を進めるためにかなりの政治資本を使ったことだ。思い起こせば二〇一二年、ワシントン州は「ビーバー法案」を可決した。おかげでビーバーの再配置が許可され、同州はビーバーの活動の要となった。善意の法律ではあったが、この法律には欠陥があった。生物学者がビーバーを人口の少ないワシントン州東部に移動させることは許可されていたが、カスケード山脈の西側にビーバーを放つことは禁止されていた。もちろんこの地域は人間の居住地であり、シアトル、タコマ、オリンピア（ワシントン州の州都）、その他ワシントン州の人口集中地区がある。その意図するところは明らかだ。ビーバーは良いことをするが、彼らのダムなどは人間の居住地には近づけないということだ。

サーモンの漁獲にたいする権利のおかげで、トゥラリップ族はこの禁止令には縛られなかった。その数年前、トゥラリップ族は、連邦政府との間で、ベーカー山＝スノコルミー国立森林公園内の流域を共同管理する契約を結び、部族が適切と考えるサーモンの生息地の回復を行う権限を与えられていた。ビーバーの再配置もその一つだった。しかし、この法律の非論理性はテリー・ウィリアムズを悩ませた。より多くのビーバーが、ワシントン州のより多くの川に生息すれば、ピュージェット湾のサーモンも増えるだろう。二〇一七年、部族はロビーイストをオリンピアに派遣してビーバー法案の改正を訴えた。ワシントン州西部への移転禁止を推し進めた頑固な議員が引退したこともあり、改正法案は楽々と通過した。ワシントン州西部へビーバーを移転させることができる団体は、もはやトゥラリップ族だけではなくなった。扉は開け放たれたのだ。

ウィリアムズは、この結果をこれ以上ないほど喜んだ。しかし、驚きはしなかった。彼が漁業管理の仕事を始めたとき、部族の漁業を妨害することを目的とした法律に縛られていることに気がついたと、彼は私に話した。何十年も前、彼は部族の長に法律の壁について訴えたことがある。長は、「それほど難しいことではない」と、言い返した。「法律が悪いというなら変えればよい」

ウィリアムズは、その話をしながらしゃがれた声で笑った。「長のあの単純な一言のおかげで、もう数えきれないほど多くの法律を変えてきました」

ビーバーのサーモンへの効果

テリー・ウィリアムズにとって、ビーバーがサーモンの生息地をつくっているという事実は、自明の理だったので、そのために法律を改正するのは価値のあることだった。しかし、一部の人々はビーバーと魚の関係については、いまだに論争の的であるとしている。太平洋岸北西部の各地では、サーモンがビーバー復活の主な理論的根拠となっているが、一部の魚類生物学者たちのかたくなな態度は、ビーバーの復帰を妨げている。

その懐疑論の原点は、はっきりとはわからないが、おそらくは木に関係しているのではないかと思われる。流れのある川や小川に慣れ親しんだ現代のカヌーの漕ぎ手や毛針釣りの釣り人にとって、かつてアメリカの水路に散乱していた木の残骸は想像できないものだ。わな猟師や探検家たちは、多くの水路を、巨大な老齢樹から成る密集した丸太群が流れをふさいでいるのを見てきた。ピュージェット湾に流れ込むスカジット川はその一つで、川というより材木置き場のようだった。「最大直径二メートルの丸太が何段にもわたって積み上げられ、頑丈にまとまっているので、その上をわたってどこにでも行けそうだった。この動かない障害物の表面には直径六〇〜九〇センチの木が成長して林立していた」と、デイビッド・モントゴメリー(4)は『*King of Fish*（魚の王）』に書いている。*5 この木材の瓦礫が魚類の主要な生息場所となっていた。「長年にわたって恒常的に水に浸かっている湿地帯やぬかるみは、サーモンにとって夏場は理想的な子育ての場となり、冬の洪水時には水の流れの穏やかな避難場所となった」。流れをふさいでいた密集した丸太はビーバーによるものではない。いかに疲れを知らないビーバーでも、障害物の上部構造を形成している巨大なモミやスギを倒すことはできなかった。しかしスカジット川流域にはビーバーが多く生息しており、彼らが上流でもっと細い木をかじったことが、瓦礫の密集に一役買ったことは間違いない（ケベック州では、生物学者のボブ・ナイマンが、小川を詰まらせたヤナギとアスペンの半分以上はビーバーが運んできたことを発見した）[*6]。巨大な丸太が密集して引き起こした洪水によって、三九〇平方キロメートルのスカジット・バレーはビーバーとサーモンのすばらしい遊び場となったに違いない。

しかし、アメリカの川が常にこのように詰まり続けていたわけではない。一八〇〇年代後半には、アメリカ陸軍工兵隊が、川を、船が行き交う高速道路にすることに執着し、「丸太の渋滞を取り除く聖戦」に乗り出した。スカジット川、スティルアグアミッシュ川、スノホミッシュ川では、工兵隊の「スナッグボート」[(5)]が一五万本以上の丸太を除去した[*7]。二〇世紀に入って産業的な伐採が盛んになると、木材戦争は戦いの場を変えていった。儲け主義の伐採者たちは、売り物にならない木材を川に捨てたので、木屑が見苦しい渋滞をつくり、川底を削った。最初、州政府は、産卵期のサーモンの遡上を妨げる恐れのある伐採木の残骸だけを取り除いていた。しかしすぐに、この善意の活動は、川の中にある木をその出所にかかわらず、徹底的に排除する運動へと変わっていった。一九七二年、オレゴン州では木材の除去を義務付ける法律が制定され、ワシントン州とカリフォルニア州もこれに追随した。「西海岸のすべての地域で、川をきれいに保つのは良いことであるだけでなく、法律で義務付けられるようになった」とモンゴメリーは書いている。[*8] 多くの場合、最も目につく障害物であるビーバーダムも例外ではなかった。

生物学者たちはようやく、サーモンを生かすために木材を取り除くことの愚かさに気づいた。しかし、ビーバーと魚が共存できないという誤った考えは、北西部だけでなく、サーモン科の魚類が生息するあらゆる場所でまだ残っている。カナダのニューブランズウィック州でタイセイヨウサーモンの復活を目指す「ミラミシ・サーモン協会（Miramichi Salmon Association）」は、産卵のために遡上してきたサーモンが上流に行くのを助けるため、毎年何十ものビーバーダムに一時的に穴を開けて、水と魚たちの通り道をつくるようにしている。[*9] 米国農務省森林局は、タホ湖の支流にあるビーバーダムを破壊して、放流されたヒメマスの通りを確保することで知られている。新たに導入された魚のために、在来の哺乳類が築いた作品を破壊しているのだ。[*10] しかしこのようなバカさかげんも、「アトランティックサーモン保護財団（The Atlantic Salmon Conservation Foundation）」が資金提供した二〇〇九年の提案に比べると見劣りするほどだ。その提案とは、わな猟師に依頼してカナダのプリンス・エドワード島にある一〇の河川系からビーバーを根絶やしにし、その他の河川系では「ビーバーのいない区域」を設けるというものだった。[*11] この提案は、逸話や憶測に基づいた部分が多く、カナダでは実行されなかった。しかし、大西洋を渡って、政策に影響を与えた。スコットランドのスポーツフィッシング団体は、イギリスでのビーバー再導入に反対するためにこの提案を参考にした。*12

魚に対する熱狂は、州北部で頂点に達した。一九九三年から二〇一四年にかけて、州の野生生物局（Wildlife Services）は一万六〇〇〇匹以上のビーバーを駆除し、何千ものビーバーダムを爆破した。カワマスの生息地を「回復させる」ためだった。「かわいそうなカワマスは、情け深いわな猟師たちが来て救ってくれる前は、どうやって生き延びていたのだろう？」と思わせるオーウェル的(6)な政策だ。*13 アナグマ州（ウィスコンシン州の愛称）のビーバー駆除運動は、主として二〇〇二年に行われた研究に基づいている。その研究とは、ビーバーを駆除し、ビーバー池を、流れる川に変えれば、カワマスはより大きく育ち、数も豊富になるというものだった。*14 この政策を批判する人々は、「二〇〇二年のこの研究には、比較対象となる河川がないこと」「統計的分析に致命的な欠陥があること」、「カワマスの個体数が増加したのは、水がきれいになったとか、新たに放流されたとか、別の原因があること」を理由に反論している。*15 州は「ビーバーが木陰となる木を伐採し、池を日光にさらして小川の温度を上げる」ことを懸念している。だが、ウィスコンシン州を拠点とする他の研究グループは、州の懸念とは裏腹に、「ダムは小川の温度にほとんど影響を与えない」としている。*16「すべての歯車と車輪を取っておくことは、知的改造を行う前の最初の用心である」と、アルド・レオポルドは書いている。ウィスコンシン州で最も尊敬されている環境保護主義者は、このウィスコンシン州のビーバー管理の過激な攻撃性をどのように評価しただろうか。

公平を期して言えば、ビーバーダムは、特に秋、川を流れる水の量が減少すると遡河魚《そかぎょ》(7)に一時的な障害を与える「こともある」。しかし通常は、魚は何の問題もなくこのダムを通過する。一三〇〇匹以上のマスにタグをつけて調査したユタ州の研究によると（中には科学者たちが釣り上げたものもあって、調査が退屈なものではないことを証明している）、在来種のノドキリマスは大きなダムでさえも簡単に乗り越えてしまうことがわかった。一方、非在来種のブラウントラウトは簡単には乗り越えられなかった。この研究の結果は、ビーバーが川の土着の動物相を維持するための貴重な要素になり得ることを示唆している。[*17] 魚はビーバーのダムを乗り越えるための賢い方法を数多く知っている。魚たちは、車の運転手が高速道路の渋滞を避けて地元の道を通るように、よく側方流路を通ってダムを迂回しているのだ。時には、ダムの下にある深い池で増水するのを忍耐強く待つこともある。成魚のサーモンはやすやすと障壁を乗り越えるかもしれない。タイセイヨウサーモン（*Salmo salar*）は伊達に「飛び跳ねるサーモン（The Leaper）」と呼ばれているわけではない。モンタナ・ウェスタン大学の教授、レベッカ・レヴィン（第一章参照）は、背びれの代わりにカラフルな帆を持つマスの仲間、カワヒメマス（Grayling）の成魚が、ジャングルジムをすり抜ける子どもたちのようにモンタナ州のビーバーダムを、身をよじって通り抜けるのを目の当たりにした。

「身をよじって実にうまくもぐり込みますよ」と、彼女は驚きを忘れられない様子で私に話してくれた。

キーストーン種（第二章参照）という評価にふさわしく、惜しみなく与えるこのげっ歯類は、実際にさまざまな形で魚を助けている。ビーバーは干ばつも緩和する。二〇〇〇年代初頭、ワイオミング州西部が干上がったとき、研究者たちはウォーター・キャニオンと呼ばれる場所にある、ビーバーがつくった池で、ノドキリマスの幼魚が最もよく生き延びたことを発見した。[*18] ビーバーは魚の餌もつくる。生物学者のボブ・ナイマンは、ビーバー池には水路に比べて無脊椎動物の数が五倍も多いことを発見した。一平方メートルあたり、七万三〇〇〇匹という想像を絶する数の虫が生息している。[*19] 漁師たちはビーバー池の底の沈泥が岩場を好むサーモンやマスの繁殖を妨げると不満をもらすこともあるが、ビーバーダムに捕捉された粒子は、下流の産卵床をおおうようなことはない。二〇〇一年の洪水の際には、ロシアの三基のビーバーダムが、シロナガスクジラ二〇頭分に相当する四二五〇トンの泥や流木を捕捉した。[*20]

より良い未来はある。ビーバーの中にはラッコになることを夢見ているのか、スカジット川の河口にダムをつくる者もいる。太平洋の潮汐（潮の干満）によって一日に二回浸水する汽水域(8)である。潮が満ちるとダムは消え、潮が引けばダムは再び姿を現す。海の水を閉じ込め、ビーバーは干潮時でも水中を航行することができる。そして、ダムはキング・サーモンやその他の魚の稚魚の格好の避難場所にもなっている。[*21] ビーバーはダムを建設しなくてもサーモンの生息地を切り開いている。二〇一四年と二〇一五年にマリサ・パリッシュは、ハンボルト州立大学の博士論文を書くため、カリフォルニア州のスミス川で、ビーバーの施設にシュノーケルで潜水し、水の中に盛り土をしてつくった巣穴の入り口を懐中電灯で照らして覗き込んだ。「時々、巣穴の入り口に私の体全体が入りそうになって、心臓がドキドキしたこともありました」と彼女は話してくれた。巣穴の中では彼女は快適ではなかっただろうが、魚たちは快適だったに違いない。パリッシュは、四種類のサーモンの稚魚が水中に存在するこの飛び地に隠れているのを見つけた。[*22]

二〇一二年、ポール・ケンプ(9)率いるイギリスの研究者グループは、この問題に決着をつけるため、膨大な量の科学文献を読み漁った。ケンプは発表された一〇八本の論文を調べ、科学者たちが、ビーバーが魚に与える悪影響よりも、ビーバーが魚にもたらす恩恵のほうをはるかに多く引用していることを発見した。さらに、改善された生息地の複雑性、川の流れの安定、昆虫の産出量の増加など、ビーバーのもたらすメリットの大半は確かなデータに基づいているのに対し、デメリットとされるものの七〇パーセント以上は単なる推測にすぎなかった。何十年にもわたって、反ビーバー派による風評が、否定されることなく定説として定着していたのだ。時には科学者でさえ、ひどく非科学的になり得ることがわかった。[*23]

複雑な問題を単純化しすぎていることは承知のうえで言うが、直感的なレベルであっても、ビーバーと魚の調和が議論されるのはおかしなことだと思う。かつて毛皮商人や入植者がこの地を荒らす前、北米の川には何億ものビーバーダムがあった。それでも私たちの川には、ヨーロッパからの入植者が「銀が流れている」と言ったほど多くの魚があふれていた。ビーバーとサーモン科の魚は、もちろん他の魚類も含めて、何百年にもわたる絡み合った進化の歴史を歩んできた。保全生物学者ニック・ハダドのチョウ、セント・フランシス・サティロスがビーバーの草原を利用して進化したように（第二章参照）、魚もまた自分たちの生息地を形作るビーバーダム、池、湿地帯に適応してきたに違いない。進化のつながりは道理なので、私はそれがアメリカ北西部を走る車のバンパーによく貼られているステッカーの標語、**BEAVERS TAUGHT SALMON TO JUMP（ビーバーがサーモンにジャンプを教えた）**に集約されていると思う。

毛皮をめぐる英米衝突

ビーバーが魚の産出を促進するのであれば、このげっ歯類が絶滅寸前になったことは、太平洋岸北西部のサーモンにとって壊滅的な影響を与えたことになる。サーモンはこの地域の魂そのものである。魚類生物学者はよく、「四つのH」という言葉を残念そうに口にする。サーモンの遡上をほぼ消してしまった人為的な四つの危害のことだ。Harvest（収穫）もしくは乱獲はサーモンの身を現金に変えた。Hydroelectricdams（水力発電用のダム）はサーモンの遡上を妨げ、安価な電気代のためにサーモンを犠牲にした。Hatcheries（孵化場）は、低迷する個体数を回復させるために、より多くの稚魚を育てようとつくられた魚の工場である。しかしうかつにも、遺伝子的に劣った魚が野生のサーモンを圧倒するようにしてしまった。その間にもサーモンは、最も陰険なHに悩まされる。繁殖し、孵化し、成長するための支流が少しずつ破壊されたのだ。Habitatloss（生息地の喪失）である。鉱業により、山の小川は有害な廃棄物である尾鉱[10]で汚染され、木の伐採によって山腹が崩れやすくなり、そのため産卵床が埋もれ、灌漑による分水で川が干上がってしまった。アメリカ北西部のサーモンの生息地は、一マイル（約一・六キロメートル）ごとに浸食され、崩壊し、消滅してしまったのだ。

生息地の喪失は、農場やウシ、鉱山、道路などによって引き起こされたヨーロッパ人の永住による副産物だと思われがちだ。しかし実際には、一八四〇年代に最初の勇敢な入植者がオレゴン州に入ってくるずっと前から、北西部のサーモンの小川は崩壊し始めていた。サーモンの生息地の劣化は、最初の入植者が来るその数十年も前から始まっていたのである。野心的なわな猟師の遠征によって、北西部の内陸のビーバーの多くがいなくなってしまっていたからだった。この遠征は、単に短期的な利益だけでなく、地政学的な理由からも行われた。毛皮をめぐって繰り広げられたアメリカとイギリスの冷戦の結果が、アメリカ西部を形成することになったのである。

冷戦から衝突へのきっかけとなったのは、一八一八年、まだ若いアメリカが、イギリスとの間に、オレゴン・カントリーを共同領有する協定を結んだことだった。当時のオレゴン・カントリーは、現在のオレゴン州、ワシントン州、カナダのブリティッシュコロンビア州、アイダホ州、ワイオミング州、そしてモンタナ州の一部を含む、白人がほとんど探検していない広大な土地だった。両国は、アメリカ北西部の支配権をめぐって長い間争っていたが、いつ、どこに、どのような旗を立てたかということで面倒な争いが繰り広げられていた（この地域が、先住民のユマティラ族、ネズ・パース族、ショショーニ＝バノック族、その他数十の部族の故郷であることは、誰も気にしていなかったようだ）。一八一八年の協定では、「共同領有」を導入することで問題を先送りにした。この協定によりイギリス人もアメリカ人もオレゴン・カントリーに住み、貿易を行うことができた。しかし、この協定では最も基本的な問題を解決することができなかった。アメリカとイギリスの国境は最終的にはどこに引くべきか？　アメリカ人は国境線を北緯四九度に沿って引くことを望んでいた。現在のアメリカとカナダを（中西部のウッズ湖から）太平洋まで分断する直線だ。一方、イギリスはコロンビア川に沿って国境を引くことを主張していた。そうなっていたら現在のワシントン州の大部分にユニオンジャックが掲げられていただろう。[*24]

イギリス人の商人にとって、共同領有は脅威であると同時にチャンスでもあった。カナダの毛皮産業は、ハドソン湾会社（Hadoson's Bay Company）によって支配されていた。ビーバーの毛皮の貿易で大陸を支配していた巨大企業であり、頭文字の「ＨＢＣ」は、「Here Before Christ（紀元前から）」の略だと言われるほど、長い間カナダ大陸を支配してきた。同社の総督（governorと呼ばれる会長的な地位）にあったジョージ・シンプソンは、コロンビア州周辺の係争地を欲しがっていたが、その地域でのＨＢＣの支配力の脆弱さを知っていた。アメリカ人のわな猟師が間もなくロッキー山脈を越えてオレゴン・カントリーに侵入してくるだろう。そうすれば農民や入植者も遠くないうちにやってくる。この地域がアメリカ人入植者であふれれば、国境線は彼らに有利なように引かれ、会社の不利になるのではないかと懸念したのである。

シンプソンが打ち出した解決策は、抜け目がなく、また情け容赦のないものだった。もし、ビーバーがアメリカ人のわな猟師をオレゴンに誘い込む恐れがあるのなら、ハドソン湾会社が先にビーバーを消滅させればよい。シンプソンが提案したのは、コロンビア川の南側にビーバーのいない不毛な緩衝地帯「毛皮の砂漠」をつくることだった。毛皮がなければ、大勢のアメリカ人たちもそれ以上北へ進まないだろうというのだ。[*25]

シンプソンのこの焦土作戦ともいえる提案は、ハドソン湾会社の倫理精神に真っ向から反するものだった。同社は本来、「土地を育てる」ことを好んだ。他の場所では、ビーバーの乱獲を防ぐため、割当量を厳しく課し、狩猟時期を制限し、先住民には食料としてビーバーを殺さないようにと安価な食料を販売した。[*26] シンプソンは、コロンビア川の南にあるスネーク・カントリーと呼ばれる地域については土地を育てるのではなく、「裸にする」と誓った。「適切に処理すれば、結果として大きな利益が得られることは間違いありません。この地域がビーバーの宝庫であることを示す説得力のある証拠があります。したがって政治的な理由から、できるだけ早く全滅させるように努めなければなりません」[*27]と、彼はロンドンの本部に手紙を書いている。そして彼はこの仕事にふさわしい人物を知っていた。

作家のドン・ベリーの言葉を借りれば、毛皮のわな猟師は「悪党が大多数を占める」が、ピーター・スケーン・オグデンは他の誰よりも悪党であった。一七九四年に、モントリオールの裕福な家庭に生まれたオグデンは、「身長は平均より低く、身幅は平均より大きい」男だった。彼は快適な生活を捨てて、スリル満点の毛皮交易に身を投じた。そしてその残酷さと狡猾さですぐに頭角を現した。ライバルを棒や拳で殴り、何かといえば銃を振りまわした。一八一六年には、交易所でインディアンを殺害している。他の商人たちは、彼のことを「最も野蛮で冷酷な罪を犯しそうな短気で無責任なやつ」[*28]と考えていた。しかし、自身が残忍な性分だったシンプソン総督は商人たちの鋭い洞察力に感銘を受け、オグデンの「行動と行為は、いかなる善良で高潔な原理原則にも影響されず、支配されていない」と書いたが、これはほめ言葉のつもりだった。無益な殺生を指揮するのに、「インディアンの国で最も道義心のない男」[*29]ほどふさわしい人物がいるだろうか。

オグデンは自分の仕事をきちんとこなした。一八二四年から一八三〇年までの間に六回の遠征を行ったこのずんぐりした森の男は、フランス系カナダ人の毛皮商人や先住民との混血のわな猟師などの寄せ集め部隊を率いて、東ははるかユタ州（今でも川、谷、街に彼の名前が残っている）まで、南ははるかコロラド川まで到達した。オグデンの探検は、文字通り西部の大部分を地図上に描き出し、ウィラメット川、アンプクア川、ベア川などの曲がりくねった河川系の地勢を明らかにし、将来の探検への道を開いた。[*30]彼は白人として初めてハンボルト川とシャスタ山の記録を残した（もちろん、どちらも何千年も前から先住民には知られていた）。一八二九年には、シエラネバダ山脈東部を初めて正式に偵察した。

しかし、オグデンの旅の最大の目的は地図をつくることではなく、ビーバーを全滅させることだった。シンプソンの「毛皮の砂漠」政策が続いている間、会社はスネーク・カントリーから三万五〇〇〇枚のビーバーの毛皮を運んだ。これは、オレゴン州東部やアイダホ州の乾燥した気候を考えると二重の驚きである。[*31]オグデンは時折、駆除者としての自分の役割を悲しんでいるように見えた。「この季節にわなでビーバーを殺すとは、まったく信じられない」と、一八二九年の五月に彼は書いている、「ここ数日で五〇匹以上のメスが捕獲されたが、メス一匹につき、平均して四匹の子どもを身ごもっていた」[*32]。会社の領地では、妊娠中のメスをむやみに殺すことは禁止されていた。しかし、オグデンの気のとがめもシンプソンの冷酷な戦術の実行を思いとどまらせるところまではいかなかった。オグデンの後継者となったジョン・ワーク(11)が一八三〇年と一八三一年にスネーク・カントリーに来たときには、この地は完全に裸になっていた。ワークの一行は五カ月間以上もの間、毛皮を収穫することなく過ごした[*33]。

一方、シンプソンは有頂天になっていたようだ。「アメリカ市民の反対がすべてなくなったと言えるのは、非常に喜ばしいことです」と彼は書いている[*34]。確かに、ハドソン湾会社が毛皮をめぐるアメリカとの戦いに勝ったのは事実である。スネーク・カントリーの探検隊は、一時的にアメリカのわな猟師たちを食い止めることに成功し、シンプソンとその協力者たちは大金を手にした。しかし、国境をめぐる戦争に勝ったのはアメリカ人だった。一八四六年、国境はアメリカが求めていた北緯四九度線に固定されることになった。

シンプソンの「毛皮の砂漠」作戦は卑劣な戦略だったが、アメリカ人の側にも見識があるともいえない。ピーター・スケーン・オグデンが旅をしていると、アメリカ人の一団が略奪した川によく出くわした。「アメリカ人はハドソン湾会社のやり方を非難する一方で、自分たちで土地を裸にしようとしているじゃないかと、彼は思ったかもしれない」と法学者のジョン・フィリップ・リードは書いている。[*35] もし、ハドソン湾会社が通常のやり方で土地を育てていたとしたら、この地域にはビーバーが残っていたかもしれない。いや、カナダ人であるオグデンが助けていたとしても、アメリカ人が殺していたかもしれない。

いずれにしても、「毛皮の砂漠作戦」の生態学的影響は残っている。歴史家のジェニファー・オットは次のように書いている。

時が経つにつれ……ビーバーのコロニーの数が減ったことによって、地下水面の低下、表流水の消失、浸食の増加が起こった。その影響は、植生だけでなく、水、食物、生息地を水辺に依存する動物にまで及んだ。一つのコロニーに平均六匹のビーバーがいたとすると、HBCが駆除した三万五〇〇〇匹は、ビーバー池約六〇〇〇面に相当する……水の流れが変わり、大型哺乳類の餌も変わり、水位も変わったため、ビーバー池にすんでいた生き物は新たな水域を見つけなければならなかった。[12]

そしてビーバーが立ち去ったことで、サーモンほど被害を受けた生物はいない。

魚の現在を偵察

オグデン一行が略奪行為を行った水路の中には、ジョン・デイ川があった。コロンビア川の支流で、長さは四五〇キロメートルである。川の名前は、ブルー山脈を通るルートを探していたときに発狂したわな猟師の名に由来する。げっ歯類の建築家を失ったにもかかわらず、ジョン・デイ川には今日、絶滅危惧種のスチールヘッド[13]（ニジマス）が多数生息している。この魚は両サイドが金属のような艶感のある色味をしており、サーモンのように海で成魚になり、産卵のために生まれた川に戻ってくる。二〇一五年には、数百匹のニジマスが猟師やアシカの目を逃れて、コロンビア川の河口に戻ってきた。そして三基の巨大なダムをくぐり抜けて、分岐してジョン・デイ川に入り、秋にはブリッジ・クリークと呼ばれる細い小川にたどり着いた。そこで彼らは求愛し、砂利の巣を掘って、釘の頭ほどの大きさの球状でオレンジ色の卵を産み落とした。卵は孵化し、腹の部分で栄養のある卵黄嚢と結合したまま、小さな稚魚になり、その後、一年かけてキラキラした幼魚に成長した。そして二〇一七年の夏、ジェイク・ワーツという生物学者に拉致された。

六月のある朝、私はブリッジ・クリークの川沿いでワーツたちと合流した。コロンビア川は三二〇キロメートル西の太平洋に向かって流れ、灰色の広い河口で海と合流する。オレゴン州の海岸線は生命を育み水は透き通っている。しかし、ここオレゴン州の中央部では、コロンビア川の支流がカスケード山脈の雨陰[14]をジグザグに縫い、土地は乾燥して高地の砂漠となり、ヤマヨモギやセイヨウネズは色も薄く弱々しい。ゆうべの雷雨が砂埃を押し流した。夜明けの空気は涼しく、空は晴れ渡り、ヤクヨウサルビア[15]を砕いた匂いと切った干し草の芳香が漂う。貝殻のようなピンク色の朝日が丘を越えて夜を追いかけている。

　景色を眺めている時間はチームにはなかった。すでに無駄な時間を過ごしていた。ウェーダー（防水パンツ）をはき、網とバケツを手にした四人組、ワーツ、サム・シモンズ、オースティン・デキュアー、デビン・バウマーは、浸食された土手をつまずきながら下りて、渦巻く水の中へと入っていった。流れに入ると、ヤナギのジャングルが夜明けの明かりをおおい隠した。ブリッジ・クリークは単一の水路ではなく、多くの水路を抱えている。流れる水のねじれた三つ編みはブラシのかかっていない髪の毛のように、収束し、絡み合い、引き離されていく。頭の高さまで伸びた草の壁が、腰までの深さの細い水路にいる私たちをあちこちに導く。水路の迷路のようだ。藪の中からとぐろを巻いたガラガラヘビが音を立てた。メモを取るために立ち止まって顔を上げると、チームの仲間は濡れた雑木林の中に消えていた。小川のせせらぎに混じって、ワーツの声がかすかに聞こえてきた。「わぁ、首の後ろにクモがいるみたいだ」。チームは生物学の最も奇妙な技術の一つである電気漁をするために、ヘビやクモに耐えながらこの峡谷に入ったのだ。髭をたくわえたがっしりした体格のワーツは、かつて大学で活躍したアメリカンフットボールのフルバックのように浅瀬を突進し、よどみをよろめきながら進んだ。背中にはかさばるバッテリーが装着され、片手には金属製のプローブ（探針）を持っている。この機具が電気を発生させるのだ。この機械のフィールドに捉えられた魚は電気ショックで一時的に気絶し、下流に向かって浮いたまま流れていく。そして木の柱の間に巻物のように張られた引き網で捕獲される。短時間の感電は気持ちのいいものではなかっただろうが、魚は傷つくことはなく、解放されると、水銀のようにカフェラテ色の川にすべり込んでいった。

朝の出だしは振るわなかった。プローブで浮き上がってきたのは、デイス（コイ科の小型淡水魚）とサッカー（コイの近縁種）ばかりだった。しかしすぐに、ワーツは深くて見込みのありそうなよどみにたどり着いた。沸騰した鍋のように表面が揺れている。このよどみは放棄されたビーバーダムによってつくられたものだと私は見た。ビーバーダムが小川の流れを右にそらし、ぬかるみの土手を削ってくぼみをつくったのだろう。ダムの構造を調べてみると、門歯で削られたとは思えないほど滑らかで真っすぐな垂直の柱で支えられている。このダムをつくったのはビーバーだが、彼らはどうやら人間と協力していたようだ。

ワーツはプローブを振りながら、よどみの中にどっぷりと浸かった。スタッフが引き網を引き上げると、案の定、指ほどの長さのニジマスが網の中で跳ねた。美しい魚だ。銀色の背中には黒いそばかすと幼魚斑がちりばめられ、脇腹は尾部からえら蓋までバラ色になっている。「探していたものがようやく見つかった」とワーツは声を上げた。そしてもっと魅力的な場所を求めて、上流に目をやった。半ば修理された奇妙な混成のダムが目に入った。柱の間から水が勢いよく流れ出ていた。「早朝の今の時間帯、ニジマスたちはよどみで餌を探し、流れの緩やかな場所で目の前を通り過ぎるものを調べています」と彼は言った。「彼らには微小生息域が必要です。流れの遅い水域、速い水域、木の茂み、浅瀬、よどみなどが必要です」。バケツの中には、この日の最初の獲物であるニジマスが入れられた。

電気漁により、ニジマスが次々と網にかかった。「なんと、三連勝だ！」ワーツは一度に三匹が網にかかるとそう叫んだ。そのうちにバケツの中は身をよじる魚の群れでいっぱいになった。チームは砂利洲で一休みした。バウマーはバケツからニジマスを取り出し、ブラックジャックのディーラーがカードを操るように巧みに魚を扱った。チョウジ油に短時間浸して落ち着かせ、体長と体重を測る。識別用のマイクロチップを腹に注射して、別のバケツに入れる。そこから放たれたニジマスの動きは、流域全体に設置された電子タグリーダーによって追跡される。

バウマーは、このプロジェクト五年目のベテランなので、ジョークを言いながら仕事ができるほど完璧だった。「海賊の好きな文字は何でしょう？」と彼女が問題を出した。「あー」オースティン・デキュアーが海賊のようにうなった。「アイ、アイ、サーのI（aye）だと思うだろうが」と、バウマーは海賊のような荒々しい声で言った。「残念ながらC（sea）だ」みんながうなった。

二〇〇七年以来、ブリッジ・クリークでは技術者たちが交代でこの流域のニジマスを精力的に追跡してきた。そして二〇一七年のあるとき、彼らは一〇万匹目の魚にタグをつけ終えた。それはコロンビア川流域で最も困難な仕事であり、最も意義深い調査の一つだった。膨大なデータの中には、絶滅の危機に瀕しているサーモンやニジマスの復活に不可欠な秘密が隠されているかもしれない。その秘密とは、ビーバーに関連することであることは、読者にも想像がつくだろう。しかしそれは、人間と、人間がビーバーを味方につける能力にも関連している。ブリッジ・クリークが、ビーバーがサーモンの復活に不可欠であることを水産業界に確信させなければ、何も解決しない。

ビーバーダムを人工的につくる

ジェイク・ワーツが私を電気漁に連れていってくれた日の前日、私は型破りな川の再生戦略の立案者の一人、ニック・ウェバーと共にブリッジ・クリークを見学していた。ウェバーはトラック運転手キャップを被り、まばらに顎髭を生やし、毛針釣りの釣り人、あるいは急流や荒水の中でカヤックを操る人の持つ冷静沈着な雰囲気を漂わせていた。そして彼はそのどちらも実際にやっていた。ウェバーは前日、ホワイト・サーモン川でボートが深みにはまり、泡立つ渦に巻き込まれて、死にかけるという経験をしたため、少々動揺していた。「これで終わったかと思った」と、彼は笑った。[16]

ウェバーは、二〇〇七年にブリッジ・クリークのプロジェクトが開始されたときから、このプロジェクトに携わってきた。ユタ州立大学で修士号を取得して間もない頃だった。当時、プロジェクトの研究助手たちは、夏の間テントを張って活動していた。そこはウェバーがあまり愛着のない様子で「ダートキャンプ」と呼ぶ、風の吹きすさぶ地獄のような場所だった。現在では、ワーツとそのチームは、寮のような宿泊小屋に住んでいる。ＤＶＤプレーヤーもあるし、卵やソーセージがたっぷり入った巨大な冷蔵庫もあるし、玄関にはビールを飲みながら雷雨を眺めるのに最適なポーチもある。

ブリッジ・クリーク・プロジェクトの人間が過去一〇年間で自分たちの生活環境の改善を経験したように、魚の生息環境も改善した。ウェバーは私を、頭の高さまであるヤナギ、ガマ、スゲ、そして不器用な人が突き刺さりそうになるほどビーバーが尖らせた杭のある自然の中を案内してくれた。私たちが賢かったらナタを持ってきていたことだろう。私はすぐに泥に足を取られ、引き抜くのに四苦八苦していた。サンダルが泥に取られそうになっていた。何とか抜け出して、ウェバーに追いつくと、そこは上流方向にあるビーバー池で、ウェバーは濁った水に腰まで浸かっていた。彼は、一〇年前に卒業した大学の同窓会に出席した卒業生のように、ブリッジ・クリークがまだ川ではなく、ブリッジ塹壕のようだった頃を思い出しながら、周囲を見渡していた。「私たちはよくこの土手を登ってきて、夏になるとほとんど干上がってしまうこの真っすぐで険しい水路を見下ろしては、ここで電気漁なんかをするのかと言い合っていたものです」と彼は振り返った。「ここには何もありませんでした」

しかしその後、ウェバーと彼の同僚たちは「ビーバーダム・アナログ（模造ビーバーダム）」と呼ばれる木の柱とヤナギを並べた手づくりのダムを一〇〇基以上設置した。その結果、川の生息環境が一変し、ニジマスの稚魚の生存率が向上した。そして「毛皮の砂漠」作戦以来見られなかった数のビーバーを呼び戻した。「この地域全体が月面のような風景から緑豊かな湿地帯に変わった」とウェバーは驚きを隠しきれない。「生息環境を少しでも改善できたらと苦々しく思うどころか、『なんてこった、見てみろよ！』となった」。マスのすむような水の澄んだ川には一見みえないけれど、ここにはニジマスがいっぱいいます」

人工的なビーバーダムをつくることで、なぜこのような効果が得られたのかを正確に把握するには、地形学の知識が必要になる。アメリカ西部をドライブしていると、荒廃した昔のブリッジ・クリークのような川を見かける。崩れかけた土手が深く浸食され、ヤナギがほとんど生えていない真っすぐな溝のような川だ。これらの残念な川は、「下方浸食」の犠牲者である。それは河川水路が氾濫原から致命的に切り離されたことを意味する。自らの水路に閉じ込められた川底が浸食された小川は、スプーンでアイスクリームをすくって入れ物の底を削るように、岩盤まで浸食される傾向がある。結果的に、不安定になった川岸が崩れ、河原はより広く、より浅く、より単純になる。長い年月を経て、これらの川は、ロサンゼルス川に似たものになるだろう。ハリウッド映画の数々のカーチェイス・シーンに使われて不朽の名作となった哀れな塹壕のような川である。

このような急激な劣化の原因は何なのか？　多くの場合、その犯人はわなである。ビーバーが多く生息する健全な川では、ビーバーがつくるダムや池が階段状の勾配制御装置の役割を果たし、流れを穏やかにして浸食を軽減する。それはちょうど、農家が、表土が流されるのを防ぐために急斜面をひな段式に整備するようなものだ。しかし、ビーバーがいなくなり、ダムが崩壊すると、抑制されていない川は土砂を巻き上げ、ガリを形成する。例えば、一九二四年、オレゴン州のクレーン・クリークでわな猟師たちがビーバーを駆除したが、ここは湿った草原が、あぶみの高さまである草を灌漑していた。ビーバーがいなくなってわずか一年後、クレーン・クリークはえぐり取られて三階建てのビルと同じくらいの深さの峡谷となり、草は枯れ果てた。

ブリッジ・クリークは知らぬ間にさらに悪い事態に陥った。ビーバーの捕獲に加えて、この川ではほとんど維持管理されずにウシの放牧が行われた。放牧された家畜は川辺の植物を食い尽くし、土手を踏み荒らした。ヤナギやビーバーダムのような、ブリッジ・クリークの速度を抑制する「摩擦要素」がないと、疾走する流れは岩盤まで削り取ってしまう。もはや流れは氾濫原に流出することができなくなった。テーブルの上の水のようにエネルギーを散逸することができなくなった。下るしかないブリッジ・クリークは激しく水を放出する消防ホースへと姿を変えた。

ブリッジ・クリークの崩壊の大きさを把握するために、自分がタバコ一本ほどの体長もないニジマスの稚魚になったと考えてみてほしい。腹を空かせた捕食動物が待ち構える世界であなたは孵化した。空腹で臆病なあなたは水流の渦に巻き込まれる。激流の中で自分の位置を維持することさえ困難だ。力をたくわえたり、捕食動物から身を隠したりできるような、瓦礫の多い、ゆっくりと流れるよどみを求めている。しかし、もしあなたの川が何もひっかかりのない水路になっていたとしたら、あなたは下流に押し流される運命にある。あなたの命は風前の灯だ。

それは、あなたの川にまだ水があればの話だ。コンクリートで囲われていない川が氾濫原に流出すると、水分が土壌に浸透して地下水面が上昇する。土壌が飽和状態になる地下の地平線である。水面が上がれば上がるほど、地下水にアクセスしやすくなる。水面が高い場所では、地下水が実際に地中から浸透して地表水と混ざり合うこともある。河床間隙水域と表流水の間で河川水の出し入れが起きる。科学者たちは、中小河川の水の四〇～五〇パーセントは地下水であると推定している。

川は地下から水を受け取るだけでなく、土や岩の中に消散して水を失うこともある。地下から水を得る量が水を与える量よりも多い川を「得水河流」、失う水量のほうが多い川を「失水河流」と呼ぶ。川が氾濫原を浸すことができないほど下方浸食されている場合、雪解け水や降雨が減少すると、急速に失水河流になる。「地下水面が下がりすぎて、貯めていた水がなくなってしまうのです」と、アメリカ海洋大気庁魚類生物学者のティム・ビーチーが話してくれた。ビーチーによると、氾濫原の断絶は一般的と言えるほど多く、憂慮すべき事態となっている。彼がワシントン州西部でこの問題を調査したところ、調査した川の半分以上が下方浸食[*36]を受けていた。「多くの場合、夏の川の流れが完全に失われます」と彼は言った。下方浸食を受けた川は、魚の生息に適していないだけではない。気候が暑くなってくると、生物が何もすまない場所になってしまうことが多い。

幸いなことに、河畔から脱獄する方法がある。河川水路を、競合する二つのプロセスによって交渉される不安定な休戦協定のようなものだと考えていただきたい。浸食と、その反対の「川床上昇」つまり堆積物の蓄積である。流れは、シルト、砂、粘土を下流に向かって運び出す。またある場所では、流れはこの物質を堆積させて川床を上昇させ、ある場所では、岩盤を削る。流れが遅くなると、曲がり角の内側、水たまり、平坦な場所に、疲れた旅行者が長い旅の終わりに荷物を降ろすように、川は荷物を降ろす。この結果は自分の目で確かめることができる。今度、濁った川のほとりに行ったら、その水を汲んでバケツに入れ、一晩置いてみよう。朝になると、バケツの中の濁った水は二つの層に分かれている。澄んだ水が上になり、数センチメートルの堆積物が下に沈んで層になっている。

下方浸食された川に対して私たちができる最善のことは、形勢を逆転して川床を上昇させることである。流れを緩やかにし、堆積物の蓄積を助け、川床が再構築されるのを待つ。ビーバーダムは流れのスピードを緩める自然の段差であり、このプロセスを加速させる。ティム・ビーチーは、ワラワラ川およびトゥキャノン川流域のビーバーのいない水路を再生するには最長で二七〇年かかるという。しかし一握りのビーバーを放てば再生期間を三分の一に短縮することができるというのだ[*37]。このプロセスはアメリカ北西部以外にも当てはまる。ノースカロライナ州とバージニア州のピードモント台地では、ビーバーは二二〇〇万立方メートルの堆積物を堆積させることができると見積もっている。これはニューヨークの高層ビル、エンパイア・ステート・ビル二一棟分に相当する[*38]。

これは良い知らせだ。悪い知らせは、再構築のプロセスは、放置したままでは本当に長い時間がかかるということである。結局のところ、流れの速い川にダムをつくるのはビーバーにとって難しいことなのだ。一九八八年からブリッジ・クリークでビーバーを観察した研究によると、ビーバーダムの四分の三が激しい流れによって粉々に吹き飛ばされ、二年ももたなかったことがわかった。ビーバーが定着しにくくなると、川の復旧も遅くなり、その未来が健全な生息地の存在にかかっている魚にとって悲惨な結果となる恐れがある。[*39]

壮大なブリッジ・クリークでの実験を支える強力な仮説は次の通りである。「カストル・カナデンシス」が劣化した川を自分たちだけでは修復できない場合、「ホモ・サピエンス」は彼らの仕事を真似ることによって、げっ歯類を助けて困難を乗り越えることができる。

ブリッジ・クリーク・プロジェクトは、マイケル・ポロックの発案によるものである。マイケル・ポロックは、一九九〇年代初頭、アラスカで、自ら生息地をつくるビーバーの優れた能力を研究して以来、ビーバーを高く評価していた。その一〇年後、ポロックは偶然ブリッジ・クリークに出くわし、ビーバーから利益を得ようとしている別の生態系を知った。二〇〇七年の調査では、この川にあるいくつかのビーバーダムが、一年で川底を約〇・五メートル上昇させるほどの土砂を取り込んでいたことを発見した。[*40]「ビーバーたちはこの下方浸食された川を修復しようとしていたが、彼らのダムは絶えず吹き飛ばされていた」と、ポロックは話してくれた。崩壊した数基のダムが良い結果を出したのなら、もっと安定したダムならさらに良い結果を出すはずだ。彼は、多くの魚類生物学者にとっては狂気の沙汰としか思えない提案をした。彼が提案したのは、ブリッジ・クリークに彼自身がダムをつくり、ビーバーがつくった構造物を補足するというものだった。「誰も理解してくれなかった。『あなたは浅瀬を沈泥でいっぱいにし、温かい水を開放し、そしてダムをつくるというのか?』と」。ポロックは、同僚たちの信じられないという顔を思い出して笑った。「『私たちがどれほど長い間、ビーバーダムを撤去しようとしてきたか知っているのか?』」

ポロックの提案は、生物学者たちの反感を買っただけでなく、人員や物資の面でも悪夢のように思えた。ちっぽけな歯しか持たない霊長類が、どのようにして自然界の最も優秀な建築家を真似ることができるのか? ポロックは、ニック・バウエスという生態学者と共に、コンサルティング会社に人工ビーバーダムの設計を依頼した。「ダム一基につき、五万ドルという値でした」とバウエスは振り返る。「私は愕然としました。そのくらいの値段でログハウスを建てたばかりでしたから」

バウエス、別名ビッグ・ニック(ウェバーはリトル・ニック)はインターネットを検索し、より倹約できる方法を見つけた。油圧式杭打機は、削岩機とバズーカを足したような携帯型の機械だ。この新しいおもちゃを使って、ブリッジ・クリークのチームは、二〇〇九年から二〇一二年にかけて一二一基のビーバーダム・アナログを設置した。樹皮を剝いた丸太を川底に打ち込み、籐のバスケットを編むように、ヤナギの枝を打ち込んだ丸太に通していった。(ポロックは「今でも腰が痛む」と言っていた)。スタッフは、BDA(ビーバーダム・アナログ)のサイズや機能を変えて工夫した。堆積物を捕捉するためのもの、よどみを形成するもの、流れを端に寄せて水路を広げるものなどである。浸食は、ある意味では味方となる。下方浸食された川を再構築するには、土砂を「どこか」から調達しなければならない。包括的な目標は、大幅に単純化された川を複雑な川に変えることだ。ウェバーに言わせると、「私たちはビーバーダムを使って、ブリッジ・クリークを派手に取り散らかしたかっただけです」

BDAとビーバーの協働

取り散らかし始めたのは人間かもしれないが、最後を締めくくったのはビーバーだった。「私たちがダムを設置すると、どこであってもビーバーたちがやってきて開業するのです」とウェバーは話してくれた。ビーバー・ダム・アナログの多くが破壊されたが（必ずしも悪いことではない、壊れたBDAは魚の最高の生息地を提供した）、個体数の増えていくげっ歯類たちの安定した活動拠点となっているBDAも多かった。二〇一三年には、ビーバーたちは自力で一一五基のダムを建設し、六〇基近くのBDAを強化した。結局、ブリッジ・クリークのビーバーたちの活動はそれまでの八倍という驚異的な増加を見せた。さらに、新しいダムの多くは、BDAの建設現場から少し離れた場所につくられている。これは、ビーバーがダムの類似物に引き寄せられ、この水域に散らばっていったと考えられる。ポロックは言う。「私が最も誇りに思っていることの一つは、ブリッジ・クリークを歩いていて、こう言ったことです。『この三つのスポットには、絶対にダムがあるべきだ』と。そうしたら次の年には、なんと、私たちがあるべきだと言った通りの場所にビーバーがダムをつくっていたのです」。その意味するところはとても大きかった。復興者たちは、再配置という面倒な作業をせずに、切実に必要としている場所にビーバーを誘導することができたのだ。[*41]

ジェイク・ワーツらが収集した膨大なデータのおかげで、ブリッジ・クリーク・プロジェクトが魚にどれほどの恩恵をもたらしたかを、私たちも知ることができる。二〇一六年、チームは学術雑誌の『Scientific Reports（サイエンティフィック・リポーツ）』誌に論文を発表し、大反響を呼んだ。ブリッジ・クリークに生息するニジマスの幼魚と、BDAを設置しなかったマーダラーズ・クリークと呼ばれる他の川のニジマスの幼魚の運命を比較した。その結果は明白だった。ブリッジ・クリークの取り散らかった水路、水たまり、よどみは、コントロールされていないマーダラーズ・クリークに比べて約三倍多くの魚を産出し、ニジマスの生存率は五二パーセントも高かった。「一〇年かかると思っていた生息地の変化が、一年から三年で起こりました」とバウエスが話してくれた。この研究はまたニジマスの成魚が二〇〇基以上のビーバーダムを通過して産卵場所へ向かったことも確認された。これにより、ビーバーが魚の遡上の妨げになるという説は否定された。[*42]

彼らが一掃した通説はそれだけではなかった。魚類生物学者は、ビーバーが小川の水温を上げると心配している。それが本当なら、ゆゆしき問題である。冷たい水を好むニジマスは摂氏約二五度でストレスを感じ、約二九度で死に始めるからだ。しかし研究グループは、ビーバーダムとそれに類似したダムは、稚魚をゆで上げるどころか、夏の日中の暑さを抑え、気温が急激に上昇して致死限界値に達するのを防ぐことを発見した。ニジマスにとっては恩恵である。*43 ダムがこのような効果を発揮するのは、河床間隙水域の水と表流水との混ざり合いを促進しているからかもしれない。水を地下で冷やし、下流の砂利を通って出てくるようにしているのだ。

魚の世界に残るビーバー排斥という偏見を払拭するための研究があるとすれば、それはブリッジ・クリークである。「このプロジェクトを始めたとき、私たちは大きな反発を受けた」と、ウェバーは、ジャングルのような水路から這い出てきたときに言った。「その後、私たちがこれらの出版物を出したところ、今ではすべての機関や非営利団体がどこにでもBDAをつくりたがっています」。彼は苦笑いをした。「ここまで来るのに、一〇年かかりました」

共存の道

ブリッジ・クリーク・プロジェクトとその注目すべき研究のおかげで、ビーバーを真似たりビーバーを使ったりすることが、サーモンの業界で最もホットなトレンドの一つとなった。オレゴン州に来てから二週間、私は南へと旅立った。コロンビア川よりもさらに荒廃した流域で行われているという驚くべきアプローチをこの目で見るためである。

北カリフォルニアのスコット川は、シャスタトリニティ国有林から流れ出るクラマス川の九七キロメートルの支流である。自然の水路というよりは環境犯罪現場のような様相を呈している。ある暑苦しい六月の朝、シャーナ・ギルモアが私を案内してくれたのは、そびえ立つ砂利の堤防だった。何階分もの高さで、何百ヤードもの長さがあり、巨大なホリネズミのトンネルのように蛇行しながら谷を横切っている。曲がりくねったぼた山の連なりは氾濫原を脱工業化社会の犠牲区域のような様相にしていた。

これがスコット・バレーだ。始まったのは一九〇八年だった。巨大なはしけのような金鉱用の浚渫船の行列が川底をえぐり、川岸に選鉱くずを吐き出した。「浚渫開始から一二カ月間に、平均深度九メートルの掘削で、三万平方メートルの土地を掘り起こし、二七一立方メートルの砂利を処理した」とカリフォルニア州の鉱物学者が一九一〇年に書いた文章には、懸念というより畏敬の念が込められていた。[*44]「スコット川流域委員会（Scott River Watershed Council）」の常任理事であるギルモアは、あまり感心してはいなかった。サンダルで瓦礫を踏みしめながら、彼女はこう言った、「いわゆる『お手上げ』状態です」。

かつて、私たちの足元にある砂利の投棄場は、緑豊かな湿地だった。水たまりや沼沢は魚でいっぱいだった。それらはビーバーによってつくられていた。スコット川には多くのビーバーが生息し、川の流れを緩やかにし、湿地帯に水を与え、側方に水路を開いた。初期の入植者たちがこの地域をビーバー・バレーと呼んだほど、この地域にはビーバーが多く生息していた。ビーバーが多い生息地はギンザケの稚魚にとって特に重要だった。他の種類のサーモンの稚魚より生まれた川で過ごす時間が長いからだ。しかし、ビーバーは長くは存在しなかった。一八五〇年、スティーブン・ミーク[17]というマウンテンマンが一年で一八〇〇匹のビーバーを捕獲して毛皮を手に入れた。バージニア出身で、抜け目のない、バックスキンに身を包んだトルストイのような風貌の男だ。それから八〇年後の、一九二九年の冬、フランク・C・ジョーダンというわな猟師がスコット川で最後のビーバーを捕獲した。

シャーナ・ギルモアがその気になれば、スコット川は再びビーバー・バレーになるかもしれない。二〇一四年、流域委員会はマイケル・ポロックの設計協力を得て、スコット川の四本の支流に合計八基の人工ビーバーダムを設置した。ギルモアは私をシュガー・クリークに連れていき、彼らの作品の一つを見せてくれた。ブリッジ・クリークで見た枝を重ねたものよりずっと立派な構造物だった。地元産のベイマツの丸太が小川の底から突き出ていて、ヤナギの枝で格子状に編まれ、岩で支えられている。全体としては、バス一台分以上の長さがある。ダムの後ろには、全体でテニスコート数面分の広さの池があり、ハンノキに囲まれている。半分水に浸かったヤナギの木立の間を銀色の稚魚が跳ねている。太もも丈のパンツのギルモアは、膝まで水に浸かって池の中を歩きながら、この池の示すあらゆる兆候に喜びを感じていた。兆候とは、チョコレートのような分厚い沈殿物、ビーバーが掘った水路、ビーバーがダムを補強するために嚙んだ枝などだった。

「彼は、彼女かな、パートナーを見つけたようです。匂いが強くなっているので、もし赤ちゃんができたのなら嬉しいです」

くすんだ金髪を束ねて野球帽を被り、疲れを知らずによくしゃべるギルモアは、もともと、ビーバー信者になる運命にはなかった。ワシントン州中部出身の彼女は、高校卒業後、森林局の山道を整備するためスコット・バレーに引っ越してきた。その後一八年間、ここに住みつき、不動産販売の仕事に携わった。「この土地には、人間としての品性を磨かせるような厳しさがあります」と彼女は話してくれた。二〇〇七年、彼女は流域委員会の理事会に参加し、生態系の回復に夢中になった。それから八年後、まだ不動産業者として働きながら、カレッジ・オブ・ザ・シスキヨウスに学部の学生として入学した（彼女はクロスカントリー・チームにも参加し、『シスキュー・デイリー・ニュース』紙に、四七歳の新入生を紹介する記事が掲載された）。二〇一六年、彼女はついに不動産業の仕事を辞め、委員会の運営に乗り出した。彼女はおそらく今も環境科学の学士号取得を目指している全米で唯一の非営利団体の理事かもしれない。「子どもたちは私の頭がおかしいと思っていますす」と、彼女は楽しそうに言った。
ギルモアと委員会の同僚たちは、スコット川にビーバーを復活させたいと望んでいたが、保守的な牧場主や伐採業者の反感を買うことを恐れていた。「五年前のスコット・バレーでは、ビーバーが描かれたTシャツを着るなどということはありませんでした。五年前には、それはとんでもないことでした」。そう言うギルモアは、今まさにビーバーが描かれたTシャツを着ている。「私たちは、隠れビーバー信者のようなものでした。**WIPE YOUR ASS WITH A BEAVER（ビーバーで尻を拭こう）**などというバンパー・ステッカーは見たくなかったですから」

二〇一二年、カリフォルニア州は干ばつに見舞われた。この頃から反感は和らぎ始めた。一部の地域では、この五年間にわたる干ばつは、過去四五〇年間で同州を襲った最悪のものだったと言われている。しかしスコット・バレーでは、この危機は無駄にはならなかった。ビーバーが地下水面を上昇させていたので、灌漑しようとする人の費用が軽減され、それによりかつての敵は味方に変わった。二〇一五年、ガレス・プランクという牧場主は『OnEarth（オンアース）』誌に、ビーバーのおかげで、「ポンプ運転費が一〇〜一五パーセント削減できた」と語った。*45 流域委員会の人工ダムに反対するどころか、土地所有者たちは人工ダム建設を求め始めた。（好意的な意見が増えたものの、ビーバーは依然として論争の的になっていたため、委員会はビーバーダムの類似品に、考え得る限り無難な名前をつけた、杭建込み木製構造物、略してPAWS〈Post-Assisted Wood Structures〉と呼んだ)。一年もしないうちに、一部のPAWSは地下水面を三〇~九一センチ上昇させた。

「これを設置してほしいと言っている土地所有者たちは、魚にはあまり興味がありません」と、ギルモアは私に話した。「貯水や灌漑について話したいだけなんです」

スコット・バレーの構造物に対して最も頑強に抵抗したのは、地元の牧場主ではなく、カリフォルニア州だった。カリフォルニア州魚類野生生物局は、委員会がダムの類似物を設置することを制限し、特に干ばつがひどくなったときにはダムを撤去させようとした。魚が遡行するための道を確保するためという理由だった。オレゴンやワシントンのような近隣の州の野生生物機関はビーバーを受け入れているが、カリフォルニア州は、環境保護に積極的な州だという評判に反して、あからさまに躊躇し続けている。「他の地域では、これらの技術の多くが文書化され、受け入れられています」と、ビーバーの擁護者で、オクシデンタル・アーツ&エコロジーセンターのケイト・ランドクイストが話してくれた。「しかし、カリフォルニア州では長い間、ビーバーを使った活動は正当な手段としては認められてきませんでした」(18)

ギルモアは、彼女のグループと州の野生生物局との関係は「進化している」と話してくれた。私が訪問する二週間前には、スコット川流域委員会が州の生物学者たちを招いて、不安を払拭するため、手づくりダムのワークショップを開催した。しかし、彼女は自分が一〇〇年以上の歴史を持つ根深い偏見と闘っていることを自覚している。カリフォルニア州ほどビーバーから恩恵を受けそうな土地はない。しかしカリフォルニア州ほどビーバーを否定してきた奇妙な歴史を有する州もない。「私たちが信じているビーバーの姿と、州が歴史的に見てきたビーバーの姿との間には、物事を対立的な概念に二分する論法が存在します」と、ギルモアが私に言った。黄金の州のビーバーたちの未来は、カリフォルニア州が過去をどのように清算するかにかかっているのかもしれない。

第六章
ビーバー革命――環境改善の要

私の知る限り、ビーバーをテーマにした、装飾品、小間物、記念品の世界最大のコレクションは、カリフォルニア州マーティネズ市にあるオークの木が木陰をつくる通りにたたずむ一軒の家にある。その家の玄関ポーチには、見晴らし窓ほどの大きさの壁画があり、赤みがかった毛のビーバーが、前足で棒を握り、尻尾を上げて敬礼している。薄暗い室内は聖堂のような雰囲気だ。冷蔵庫にはビーバーのマグネットが貼られ、書き物机の上にはビーバーのぬいぐるみが鎮座し、壁には画廊と見間違えるほど多くの、ビーバーの絵画、版画、ポスターが展示されている。暖炉の横にはビーバーがかじった切り株が置かれ、キッチンにはビーバーの刺しゅうが施された食事用ナプキンがぶら下がっている。裏庭では、陶磁器のビーバーが水盤の上にかがんでいる。もしクリスマスに来ていたら、クロクマと同じくらいの大きさの、段ボールを切り抜いてつくったビーバーが、前庭の芝生の上で明かりに照らされてつるされているのが見えただろう。

このコレクションの持ち主は、率直で快活なハイディ・ペリマンという女性だ。児童心理学者である彼女は、その意志の強さと一途さで、世界でも屈指のカストル・カナデンシスの権威となった。ペリマンと私は数カ月間Eメールのやり取りをしていたが、七月四日にマーティネズで会うことになった。彼女は会う前にビーバー愛を表明したＹｏｕＴｕｂｅ動画「ビーバーの誓い（Beaver Pledge）」という、一本の川、地下、かけがえのないもの、すべての生物のための生息地と湿地についての、彼女が制作した動画のリンクを送ってくれた。

七月四日の独立記念日、マーティネズの人々が赤色、白色、青色の衣装を身につけてダウンタウンをパレードする中、私はペリマンと彼女の夫のジョンに会い、自宅兼博物館で遅い朝食をごちそうになった。外の歩道には小さなビーバーのシルエットが刻み込まれていた。セメントが固まる前にビーバーの形をしたクッキー型を押しつけて刻んだのだ。私が到着するやいなや、ペリマンは竹製の台に取り付けられた陶磁器のビーバーの家族や、指の爪ほどの大きさのが——何のことかおわかりだろう——いっぱい描かれたライムグリーンのネクタイなど、私にお土産を持たせてくれた。「コーヒーに気づいた？」私がコーヒーを数口飲んだ後、彼女はいたずらっぽく尋ねた。ちらりと視線を落とすと、陶器のビーバーがマグカップの底でヒキガエルのようにしゃがんでいた。

ビーバー狂信者

ハイディ・ペリマンについて、ビーバー信者たちに聞くと、第一声として「半端じゃない」という言葉が出てくる。ペリマンのビーバー信者としての取り組みは、「価値あるダム（Worth a Dam《ワース・ア・ダム》）」という名称の非営利団体の運営だ。この団体はビーバーに関する科学とビーバーと人間との共存技術の総合的情報源として、また毎日更新されるビーバーニュースの発信源として機能している。ペリマンはさらに、ビーバーをテーマにしたＬｉｎｋｅｄＩｎ（リンクトイン）[1]を使って、世界中のビーバー信者を、活用できる専門技術などの資源付きで結びつけたり、個人を互いに結びつけたりしている。またビーバー専門家のためのゴシップ・ブログのようなものもある（私が訪問した翌朝に掲載された投稿より：「昨日は、楽しくて妙に親近感を感じた一日だった……多忙な作家のベン・ゴールドファーブが来てくれた。彼は私の話を聞いてよく笑い、小さなメモ用紙にメモを取り、携帯電話で取材内容を録音した」）。

ビーバーの世界に少しでも関わったことのある人なら、ハイディ・ペリマンに出くわしたことがあるはずだ。彼女はビーバーをテーマにしたＦａｃｅｂｏｏｋ（フェイスブック）のグループに何度も投稿し、精力的に情報を発信し続けている。私自身、目が覚めるとビーバー関連の情報が受信箱に入っていたことが何度もある。彼女がアラスカ、アラバマ、スコットランドなどから収集したものだ。何者も彼女の注目から、時には軽蔑から、逃れることはできない。人気のあるネイチャー・ポッドキャストで、「ビーバーの殺処分を好意的に受け取らせる」と彼女が感じたエピソードが放送された後、彼女は自身のブログで情け容赦のない痛烈な批判を展開した。「私はあなたのことを知らないけれど、本当の答えが**すぐ**そこにあるにもかかわらず、ビーバーについてデタラメな言動を繰り返すバカなレポーターたちに対して、私は**文化的環境収容力**に達しました」[*1]。彼女の反論はまた、非常に効果的だったと言わざるを得ない。ペリマンが、誤りを強調した注釈付きの台本を問題のポッドキャストに送ったところ、その番組のホストはすぐに陳謝し、公明正大な追跡調査を行った。「心理学者として、私は自分の言葉に慎重であるべきです」。裏口のポーチでケサディーヤを食べながら、彼女は私に言った、「でもたまには、ウェブサイトで怒鳴り散らすのもいいものです」

ビーバーは二〇〇七年に初めてマーティネズのダウンタウンにやってきたのだが、当時彼女はこの新参者について何も知らなかった。そう考えると、ペリマンの現在の熱意は驚くべきものだ。実際、それまでに彼女がビーバーを見たのは一度だけだった。夫のジョンと一緒にメンドシーノ郡でカヌーを漕いでいたとき、一匹の成獣が尻尾で水面を打ったのだ。彼女は半水生動物の世界について何も知らなかった。マーティネズのアルハンブラ川の新しいロッジの上にいた茶色の生き物を写真に撮ったのだが、自分が誤ってカワウソを写真に収めたことにずっと気づかなかったくらいである。

ペリマンの無知を容赦してほしい。当時、ベイエリアでビーバーを見たことのある人はほとんどいなかったからだ。カリフォルニア州は、環境保護の聖地であり、レジ袋の使用禁止や、温室効果ガス排出取引のキャップ・アンド・トレード制度で知られている。しかしビーバーに関しては、この黄金の州は明らかに時代に逆行している。主な理由は、この州は他の州とは異なり、自然を意のままに変えてきたからだ。「水教育財団（Water Education Foundation）」によると、カリフォルニア州は「地球上で最も水文学的に変化させられた土地であり*2」水は数々のダムによってせき止められ、貯水池によって閉じ込められ、広大な循環系の水路によってあちこちに分流している。そして灌漑用水路は、ロサンゼルス市の水道水を維持し続け、セントラル・バレーの作物を育てている。この州の根本的なジレンマは、都市の中心部と肥沃な土壌が、最も豊かな水資源と重なり合っていないということである。州はこの問題を、ポンプ、運河、コンクリートを使って解決してきた、あるいは解決しようとしてきた。

「私たちが何らかの形でコントロールできる自然の力は水だけだ、しかもコントロールできるようになったのはごく最近のことだという事実を、私たちはうっかり忘れてしまいやすい」(『60年代の過ぎた朝：ジョーン・ディディオン集』越智道雄訳、東京書籍、一九九六年)とエッセイストのジョーン・ディディオン(2)は書いている。「私の記憶では、カリフォルニアでは水道管が咳のような音を立てることで、ああ夏になった、と感じた。その音は水がれを意味しているのだ。カリフォルニアの冬は、川が最高水位に達するかどうか夜通し見張り、土嚢《どのう》を積み、堰をダイナマイトで爆破し、家の一階に水があふれるのが、お馴染みの光景となる。いまだにカリフォルニアは、人間が暮らすことを必ずしも歓迎しない土地なのだ*3」

カリフォルニア州の自然界に対する勝利は苦労をして得たものであり、出過ぎた真似をするげっ歯類に対して情けを与えることに気が進まないのも無理はない。しかしこの州の歴史は、単にビーバーと共存できなかったというだけではなく、もっと複雑な絡みがあった。それは、西部開拓時代の地理、記憶の歴史的限界、鋭敏な生物学者による重要なミスだった。不完全な知識がどのように意思決定に影響を与え、理解の相違がどのように野生生物の管理の方向を見失わせるのかについての話である。そしてその果てに、地球上で最も水文学的に変化した土地が、いかにためらいながらも、北米で最もお節介な哺乳類を再び歓迎し始めたかについての話である。

ビーバーへの目覚め

ハイディ・ペリマンは、カリフォルニア州のビーバーの運命を変えようとして動き出したわけではなかった。二〇〇七年に最初のつがいがアルハンブラ・クリークに巣をつくり始めたとき、彼女はただその目新しさに喜びを感じていた。「彼らは愛らしかった」と、彼女は私に言ったが、すぐに言い直した、「何というか、珍しかった。実際、それほど可愛いわけではないけれど、かっこよかった」。ペリマンが夢中になったのは、ビーバーに便乗してやってきたサギ、カワウソ、ミンク、マスクラットなどだった。彼女とジョンは毎日、アルハンブラ川に架かる橋まで散歩をして、戯れる生き物たちを撮影した。それから一〇年以上の歳月が流れ、彼女の手元には、2TB（テラバイト）のビーバーの映像が収められた外付けハードディスクが残った。2TBといえば、MacBook（マックブック）約一二台分データ容量に相当する。

しかし、マーティネズ市はあまり喜んではいなかった。アルハンブラ川は、ダウンタウンを通ってサンフランシスコ湾に流れ込んでいる。冬の大雨が降ると、この川の水は通りにあふれて暴れる傾向がある。二〇〇一年、マーティネズは一〇〇〇万ドルの洪水対策プロジェクトを実施して問題を軽減したものの大洪水の恐怖はいまだに大きく立ちはだかっている。町はビーバーが本当に脅威なのかどうかわからなかったが、川に隣接した事業主たちは、先手を打って苦情を言ってきた。マーティネズ市議会は、ビーバーは殺処分にするといって選挙区民を安心させた。

ビーバーに夢中になっていたペリマンは、この発表を聞いて驚き、不安を感じた。その頃ビーバーは四匹の赤ちゃんを産んだのだが、これが実に可愛かった。赤ちゃんビーバーたちのキュウキュウ鳴く声やゴロゴロいう声は人を魅了せずにはおかなかった。「この子たちを殺してほしいと言っている人たちは、赤ちゃんビーバーの鳴き声を一度でも聞いたことがあるのかしら?」とペリマンは言った。彼女のネックレスについている銀色のビーバー・ペンダントが太陽の光を受けて輝いた。「そして私が何もしなければ、あの鳴き声を再び聞くことがあるのだろうか?」と考えたという。

このとき、ペリマンは自分の話には視覚的な資料が必要だと考えた。「ジョン!」彼女は家の中に向かって叫んだ。「スクラップブックを持ってきて!　それと、コーヒーのお代わりもお願いしていい?　あなたはすばらしいウエイトレスね」。しばらくすると、「ワース・ア・ダム」のタンクトップを着て、銀色の髪をポニーテールにした温厚なジョンが膨らんだスクラップブックを持って現れた。そのページにはペリマンの運動の足跡がびっしりと挟み込まれていた。私は、彼女の闘争の証拠となる書類に目を通した。橋の上で歩行者に配った、スタンプを押したビーバー支持のポストカード、『マーティネズ・ニュース・ガゼット』紙に彼女が書いた記事、ブルー・オイスター・カルトのパロディソングの歌詞[3]（「市はビーバーを殺さない」）。『サンフランシスコ・クロニクル』紙と『ロサンゼルス・タイムズ』紙が、この風変わりな論争を取り上げた。市は、カリフォルニア州魚類野生生物局がビーバーを生け捕りにして捕獲し、先住民の土地に移転させると発表した。それでビーバー・ファンをなだめられると考えたのだ。だが、そうは問屋が卸さなかった。小学生たちは橋の上に立ち、こう唱えた。「残せ、残せ、ビーバーさんを残せ！」。市のウィキペディアのページでさえ紛争の温床となった。マーティネズの、ビーバーを称賛するウィキペディア編集者とビーバーを酷評する匿名の荒らしとの争いの場となったのである。

マーティネズ市は、すでに二つの分裂した人格を持っていた。当市で最も有名な建物は、自然主義者の草分け的存在であるジョン・ミューア（第三章参照）の旧居と、不気味な雰囲気を漂わせるシェル石油の製油所である。ビーバー騒動はこの二つの人格の断絶をさらに深めることになった。「それはまるでハットフィールド家とマッコイ家の争い[4]のようでした。ビーバーを全面的に擁護するか、全面的に非難するかです」。市議会で、唯一のビーバー擁護派のマーク・ロスが私に話してくれた。地域の一部の富裕層や有力者は、激しく反対した。あるとき、裕福なビジネスマンがロスの顔に向かって罵声を浴びせ、鼻と鼻が触れそうになるほど近づいてきた。「私は思いました。『この七〇歳の男は私を殴ろうとしている！』『私はこの高齢者を殴り返していいものだろうか』と」。ロスは振り返った。

ついに、困り果てた市が公開会議の開催を承諾した。二〇〇七年一一月七日、高校の講堂に二〇〇名の住民が詰めかけた。一一名の警察官が、いら立った群衆を監視するために召集された。最初に壇上に上がってマイクを握った人物は、市にビーバーの排除を要求した。ティム・プラットは、「ビーバーは、ここ数年の間にマーティネズのダウンタウンに起きた最高の出来事だ」と述べた。キャサリン・ミスコウスキーとリンダ・アギーレは、ビーバーは観光の目玉だと言った。シェリーアン＝ハーゼンファスは、ビーバーが市を一つにまとめていると主張した。チャールズ・マーティンは、高校のマスコットをブルドッグからビーバーに変えようと提案した。市長は、ビーバーの将来を心配するナタリーという名の九歳の少女からの手紙を読み上げた。*4

市議会は市議会のすべきことをした。分科委員会を設置したのだ。そしてしぶしぶではあるが、ハイディ・ペリマンに席を与えた。

紛争は二〇〇八年にまでもつれ込んだ。ペリマンはインターネットを駆使して、市にアドバイスをくれるビーバーの専門家を全米規模で探した。最終的に、スキップ・ライルとビーバー・ディシーバーズ・インターナショナル社にたどり着いた。ペリマンの勧めで、市は航空券も含め一万五〇〇〇ドルをかけて、本拠地バーモント州からマーティネズ市まで、ライルを呼び寄せ、彼が発明した「カストル・マスター」（暗渠や単体のダムに水を通すパイプシステム）を設置した。『ニュース・ガゼット』紙は、この出来事を記念して、一面にライルの写真を掲載した。「たくましいビーバー学者、汗を流す」という見出しの下には、池の中を動き回り、むき出しの両腕を日差しにきらめかせているライルがいた。黄ばんだ記事の切り抜きには、たくましいビーバー学者（Burly Beaver Biologist）本人によるBBBのサインが書かれ、ペリマンのスクラップブックに貼られている。「こんなにメディアに取り上げられたのは初めてだ」と、ライルは驚きを語った。「サンフランシスコのすべての報道機関がやってきたように思えた」

ビーバー物語の多くとは異なり、ペリマンの物語は幸せな結末を迎える。カストル・マスターは効果を発揮した。アルハンブラ川は洪水を起こさなかった。市はビーバーを排除しなかったが、かといって完全に容認したわけでもなかった。時折、小競り合いが起こった。二〇一一年、マリオ・アルファーロという名の芸術家が、マーティネズの歴史を祝う壁画にビーバーを描いたところ、市はそれを消すように要求した。[*5] かつてジョン・D・ロックフェラーがディエゴ・リベラ[5]にウラジーミル・レーニンの肖像を消すように要求したのに似ている（しかしアルファーロは最後に笑った。現在、壁画をよく見ると、彼のサインの最後のOから小さな革のような尻尾がぶら下がっているのがわかる）。

歳月が流れた。ビーバーは近くにいた。市民生活に溶け込み、都市の「るつぼ」を構成する要素の一つとなった。ビーバーを中傷した人々も移動していった。しかし、ビーバー擁護派の議員マーク・ロスは、いまだに口をきいてくれない事業主がいると話した。州境を越えると、マーティネズ市は、ビーバーに対する積極行動主義をとったことで評価を得ていた。「今日に至るまで、ベイエリアのどこへ行こうとも、マーティネズ出身だと言うと、みんなこう言います。『ビーバーは元気？　ビーバーを殺さないでくれて本当にありがとう』」とマーク・ロスは私に話してくれた。

ただ一人、半水生のげっ歯類に熱中し続けていたのは、ハイディ・ペリマンだった。ビーバー信者はいつまで経ってもビーバー信者である。二〇〇八年、ペリマンは初のマーティネズ・ビーバー・フェスティバルを開催した。風変わりで面白い企画だった。八つの模擬店と、子どもたちがシールを貼れる段ボール製の尻尾がいくつか用意されていた。「私たちがビーバーのパーティーを開いた後では、市はビーバーを殺しにくくなると思ったのです」と彼女は話してくれた。数年後には、このイベントは市の行事で最も愛されるイベントの一つとなった。地元のホームレスの男性にプログラミングを教えてもらってつくったウェブサイト「ワース・ア・ダム」も人気を博した。毎週のように、ビーバーを愛する人々から、地元のビーバーのコロニーを非情な管理者から救うためのアドバイスを求めるメールが届いた。

「最初に、この運動を始めたとき、私はマーティネズ市が比類のない愚か者なのではないかと思いました。他の都市は私たちよりも賢く処理したという話を読んだことがあったからです。しかし、マーティネズ市はありふれた愚か者であることがわかりました」。とペリマンは私に話した。

しかし、そんな彼女も、自分の住んでいる州のビーバー管理を支えていた間違った思い込みに匹敵するほどの愚かさには遭遇したことはなかった。

カリフォルニアにビーバーはいたのか?

一九八七年、一人の医師がシリコンバレーに家を買った。しかし、間もなく彼の頭の中は小川のことでいっぱいになった。その医師の名前はリック・ランマン、遺伝学者としてがんを研究している。そして、小川の名前はアドビ・クリーク、彼のベイエリアの新居の裏を流れる季節限定の川である。夏と秋には干上がってしまう。しかし、ランマンは前の所有者から聞いていた。シリコンバレー風に、アドビシステムズ社にちなんでアドビ・クリークと名づけられたこの川は、かつては一年を通じて水があった。前の所有者は、裏庭で、毛針でニジマスを釣った思い出を話してくれていた。それはランマンにとってかなり魅力的だった。しかし、水はどこへ行ってしまったのだ?

ランマンは、川の枯渇はアドビ・クリークのどこかに生息していたビーバーがいなくなってしまったからではないかと思うようになった。この説は感覚的に説得力のあるものだったが、この説を否定するある不都合な事実があった。カリフォルニア州魚類野生生物局によると、ビーバーはベイエリア原産ではないというのだ。それどころか、ビーバーはカリフォルニア州沿岸部のほとんどの地域で生息していなかったと、当局は断言した。また、カリフォルニア州を花崗岩の背骨のように走るシエラネバダ山脈にも生息していたことはなかったという。現在これらの場所に生息するビーバーは、人間が放ったものの末裔であってその土地固有のものではないというのだ。

たいていの人は、州の説明を受け入れ、この問題を忘れてしまうだろう。しかし、リック・ランマンはたいていの人ではなかった。熱心な自然主義者で、ハンス・スローン(6)のような医師兼収集家の流れをくむ知的後継者だった。昔の収集家はピンで固定した昆虫を収集したかもしれないが、ランマンは自分の作品を現代的な方法で収集している。デジタルアーカイブを調べたり、生物種や地理的特徴についてウィキペディアの項目に書き込みをしたりするのを何よりも楽しいと感じている。ランマンは医学論文を多数発表しているが、時には仕事と同じくらい趣味にも力を注いでいるように見える。初めて話をしたとき、私はコネチカット州ニューヘイブンにある、ミル川の近くから彼に電話をした。ミル川はロングアイランド湾の塩分を含む曲がりくねった川だ。息子のうち三人がニューヘイブンにあるイェール大学に通ったランマンは、ミル川についてはもちろん、近くにあるクイニピアック川や、ニューヘイブンにある他のいくつかの川や小川についてウィキペディアに書き込んだことを何気なく話した。もしあなたがウィキペディアの「カストル・カナデンシス」のページを開いたら、ほとんどの部分で彼の書いたものを読むことになる。

ランマンにとって、自宅の裏を流れる川にビーバーがいないという主張は、最終的な結論ではなく、挑戦への招待だった。物事を突き詰めて考えなければ気のすまない医師が、ビーバーの博物学について深く調べれば調べるほど、州の主張は不合理に思えた。「筋が通らないのです」と彼は私に話してくれた。「ビーバーはカナダのツンドラ地帯からメキシコ北部のソノラ砂漠まで元気に生息している。カリフォルニア州のほとんどの地域でビーバーが生息できないのはなぜか？　ここの気候がそれほど不快なのでしょうか？」

ランマンは、間もなく、ビーバーの歴史について深く調べているカリフォルニア人は自分だけではないことに気づいた。二〇〇九年、彼はシリコンバレーで開催された水に関する会議に出席した。そこで基調講演を行ったのは、ソノマ郡にある非営利団体「オクシデンタル・アーツ&エコロジーセンター」の生態学者ブロック・ドルマンだった。ドルマンは、二〇〇七年以来、サーモン生物学会議の講演でビーバーをほめちぎってきたが、聴衆の反応は鈍かった。「会議場の聴衆のほとんどから笑われ、ビーバーに関するほのめかしのジョークがいくつかささやかれるのを耳にしました。いつもそんな調子でした」とドルマンは話してくれた。しかし、シリコンバレーで講演したときには、まったく違った反応が、少なくとも一名の参加者から返ってきた。「後に、この興奮した男は、ビーバーについて話をしたいと言ってきました」

この興奮した男とは、もちろんリック・ランマンである。生態学者と医師、やがて必然的にハイディ・ペリマンが加わり、事実上のビーバー探偵団が結成され、ビーバー関連の情報を探し、それぞれの発見をあわただしくメールでやり取りした。結果的には、三人のビーバー狂が発掘するべきたくさんの材料があることがわかった。特にカリフォルニア州におけるビーバーの土着の生息域については研究すべき多くの資料があった。

探偵たちが、インディアンの地名やわな猟師の日記、新聞記事などを調べていくうちに、歴史的に見てビーバーがあらゆる場所に存在したことを示す証拠が上がってきた。カリフォルニア州の海岸線に沿って、すべての先住民族がビーバーを表す言葉を持っていたようだ。ラウンド・バレー保留地に住むイール川流域出身のポモ族はビーバーを「*kat-si-keh*」、マリン郡のコースト・ミウォク族は「*kah-ka*」、サンディエゴ郡のルイセーニョ族は、「*eveeenxal*」と呼んだ。ビーバーの歯はエメリービル貝塚、ハンボルト郡の貝塚から出土した。一八二七年の日誌には、ミッション・ソノマの先住民が、「ビーバーに向かって矢を放った」と書かれていた。[*6] シエラネバダ山脈では、流れが急勾配で激しいためビーバーが上流に行くのは無理だろうと考えられていたが、わな猟師の日誌には「ビーバーがいっぱいいる」と書かれている。そして五〇〇年前のビーバーの絵が、トゥーリー川先住民保留地に飾られていた[*7]。地理的な言及としては、ビーバー・メドウズ（ビーバー牧草地）、ビーバー・クリーク（ビーバー小川）、ビーバー・ランチ（ビーバー牧場）と豊富にある。「いまだに発見があります」とランマンは話してくれた。

グリネルの過ち

では、なぜカリフォルニア州はこれほどまでにげっ歯類の生息域を間違えてしまったのか？　ビーバー探偵たちは、不敬ながら、州で最も尊敬されている生物学者の一人である、ジョセフ・グリネル(7)に責任があるのではないかと考えた。

アメリカの高校で生物の授業を受けたことのある人なら、名前は知らなくても、グリネルの研究についてはよく知っているはずだ。一八七七年に生まれたグリネルは、規律を重んじる野生生物生態学者であり、特に「ニッチ（生態的地位）」という概念を生み出した。すべての生物種が独自の生態学的な役割を果たしているという考え方だ。グリネルは、カリフォルニア州全域を旅して、鳥類や哺乳類の分布を膨大な量のノートに克明に記した。彼の報告書は非常に詳細で信頼できるものだった。現代の科学者たちは、気候変動によって野生生物の生息域がどのように変化しているかを追跡するために、今でも彼が行ったものと同様の調査を繰り返している。[*8] カリフォルニア大学バークレー校の脊椎動物学博物館の初代館長を務めた彼は、「保全生物学」という言葉が存在していなかった頃から保全生物学を説いてきた。多くの科学者がオオカミ、コヨーテ、ピューマを撲滅することを「聖戦」と考えていた時代に、捕食動物の保護を提唱したのである。

しかし、ビーバーに関しては、偉大なるグリネルは的を外した。死去する二年前の一九三七年、動物学者であるグリネルは『*Fur-Bearing Mammals of California*（カリフォルニアの毛皮動物）』という大著を出版した。ビーバーに関するグリネルの章は、いつもの彼らしく、鋭敏な感覚で余すところなく書かれている。グリネルは、多くの牧場で「ビーバーがダムをつくり、維持し、その結果として地下水面が上昇した。これは明らかに利益である」としている。しかしグリネルは、この生物種の原産地をひどく誤って認識していた。グリネルは、シエラネバダ山脈には高山の渓流や広葉樹林があるにもかかわらず、歴史上ビーバーがいなかった、「標高約三〇〇メートル以上の場所には存在しなかった」と主張した。さらに不可解なことに、彼は、ビーバーがもともと生息していたのは、セントラル・バレー、カリフォルニア州北部のピット川とクラマス川、南端のコロラド川流域のみであるとしている。そして、ベイエリア、シエラネバダ山脈、沿岸部のすべて、南カリフォルニアのほぼ全域を含む州のほとんどの部分に、ビーバーはいなかったと、この一流の生物学者は書いていた。[*9]

グリネルの推測は、一九四二年に後継者のドナルド・タップがカリフォルニアのビーバーについて研究論文を出版したときにより強く定着した。タップは、セントラル・バレーを流れるサクラメント川とサンホアキン川の二つの川には、かつてげっ歯類が数多く生息していたことを認識していた。しかし、彼はシエラネバダ山脈にビーバーが生息していないというグリネルの主張の連帯保証人となった。そして、カリフォルニアの海岸に注ぎ込む無数のサーモンの川にもビーバーはいなかったのではないかと考えた。なぜなら南部の川は乾燥しすぎていたし、北部の川は「岩場や急斜面が多く、ビーバーの餌がほとんど育たない」からだった。*10

彼らが描いたビーバーの生息域の地図は、制作者自身にとっても不可解なものだった。グリネルは、シエラネバダ山脈にビーバーがいないことは「奇妙だ」と言い、「山地の渓流や縁に生える落葉樹は、コロラド川やその他の場所ではビーバーの理想的な生息地の要素となっている」と述べている。*11 そして、この疑わしい仮説は、後継の世代の科学者によって疑問を呈されることもなく、絶対の真実とされてきた。例えば、カリフォルニア州魚類野生生物局が一九八六年に、州の哺乳類について報告書を発表した際、ビーバーの生息地の高さの限度は標高約三〇〇〇メートルと記載されていた。ビーバーがアメリカ大陸全土の乾燥した場所、岩場、急峻な場所、標高の高い場所に生息している事実は無視されたのである。*12

グリネルとタップが考慮に入れていなかったのは、歴史だった。

カリフォルニアの生息数が少ない本当の理由

カリフォルニア州のビーバーは、多くの点で典型的な軌跡をたどってきた。ジェデダイア・スミスは（第二章訳注４参照）一八二〇年代後半、わな猟師の一団を率いてこの地を訪れ、アメリカ南西部からカリフォルニアに到達した最初の白人であり、コロンビア川の川岸沿いに北上して初めて北部を旅した最初の白人であり、シエラネバダ山脈とその先にある恐ろしい「サンドプレーン（砂原）」を横断した最初の白人である。[*13] 同じ頃、ピーター・スケーン・オグデンの非情な一行（第五章参照）は、シャスタ山、クラマス湖、ハンボルト川周辺の小川を漁り回った。これらの先駆者たちの旅は、さらに多くのわな猟師や商人がこの州に入り込む道を開いた。彼らは湿地の多いサクラメント・バレーで毛皮の恵みが自分たちを待っていてくれたことを知った。

しかし、ある重要な点で、カリフォルニアの物語は方向を変える。太平洋岸では、大陸の他の地域とは異なり、ビーバーは市場で最も価値ある毛皮ではなかった。ラッコはイタチの愛らしい海の親類で、アリューシャン列島からバハ・カリフォルニア半島までの海を跳ね回り、ウニ、カニ、二枚貝をお腹の柔らかい毛の上でこじ開ける。厳寒の太平洋で生き抜くために、そして体脂肪の不足を補うために、ラッコは動物界で最も厚い毛皮を進化させた。一インチ（約二・五センチメートル）あたり一〇〇万本もの毛があり、これはビーバーの下毛に比べても数倍の密度である。一七四〇年代、ロシアの探検家がアラスカから美しい毛皮を携えて戻ると、プロミュシュレンニキ（*promyshleniki*）と呼ばれるロシア人のプロの猟師集団はすばやく行動を起こした。この集団の残忍性はアメリカ人の猟師をも凌駕していた。プロミシュレンニキは、アリューシャン列島をボートで荒らし回った。原住民を集めて、ラッコを殺すよう強制し、反対する者は虐殺した。この猟師たちは「柔らかい黄金」を中国に出荷し、南の方向、カリフォルニアに目を向けた。一方、イギリス人のキャプテン・クック(8)は、アメリカ西海岸を航海中に、この儲かる商売に偶然出くわした。そして一七八四年に遺作として出版された彼の航海日誌は、アメリカとイギリスの商人たちを刺激し、行動を起こさせた。一八〇一年には、主にボストンからの商船が、ホーン岬の激しい波に耐えながらぞくぞくと西海岸へと向かった。そこで毛皮を船倉に積み込み、中国に向けて出航した。*14

西海岸の交易はラッコがターゲットだったが、多くのビーバーも犠牲になった。例えば、アルバトロス号はカリフォルニア沿岸やコロンビア川でラッコやオットセイの交易をしている間にも、二四八枚のビーバーの毛皮を買い漁っていた。ロシアの船、コディアック号は、一八〇九年、アラスカに戻る前にボデガ・ベイで、ラッコと同様、ビーバーの毛皮も集めていた。*15 かつて先住民のわな猟師が東海岸でイギリスやオランダの商人に毛皮を流していたように、カリフォルニアの沿岸部の部族も、一八世紀後半から一九世紀初頭にかけて、アメリカやロシアの船員に毛皮を提供していた。スミスやオグデンをはじめとする陸路の探検隊が現れる何年も前のことだ。カリフォルニアの野生動物は、一六九七年からこの地域を占領していたスペイン人によっても搾取された。

その結果、北米内陸部から陸路でカリフォルニアに到着できるようになった頃には、すでにビーバーは絶滅していた。ビーバーに関心のある探検家、中でもジェデダイア・スミスは、沿岸部やベイエリアの多くの川でビーバーが少ないと報告している。スミスの報告は、本人が気づかないうちに、一世紀にわたる捕獲と交易の歴史を反映していたのである。シエラネバダ山脈からセントラル・バレーに流れ込む川は、スミスやその同類たちによって上流から下流まで徹底的にわな猟が行われたが、彼らのようなアメリカ人のわな猟師たちは捕獲の記録をほとんど残さなかった。さらに、初期の動物学者たちによって収集されたかもしれない数少ないビーバーの標本も、残っていなかった。一九〇六年に、サンフランシスコで起きた、マグニチュード七・八の地震の影響で、カリフォルニア科学アカデミーは全焼し、カリフォルニア州唯一の二〇世紀以前の動物学の収集物が焼失してしまったためである。

保全生物学者は、「基準推移症候群（*shifting baselines syndrome*）」という概念をよく口にする。これは長期記憶喪失の一種で、世代を重ねるごとに、劣化した生態系を正常なものとして受け入れてしまうというものである。[*16] 四・五キログラムのキング・サーモンを釣って喜ぶサーモン漁師は、彼らの父親がかつて二三キログラムの大物を釣っていたことを忘れている。カゲロウの孵化に驚嘆する現代の生物学者は、この昆虫が雲のように大量発生し、死んで、その死骸が風に吹き寄せられ、九〇センチメートルの高さの壁を地面につくるのを見たことがない。年々、私たちの基準は少しずつずれ、年々、より多くの記憶を失い、ごくわずかな記憶しか残っていない。

ジョセフ・グリネルとドナルド・タップは、彼ら自身が基準推移症候群の犠牲になった可能性がある。カリフォルニア州にビーバーが少ないという考えは、ラッコの取引によってつくられた歴史的な虚構だったが、書籍や常識の中に定着することで、惨憺たる結果を伴ってしまった。例えば、ビーバーが一九九八年にロサンゼルス郊外の自然保護区で、ヒロハハコヤナギやヤナギを倒した際、管理者はわなで捕獲するよう指示した。表向きは絶滅危惧種のベルモズモドキや、サウスウェスタン・ウィロー・フライキャッチャーといった鳥たちの営巣地を守るためだったが、もちろんこれは逆の決断だった。研究者たちは後に、当局が「利用可能な最善の科学」を無視していたことを明らかにした。利用可能な最善の科学には、ビーバーが主なナキドリの生息地をつくっていることを示唆する大量の文献があることも含まれている。[*17] 言うまでもなく、この保護区の管理者たちは、ビーバーに関して誤った判断をした最初の人物ではない。しかし、彼らはビーバーが在来のナキドリに害を与えると主張していることから、反ビーバーの排外主義を感じる。げっ歯類は南カリフォルニアの在来種ではないし、カリフォルニア州の他の多くの場所の在来種でもないと言っているかのようだ。

その敵意は、チャールズ・ダーウィンがいなければ、限りなく続いていたかもしれない。「あの」チャールズ・ダーウィンではない。この話に登場するのは、明るくて優しい元米国農務省森林局の考古学者で、チャックと呼ばれているチャールズ・ダーウィン・ジェームズである（チャックの正式な名前は、チャールズ・ダーウィン・ジェームズ三世なのだが、彼の知る限り家族の中に進化生物学者はいないそうだ）。一九八八年のことだが、ジェームズの同僚が「レッド・クローバー・クリークに古いビーバーダムがいくつかあるのに気づいた」と話したことがあった。レッド・クローバー・クリークは、シエラネバダ山脈の標高一六〇〇メートルの高山草原を通る細流を源流とするフェザー川の支流である。ビーバーは高地には存在しないとしたジョセフ・グリネルの説を別にすれば、驚くべきことではない。ジェームズがレッド・クローバー・クリークを訪れると、二年前の大洪水で川岸が深く削られ、長い間埋もれていた小枝のかたまりが露出していた。小枝には特徴的な歯型が刻まれていた。一年後、ジェームズは再びこの草原に戻り、スコップを使って三基の古いダムから小枝を取り出した。そのサンプルをアルミホイルに包んで、マイアミ研究所に送り、炭素年代測定を行った。サンプルの起源は、西暦一八五〇年、一七三〇年、五八〇年と特定された。グリネルの歴史的生息地図とは正反対に、ビーバーは白人が到着する少なくとも一〇〇〇年前からシエラネバダ山脈に生息していたのだ。*18

ジェームズはこの発見を公表してこなかったが、カリフォルニア州魚類野生生物局に話したそうだ。しかし無駄だった。「生涯の大半を何らかの理論を支持して生きてきた人たちは、変化に対してかなり抵抗があるのです」と彼は言った。しかし二〇年後、ビーバーに関するネットワークづくりに長けたハイディ・ペリマンが、ジェームズの話を聞きつけて、ジェームズをリック・ランマンに紹介した。ランマンはこの新しい友人は決定的な証拠を見つけたのかもしれないと考えた。二〇一二年、ジェームズとランマンは二つの論文を共同執筆した。一つはレッド・クローバー・クリークのビーバーダムについて、もう一つは、生態学者のブロック・ドルマン、ハイディ・ペリマンも加わって、シエラネバダ山脈にビーバーが生息していたことを示すインディアンの地名、観察者の記録、そしてさらなる証拠についての徹底的な再考察である。一年後、探偵団にはランマンの息子を含む数人が加わり、かつてタップが、乾燥しすぎていたり、岩だらけだったりで、ビーバーが生息できないと主張していた沿岸の川にも、ビーバーが生息していたことを証明する並行研究を発表した。彼らはこの研究が州の注目からもれないように、調査結果をカリフォルニア州魚類野生生物局の機関誌に発表した。これによって、メンバーの中でも考古学者のチャールズ・ダーウィン・ジェームズほど自分たちの正当性が証明され、報われたと感じた者はいなかった。彼のシエラネバダ山脈での驚くべき発見は三〇年間もの間無視され続けてきたからである。「個人的なプライドの問題ではありません。一人の人間である自分よりももっと大きな存在の一部になれたことが嬉しかった」「そして何よりもビーバーのために嬉しく思ったのです」と彼は話してくれた。

このグループの三つの論文を合わせると、一分の隙もない証拠固めが出来上がっている。ビーバーは、乾燥したモハベ砂漠を除いて、カリフォルニア州のほぼ全域に生息していた。この結果に元気づいたランマンは、オオカミやジャガーなど、さらに論争の的になりそうな生物について、カリフォルニア州の歴史的な生息地図を再検討しているという。「医学の世界では、高名な人物が言ったからといって、間違ったことを信じ込んでしまい、何年もの間、誰もそれを疑わないことがあります」と彼は言う。「同じことが歴史的生態学にも言えます。正確な生息域を復元するためには、現在の信念を疑わなければなりません」

結局、魚類野生生物局はビーバーの生息域についての訂正を公に発表することはなかった。しかし、三つの論文による証拠を否定することもなかった。「州は、ビーバーについて、現在非常にあいまいな立場を取っています」。ハイディ・ペリマンは、マーティネズで話し合ったとき、私にそう言った。「以前よりは良くなっています。ビーバーが外来種であるとはもう言っていません。しかし、害獣でないとも言っていません」。古い管理の習慣はなかなか消えない。特に、水文学的に最も変化した州では、古い習慣はなかなか消えないようだ。

カストル革命の拠点

一八四六年の夏、カリフォルニアの開拓者で構成された民兵がソノマ市を占領し、メキシコからの独立を宣言した。そして白地に赤色の星と赤色のグリズリー・ベアが刻印された新しい主権国家カリフォルニアの旗を掲げた。しかし、「熊の旗の反乱」は短命に終わった。アメリカ軍がすぐにこの地域を占領し、熊は星条旗に取って代わられた。しかしシンボルは生き残った。現在のカリフォルニア州旗には、グリズリー・ベアが描かれている。また、サンフランシスコ北部へ旅すると必ずといっていいほど、熊の旗の帽子を被った男に出会う。熊の旗が降ろされてから一六〇年後、私は車でマーティネズから海岸沿いに走り、ソノマ郡に向かった。黄金色の低木の茂みとセコイアの林の空き地を抜けて訪れたのは、小型哺乳類の復活をテーマにした「ビーバーを呼び戻そう運動」の本部、オクシデンタル・アーツ&エコロジーセンターだった。そこは楽園のような場所だった。

オクシデンタル・アーツ&エコロジーセンターは、カリフォルニアのカストル革命（ビーバー革命）の非公式な所在地であるが、そのように分類されることを固く拒んでいる。センターは、果樹園やオークの林が点在し、緩やかに起伏する三二万平方メートルの土地にある。ここは教育農場であり、研究施設であり、生活共同体でもある。ゲーリー・スナイダー[9]とウエンデル・ベリー[10]が長い瞑想の後に思いついた至福の農耕ユートピアだ。私が到着したとき、茂みには、グーズベリー、キイチゴ、ブラックベリー、リンゴ、プラム、ナシが木からおいしそうにぶら下がっていた。ハイイロギツネの子どもたちが点滴灌漑ホースをなめながら庭を走り回っていた。

ビーバー信者の風変わりな宗派はいくつもあるが、その中でもＯＡＥＣ（オクシデンタル・アーツ＆エコロジーセンター〈Occidental Arts and Ecology Center〉）の設立者の一人であり、歴史研究ではリック・ランマンの協働者だったブロック・ドルマンは、ひときわ異彩を放っていた。私が到着した翌朝、ドルマンはセンターの広大な敷地を案内してくれた。ビーバーの旗のついた野球帽の下からはみ出した巻き毛がゆらめいている。ドルマンは、博識で熱心な自然主義者で、その同僚の一人に言わせると、「伝染性のバイオフィリア（生命愛）」を持っているそうだ。私たちは歩きながら足を止めては、タカの尾羽をなでたり、死んだトガリネズミを調べたり、種子の冠毛を取ったり、ゲッケイジュの葉の匂いを嗅いだり、フクロウの吐いたものを丹念に調べたり、クワの実を摘んだりした（ドルマンのアドバイスに従って私が「下からくすぐるように、滑らせるように手を動かして」指ぬきサイズの実に手を伸ばすと、「この子たちはすぐに落ちるはずです」とアドバイスしてくれた）。ドルマンと会話をするということは、彼の非凡な頭脳が生み出した、頭韻を踏んだ金言、即座に出てくる気の利いた言い回し、抒情的なうたい文句の吹雪の中を魔法にかけられたように歩き回ることである。彼は、持続可能な水管理について語るのではなく、「自然と人間がお互いに持ちつ持たれつな関係で水を補給する再生革命」を求めている。カリフォルニア州の水文学は金属とコンクリートで制約されている。彼は「流域」より「パイプ域」と呼ぶほうを好んだ。そして、地表水の流出速度を弱めることだけを求めるのではなく、水の流れを「遅らせ、広め、浸透させ、貯め、共有」することを求めるべきだという。

多くのビーバー信者と同様に、ブロック・ドルマンは魚を通じて打ち込めるものを見つけた。ドルマンは誰もが認めるサーモンの熱狂的なファンであり、減少しつつあるサーモンの遡上を保護するために、手づくりのギンザケの衣装を身にまとって郡の会議に出席し、自然保護に消極的な議員の机に怒りのあまりオレンジ色のポンポンを投げつけたこともある。「もし自分の住んでいる流域にサーモンがいるのなら」、私と一緒に酸っぱいプラムをかじりながら彼は話した。「土地利用のすべてがサーモンの復活かまたはサーモンの破滅のどちらかにつながることになる」。ソノマ郡では、土地利用の結果はサーモンの破滅に傾いていた。主な理由は、飽くなき開発と、透水性のある土に代わって水を通さないコンクリートが広い範囲をおおい始めたからだ。降った雨は、地中に浸透する機会がなく、硬いコンクリートの表面やパイプを通って下り坂に押し寄せる。その結果、浸食を促進し、洪水を発生させ、流れの途中にある汚染物質を川に流れ込ませる。ドルマンが二〇〇〇年代半ばに考え出した解決策は、彼が「保全型水文学」と名づけた哲学である。パイプやコンクリートに頼らず、自然と協力し、地下水を涵養し、洪水を緩和し、流出水をろ過する。ＯＡＥＣの土地の水はダッチ・ビル・クリークに流れる。サーモンの生息するロシアン川の支流である。ＯＡＥＣは保全型水文学の実験場となった。汚染物質を除去しながら、雨水の流出を集中して伝達するよう設計されたバイオスウェイル、屋根での集水、中水リサイクルシステム[11]などが設置された。私が訪問したとき、ドルマンは特に「人間の排泄物」を好気性微生物の活動によって分解するコンポストトイレを熱心に見せてくれた。ドルマン式に言うと、サーモンを救う鍵は、「排水」から「貯留」への移行である。そして彼は、ビーバーほど水を保持するものはないと思い至った。

ドルマンのビーバーを応援する態度は当初、冷ややかな視線を向けられた。カリフォルニア州には、グリネルの失敗の名残である「ビーバーの盲点」があることを彼は発見した。他のげっ歯類と同様に、カリフォルニア州では、ビーバーを「有害な種」と見なし、ビーバーを移転させると農業や公衆衛生に損害を与える可能性があるとしており、魚類野生生物局以外の団体がビーバーを移転させることはできない（ワシントン州で、非営利団体、漁業団体、先住民の部族などがビーバーの移転に取り組んでいるのとは対照的である）。ＯＡＥＣのビーバーを呼び戻そう運動の共同リーダーであるケイト・ランドクイストによると、州政府の機関の中には、求められればどんな土地所有者にでもビーバーを殺す許可を与えるところもあるという。レクリエーションとしてのわな猟はカリフォルニア州の五八の郡のうち四二の郡で合法であり、捕獲できるビーバーの数に制限は設けられていない。[*19] スコット川流域委員会の常任理事、シャーナ・ギルモアが気づいたように、ビーバーダム・アナログ（第五章参照）を設置するための許可申請は悪夢のように不快で気が遠くなるようなものである。他の州では、ビーバーはさまざまな動物の生息地をつくり、水を蓄えるありがたい存在として扱われているが、カリフォルニア州では、ビーバーは歴史的に、毛皮を取るためだけに存在する動物か灌漑を汚す害獣としてしか認識されてこなかった。

「あの部署は支離滅裂だ」と、ある郡の元水道局長は魚類野生生物局について話してくれた。「遡河魚を見守る人たちが、ビーバーについてスピーチをしたり、記事を書いたり、いかにすばらしいかを語っている。その一方で、ビーバーなんていらない、ビーバーは諸問題の元凶だという破壊者タイプの人たちもいる」

ＯＡＥＣの草の根活動、ビーバーを呼び戻そう運動が「ビーバーの盲点」にわずかながら視力を与えた。二〇〇九年以来、この運動の推進者たちはランドクイストの指揮のもと、ビーバーのガイドブックを作成し、市民による調査を連携させ、ビーバーによる利益とコストを考慮するよう州議会に働きかけてきた。ドルマンが「エゴシステム」と名づけた頑迷な政治ネットワークである公的機関を納得させ、ビーバーを合法化すること、これが二人のフルタイムの仕事である。ランドクイストとドルマンは、米国農務省森林局の職員への講義でビーバーのすばらしさを説き、シエラネバダ山脈でのビーバーの復活を売り込むワークショップを開催した。また、ビーバーとサーモンとの関係についての講演も数えきれないほど行ってきた。彼らの絶え間ない推進活動によって、ビーバーはカリフォルニア州の自然復活コミュニティの、急進的な周辺部という位置づけから中心部に近い場所へと移動した。「農業界圧力団体は常にビーバーを殺してコントロールしようとしてきました。そしてこれまでは、そのような考え方を払拭するための組織的な意志がなかった」とランドクイストは私に話した、「今では、ビーバーの利点を口にする人が機関内にたくさんいます」。こうした評価の高まりを裏付けるように、かつてドルマンにビーバーに関するほのめかしのジョークを投げかけたメンバーのいる「サーモン復活連盟（Salmon Restoration Federation）」はドルマンに二〇一二年度ゴールデンパイプ賞を授与した。魚の復活に貢献する革新的な技術に与えられる賞である。アウトサイダーがクールな英雄になった。

これは励みになる。なぜならカリフォルニア州ほどビーバーを必要としている州はないからだ。この州の帯水層は壊滅的なストレスを受けている。二〇一六年一二月の時点で、セントラル・バレーにある二一の流域のほとんどが「危機的に汲み上げすぎ」の状態である。つまり、補充されるよりも取り出される地下水のほうがはるかに多いという状態である。[*20] カリフォルニア州は過去の水危機に対して、より大きなダムを建設し、より長いパイプを設置することで対応してきたが、もはやインフラ面での切り札は存在しない。最高のダムは建設され、最大の水源は開拓され、提案されている水の移送計画は法外に高価なものとなっている。カリフォルニア大学バークレー校の地質学者リチャード・ウォーカーが、二〇一八年一月に『カリフォルニア・マガジン（California Magazine）』に語っている。「私たちは、（災いの元凶となる）氷山を探す代わりに、タイタニック号の甲板のデッキチェアを並べ替えているだけなのです[*21]」。

近い将来、カリフォルニア州も、より少ない水量で、いやかなり少ない水量でやっていかなければならなくなるかもしれない。私が訪れた二〇一七年七月には、五年間続いた悪名高い干ばつの影響から解放されていた。しかし、干ばつは再びやってくるだろう。コロンビア大学の科学者が主導した二〇一五年の研究によると、干ばつはより高温の空気によって悪化するという。高温の空気は、一〇〇年前に比べて三二兆リットル多くの水分を保持できるようになった。その蒸発力は、河川や貯水池の水量が減ることを考えると、気候変動によってさらに増大することが予想され、研究者たちは「カリフォルニア州で極端な干ばつが起こる可能性が大幅に高まっている」と結論づけている[*22]。

環境問題を解決するかもしれない

科学者たちは、気候変動に対する対応を、大きく二つに分ける。「適応（*adaptation*）」と「緩和（*mitigation*）」である。前者は反応的な戦略だ。カメが危険から身を守るために四肢を甲羅の中に収納するように、私たちは海岸線を強化したり、干ばつに強い作物を植えたりする。一方、後者の緩和策は積極的な戦略だ。まず、気候が大きく変化するのを防ぐための対策である。例えば、温室効果ガスへの課税、ソーラーパネルの設置、植樹などだ。メソウ川でケント・ウッドラフが実践しているメソウ・ビーバー・プロジェクトは有望な適応戦略である（第四章参照）。ビーバーは、雪解け水や流出水の流れを遅らせ、拡散させ、貯め、浸透させることで、急速に減少する氷河や積雪を補い、私たちの生活をある程度――どの程度かは未確定であるが――補うことができる。また、ビーバーは地球温暖化の緩和にも一役買うかもしれない。まず、炭素を大気中に放出しないようにする緩和策としての役割を果たす。

確かに、ビーバーの気候への影響は明確ではない。ビーバーの池が流れを緩やかにすることで、炭素を多く含む有機物がろ過される。木の葉、小枝、虫の死骸など、流れの近くで生きて死ぬあらゆるものをろ過する。この豊富な有機物が分解されると、メタンが発生する。

二酸化炭素の三〇倍の影響がある温室効果ガスである。二〇一五年、科学者たちは世界中のビーバーの池が、毎年八〇万トンのメタンを排出していることを発見した。[*23] この研究は、気候に関心のあるメディアから懸念を引き出した。ある見出しは、からかい半分かもしれないが、「最新の気候変動の脅威、ビーバー」と警告を発していた。[*24]

もちろん、世界的な炭素排出量から見ると、ビーバー池は記録さえされないだろう。八〇万トンのメタンは多いと思われるかもしれないが、ウシのメタン排出量の一パーセントにすぎない。そして、ビーバーがグリーンランドの氷床を溶かしていると非難する前に次のことを考えてみよう。ビーバーの池にある有機物の多くは安定して動かない。森林が大気中の炭素を吸って木の中に閉じ込めるように、ビーバー池は大気中の炭素を埋没堆積物の中に封じ込める。地形学者のエレン・ウォールが二〇一三年に発表した研究によると、ロッキー山脈国立公園にある二七本の渓流で活動中のビーバー複合体は、かつて二六〇万メガグラムを超える炭素を蓄えていた。私の計算では、アメリカの平均的な森林一五〇平方キロメートルに相当する量である。[*25] ウォールによれば、活動中のビーバーのコロニーは、廃墟となったコロニーに比べて約三倍、乾燥した草原の最大一四倍の炭素を蓄えていることがわかった。木のことは忘れよう。気候変動と闘いたいのであれば、ビーバーを配置したほうがもっと良い状態になることは大いにあり得る。

カリフォルニア州のチャイルズ・メドーで、ビーバーを使って気候変動と闘う試みが行われている。シエラネバダ山脈の高地に位置し、ラッセン火山国立公園の尖った頂に囲まれた積雪によって供給される水分によって湿ったスポンジ状の一平方キロメートルの土地である。

シエラネバダ山脈の高地草地は、カリフォルニア州で最も重要な生態系の一つで、カリフォルニア州の水の六〇パーセントの供給源であり、カリフォルニア州の生物多様性の半分以上を占めている。また、最も危機的状況にある生態系でもある。三六〇平方キロメートルの草地が、牧畜、開発、気候変動による劣化に直面している。*26 OAECのビーバー伝道師ケイト・ランドクイストとブロック・ドルマンにとって、その治療法は病気と同じくらい明白だった。二〇一四年、二人は、ブリッジ・クリークのビーバーダム・アナログの設計者であるマイケル・ポロック（第五章参照）をカリフォルニア州に招いた。自然保護団体「ザ・ネイチャー・コンサーバンシー」(12)に紹介するためだった。ザ・ネイチャー・コンサーバンシーは、七年前にゴルフコースの開発業者から保護するためにチャイルズ・メドーを購入した。幸運にも、ビーバーはすでにチャイルズ・メドーでその価値を証明し始めていた。下流にコロニーを形成し、絶滅危惧種のメジロハエトリという鳥やカスケイヅ・フロッグ（cascades frog）というカエルを引き寄せている。ザ・ネイチャー・コンサーバンシーは、ポロックの先見の明とビーバーの手仕事に感銘を受け、二〇一六年に、七〇〇本のヤナギを植樹し、ウシを近づけないために川にフェンスを設置し、六基のビーバーダム・アナログをつくるために支柱を打ち込んだ。ザ・ネイチャー・コンサーバンシーの生態学者クリステン・ウィルソンが私に話してくれたところでは、人間がつくった池に、翌年、三匹の子ガエルがすみついているのを研究者が発見したとのことだ。

カエルやメジロハエトリに敬意を払いつつも、チャイルズ・メドーのプロジェクトの背景にはもっと大きな問題がある。カリフォルニア州は、世界で四番目に大規模なキャップ&トレード・プログラムを実施している。これは温室効果ガスを排出する権利を汚染者に買わせる排出削減制度である。カリフォルニア州は、二〇一七年までに三四億ドルの収入を温室効果ガス削減基金に再投資している。この基金は、低炭素バス(低公害車)の導入、森林の再生、灌漑システムの近代化など、あらゆることに使われている。この基金は、チャイルズ・メドーのビーバーダム・アナログをつくるための三万ドルの費用と、その影響を調査するための五〇万ドルの費用を負担した。研究者たちは、現地の堆積物と木本植物の炭素貯蔵量を数値化する計画である。また運が良ければ、ビーバーが地球のサーモスタット(自動温度調節装置)を低くするためにどのように役立つかを解明できるかもしれない。

公正を期して言うなら、ビーバーの池は世界で最も信頼できる炭素回収装置ではない。「ビーバーが一カ所に留まることは期待できません。大流量で彼らのダムが吹き飛ばされるかもしれないし、餌が不足したり、捕食動物に食べられたりするかもしれません」。ウィルソンは私にそう指摘した。ビーバー複合体はその性質上、池から湿地へ、湿地から草原へ、そしてまた池へと姿を変える。そのように変化し続ける土地の気候への貢献を計算しなければならない解析モデル作成者には頑張ってほしいと思う。すべてがうまくいけば、カリフォルニア州魚類野生生物局が資金を提供しているチャイルズ・メドーとシエラネバダ山脈の七カ所の草地の研究結果は、最終的に、回復した草地に炭素が貯蔵されることを州に理解してもらうために役立つだろう。しかし、その結果が出るのは二〇二〇年以降になりそうだ。

ビーバーを使った環境回復に資金を提供するということは、カリフォルニア州のビーバーに対する敵意がようやく和らいできたことの証しでもある。カリフォルニア州魚類野生生物局の高地鳥獣計画（Upland Game Program）の環境科学者であるマット・メシュリーは、州はビーバーをより多く生かそうと試みてきたと私に話してくれた。例えば当局は、水路に入り込んできた不運なビーバーを灌漑業者が一年中いつでも殺して良いという許可ではなく、被害をもたらすビーバーだけを探し出して捕獲し、過剰な犠牲を出さないようにするため、短期の許可証を発行している。州はビーバーの移転禁止に対する非難を積極的に検討しているわけではないが、将来的には禁止を緩和することも考えられると、メシュリーは話してくれた。水分の多い低地のセントラル・バレーでは特に期待される動向である。セントラル・バレーはカリフォルニア州で最も多くのビーバーが生息している紛争地帯であり、ビーバーと、大規模な農業および急速な開発との間で衝突が起きているからである。

「ビーバーと共存したいと思う人が増えてきていると思います」とメシュリーは言った、「しかしそれは、野生動物の生息域の周辺に住む人々が増加している現状とは相反するものです」。カリフォルニア州は、リワイルディング（再自然化）の取り組みにもかかわらず、アメリカの多くの地域と同様に、都市化が進み、それが不規則に広がっている。これが野生動物との衝突の原因となっている。サクラメントの街にはコヨーテが出没し、干ばつに見舞われたクマやボブキャットはセントラル・バレーをさまよい、郊外の住宅の裏庭でのどの渇きをいやす。二〇一五年、P－22という名で呼ばれたカリフォルニア州南部の有名なピューマは、ロサンゼルス市の建物の床下の低いスペースに入り込んでいた。都市部でのビーバーとの衝突は、それほど劇的ではないかもしれないが、かつてないほど頻繁に起きている。カリフォルニア滞在中に、私はブロック・ドルマンとケイト・ランドクイストと一緒に、ソノマ郡最大のビーバー複合体を訪れた。そこは、雑然とした湿地帯だが鳥やカエルの鳴き声が、近くのレースサーキット「ソノマ・レースウェイ」を走り回る車の轟音にかき消されてしまうことも頻繁にあった。「ここでやっていけるというのは、彼らの適応力のすごさを表しています」とランドクイストは、レースウェイから目と鼻の先にある豪華なビーバーのロッジを見上げながら感嘆の声を上げた。

ビーバーなしのビーバーフェスティバル

マーティネズの市民ほど、都会のビーバーの強さを理解している人はいないだろう。

マーティネズにビーバーが来てから一〇年間、ハイディ・ペリマンは自慢の子どもを持つ親のように熱心にビーバーを追跡した。彼女はビーバーを外見で見分けられるようになり、観察記録をつなげて緻密な家系図を作成し、まるで昼メロを見るように彼らのドラマを追いかけた。二〇一〇年は、特に胸が締めつけられるような物語が次々と展開した。コロニーの女家長が上の門歯を折って亡くなり、二歳の子が幼い弟妹の世話をする重荷を背負った。翌年、オスがしばらく姿を消していたが、新しい妻を連れて帰ってきた。ペリマンはアルハンブラ川で、二五匹の子ビーバーの成長を見守ってきた。「まるでテレビのメロドラマのようです」と彼女は言った。

二〇一五年、マーティネズのドラマは、これまでで最も暗い回を迎える。この年に生まれた四匹の子どもと一匹のもう少しで成獣になろうかという子が、そろって謎の死を遂げたのだ。州の科学者が遺体を解剖して汚染物質がないか調べたが、何も見つからなかった。死因が何であれ、子どもたちの両親はアルハンブラ川が子育てをする場所ではないと判断したのか、逃げ出してしまった。二〇一六年、何匹かのビーバーが立ち寄ったものの、二〇一七年の八月五日よりかなり前に立ち去ってしまった。二〇一七年、第一〇回マーティネズ・ビーバー・フェスティバルが開催されたが、このフェスティバルの名前の由来となった動物が不在のままの開催は初めてのことだった。

二〇一七年八月五日の晴れた土曜日、ビーバー信者の聖地であるアルハンブラ川の橋の隣にあるポケット・パークで開催されたフェスティバルは心温まるイベントだった。このフェスティバルは、原点から飛躍的に成長したが、今なおキュートで惹きつけられる。ビーバーが主役ではあったが、年々進化し、一般的な野生動物をめぐるにぎやかな集まりに進化した。エリースと私は、アザラシ、コヨーテ、在来種の花粉を運ぶ動物（昆虫、哺乳類、鳥類など）、猛禽類の保護に焦点を当てた展示ブースを見た。ナパ出身の写真家ラスティ・コーンは、コンクリートで固められた溝に生息するビーバーのコロニーを何年も追いかけて撮影し、その写真を製本して展示していた。ポートランドを拠点とする「ビーバー・アンバサダー」というグループの創設者であるエステバン・マーシェルは手描きのパラパラ漫画を配布していた。ペリマンは、仕事に追われながらも楽しそうに、ステージの近くのテントで統括役を務めていた。頼りになるスクラップブックを側に置いて、次世代のビーバー信者のために、自然をテーマにしたタトゥーを描いたり、ビーバーの利点について話したりした。

しかし、会場には喪失感が漂っていた。過去のフェスティバルで、ジョンはアルハンブラ川に沿ってビーバーのダムやロッジを訪れるツアーを行っていた。今では、川には緑色の藻のかたまりと、哀愁漂うカモが二羽いるだけだ。私たちは生身のビーバーの不在を補おうと、つくり物のビーバーを購入した。入札式競売で、私はビーバーの版画とTシャツを高値で落札し、エリースは真鍮製のビーバーの栓抜きを落札した。あまり競争して落札した感じはしなかった。

フェスティバルに欠けていた生身のビーバーは、着ぐるみのビーバーが補った。ブロック・ドルマンが考案したキャラクターだ。ドルマンは一時三〇分きっかりにステージに現れた。頭からつま先までビーバーの着ぐるみに身を包み、頭には幼児番組に出てくるテレタビーズの頭についているような扁平で丸い形のものがついていた。ビーバーの指人形が小さな分身のように一本の指の上に乗っていた。温かい拍手の中、彼はビーバーが気候変動と闘うためにしていることについて、めまいがするような言葉を使って一人芝居を始めた。「オイルオガーキー（oil-ogarchy）[13]」「プラントセスターズ（plantcestors）[14]」などのドルマン語が飛び交った。私たちは、アカガシの木陰から彼の演説を応援した。ステージの前では、葉巻に火をつけようとした男性をボランティアが追い払っていた。「目下、地球は化石燃料バカ熱に浮かされています」、ドルマンは躊躇することなく続けた。「私が言いたいのは、皆さんが炭素系物質の燃焼に熱中しているせいで、不協和音のような気候の混乱を引き起こしているということです」。私たちは口笛を吹いて賛成した。彼は続けた。「私たちの出身地では、『ヤナギのあるところに、道はある』と言います」。彼は観客に向かって投げキッスをした。

数分後、普段着に戻ったドルマンを見つけたが、まだ、顔は紅潮していて全身汗びっしょりだった。私たちがハイタッチをすると、「やれやれ、着ぐるみの中は暑かった」と彼は言った。

「あの衣装は自分でつくったのですか?」と私が聞いた。彼は顔をくもらせた。「いやぁ、時間がなくて、買った」。そして私に身を寄せて言った。「ビーバーの衣装をネットで探したってことは、あまり知られたくないね」

フェスティバルの後、私たちは数日間、太平洋沿いに車で北上し、最後にオリンピック国立公園で、バックパック旅行を終えた。この公園の原生雨林ではビーバーが生息している気配はなかったが、キャンプをしているとある晩、ヤマビーバー(*Aplodontia rufa*)が侵入してきた。奇妙なげっ歯類で、カストル・カナデンシスとは遠縁で、顔はモグラのように尖っており、指は『シンプソンズ』のバーンズ社長のように異様に長い。旅から自宅に戻ると、フェスティバルが終わってから八日経っていた。驚くことではないが、ハイディ・ペリマンから数通のEメールが届いていた。あるメールの件名が「ビックリしないでね」となっていた。

私はクリックして動画を見た。アルハンブラ川の暗い低木林、そのせせらぎがコープランド[15]の『アパラチアの春』になっていて弦楽器の音が高くなっていく。[*27]見慣れた、皮が剝かれた小枝の山が見えた。好奇心旺盛なスカンクの姿があった。そしてカメラがズームインすると、黒い毛の小山が、浅瀬で両手を口元に丸め、同心円状に広がる波紋の輪の中で背筋を伸ばして座っていた。帰ってきたのだ。

第七章

ビーバーと荒野 ── 農場との共存の道

一八八七年一一月、二九歳の政治家セオドア・ルーズベルトは、五週間にわたる狩猟の旅に出た。目的地は、ノースダコタ州のバッドランズ。孤立した絶壁の山が点在する異質な風景と果てしない空が広がる寂しい地域である。バッドランズはルーズベルトにとって、長年にわたる聖地であり、崇拝すべき神聖な土地だった。ニューヨーク出身の彼は、「私の人生の物語はこの地で始まった」と語っている。[*1] ルーズベルトが、放牧の仕方を学び、銃で動物を仕留め、喘息持ちの都会人から、たくましいカウボーイに変身したのは、このバッドランズだった。ここで、未来の大統領の荒々しく無鉄砲な神話が生まれ、磨かれた。そして、一八八四年二月のある日、母と最初の妻アリスが、一二時間以内に相前後して亡くなった後、[(1)] テディが引きこもったのも、このバッドランズだった。この日の彼の日記には「私の人生から光が消えてしまった」と嘆きが殴り書きされている。[*2] ノースダコタの峻厳な美しさと厳しい生活──海のような平原、マキバドリのさえずり、疲れ切った昼と澄んだ夜が、テディの生きる喜びを蘇らせた。

しかし、一八八七年の狩猟の旅では、ルーズベルトの大草原の楽園は、光を失っていた。三週間、テディは野生動物を探しながら、バッドランズを馬に乗って単独で動き回った。まだ痩せていたが、トレードマークの口髭をたくわえ、歯を見せるしかめっ面、眼鏡の奥で目を細めるしぐさはこの頃から健在だった。野生動物はほとんど見かけなくなっていた。ヘラジカ、グリズリー・ベア、バイソンは姿を消し、オオツノヒツジ、プロングホーン[2]も少なくなっていた。渡り鳥もバッドランズのリトル・ミズーリ・バレーを見捨てていた。それでも、射撃好きなルーズベルトは、シカを八頭、レイヨウ四頭、そしてヒツジを二匹仕留めた。しかし、彼が愛してやまない風景は、明らかにおかしくなっていた。

ルーズベルトが心を痛めたもの

バッドランズに何が起きたのか？　野生の哺乳類が家畜に取って代わられていた。「ビーバーがほとんどいなくなっていた」と『*The Rise of Theodore Roosevelt*（セオドア・ルーズベルトの台頭）』の中で、エドマンド・モリス[3]は書いている。「……新しいビーバーダムはつくられず、古いビーバーダムは放置されていた。魚や野鳥であふれていた池は、乾いて底がひび割れた小川に変わっていた」。家畜が侵入し、「土を支えていた豊かな草の絨毯が浸食され、発酵した牛糞の沈殿物が野生のプラムの根を汚染して果実をつけなくしてしまった。澄んだ泉は踏みにじられて不潔なぬかるみとなり、広大な土地が砂漠化の危機に見舞われていた[*3]」。

この光景にルーズベルトの心は痛んだ。猟師であり、牧場主でもあったルーズベルトは、大草原を荒らしてしまった自分の責任を認めていたのだろう。ニューヨークに戻ったルーズベルトは、「この国の大型狩猟動物の保護のために働こう」と、動物愛好家の有力者を集めて会議を開いた。このグループが「ブーン・アンド・クロケット・クラブ[(4)]」となる[*4]。ルーズベルトは、もともと自然主義者だったが、彼を自然「保護」主義者に変えたのは、あの悲壮感漂うバッドランズへの旅だった。ビーバーのいない風景が一人の男を動かした。

テディの人生を変えたバッドランズでの経験によって、ウシとビーバーが、いかに相性が悪いかが如実に示された。アメリカの牧場主は、四九万平方キロメートルの私有地を所有し、一〇〇万平方キロメートルの公有地に放牧する借地権を持っている。ウシが放牧されている場所では、ビーバーはほとんど見られない。その理由の一つは、ルーズベルトが見つけたように、野放しの放牧が川辺のビーバーの生息地を破壊してしまうからであり、もう一つの理由は、ほとんどの牧場主がビーバーを、灌漑施設を詰まらせ、木をかじり倒し、畑を水浸しにする脅威であると感じているからである。「私は木も好きだし、家畜も好きだ」と、農業関連の業界紙『*AgWeek*（アグウィーク）』のコラムニスト、ジョナサン・ナットソンは、二〇一六年、「自然のエンジニア？　それとも自然の略奪者？」という題名で長い記事を書き愚痴をこぼしている。「私の個人的な経験では、（木と家畜の好きな人間は）必然的に、不可避的に、ビーバーをあまり好きではなくなるのだ」[*5]。

ビーバーを嫌うことに必然性や不可避性がないことは、ヘインズ・ホルマンが証明する。エルコ農牧社のマネージャーであるホルマンは思慮深く、愛想の良い牧畜業者で、「我々は完全に時間に支配された世界に生きている」というような、使い古された決まり文句を挑発的に口にする。ホルマンとの出会いは、ネバダ州エルコ郡の牛舎だった。後日、録音した会話を聞いてみると、ブラック・アンガス種のウシの鳴き声のせいで、ホルマンの声がほとんど聞き取れなかった。彼が高校を卒業してすぐに労働者として働いていたPX牧場が近くにあった。

「PX牧場の壁にビーバーの尻尾を釘で打ちつけて、何匹捕獲したのかを示していたのを覚えているよ」と、ヒロハハコヤナギの木陰に座りながら彼は話してくれた。「ビーバーは当時、いたるところにいて、灌漑業者はいつも怒っていた。夕方になると、外に出てビーバーを捕獲する。それが生活の一部になっていて、他に良い方法を知らなかった。私の父はビーバーを嫌っていたし、父の父もビーバーを嫌っていた。ビーバーとの闘い、それが牧場主の日常だった」

水辺の生態系に対するホルマンの理解が深まるにつれ、半水生のげっ歯類への理解も深まっていった。水はネバダ州の牧場主にとって最も重要な資産であり、それを捕らえて保持することができる力は天の恵みである。今では、「私はビーバーの最大の擁護者の一人です」とホルマンは語っている。擁護するのは彼一人ではない。エルコ郡で行われている一連の有望な放牧実験は、ビーバーが農業の強力な味方であることを示唆している。しかし、ビーバーに味方になってもらうためには、伝統に縛られたコミュニティである家畜生産者は、半水生の宿敵との関係を見直さなければならない。

「業界の半分はまだ反対派です。全員の賛成を得ることはできていません」とホルマンは言った、「二カ月ほど前、私のオフィスに怒った灌漑業者が来て、ビーバーを暗渠から出すために銃を借りたいと言ってきました。人間は自然界に自分の意志を押しつけようとする悪いくせがあります」。

神に見捨てられた土地

一見したところ、エルコ郡をおおう低木の草原ほど、ビーバーにとって好ましくない風景はないだろうと思われる。エルコ郡は、アメリカ合衆国で最も寒い最北の砂漠、グレートベースンに位置する四角い形の土地である。「大いなる盆地」を意味するグレートベースンは、カリフォルニア州、ユタ州、アイダホ州、オレゴン州の一部とネバダ州のほぼ全域に広がる、行けども行けどもヤマヨモギが生えた広大な土地である。かつてグレートベースンには多くの湿地があり、グレートソルト湖《レイク》（塩水湖）の前身となる湖もあった。現在では、シエラネバダ山脈とワサッチ山脈による雨陰の領域に挟まれた広大な盆地となっている。グレートベースンに降った雨は一滴たりとも海に届かず、塩分を含んだ湖に集まり、土壌に流出し、乾燥した空気中に蒸発する。

先住民のパイユート族は、この地で何千年間もの間繁栄してきたが、白人たちはこの土地は絶望的なほど人を寄せつけないと感じた。ある作家はこの地を「神に見捨てられた土地」と呼び、「キリスト教徒や文明人が住むことを想定して創造されたものではない」と語っている。[*6] 一八九〇年、エルコの牧畜会社は、たった一度の過酷な冬で九八パーセントの家畜を失ってしまった。[*7] 今日ではグレートベースンは「Big Empty（大いなる空虚）」として知られている。グレートベースンには独自の魅力があるが、その支持者でさえ、慣れ親しんでいるうちにだんだんと好きになっていったのだと認めている。

この地域のファンの中に、キャロル・エバンズという魚類生物学者がいる。彼女は春の最後の週に、私をエルコの荒涼とした放牧地に連れていってくれた。いてほしいという微かな期待を込めて、ビーバーを探しに出かけたのだ。私たちは彼女のトラックに乗り込んだ。赤さび色のフォードで、未舗装の道路のでこぼこに車台が激しくぶつかる。ヤマヨモギからジャックウサギ[(5)]が出てきて危なっかしくうろつきタイヤにぶつかりそうになる。朝の八時だというのに、太陽は白く輝き、暑苦しい。樹木はほとんど見当たらず、灰色のヤマヨモギと黄色い草だけだ。それが風に翻弄される鳥の冠毛のように上下している。

エバンズの、日光で色あせた髪と、長年日焼けを重ねてきた肌は、彼女が生涯を通じて砂漠を歩き回ってきたことを物語っている。彼女は私に、「この景色を見てどう思うか」と尋ねた。私は乾燥しているのに驚いたと答えた。彼女は笑って言った。「ネバダ州ではどこに行ってもこんなものですよ」

ネバダ州リノ出身のエバンズは、一九七七年に米国農務省森林局で働くためにエルコ郡にやってきた。一九八八年に米国土地管理局に配属された後も、彼女はこの土地で働き続けた。彼女の経歴は、長期にわたって続けることの価値、土地に根ざした知識、草の葉の一枚一枚が見慣れたものになるまで数十年にわたって風景を観察する力を証明している。「私がここで何を学んだとしても、それは三〇年間滞在したからこそ得られたものです」とエバンズは私に話した、「機関内ではそうはいきません。離職率が高いですからね」。二〇一六年に土地管理局を退職したが、今でも彼女は名誉科学者のような仕事をしている。自然保護団体や牧場主たちの尽きない管理問題の相談役をしているのだ。感動したのは、彼女が『川物語』という本を書きたいと思っていると話してくれたことだ。それは彼女が生涯をかけて監視し、再生させてきたいくつもの川の伝記である。彼女は絵画教室の講師のような優しい物腰で、ネバダ州のこの一角で働く元連邦職員としては珍しく、牧畜業者たちから全幅の信頼を寄せられている。「キャロルさんのように何でもわかっている人と一緒に仕事ができると、物事が速く片づく」。ある牧場主は私にそう言った。

柱に有刺鉄線を数本巻きつけただけのゲートをくぐり、険しい渓谷を見下ろす場所に駐車した。眼下には、きらめく一筋のスージー・クリークが、サッカー場ほどの幅の谷間を曲がりくねりながら伸びている。水はとても澄んでいて、六メートルの高さからでも、砂地を這うザリガニの姿を見ることができた。氾濫原は青々としていて、少なくともエルコでは、スゲとイグサの緑が広がっていた。黒と白の羽根を持つフタオビチドリが谷間を飛び交っている。エバンズはペンタックスDSLRで数枚の写真を撮った。現在の美しい緑の生息地がどれほどすばらしいかを理解するには、かつての姿を理解する必要があると彼女は言った。もし『川物語』を書くとしたら、スージー・クリークは最高の章になるに違いない。

エバンズがスージー・クリークに出合ったのは一九八〇年代後半で、当時の川は惨憺たる状態だった。一八七五年以来、ウシ、ヒツジ、馬による大量の放牧にさらされてきたため、何千もの飢えた家畜によってヤナギやスゲがはぎ取られた川岸は、洪水のたびに崩れていった。数十年の間に、ブリッジ・クリークをはじめとする他の多くの川と同じように、この川も地中深くに食い込んでいき、ついには浸食されてできたガリの中に入り込んでしまった。地下水面が急落し、気温が上昇し、青々としていた草原は干上がり、ヤマヨモギやラビット・ブラッシュ(6)がはびこった。牧場主たちが、自分たちがしてきた過ちに気づいたときには、もう手遅れだった。カウボーイのエド・ハンクスは、著書『*A Long Dust on the Desert*（砂漠の長い砂塵）』の中で、古参のカウボーイ、フェント・ファルカーソンとの気の滅入るような会話を紹介している。

フェントがここに来たばかりの頃、ハンボルト川の北側にある川のほとんどは、おおよそ地面の高さで流れていたと言っていた。名前を挙げると、マギー・クリーク、スージー・クリーク、ロック・クリーク、アンテロープ・クリークなどは、氾濫することによって家畜の餌を豊富に育ててくれた……現在これらの川は岩盤まで浸食し、川から水を取り出すのが困難になり、家畜の餌があまり育たない。*8

ネバダ州はじめ、西部地域では、ほとんどの牧場主が連邦政府の土地に家畜を放牧しており、代価として賃料を支払っている。放牧の性質上、何十年も前から、土地の劣化は避けられないと思われてきた。健全な川岸の地域は周囲の高地の一〇から一五倍の飼料を供給する。また高地にある乾燥地帯の多くは、周囲数キロメートルに一つしか水源を持たないため、ウシは草を食べたり、水を飲んだり、泥浴びをするために河川敷に引き寄せられる。*9 餌と水が不足する夏には、川岸の魅力はさらに増す。「暑い季節」――グレートベースンでは、通常六月下旬から九月下旬——の放牧は川岸の植物に最も集中的なダメージを与えるが、この時期の放牧に反対する者はほとんどいなかった。もちろん、ウシは川沿いにいるのが好きなのだから、それに逆らうことはできない。もしそれが過剰な放牧、浸食、水質の悪化を意味するのであれば、ウシはどこかよそへ行くしかない。これが草原の生活というものだ。「水辺域は犠牲になる場所と考えられていました」とエバンズは言う。「人々は高地の管理に集中していたのです」

しかし、エバンズはスージー・クリークを犠牲にする気にはなれなかった。何といっても彼女は魚類生物学者であり、絶滅危惧種のラホンタン・カットスロート・トラウトの復活を自分の使命と考えていた。ラホンタン・カットスロート・トラウトは北米最大のマスで、初期の入植者たちはピラミッド湖で二七キログラムもあるこのマスを釣り上げていた。ピンクゴールドの脇腹と黒のそばかすで飾られた最も美しいマスだが、残念なことに、ネバダ州では州の公式の魚であるこのラホンタン・カットスロート・トラウトが川や湖の九〇パーセント以上から姿を消している。スージー・クリークでも、川岸に日陰がなく、水温が高くなったため、このマスは数十年前に絶滅した。*10

エバンズが一九八九年に撮った写真では、スージー・クリークは火星の運河に似ていた。浸食された峡谷の奥深くに閉じ込められた、石だらけの不毛な氾濫原を横切って流れており、一本の草さえも生えていない。マスやミュールジカ、(7)ウシさえも住める場所ではない。人にも獣にも適さない川だった。しかし、スージー・クリークの物語は始まったばかりだった。

放牧改革

アメリカ西部でウシの放牧方法を改革するのに最も適していない場所を選ぶとしたら、ネバダ州東部かもしれない。ネバダ州の八五パーセントは連邦機関が管理している。どこの州よりも高い比率となっており、農村部に多い保守派の憤りの源となっている。[*11] ネバダ州の牧場主、鉱山労働者、伐採者たちは約一世紀にわたって、土地や水の使用に関する連邦政府の規制に抵抗してきた。放牧許可から道路の閉鎖まで、土地管理局や森林局と争ってきたのである。一九七〇年代、エルコ郡は「ヨモギの反乱」の舞台となった。連邦政府の土地を、州や郡が管理するようにしようとした運動である。反乱は鎮静化したが、一九九〇年代から二〇〇〇年代初頭にかけて抗議活動が再び活発化した。州民たちからの嫌がらせに疲れ果て、身の危険を感じた連邦職員たちの中には町を飛び出してしまう者もいた。「ネバダ州のあらゆるレベルの州政府関係者が、この無責任な『連邦政府バッシング』に参加している」と、森林局のある監督官は出ていく扉の前で愚痴をこぼした。[*12]

このような痛烈な歴史を考えれば、連邦政府の土地管理局の川辺の放牧改革計画に対して州民は誰も耳を貸さないと思われても仕方がないだろう。ジョン・グリッグズも当初、改革に懐疑的だった。一九九一年、風焼けした頬、真顔で言うユーモア、低音の声を持つネバダ出身のグリッグズはマギー・クリーク牧場にカウボーイとして働くためにやって来た。マギー・クリーク牧場は、スージー・クリーク流域を含む、公有地と私有地をつなぎ合わせた八一〇平方キロメートルの土地である（マギー・クリーク牧場はスージー・クリーク流域でウシの放牧をしている。ややこしくて申し訳ないが）。グリッグズには、この月面のような荒涼とした風景が普通に見えた。「むしろ、結構なことだと思いました。七月に小川に水があるのですから」と、彼は牧場の本部で、話してくれた。光あふれるオフィスには彼らが行ってきた二五年にわたる環境保護活動を表彰するトロフィーや盾がひときわ目立つように飾られている。「なるほどと思いました。そんなことができるとは思いもしなかったものですから」

キャロル・エバンズの処方箋はシンプルだった。植物が最も弱る暑い季節には、スージー・クリークの牧草地での、ウシの過剰放牧を防ぐこと。当時の牧場長、ウェイン・ファシヨルツは、小川に沿って、何キロメートルもの追加フェンスを設置することに慎重に同意した。土地はいくつかの閉鎖された牧草地に分割された。もはやウシたちは、一年中いつでも自由に行き当たりばったりに歩き回ることは許されなくなった。今やグリッグズと他のカウボーイたちは、彼らのブラック・アンガス牛を正確に牧草地から牧草地へと移動させ、夏の間は傷つきやすくなっている水辺に群れを近づかせないようにした。この戦略は、放牧圧[8]を減らすというよりも、ウシたちが、いつ、どこを歩き回れるかを調整するものだった。エバンズら土地管理局は同様の方法を近隣の小川の牧場主にも提案し、彼らも協力することに同意した。土地管理局の者たちは提案後は、じっくりと待つことにした。

しかしそれほど長い間待つ必要はなかった。一九九四年には、夏の間、食べられたり、ひづめで蹂躙されたりしなかった川辺の植物は何十万平方メートルもの土地を再緑化した。スージー・クリーク、マギー・クリーク、ディクシー・クリークなど、劣化してガリとなっていた川に次々とヤナギ、イグサ、スゲが生えて緑化されていった。もはや洪水が岩の多い水路を引き裂き、川床を削り取ることはなくなった。代わりに、復活した植生が水の流れを遅らせ、土砂を沈殿させ、氾濫原を再構築している。スージー・クリークとハンボルト川のその他の支流は、劣化を止めて、沈殿物を堆積させ、太陽の光を求める植物のように、長く離れていた氾濫原に向かって水位が上昇し始めた。エバンズが毎年撮影しているスージー・クリークの一九九九年の写真には、ヤナギがフレームいっぱいに広がっていた。ヤナギが来たなら、ビーバーが来る日も遠くないはずだ。

二〇〇三年、スージー・クリークに最初のビーバーがやってきたとき、一九九八年に牧場長に就任していたジョン・グリッグズは、またしても葛藤を感じていた。「牛飼いとしては、自分でコントロールできることはコントロールしたいと思う。コントロールできないことのほうが多いですからね」と彼は言う。「天候はコントロールできない。市場もコントロールできない。政府の規制もコントロールできない。しかし、ビーバーが現れたら、それはコントロールできる」。コントロールとは、もちろん殺すということだ。彼がエバンズに侵入者の話をすると、彼女は夏場に過剰放牧を防いだときと同様、再び、待って様子を見るようにとアドバイスした。グリッグズはすでに、この魚類生物学者を信頼するようになっていたので、ビーバーを生かしておくことにした。そしてほとんどすぐに、彼はそうしてよかったと感じた。

管理放牧がスージー・クリークを変えたとすれば、ビーバーの到来はスージー・クリークを劇的に変貌させたといえる。狭い水路は、ガマの生えた広大な湿地になった。水を嫌うヤマヨモギは自生のスゲに取って代わられた。砂漠の中を曲がりくねっていた細い緑の糸は、太い帯になった。非営利団体「トラウト・アンリミテッド（Trout Unlimited）」の科学者が、一九九一年の航空写真と二〇一三年の航空写真を比較したところ、スージー・クリークは、水域が八万平方メートル増え、植生は四〇万平方メートル増え、水のある水路は五キロメートル増えていた。また、衛星画像からは、植物の生産性の目安となる光合成量が、一八〇〇年代後半と比べて三二パーセント増加していることがわかった。地下水面は六一センチメートルも上昇し、氾濫原も再構築された。かつてビーバーのいなかったスージー・クリークは、今では一三九基のビーバーダムから成る迷宮の間を逆巻くように流れている。[*13] 不毛の地が楽園になったのだ。

グリッグズにとってスージー・クリークの進化は救済となった。スージー・クリーク沿いの、ビーバーが灌漑した牧草地は、グリッグズにとって最も重要な牧草地となった。子ウシは母親から離されて精神的に不安定になる時期があるが、ここがそのような子ウシたちの避難所となった。「ウシにとって一番悪いのはストレスですからね」とグリッグズは言う。「子ウシの身になって考えてください。周りのすべてが休眠しているように静かな中、緑豊かな飼料の中に入っていくのです。子ウシはおそらく生涯で最も大きなストレスに直面しているときに、二〜三日この避難所に留まります。これはかなり効果的なストレス軽減策です」

しかし、グリッグズのパートナーであるげっ歯類がその真価を見せつけたのは、二〇一二年のことだった。その年、ネバダ州北東部は、グリッグズがこれまでに経験したことのないような大干ばつに見舞われた。厳しい干ばつは、翌年、翌々年と続き、二〇一五年になっても続いた。多くの牧場主が、放牧場からウシを引き揚げるか、家畜に水を運ぶために莫大な費用を負担しなければならなかった。一方、グリッグズは、水を運ばずに済んだ。ビーバーのおかげで、最も乾燥した時期にもスージー・クリークは潤っていた。

「ジョン・グリッグズはこの地域ではかなりの有名人だ」と、ビーバーから同様の利益を得ている牧場マネージャーのヘインズ・ホルマンが教えてくれた、「州内の牧場主は皆言っていた、『うちの川は乾いているっていうのに、グリッグズのところはどうだ？　水を持て余しているじゃないか』。牧場主たちは経済観念で動くので、このプロジェクトの価値を見なければと考えた。水が増えたことを証明できなければ彼らにビーバーの価値を認めさせることはできなかっただろう」

ビーバーの恩恵を受けるのは、砂漠に住むウシだけではない。悲観的な気候予測によると、温暖化によってネバダ州の標高の低い川から州の魚、ラホンタン・カットスロート・トラウトが消える日も近いという。ちょうどビーバーダムがブリッジ・クリークをニジマスに適した川にしたように、キャロル・エバンズは、いつの日かスージー・クリークが、気候変動などお構いなしに、ラホンタン・カットスロート・トラウトが生息できる川になることを願っている。

「これはまだ始まったばかりの話ですが、ビーバーによるこれらのシステムがどのように機能しているのかについて多くのことを学びました」と、エバンズはスージー・クリークの氾濫原を歩きながら言った。私たちは、地下水面の上昇によって枯れて節くれだったヤマヨモギの残骸を避けながら、氾濫原を歩き回った。ヤマヨモギの残骸は谷間に水分が補給されたことが見てわかる印象的な証拠だった。「これまでの人生で見たこともない何かを、ここで垣間見ることができます」

干ばつとビーバー

エルコ郡の信奉者たちは、畜産コミュニティで最も熱心なビーバー推進者かもしれない。しかし、ビーバーとの関係を見直す牧場主は彼らだけではない。雑誌『*Beef Producer*（牛肉生産者）』の編集者でオクラホマ州を拠点とするアラン・ニュー・ポートは、二〇一七年のコラムで、放牧地の川の致命的なガリ化をビーバーがどのようにして防ぐことができるかを詳述している。「ビーバーが厄介な存在であることは理解しているが、浸食や乾燥した土地も同様に厄介である」とニューポートは書いている。「私はここで、農業界で最も嫌われている動物の一つであるビーバーについて、優しいことを言おう[*14]」。

実際には、これまでにも少数の牧場主が常にビーバーを受け入れてきた。彼らはビーバーを殺すことを避けるために、時には近所の人たちの反感を買いながらも、労をいとわなかった。ビーバーの生息地を誤って認識していたカリフォルニアで最も尊敬されてきた生物学者、ジョセフ・グリネル（第六章参照）は、一九三七年に、次のような報告をしている。マーセド川流域のアルファルファ生産者たちは、ビーバーの貯水能力を高く評価し、たとえ彼らに灌漑用水路をせき止められても、殺そうとはしなかった。ある牧畜業者は、信じられないことに体罰を選んだ。「捕らえられたビーバーたちは、牧場主にこっぴどくたたかれた。牧場主はそのために頑丈な板を使っていた」とグリネルは書いている。しかし板で殴っても、特に効果的なビーバー管理戦略にはならないことがわかった。「お仕置きされたビーバーたちは、解放されるとしばらくは近づかなかった」とグリネルは続けた、「しかし、数週間後、再び同じビーバーたちが現れ、この用水路で捕獲された。同じビーバーであることは足先についたわな痕からわかった[*15]」。

ビーバーの干ばつと闘う能力について、最も感動的な話をしてくれたのは、カナダのエルク・アイランド国立公園でビーバーの研究をしている生態学者のグリニス・フッドである。エルク・アイランド国立公園はアルバータ州エドモントン郊外にある野生動物保護区で、ビーバーはわなで捕獲され、その後、再導入される。二〇〇二年、アルバータ州は干ばつに見舞われた。フッドは著書『*The Beaver Manifesto*（ビーバーのマニフェスト）』の中でこう書いている。「ビーバーは、自分たちが最も必要とする場所――ロッジの入り口や好みの餌場――へのアクセスルートを維持するため、水路を掘って水を導いた[*16]」。フッドは、ビーバーがエルク・アイランド国立公園を再生する前の一九五〇年に撮影された航空写真と最近の写真とを比較してみた。その結果、「四本足の水文学者」が、命を育む水を保持する役割を務めている二〇〇二年では、池の面積は以前よりも六一パーセント広がっていた[*17]。

「農業団体の中で干ばつの影響を最も大きく受けたのが牧畜業者だった」とフッドは続けた、

「すると彼らは、隣人の土地に活動中のビーバーのロッジがあると、その池の利用を頼むのが常だった」[*18]。

ビーバーは農業に貢献するだけでなく、食料生産における最悪の副作用から人々を守る。アメリカの農家は毎年、合計で約二〇〇〇万トンの肥料を畑に投入している。一エーカー(約四〇〇〇平方メートル)あたり六三キログラムに相当する。過剰な窒素やリンの多くは、雨によって川に流され、最終的には湖や海へと流れていく。(郊外の芝生や浄化槽、さらには自動車からも窒素が川に流れる)。この栄養価の高い液体は、藻類の異常発生を起こし、それが枯れて分解されると溶存酸素を奪い、「デッド・ゾーン(酸欠水域)」を生み出す。この水域では魚は生存できず、アサリ、ハマグリなどの二枚貝やムール貝などの水底生物も死ぬ。世界の海には、約二六万平方キロメートルのデッド・ゾーンが存在する。そのうちの一つがメキシコ湾で毎年発生するデッド・ゾーンだ。ミシシッピ川がその支流を通じてペンシルベニア州からモンタナ州にかけての汚染物質を堆積させたものが原因だ。こうした汚染物質によるデッド・ゾーンはニュージャージー州にも押し寄せる可能性がある[*19]。

この海の危機に対する解決策の一つが、湿地である。湿地は、腎臓のように、浮遊する栄養分やその他の汚染物質を、海に到達するずっと前にろ過してくれる。湿地、沼地、湿原、沢を復元すれば、環境を汚染する農場からの流出水を処理することができるので、これが最も効果的な戦略の一つである。一九三〇年までに九五パーセントの湿地が干拓されていたアイオワ州では、保護プログラムにより新たにつくられた人工湿地が、農業排水から硝酸塩（窒素ベースの肥料添加剤）の最大七〇パーセントと除草剤の九〇パーセント以上を除去することがわかった。[*20]

湿地をつくることが有効なら、ビーバーに無料でやってもらえばさらに良い。二〇〇〇年に行われたメリーランド州海岸平野での調査では、ビーバー池は、全窒素の排出量を一八パーセント、リンの排出量を二一パーセント、水質浄化法で汚染物質として分類されている全浮遊物質（水に浮かぶ粒子）の排出量を二七パーセント削減することがわかった。[*21] カナダのケベック州では、生物学者のボブ・ナイマン（第二章・第五章参照）が、ビーバー池には通常の川の浅瀬に比べて、約一〇〇〇倍の窒素を含む堆積物がたまっていることを発見した。[*22] タホ湖では、地元の人々が宗教的情熱を持って水質の重要性を説いているが、湖の支流にあるビーバーダムを取り壊したところ、かつては澄み切っていた湖に流れ込むリンの量が二倍以上になった。[*23] 北カリフォルニアの車のバンパーに貼られている「**KEEP TAHOE BLUE（タホ湖の青色を守ろう）**」のステッカーは「**KEEP TAHOE'S BEAVERS（タホ湖のビーバーを守ろう）**」と読んでも構わないのである。

ビーバー池は、単に栄養分を吸収して蓄えるだけでない。二〇一五年に発表されたある論文のおかげで、ビーバー池は汚染物質の物理的な状態さえも変化させることがわかっている。

ロードアイランド大学の研究者たちは、研究の過程で、ビーバーがつくった三つの池の底に金属製のチューブを突っ込んで土壌コアサンプルを採取した。そして、そのサンプルに硝酸塩を塗布して、その変化を追跡した。沈殿物に生息するバクテリアが硝酸塩を分解した。バクテリアは硝酸塩を窒素ガスに変え、汚染物質を効果的に除去する脱窒《だっちつ》(9)と呼ばれる微生物の錬金術を行っていた。研究者たちの計算によると、ビーバー池と、その土壌に生息するミクロの魔法使いたちは、ニューイングランド南部の農村地帯にある水域から硝酸塩の最大四五パーセントを除去できるとしている。そして河口にデッド・ゾーンができるのを防ぐことができる[*24]。

「一五〇年前に広範囲にわたって行われたわな猟により、個体数が激変した生物種がある」と、この研究を主導した水文学者のアーサー・ゴールドは語っている、「彼らが戻ってくることで、二一世紀の大きな問題の一つを解決することができます。私はそのことを過小評価したくはありません。ビーバーがいなければ、あの池の数々は存在しなかったということを忘れてはなりません[*25]」。

魅惑の地

スージー・クリークは、適切に管理されたウシとビーバーが共存できるということを力強く証明している。しかし、ジョン・グリッグズとヘインズ・ホルマンはその善意ある影響力にもかかわらず、農業の世界では異質の存在である。ビーバーと家畜がどのように共存しているのか、あるいはしていないのかを知るためには、エルコ郡から南東に約九七〇キロメートル離れた、ネバダ州北部と同じくらい乾燥した風景の広がる土地、ニューメキシコ州を見てみよう。

ビーバーの歴史の中で、「魅惑の地」という愛称で呼ばれるニューメキシコ州は重要な位置を占めている。一八二〇年代、メキシコがまだこの地域を支配していた頃、一獲千金を求めて多くのアメリカ人が交易やわな猟をするために通った主要道の一つ、サンタフェ・トレイルを南西に向かって旅した。マウンテンマンたちがロッキー山脈の北部を丸裸にしたのに対し、タオスに来たわな猟師たちはサングレ・デ・クリスト山脈を破壊した。作家のウィリアム・ディブイーズ(10)の推定では、一八二四年だけでも、「その年の総売り上げは約二〇〇〇匹の動物の皮に相当する。膨大な殺戮が行われた」。一八三八年、当局はリオ・グランデ川でのビーバーとカワウソの捕獲を禁止した。これは西部で最初の自然保護法の一つである。しかし、ディブイーズはこの法律は「おそらく施行できなかったのだろう」と指摘している。[*26]

わな猟と同様に、ニューメキシコでは早くから放牧が行われていた。アメリカ西部にウシが本格的に入ってきたのは南北戦争後だったが、スペインのクレオール種（*criollo*）のウシは一六世紀にはリオ・グランデ川上流に入り込んでいた。[27]ニューメキシコ州にビーバーが比較的少ないのは、ウシの影響があったからかもしれない。ビーバーの健全な個体群が存在する地域では、生態学者の観察によると、川の長さ一マイル（約一・六キロメートル）につき、一〜三のコロニーが存在するとのことだった。しかし、ブライアン・スモールがニューメキシコ大学の修士課程に在籍していた当時、ニューメキシコ州の公有地でビーバーを探し回ったところ、「五〇マイル」ごとに一つのコロニーしか見つからなかった。森林局がウシの放牧を許可している場所では、川辺の植生とそれに依存する半水生のげっ歯類が減少していた。スモールは二〇一六年の研究で、次のように警鐘を鳴らしている。「家畜の放牧が、適切な量のヤナギの成長を維持する方法で管理されるまでは、ダムを建設してくれるビーバーを復活させることはほとんどの地域で不可能だろう[28]」。

ニューメキシコ州のすべてのアスペンとヒロハハコヤナギが一斉に黄金の輝きを放つ、ある美しい秋の日の午後、ジム・マティスンは私をサンタフェ国有林に連れていき、管理抑制されていない放牧がビーバーにどのような影響を与えるかを見せてくれた。マティスンは、サンタフェに拠点を置く攻撃的な自然保護団体「ワイルドアース・ガーディアンズ（WildEarth Guardians）」の再生部門の責任者だった。彼が再生させている川の中には、有名なリオ・デ・ラス・ヴァカス川（ウシの川）がある。国有林の中にある私有地を通り過ぎるとき、私はこの川がなぜこの名前で呼ばれているのかを目の当たりにした。茶色と白の十数頭のウシが、浅くて川床が浸食された不毛の峡谷でのんびりしていた。テーブルのように平らな氾濫原にはハンノキ一本さえ生えていない。マティスンは、サングラスをかけていたが、あきれた表情をしているのがわかった。「私たちはこれを変えようとしているのです」と彼は言った。

車を走らせると、すぐにマティスンの自慢のものが現れた。高くそびえ立つ金網のフェンスが五キロメートルにわたって川を囲んでいる。ウシをはじめ、アカシカやシカなどの草を食む動物を「ウシの川」に入れないための囲いである。このプロジェクトは、主に環境保護庁からの汚染防止のための助成金によってまかなわれていた。ここでいう「汚染物質」とは、この劣化した水路を流れる、マスにとって致命的ともいえる不自然に温かい水のことだ。マティスンは、放牧を阻止し、ヤナギやハンノキを植えることで、ビーバーの帰還を促し、それによって何世紀にもわたる放牧によって削られた水路を再構築することを望んでいる。このプロジェクトの最終目標は、川とその氾濫原を再び結びつけ、ニック・ウェバー（第五章参照）がオレゴン州のブリッジ・クリークで実証したような、地表水から地下水への涵養と交換による一種の過冷却のシステムをつくり上げることである。

ワイルドアース・ガーディアンズがこのフェンスを完成させたのは去年のことだった。地元の先住民、ナバホ族とジェメス・プエブロ族の若者を雇って囲いをつくったが、ウシがいなくなった川はすでに近くのビーバーのコロニーを呼び寄せていた。ビーバーがつくったのは、少し古ぼけた小さなダムの数々だ。移住してきたビーバーが石とヤナギの枝を突き刺してつくった小さなダムが、川のアクセントになっている。マティスンによると、場所によっては、ビーバーは土手にトンネルを掘って、ワイヤで巻かれたヤナギを根元から引き裂いていたという。他のスタッフがビーバーに植栽の邪魔をされて文句を言っているのを聞いたことがあるが、マティスンは自分の入居者に餌を与えられて満足しているようだった。「私は助成金で、三万～四万本のヤナギを植えるつもりです」とマティスンは言った、「資金提供者の目には、私が狂ったように見えるでしょうね。『なぜそんなに必要なのだ？　やりすぎだ』と。でも、そんなことはありません。ビーバーを養おうとしているのですから」。

リオ・デ・ラス・ヴァカス川にはビーバーが帰ってきたが、ニューメキシコ州の圧倒的多数の川は破壊されたままだ。政策が変更されない限り、このままの状態が続くだろう。フェンスによって生息地が回復したとしても、ビーバーが戻ってくるまでには数十年かかるだろう。また、実際のところ、ニューメキシコ州には、ビーバーを再配置するという選択肢はない。「再配置するための規則はひどいものです」とマティスンは言った。ニューメキシコ州の鳥獣魚類部（Game and Fish Department）はビーバーを放とうとする場所から八キロメートル以内の土地所有者の同意を得なければならない。しかし、ウシが多く生息するこの土地では、その同意が得られることはほとんどない。ワイルドアース・ガーディアンズが申し出たビーバーの再配置の要請に対しても、州が許可したことは一度もなかった。[*29]「ビーバーの恩恵を理解してくれる牧場主がいるのはすばらしいことです」。ワイルドアース・ガーディアンズの理事ジョン・ホーニングが話してくれた。「しかし、そういう人が一人いれば、まだビーバーを悪者にしている人が一〇人はいるのですよ」

正直なところ、彼らを責めることはできない。ビーバーを使った復元の最大の課題は、犠牲にするものと得られる恩恵の不均衡にある。つまり、魚や野生生物の生息地、よりきれいな水、二酸化炭素の貯蔵といった恩恵が一般の人々にもたらされる一方で、私有地の所有者は、ヒロハハコヤナギがかじり倒され、灌漑用の溝がふさがれ、栽培中のアルファルファが水没していることに気づく。牧場主にビーバーを支持するよう説得するには、それが彼らの利益になると納得してもらう必要がある。そして、何世代にもわたって植えつけられてきた反ビーバーの偏見を払拭しなければならない。エルコ郡でジョン・グリッグズが心配するのをやめてビーバーを愛するようになったのは、ビーバーが貯水と飼料生産をしてくれるからだった。アメリカ西部の別の牧場で、ビーバーを支持するきっかけとなったのは、ずんぐりして、先端が尖った尾羽を持ち、地上に営巣する鳥だった。

キジオライイチョウとの関係

土地管理の観点から見ると、キジオライイチョウはアメリカで最も重要な鳥かもしれない。この鳥は最も奇妙な鳥と言われているが、確かにその名にふさわしい。メスを誘うために、キジオライイチョウのオスは「レック」と呼ばれる集団求愛場に一斉に集まり、黄色の球根状の胸袋を膨らませて風船のようになった胸を突き出し、コルクを抜くときのような「ポン」という音を出す。キジオライイチョウのレックはかつて、西部一一州にまたがる約七〇万平方キロメートルに及ぶ、広大な高地の砂漠に生育するヤマヨモギの海に点在していた。しかし「大いなる空虚」にさまざまなものが入り込むにつれ、脅威もまた増えている。エネルギー施設や住宅の開発、送電線や道路、外来種であるチートグラス(11)の侵入などの脅威が、キジオライイチョウの生息地である西部の広大な土地を碁盤目状に分断している。かつて一六〇〇万羽ものキジオライイチョウがこの木のない、風の王国を闊歩していたが、現在ではその数は四〇万羽ほどになっている。

キジオライイチョウは、砂漠という環境に完璧に適応しているが、それでも夏は水を探して明け暮れる。春に雪が解け、草原に花が咲き乱れるようになると、雛たちはクローバー、フロックス、ビスケットルート、その他の野草、それらの植物が引き寄せる昆虫も含んだバイキング料理を食べまくる。季節が進み暑くなってくると、植物は枯れていく。キジオライチョウは後退する緑の波を追って、食べられる植物がある湿地帯や小川に向かって移動する。食べられる植物はヤマヨモギの海に浮かぶエメラルド色の島々のようだ。ビーバーの捕獲、歴史的な過放牧、その他の圧力により、こうした島は劣化した。現在、キジオライチョウの生息域の多くでは、緑の島の面積は二パーセント以下となっている。「私たちは基本的に、広大な場所で少ない資源しか提供することができず、その土地の環境収容力を下げてきました」と、米国農務省の自然資源保全局（NRCS）の生態学者であるジェレミー・マエスタスは嘆いていた、「メスドリと小さな雛たちは、（緑の島まで）二四キロメートルも歩かなければならないかもしれません。そして一つの場所に大挙して押しかける。しかも、その場所には夏の間中、捕食動物がキジオライチョウを狙って待ち構えているのです」。

キジオライチョウの生息地の変化は、単に学術的な意味を持つだけではない。二〇一〇年、米国魚類野生生物局は、キジオライチョウは絶滅危惧種法による保護から「保護の必要性は認めるが、保護対象からは除外される」という決定を下した。実際、キジオライチョウは問題を抱えているが、同局の保護に割けるリソースは限られているため、より危機的な状態のものに割り当てられなければならないと判断したのだ。二〇一五年、連邦政府はキジオライチョウの窮状を再検討することを決定し、欧米の産業界や機関をあわてさせた。絶滅危惧種に指定されると、土地使用の制限が課せられ、牧場や風力発電などの分野が壊滅的な打撃を受けるのではないかと懸念された。『ワシントン・ポスト』紙は、州政府が「税収と経済活動で数十億ドルの損失を被ることになる」と述べている。[*30]

二〇一〇年に米国魚類野生生物局が、保護から除外するやいなや、NRCSは「キジオライチョウ構想」を立ち上げた。絶滅危惧種に指定される可能性に対する先制攻撃である。この構想は牧場主や各機関が「自発的」にキジオライチョウを保護することを目的としており、外来植物の駆除、保全地役権[(12)]による開発からの土地の保護、飛来する鳥を阻止するフェンスの撤去など、積極的な保護活動を行う。ある科学者が「史上最大の保護活動」[*31]と呼んだこの構想は、当局者たちを納得させた。二〇一五年九月、サリー・ジュエル内務長官は、キジオライチョウは、もちろんこうした自主的な保護活動がすべて実施されることが前提であるが、もはや絶滅危惧種法による保護を必要としないと発表した。[*32]

キジオライチョウの生息地の回復は、ヤマヨモギの生えている高地で行われる。この鳥を保護するためには、湿った牧草地の回復が必要である。そのためには、ビーバーの力を借りなければ不可能に近い。キジオライチョウ構想の生態学系の専門家であるジェレミー・マエスタスは、オレゴン州の中央部の高地砂漠に住んでいる。生態学者たちが人工のビーバーダムを建設し、サーモンの幼魚の生存率を高めたブリッジ・クリークからも遠くはない。二〇一五年、マエスタスはビーバーダム・アナログ（第五章参照）の存在を知り、現地を視察した。「あのプロジェクトはキジオライチョウとは関係ありませんでした」と彼は言う。「でも私が見たのは、より多くの水が氾濫原に流れ込み、土手にしみ込み、下方浸食された川床を上げ、水辺の植物を増やしていた光景でした。それは夏の間も維持されていました。これこそキジオライチョウが必要とするものであり、牧畜業者が求めているものなのです」。鳥にとって良いことは、家畜にとっても良いことなのだ。

キジオライチョウが生息する土地の困難な地理的条件が、もう一つの誘因となった。「低コストで、多くの人が参加でき、システムが引き継がれ、自己修復できるものを見つけなければなりません」とマエスタスは私に語った。二〇一五年以降、ユタ州、アイダホ州、オレゴン州、ワシントン州、モンタナ州、ワイオミング州ではすべて試験的にビーバーダム・アナログを設置しており、つくり方などを教えるトレーニングを実施している。マエスタスは、ワークショップやインターネットでのセミナーなどを開催している。連邦政府はアメリカ西部の面積の約半分を管理しているが、地域の湿潤な生息地の八〇パーセントは私有地にある。何といっても、水の近くに住まなければ、農場や牧場を設けることはできない[*33]。したがって、キジオライチョウの生息地である小川、湿地、湿った草地を回復させるには、農家や牧場主に、鋭い門歯を持つ宿敵を受け入れるよう説得する必要がある。

「最初はビーバーの話をしたがらない人もいます」とマエスタスは言う。「しかし、ビーバーの真似をする方法があると言えば、きっと協力してくれるでしょう。でもすぐに彼らはこう言います。『この構造物が土地に水を保ち、ウシのために緑の飼料を生産してくれるのは気に入った。でも毎年自分でメンテナンスするのは面倒だな』。そこから次の会話が始まります。それでは、ビーバーをここに戻して、自立したシステムにするのはどうでしょう？と」。キジオライチョウがドアを開けて押さえているところを、カストル・カナデンシスがよちよちと通り抜けていく。

ダムとビーバー

ビーバーの良さについて説得する必要のないカウボーイがいる。ワインカップ・ギャンブル牧場の牧場長であるジェームズ・ロジャーズは、ピンク色の顔をしたひょうきんな人物だ。ワインカップ・ギャンブル牧場はユタ州との州境に近いネバダ州の山岳地帯にあり、その面積は四〇〇〇平方キロメートル近くにも及び、ロードアイランド州に勝る広さである。洗練されたプロモーションビデオでは、この牧場が世界に誇るアカシカ狩りやマス釣りが紹介されている。私が二〇一七年に訪れたとき、ワインカップ・ギャンブル牧場のオーナーは、スポーツ用品「リーボック」の成長期を支えた経営者ポール・ファイアマンだった。過去のオーナーにはネバダ州知事や俳優のジェームズ・ステュアート(13)などがいる。

ジェームズ・ステュアートがビーバーをどう思っていたかは記録されていないが、彼が雇っていた牧場長がビーバーを快く思っていなかったことは間違いない。現在の牧場長ジェームズ・ロジャーズが二〇一〇年に初めてワインカップ・ギャンブル牧場の経営を引き継いだとき、彼はカウボーイたちがビーバーを見かけるとすぐに撃ち殺していることに気づいた。カウボーイたちは息をするように反射的にビーバーを撃っていた。ワイオミング州で牧場主をしていたロジャーズの父親は、ビーバーを称賛していたわけではなかった。父親はビーバーダムをダイナマイトで爆破したり、バックホーと呼ばれる油圧ショベルで破壊したりした。しかし、息子のジェームズ・ロジャーズはどこかでビーバー信奉者に変わっていた。六月のある日の午後、砂埃で包まれたトラックで牧草地の一つを勢いよく通り抜けながら、彼は私に言った。「ただ心を開いていれば、その恩恵を垣間見ることができる」。昔ながらのやり方と男らしさが支配する中で、ロジャーズの驚くほどの謙虚さは、彼が普通のカウボーイではないことを示していた。「私は常に水を確保する方法を探しています。ビーバーはそれを無料でやってくれる。確かに彼らは完璧ではないが、自分のほうがうまくやれると言えるわけはないでしょう？」

ロジャーズは車を泊めて、徒歩で坂道を下り、バンチグラス（束状草類）が青々と生い茂る谷間へ連れていってくれた。サウザンド・スプリングス・クリークは、無数の湧き水と泉があることからその名がついた。この小川は一〇〇ヤード（約九〇メートル）ごとにビーバーのつくったヤナギのダムにせき止められながら流れている。「この谷は、おそらく一エーカー（約四〇〇〇平方メートル）あたり、四五〇キログラムの草を生産しています。私たちが先ほど歩いてきたところのヤマヨモギの量はわずか四五キログラムです」。指で茎を触りながらロジャーズは言った。「牧場主から見れば、ビーバーは生産量を一〇倍にしてくれる動物です」。ロジャーズが、ワインカップ・ギャンブル牧場のビーバーとの戦いに休戦を宣言して以来、この川のビーバーは生息域を広げてきたという。最近では、ビーバーが斜面から降りて来て、牧場の本部に向かって進むこともあるらしい。ロジャーズは道路を脅かすビーバーを射殺するのではなく、「第七世代研究所（Seventh Generation Institute）」[14]という自然保護団体に依頼してフロー・デバイス（第三章参照）の設置ワークショップを行った。

「皆が同意してくれたらと思う。私と同じように情熱を持ってビーバーを見てくれたらと思います」。特にすばらしいビーバーダムの前に来て、眺めるために足を止めると、彼は言った。「私は牧場に新人が来たときに、この牧場ではビーバーを撃ってはいけませんと言う者にはなりたくないのです。他の従業員にこう言ってほしいのです。『おい、ビーバーが何をしているか見てみろよ。やつらはすごいぜ。ところで、俺たちはビーバーを殺さない』と。皆が同じ考えで、共通の認識を持っていたいと思います」

二〇一七年の冬、ロジャーズとビーバーとの関係は、さらに飛躍した。それは干ばつのせいではなく、洪水のせいだった。猛烈な嵐がネバダ州とカリフォルニア州を襲い、道路が流され、高速道路が泥に埋もれ、二名が死亡した。二月八日、災害はワインカップ・ギャンブル牧場を襲った。牧場に灌漑用水を供給していた高さ一四メートルで土構造のトウェンティ・ワン・マイル・ダムが増水した貯水池の下に陥没したのである。洪水は州道二三三号線を破壊し、列車を迂回させた。エルコ郡は「命に関わる危険な」大洪水の中、非常事態宣言を出さざるを得なかったが、最終的には誰も怪我をしなかったのは幸いだった。[*34]

アメリカ人でトウェンティ・ワン・マイル・ダムの話を聞き逃した人がいたのは、その決壊の陰にさらに恐ろしい危機があったからである。ワインカップ・ギャンブル牧場のダムが崩壊していた頃、カリフォルニア州のフェザー川にある高さ約二三〇メートルの盛り土の築堤、オロビル・ダムも危険な状態になっていた。ネバダ州を襲った嵐は、オロビル湖を危険なレベルまで肥大させた。そのため、エンジニアたちはダムのコンクリート製の放水路に水を流すことを余儀なくされた。合理的な考えだったが、放水路に亀裂ができて七六メートルのクレーターになってしまった。管理者たちは、この放水路を閉鎖し、緊急用放水路を使用したが、上昇した水が合衆国で一番高いダムの縁を越えて滝のように流れ始めた。丘の斜面を浸食され、緊急用放水路の構造物が根底から崩れる恐れが出てきた。カリフォルニア州政府当局は、致命的な九メートルの水の壁が一気に流出するのではないかと恐れ、下流の約二〇万人の住民を避難させた。[*35]ダムは最終的には生き残ったが、この危機的状況はエンジニアや水管理者を根底から揺さぶった。

今にして思えば、オロビルの大惨事寸前だった災害の最も注意すべき点は、ダムが決壊しそうになったことではなく、このような災害が頻繁には起こらないことである。あるドキュメンタリー番組によると、アメリカは「ダムの国」だそうだ。アメリカの川は九万基以上のダムでせき止められている。中でもフーバーダム、グレンキャニオンダム、ボンネビルダムは有名で、地球上で最も大きな構造物の一つに数えられている。多くのダムは、洪水を抑制し、電力を発生させ、農地を灌漑することで、乾燥した西部の大規模な植民地化を可能にした。しかし、その多くは老朽化し、病んでいる。そもそもダムの基礎が打たれたその瞬間から愚行だったのだ。マーク・ライスナー[15]が『砂漠のキャデラック：アメリカの水資源開発』（片岡夏実訳、築地書館、一九九九年）で明らかにしたように、大規模なダムのほとんどは議員が人気取りのために政府に支出させる地方開発金による無駄な公共事業だった。数百万ドルの私的な灌漑効果を得るために数十億ドルもの公的資金を投じた。ライスナーは書いている、ダム狂いの連邦政府開拓局が指揮を執って、「アメリカ西部はひそかに現代福祉の最初の、そして永続的な例となった[*36]」。

西部における最近の大規模なダム決壊は一九七六年だった。アイダホ州のティートンダムが崩壊し、一一人の人々と数千頭の家畜が犠牲になった。決壊は幸いにも稀ではあるが、多くのダムが今も大災害のリスクを抱えている。米国土木学会は、二〇一七年の「インフラに関する報告書（Infrastructure Report Card）」で、一万五〇〇〇基以上のダムを「危険度が高い」に分類した。この報告書によると、これらの危険度が高いダムを修復するだけでも、二二〇億ドルの費用がかかる。さらに、平均築年数が五六年の老朽化したダムをすべて修復するとなると、六〇〇億ドルを超える費用が必要となる。[*37]

決壊しなくとも、ダムは大規模破壊をもたらす。作家のジョン・マクフィー[(16)]が、ダムは、自然保護活動家たちにとって「地球上に存在する悪の震源地[*38]」だと位置づけたのには理由がある。ダムは生態系を破壊する。コロラド川では――この時点では川というより、貯水池の連なりと言ったほうがいいかもしれない――パイクミノーやレイザーバック・サッカーなどのような魚が、水温の変化、堆積パターンの変化、外来種によってほぼ絶滅している。ダムは、クリーンな電力源と言われているが、ダムの貯水池から発生するメタンは世界のメタン排出量の一パーセント以上を占めている。[*39] そして最後に、ダムには沈泥が堆積していくので、埋め尽くされると、大金をかけてつくったダムが運用できなくなる。開拓局のつくったダムの半分以上が築年数六〇年を超えており、「堆積物設計寿命」の終わりに近づいている。[*40] ビーバー池が土砂で埋まると、そこは草原になる。これに対して、ダムがせき止めてできる広大な貯水池が土砂で埋まると、濁った液体の入った浅い鉢になり、タービンを回したり、水生生物を維持したりすることができなくなる。

西部に押し寄せた農民の第一陣が、なぜ、「干拓」しなければならない土地をたくさん見つけたのか考えてみる価値がある。南西部といえば、熱い砂と赤い岩、発育不全のマメ科の植物メスキートとウチワサボテンしか育たない乾いた土地を連想する。しかし、かつては非常に緑豊かな場所だった。それはある程度はビーバーのおかげである。一八二〇年代にニューメキシコ州南西部を歩き回ったわな猟師のジェームズ・パティ[17]は、池や湿地帯でおおわれた風景について書いている。ある日、アヒルやガチョウの鳴き声に誘われて小さな湖を訪れた彼は、「私をもっと満足させてくれるものを見つけた。ビーバーのロッジが三つあった」[*41]。ある川で、ジェームズ・パティは「二五〇匹というかなりの数のビーバー」[*42]を捕獲したと語っている。その過程で、何百ものビーバーダムや、ダムの影響で形成された南西部特有のスポンジ状で水分をたっぷり含んだアルカリ性の湿地《シエネガ》も破壊したに違いない。私たちの土地は水を蓄える能力を奪われてしまった。そこで私たちはついに、ライバルのげっ歯類の真似をせざるを得なくなり、何千ものコンクリート製のダムを建設した。私たちのダムは、一つには、一世紀前にわな猟師たちが引き起こした問題を解決するために設計されたのだ。

ビーバーは人間のダムとなりうるか？

この時点でおそらくあなたは首を横に振っているだろう。いかに働き者といえどもげっ歯類の集団が、人間のつくったダムに匹敵するようなものをつくれるはずがない。例えば、ネバダ州のラスベガス・ストリップ[18]沿いのホテルやカジノから、カリフォルニア州インペリアル・バレーのレタス畑にまで水を供給しているアメリカ最大の貯水池（人造湖）であるミード湖のようなものとは比較にならないだろう。「このような巨大な貯水、送水プロジェクトにおいては、ビーバーを部分的にでも解決策と呼ぶことには慎重にならざるを得ません」。カリフォルニア州マリン郡の元水道局長のジェリー・メラルは私に言った。彼は熱烈なビーバー支持者であるが、人間のつくったインフラにも感謝している。「カリフォルニア州は、冬に水を貯めて夏に灌漑に使えるようにするために、世界最大級のものを含む一七〇〇基のダムを建設しました。ビーバーがそれに匹敵するようなことはできません」

ビーバーが、西部の驚異的な水供給インフラの精度を再現するのは難しいだろう。集中型貯水にはリスクがつきものだが、多くの利点もある。とりわけ、一杯のミルクセーキに何本ものストローを刺すことができるような便利さがある。しかし、南西部のビーバーの生息数が増えれば、ミード湖の物理的貯水量に匹敵するようになると想像するのは難しいことではない。ミード湖の貯水量は三一〇〇万エーカー・フィート（約三八〇億立方メートル）を超える。一エーカー・フィートは、一エーカーの土地を一フィートの水の下に沈めるのに必要な量に相当する。しかし、長年の干ばつと水の汲み上げにより、その水面は四三メートル以上も下がり、むき出しになった壁には白い汚れの輪ができている。*43 この本を執筆している時点で、ミード湖の貯水量はその容量のわずか三八パーセント、約一一〇〇万エーカー・フィート（約一三六億立方メートル）しかない。

ビーバーはそれに勝てるだろうか？　岩盤の空隙率《くうげきりつ》の違いなど、地質の違いがあるため、ビーバーによる貯水量を地域間で比較することは困難である。しかし、非営利団体の土地評議会が乾燥したワシントン州東部で行ったある研究では、ビーバーダムは、地表水と地下水を合わせて一基あたり、二万二〇〇〇〜四万三〇〇〇立方メートルの水を貯めることができると推定している。[*44]勝手ながら、この結果を南西部に当てはめてみると、現在ミード湖にある水の量を貯めるには、およそ三二万基から六二万基のビーバーダムが新たに必要となる。これはビーバーのコロニー、一〇万から三〇万の働きに相当する。これまでの北米におけるビーバーの歴史的な生息数についての知見を考慮すると、広大なコロラド盆地にこれだけの数のビーバーが生息していることを想像するのは難しいことではない。もし、というよりそうなる可能性は高いのだが、水量の減少や堆積物の問題によって大規模なダムが使えなくなった場合、ビーバーが少なくともその不足分を補ってくれると思えば安心だ。

さらに、西部では老朽化したダムへの対策が議論されているだけではなく、新たなダムの建設も検討されている。気候変動による干ばつに悩まされている公的機関は、カリフォルニア州、ユタ州、コロラド州をはじめとする西部の各州で、大規模な貯水プロジェクトを検討しているのだ。ビーバーがその真価を発揮するのはここだろう。

例えば、ベア川は、源をユタ州のユインタ山地に発し、ワイオミング州、アイダホ州を経てユタ州に戻り、グレートソルト湖に流れ込む。この本を書いている間にも、ユタ州の水資源課はベア川流域に新しい貯水池をつくることを検討している。ベア川の支流であるリトル・ベア川流域とその支流であるローガン川流域、この二つのダム建設候補地の貯水量は、合わせて四九〇〇万立方メートルで、費用は五億ドルにもなる。

二〇一六年、ユタ州立大学の大学院生コンラッド・ヘイフンは、ビーバーが巨大なコンクリートの壁に勝てるかどうかを調べることにした。リトル・ベア川とローガン川の流域には約三七〇〇基のビーバーダムが建設可能で、九三〇万立方メートルの水を貯めることができると計算した。かなり大きな数字だが、人間が建設する貯水池[*45]の二〇パーセントにも満たない。つまりビーバーの負けということか？

早合点してはいけない。真面目な科学者らしく、ヘイフンは保守的な仮定を用いたのである。すなわち、各ビーバーダムが貯める地表水の量はわずか一二〇〇立方メートルであり、地上にも地下にも同じだけの水が貯まると考えたのだ。幸いにも、私たち傲慢なジャーナリストはもう少し緩い仮定を立てることができる。

例えば、先に引用した土地評議会の研究では、ワシントン州東部のビーバー池は地表水だけで平均四三〇〇立方メートル、地下には少なくともその五倍の水を蓄えているとしている。

この数字をリトル・ベア川とローガン川流域に当てはめると、ビーバーは約七九〇〇万立方メートルの水を貯めることができることになる。コンクリートの壁に比べて五〇パーセントも多くなるのである。どの数字を使おうとも、げっ歯類のパートナーを奨励することで、貯水の必要性を減らすことができるのは明らかだ。しかも、魚の通り道をふさいだり、堆積物について心配したり、市民に何百万ドルもの負担をかけたりすることなく、実現できるのだ。

ジェームズ・ロジャーズの計画通りに進めば、ワインカップ・ギャンブル牧場は、ビーバーを利用したまずまずの模範牧場となるかもしれない。「吹き飛ばされたトウェンティ・ワン・マイル・ダムの再建はワインカップ・ギャンブル牧場の手には負えない」と、彼はその日の夜、私が今まで食べた中で一番おいしいステーキを食べる前に、話してくれた。それに、ダムの再建は水文学的にもあまり意味がない。トウェンティ・ワン・マイル・ダムの崩壊は確かに災害だった。しかし、ロジャーズは自分の牧場と水との関係を見直す良い機会でもあると考えた。「私たちは今回のダム崩壊について見直し、考えました。その水を別の場所に貯めておいたらどうだろう、と」とロジャーズは言う、「水を貯める場所を何カ所かに分けて、ここに一〇〇〇エーカー・フィート（約一二〇万立方メートル）、そこに一〇〇〇エーカー・フィート（約一二〇万立方メートル）、そして、ここに五〇〇エーカー・フィート（約六〇万立方メートル）、あそこに二五〇（約三〇万）というように貯めていく。もし私たちが戦略的に二〜三カ所あるいは四〜五カ所の湿地帯か涵養池、呼び方は何でもかまいませんが、そういうものをつくることができるとしたらどうでしょう？　そこにはいつも水があるとわかっている場所です。そしてビーバーがそれを手伝ってくれるとしたらどうでしょう？」

ケンタッキー州を拠点とするエンジニアのアート・パローラは、この急進的な構想を実行に移す役割を担う一人だ。二〇一七年一一月に、私がパローラに電話で話を聞いたとき、彼はまだワインカップ・ギャンブル牧場の設計図を完成させておらず、この牧場の奇妙な水文学に少々戸惑っているようだった。しかし、その要点は、細かい内容はともかく、ブリッジ・クリークのビーバーダム・アナログ・プロジェクトに似ていた。牧場周辺の下方浸食された水路に土を台形に盛り上げて小さな模造ダムをいくつかつくることで、ビーバーが繁殖できる環境をつくり、氾濫原に水が流れるようにして、ワインカップ・ギャンブル牧場の地下水を涵養する。そして年に一度しか流れない川を、四季を通じて流れる川にする。

「私たちは、ビーバーに仕事をさせるために必要な最小限の骨組みを提供しようとしています」と、パローラは話してくれた、「私たちが修復した現場を見ると、何もしていないように見えると言われます。川と湿地の複合体が、普通に機能しているだけのように見えると言われるのです。それこそが私たちのしたかったことなのです。私たちはビーバーが生息できる地域を拡大したいと思っています。そしてワインカップ・ギャンブル牧場にある数百エーカーの土地が、川と湿地の複合体になるのを見たいのです」。パローラとロジャーズの話していたことは、ロードアイランド州のような北東部の小さな州と同じほどの大きさの土地の水系を、ビーバー化することに他ならないと私は理解した。

確かに、ワインカップ・ギャンブル牧場の広大さは、他の牧場よりもビーバーを使った戦略に適している。ロジャーズは放牧地から放牧地へと五四〇〇頭のブラック・アンガス牛の大規模な移動を誘導し、一つの牧草地のヤナギが全滅することのないようにしている。ワインカップ・ギャンブル牧場の広大さは贅沢なものだが、ロジャーズは小さな牧場でも半水生のげっ歯類との共存は可能だと主張する。「私の父も、ある意味では納得しています」とロジャーズは私に話した。「水辺をフェンスで囲い、ビーバーダムを爆破することはなくなりました。でも灌漑用水にビーバーが入ってくるとまだ怒っています。二年前、母に電話すると『父さんが銃を持って、ビーバーを殺しに行った』と言われました。私は、『戻ってきたらぼくに電話を入れないといけないと父さんに伝えてくれよ』と言いました」。ロジャーズは笑った。「しばらく時間がかかるかもしれないけど、彼は心を開いてきていますよ」

ワインカップ・ギャンブル牧場の話も、スージー・クリークの物語も、一つの重要なポイントを示している。それは、ビーバーの管理とは、すなわち土地の管理であるということだ。健全な牧場経営が行われなければ、ビーバーは戻ってこない。もし西部の乾燥地帯がビーバーを使った解決策で水問題に対処しようとするなら、川辺の放牧圧を軽減しなければならない。世界各地で行われているメソウ方式のビーバーの再配置プロジェクトも、戻ってきたビーバーを維持するためのヤナギやアスペン、ヒロハハコヤナギが十分になければうまくいかないだろう。

ビーバーの主な競争相手は家畜のウシ、ボース・タウルス（*Bos taurus*）だが、ウシだけが反芻胃を持っているわけではない（ヒツジやヤギ、シカも持っている）。ビーバーは多くの場所で、生息数で勝る野生の草食動物と対抗させられている。この問題に対する答えは、社会の多くの人が聞きたくないものかもしれない。

第八章
ビーバーとオオカミ――肉食獣よりも脅威となるもの

一九九五年一月の凍てつくある日、五人の連邦政府職員が、側面に空気穴を開けた巨大なスチール製の箱を運んでいた。すねまで雪が降り積もる中、彼らは箱をイエローストーン国立公園内のラマー川の上流まで移動させた。その様子を撮影するカメラマンたちも、凍った空気の中で白い息を吐きながら忙しく動き回っている。この箱の運び手は、最高位の官僚の中から選ばれた者たちだ。国立公園の管理者であるマイケル・フィンリーが箱の一角を、魚類野生生物局局長モリー・ビーティーが別の一角を、クリントン政権の内務長官ブルース・バビットが左側を支えていた。まるで葬儀で棺を担ぐ人々のようだが、彼らの荷物は生きている。箱の中に入っているのは、カナダで最近捕獲された体重四五キログラムのハイイロオオカミだった。七〇年間オオカミのいなかったこのイエローストーン国立公園に最初に放たれるオオカミである。バビットは空気穴に目を押し当てた。「そこには、大柄で美しいハイイロオオカミのメスが横たわっていた。警戒しているが落ち着いていて、まるで夕食時に食卓の下にいる私の愛犬のようだった」と内務長官は後に語っている。[*1]

それから一年の間に、連邦政府は六六頭のオオカミを、イエローストーン国立公園とアイダホ州中央部に放った。獲物に囲まれ、ライバルの群れにも邪魔されず、この肉食動物は数を増やし、分散していった。二〇年の間に、一七〇〇頭以上のオオカミが、モンタナ州、ワイオミング州、アイダホ州を徘徊し、大胆不敵な一団はオレゴン州とワシントン州にも侵入した。[*2]その過程で、この肉食動物は牧場主やアカシカ狩りハンターの怒りを買い、アメリカで最も物議を醸す野生動物となった。今日では、西部の山岳地帯を旅すると必ずと言っていいほど有名なバンパー・ステッカーを見かける。ライフルの照準の中にオオカミが描かれ、その横には**SMOKE A PACK A DAY（1日1群れ撃て）**というスローガンが書かれている。

このように、オオカミたちはイエローストーン国立公園の外では、のけ者のように扱われることが多かった。しかし、イエローストーン国立公園内では彼らは救世主と見なされていた。

もしあなたが野生動物に少しでも関心があるなら、ＹｏｕＴｕｂｅのオオカミ伝「How Wolves Change Rivers（オオカミはいかにして川を変えるのか）」を見たことがあるだろう。もしあなたがこの動画の三七〇〇万人[1]の視聴者の中に入っていないなら、大まかな内容は次の通りである。イエローストーン国立公園にオオカミが戻ってくる前、野放しのアカシカの群れが公園の水辺の植物を食べ尽くしていた。裸になった川岸は水路に落ち込み、流れは川床を浸食した。ちょうど放牧されたウシがかつてスージー・クリークを台無しにしたように、怖いもの知らずのアカシカはアメリカの最も象徴的な風景を蹂躙した。犯人がひづめのある野生動物であろうと家畜であろうと、過放牧は過放牧である。

オオカミの復活はその状況を一変させた。イヌ科のオオカミ（カニス・ルプス *Canis lupus*）はアカシカの群れの個体数を減らしただけでなく、狭い谷間から追い払った。アカシカにとって狭い谷間は、逃げ場のない死のわなとなってしまうからだ。これは「恐怖の生態学」と呼ばれるものである。こうして腹を空かせたアカシカから守られた川沿いのアスペンやヤナギは勢いを取り戻し、繁茂した。野鳥のヒタキからグリズリー・ベアまで、野生動物が住処や餌を求めて戻ってきた。浸食された川岸は安定し、劣化した小川は深くて蛇行する水路へと姿を変えた。オオカミたちは明らかに触媒となって「栄養カスケード」を起こした。栄養カスケードとは、上位の捕食者——アフリカではライオン、オーストラリアではディンゴ、潮溜まりではヒトデ——が、食物連鎖にさざ波のように影響を及ぼしていき、場合によっては植生そのものを変えてしまうダイナミックな現象である。「数の少ないオオカミが、イエローストーン国立公園の生態系だけでなく……物理的な地形をも変えてしまうのです」と、ＹｏｕＴｕｂｅのナレーターは熱弁をふるっている。[*3]

「How Wolves Change Rivers」を初めて見たとき、私は目を奪われた。それは私だけではなかった。その後、学会やセミナーでも、さらにはスコットランドの漁村のバーテンダーの口からも、イエローストーン国立公園のオオカミの話が話題に上がるのを耳にするようになった。「オオカミがアカシカを殺し、アカシカから恐れられることで破壊されたイエローストーン国立公園を修復したという話は、生態学で最も有名な話の一つである」と、生物学者のアーサー・ミドルトンは『ニューヨーク・タイムズ』紙に書いている。それは、「私たち人間の最も重大な過ちが、賢明な管理者によって改善される可能性がある」という、わかりやすく希望に満ちた、すばらしい物語である。私たちは傷だらけの世界に生きていると生態学者のアルド・レオポルドは言ったが、私たちはこの世界で医者としての役割も果たすことができるのだ。

「称賛されているオオカミの物語には、小さな問題がある」とミドルトンは付け加えた。「それは真実ではないということだ」[*4]。

「真実ではない」というのは、私の目からすれば厳しすぎる。「不完全」と言ったほうが言い得ているのではないだろうか。オオカミたちは間違いなく、イエローストーン国立公園の生態系を変えてきた。またいくつかの川のある峡谷でも非常に良い働きをした。しかし、オオカミたちが救うことができず、劣化したままの谷もある。一九九五年の一月の時点のままの、劣化した場所だ。イエローストーン国立公園のオオカミたちは景観の恩人ではあるが、万能薬ではない。

では、何がこの救済の物語を不完全なものにしているのか？　それは、一つには、もう一つの生物種を見逃しているからである。オオカミと同じように影響力のある動物で、オオカミと同じように数十年もの間、この国立公園からほとんど姿を消していた。オオカミの再導入から二〇年以上経った今でも、イエローストーン国立公園のほとんどの川には「真の建築家」がいないままだ。

イエローストーン国立公園という都を追われて

一世紀以上前、広域イエローストーン生態系(3)は、ビーバーの国の中でも最も立派な都の一つだった。マウンテンマンたちはこの地域を略奪したが、イエローストーンのビーバーたちは毛皮交易に征服されず生き残った。一八六三年、ウォルター・デ・レイシー(4)は、マディソン川流域を旅する際に邪魔になる「数えきれないほどのビーバーダム」について不満をもらしている。[*5] 一八七四年にアッパー・イエローストーン川を探検したダンレイブン伯爵(5)は「どの川もビーバーであふれている」と述べている。[*6]

イエローストーンにビーバーが多く生息していたのには、理由があった。ここを訪れる人間を魅了するこの世のものとも思えない間欠泉や温泉が、この半水生哺乳類が冬季に生息するのに適していたからである。一八八一年、この国立公園の管理人であるフィレトゥス・ノリス(6)は次のように書いている、「氷が比較的少ないこれらの水路は、その岸辺に巣穴をつくるのに非常に有利である。この動物が、湿地で、藪と泥炭でできた巣を建設するにはちょうど良かった」。違法なわな猟師がひそかにビーバーの数をコントロールしていなければ、ビーバーはこの広大な公園を完全に制圧してしまっていただろうと推測している。「最大の敵である人間に邪魔されることがないため、先ほど述べた状況は彼らの安全にとって非常に好ましい。したがって、すぐに冷たい水の流れにダムをつくり、狭い谷間、段々になった斜面、通りを水浸しにして、この国立公園を人も動物も住めない場所にしてしまうだろう*7」。

取り締まりが強化されて密猟が減ると、ダムを建設するビーバーはますます増えていった。一九二〇年代に、シラキュース大学の生物学者エドワード・ウォーレンは、イエローストーン国立公園のビーバーを二年がかりで調査した。これは、何百ものダム、ロッジ、池、運河、木の削り痕など、「私の目に留まったビーバーの生活史に関わるすべてのもの*8」を測定し、写真に撮るという大仕事だった。ウォーレンが注目したのは、ノーザン・レンジである。ここには、乾燥して起伏のある草原の谷間、ヤマヨモギの生えた斜面、ラマー川とイエローストーン川へ向かって流れる細い川が流れる峡谷がある。どの峡谷もビーバーのダムや池でいっぱいだった。キャンプ・ルーズベルトの近くにあるビーバーのコロニーでは、ビーバーたちが「白昼堂々と仕事をしていた。彼らは、池の上の道に沿って並んでいる興味津々の観察者たち（人間）には、ほとんど注意を払わなかった*9」。一九二七年、公園の博物学者であるミルトン・スキナーは、イエローストーン国立公園のビーバーの数を一万匹と推定したが、この数値は「非常に控えめ」であると付け加えている。[10]

しかし、イエローストーン国立公園のビーバーたちの繁栄は長くは続かなかった。アイダホ大学の大学院生、ロバート・ジョナスが一九五〇年代にウォーレンの調査を再現してみたところ、ビーバーたちの廃墟しか見つからなかった。まるで考古学者が、植物が生い茂り、放棄された王国の瓦礫に出くわしたようだった。見つかったのは、空っぽのロッジ、荒れ果てたダム、年月を経て黒ずんだ嚙み痕のみだった。「ウォーレンが徹底的に調査し、重要なビーバーの働きがあるとわかった地域の中でも、一九五三年の時点で活動中の場所はなく、数年前からビーバーが生息していたことを示す形跡もなかった」とジョナスは書いている。[11]わずか三〇年前まで、イエローストーン国立公園はビーバーたちの中心地だった。今や国立公園として保護されているにもかかわらず、ゴーストタウン化している。何が間違っていたのか？

ジョナスは、ビーバーは間違った野生生物管理の、巻き添えになったのだと考えた。一九一四年、連邦議会は生物調査局に、新たに邪悪な仕事を与えた。生物調査局は、作物を食べる鳥やげっ歯類の駆除を任務とする、権限のあいまいな機関である。新たな仕事とは、オオカミ、コヨーテ、ピューマなどの肉食動物の駆除だった。ヒツジやウシが西部に広がっており、連邦政府は不安に駆られた牧場主たちの要請に応じて、家畜を脅かす肉食動物を一掃しようとした。局員たちは、情け知らずのバーノン・ベイリー生物調査局長(7)の命令で、銃、毒物、わなを持って、各地を走り回った。「親オオカミが子オオカミを巣穴の外に連れ出す早朝または黄昏時に、オオカミの巣穴の近くで見張りをすることで」と、ベイリーは、ある通知状で助言している、「優秀なハンターは、親の片方、あるいは両方を撃つことができる」[*12]。

現在の国立公園は、大型肉食動物の牙城となっている。一九一五年に、ベイリーがイエローストーン国立公園を訪れたとき、彼は「オオカミがあちこちにおり、アカシカの子を餌食にしている」と述べ、「これらの害獣の数が大幅に減るまで手を緩めることなく」殺すように局員に促した[*13]。新しく設立された米国国立公園局がベイリーの最も熱心な依頼人となった。一九二六年までに、国立公園局と生物調査局は少なくとも一二二頭のイエローストーンのオオカミ、一三〇〇頭のコヨーテ、数えきれないほど多くのピューマを殺した[*14]。このキャンペーンは、自己防衛という皮肉な政治的手段が動機となっている。公園局は、捕食動物を排除することで、国立公園が将来的に家畜の脅威とならないことを、牧場主や議会に確信させたかったのである。また厄介なオオカミがいなくなれば、イエローストーンで急増しているアカシカ、シカ、プロングホーンの群れが国立公園の外に飛び出し、ハンターたちを満足させるだろうとも考えた。「私たちがこれまで狩猟協会の支持を得られたのは、国立公園が狩猟動物の宝庫として機能するという根拠があったからだ」と、公園管理者のロジャー・トールは一九三二年に語っている。「私にとっては、コヨーテの群れよりもレイヨウやシカの群れのほうが価値がある」[15]。

世論の圧力で結局、捕食動物の虐殺は終わったが、そのときにはもう手遅れだった。オオカミはいなくなっていた。研究者たちはすぐに、この政策が裏目に出たことに気づいた。爆発的に増えたアカシカの群れは、植物が生えるや否や食い尽くし、土壌侵食を加速させ、シカやプロングホーンを追い出してしまった。「私たちが最初に見たとき、この地域は悲惨な状況だった。それ以来、悪化の一途をたどっている」と、一九三四年に訪れた科学者のチームは警告を発した[10]。

この反捕食動物キャンペーンは、開始当初はビーバーの増加に一役買ったかもしれない。オオカミはこのおいしいげっ歯類を異常に好むからである。科学者がアルバータ州で夏のオオカミの糞を調べたところ、サンプルの六〇パーセント近くに餌食となった不運なビーバーの痕跡があった[17]（誰も襲撃を目撃していないが、歯をむき出したもの同士の衝突は壮絶なものであったと考えられる。ミネソタ州でのオオカミとビーバーの遭遇に関するある研究論文には、「倒された木の幹の一端が引き裂かれ、爪や歯の痕跡が残っていた」と生々しく記述されている）[18]。一九二六年、生物学者エドワード・ウォーレンは肉食動物の駆除が「おそらく不自然なほどのビーバーの個体数の増加」をもたらしたと示唆している[19]。

しかし、オオカミが絶滅した後、ビーバーは自分たちが他の草食動物たちによって締め出されたことに気づくことになる。寒冷地域のビーバーが、冬に備えて凍った池に食料を隠すという習性を持つことを思い起こしてほしい。生態学者のブルース・ベイカーによると、ビーバーは慎重に食料を蓄えており、ヤナギの木が十分成長して冬の食料を提供してくれるようになるまで、三年くらいは成長を待って、そのままにしておく。ビーバーが噛んだヤナギは翌年若枝を生育させる傾向があり、噛んで倒した木からも新芽が生えてくる。ビーバーは造林学者のように、木を伐採すると次の木を育てて、勤勉に収穫と生育を循環させている。「このシステムには休息期間が組み込まれています」とベイカーは話してくれた。

ビーバーを脅かす草食動物

対照的に、アカシカは青々とした最も若い、最も柔らかいアスペンやヤナギを好む。アカシカに絶え間なく食い尽くされたヤナギは蘇らない。ついには枯れてしまい、ビーバーの冬の備蓄食料を奪う。さらに木が枯れ、踏みつけられた場所は浸食と流出を悪化させ、猛烈なスピードでビーバーの池を土砂で埋め尽くす。湿った牧草地は乾燥し、池は牧草地となっていった。一九五五年に書いた報告書で、ロバート・ジョナスは歯に衣を着せずに述べている。「公園内にあった好ましいビーバーの生息域が著しく減少したのは、主にアカシカの過剰繁殖が原因である[*20]」。ビーバーの国は、アカシカの町に引き渡されたのだ。

国立公園局は、この角を持った略奪者たちと断続的に格闘した。一九四九年から一九六八年の間に一万三〇〇〇頭以上のアカシカを駆除し、動物愛好家とハンターの両方を怒らせた。[*21]しかし、草地や川辺の植生は劣化し、ビーバーの数は増えず、公園内の湿地に依存する多くの生物に悪影響を及ぼした。コロンビアアヒョウガエル、セイブヒキガエルなどの両生類、オナガカモ、ハクガン、ナキハクチョウのような水鳥は影響を受けたに違いない。最も大きな被害を受けたのは、ヒタキ、ムシクイ類、モズモドキ科の小鳥、レンジャクなど、公園に生息する数十種類のスズメ目の鳥だった。彼らの止まり木や営巣木が、新芽が土から顔を出すとすぐにアカシカに刈り取られてしまったからだった。

一九八〇年代半ば、ビーバーたちはついに擁護者を見つけた。現在は米国森林局でグリズリー・ベアを担当する生物学者ダン・タイアーズは自然保護官の息子としてイエローストーンの周辺で育った。タイアーズの父の同僚には、ロバート・ジョナスがいた。ジョナスはイエローストーン国立公園のアカシカがビーバーを駆逐していることを示した科学者である。ジョナスは若いタイアーズの師匠となり、タイアーズは有蹄類とげっ歯類について、ジョナスの理論に耳を傾けた。一九七八年、タイアーズは奥地の森林警備隊員の仕事に就いた。担当したのはイエローストーン国立公園の北側にある、息をのむほど美しいアブサロカ・ベアトゥース自然環境保護地域である。タイアーズはビーバーに油断なく気を配った。いたるところに古いロッジや生い茂ったダムがあったが、ビーバーたちが最近活動した気配はほとんどなかった。

森林局の中でタイアーズは警備隊員としてランクが上がるにつれ、その仕事は彼にとって輝きを失っていった。タイアーズは許可証のチェックや木材販売の監視といった平凡な仕事に嫌気がさした。創造性を感じたいと切望していた。壮大な疑問を投げかけ、意味のある答えを探したいと思うようになった。上司は彼の熱意に戸惑ったが、彼が大きな構想を提示したときには反対しなかった。その構想とは、ビーバーをアブサロカ・ベアトゥース自然環境保護地域に再導入するというものだった。

一九八六年から一九九九年まで行われたタイアーズの活動は、これまでに行われたビーバーの再配置の中でも最大規模のものだった。タイアーズは、メソウのビーバー・プロジェクト（第四章参照）よりもずっと以前に、迷惑なビーバーを私有地から公共の源流域に移すという仕組みを考えていた（タイアーズはCNN創業者テッド・ターナー(8)の牧場にもわなを仕掛けた。ビーバーたちがこの大富豪の木々をかじり倒して木陰を奪ったためである）。タイアーズは、ビーバーのケージをキャンバス地の布で包み、氷のかたまりで冷やしながら馬で移動した。そしてビーバーをスラウ・クリークやバッファロー・クリークに放った。これらの川は、アブサロカ・ベアトゥースからイエローストーン国立公園へと南下する水路で、森林局の管轄から国立公園局の管轄へと変わる。タイアーズは、ビーバーがクリークに沿って公園に入っていく可能性があることを知っていた。彼は私には言わなかったが、ビーバーを自分の師匠であるロバート・ジョナスが調査した場所に戻し、師匠がかつて調査報告書に書いた生態系の過ちを正そうという秘めた動機があったのではないかと、私は感じている。

案の定、タイアーズのビーバーたちは間もなく国立公園に侵入してきた。一九九六年、イエローストーン国立公園でオオカミを研究する生物学者ダグ・スミスは、空からビーバーのコロニーを調査した。スミスは痩せた背の高い体を小型プロペラ機「パイパー・スーパーカブ」の後部座席に押し込み、「観察者疲労」に陥る寸前に着陸した。「観察者疲労」とは、彼が後に書いた「ゲロを吐くポイント」の婉曲表現である。[*22] この最初の調査でスミスは、イエローストーン国立公園全体でコロニーを四九しか数えられなかった。しかし、二〇〇七年にはコロニーの数は一二七と約三倍に増えていた。スミスは、急増箇所がノーザン・レンジに集中していることに気づいた。森林局がビーバーを放った川のある地域である。こうしてタイアーズは自分が保護したビーバーたちが下流に着いたことを知った。

しかし、一般的なイメージでは、タイアーズが行ったビーバーの再配置の物語は、より説得力のある物語に負けてしまっている。オオカミがヤナギを再生させ、ビーバーを呼び戻したという話である。『ナショナルジオグラフィック』誌、[*23]『ニューヨーク・タイムズ』紙、[*24]『オリオン・マガジン（*Orion Magazine*）』誌[*25]の記事は、ビーバーの回復をオオカミの再導入によるものとしている。公園の外で静かにビーバーを再繁殖させてから再配置したプログラムにはまったく触れていない。ビーバーは栄養カスケードのもう一つの触媒となった。この構成は、それ自体は間違っていない。ただ、タイアーズの干渉を省いたものだった。

「この話を聞いて、私は自然発生について考えさせられました」と、タイアーズは、私がモンタナ州ボーズマンにある彼のオフィスを訪れたときに言った。腐った肉からウジ虫が祖先もなく発生するという古来の説である。「ビーバーはどうやってそこに来たのか？　ただ自然に現れただけだというのです」。彼はキャスター付きの椅子に深く座り、肩をすくめた。

「ビーバーがイエローストーン国立公園に現れ始めた。そして公園の知名度もあってニュースになった。理にかなっていますし、批判しているわけではありません。しかしその間、私たちはビーバーを奥地に移動させていました。おそらく五〇棟の活動中のロッジと、一・六キロメートル先まで続く段々のあるダムが建設されました。すごいですよ。もしみんなが公園の北方へ数マイル行って、ビーバーがそこで何をしているかを見たら、世界の見方が変わるはずです」

雑誌や新聞の報道は、もう一つの不都合な真実をおおい隠してしまっている。それは、オオカミを再導入したにもかかわらず、そしてビーバーが徐々に復活しているにもかかわらず、イエローストーン国立公園内の谷の多くが変化しないままであるという事実だ。もしエドワード・ウォーレンが二〇〇六年にノーザン・レンジを調査していたら、彼が一九二〇年代に記録した水浸しの楽園は、ほとんどがカラカラに乾燥した状態になっていて、ビーバーもいないことに気がついただろう。悲しい現実として、一部の科学者は、一世紀にわたる誤った管理がもたらしたダメージは、オオカミにもビーバーにも簡単には修復できないのだと考えている。

実際にはヤナギは回復していない？

私は、他のどこよりもイエローストーン国立公園を歩き回ってきた。大学を卒業して間もなく国立公園局の魚類プログラムで働くために、西へと車を走らせた。仕事は、イエローストーン国立公園に侵入した外来種のマスを殺して、在来種のカットスロート・トラウトを増やすことだった。不気味で、ぬるぬるしていたが、果てしなく楽しい仕事だった。私の小さなチームは、毎週、異なった遠隔地で思い出に残る冒険をした。毒の入った容器を背中に背負って、スペシメン・クリークを上流にさかのぼったり、ソーダ・ビュート・クリークでカワマスに電気ショックを与えるため、水の中を動き回ったりした。万華鏡のようにキラキラと雪の降る中を、午前二時に、マディソン川を下り、指がかじかんで動かない中、ゴム製のいかだのヘッドライトに照らされたアカシカが水しぶきを上げて下流を横切っていくのを見たこともある。それ以来、私はほぼ毎年イエローストーン国立公園を訪れている。二〇一六年には、結婚式の翌週にエリースと新婚旅行でスラウ・クリークの一三キロメートル上流を訪れたときには、ウォッシュバーン山でグリズリー・ベアに遭遇し、ソロフェアで、オスのアカシカの強烈な麝香の匂いを嗅ぎ、イエローストーン湖近くの駐車場でオオカミがまるで飼い犬のようにしゃがんで排泄するのを見た。

なぜこんな話をするかというと、イエローストーン国立公園は、私が最もよく知っている場所だと言いたかったからである。しかしそれでも二〇一七年の夏までは、私が公園でビーバーの姿を見かけることはなかった。

ある六月の朝、ダン・コッターとルイス・メスナーが、私の見落としを正すため、イエローストーン国立公園に連れていってくれた。私たちはイエローストーン国立公園の北西の玄関である魅惑的な観光都市、モンタナ州のガーディナーから早朝に出発した。カップホルダーにはコーヒーが入り、車のスピーカーからはブルース・スプリングスティーンが流れていた。国立公園の入り口を示す壮大な石造りのルーズベルト・アーチを迂回して、温泉地帯のマンモス・ホット・スプリングスを通って坂道を登る。カフェテリアの外では無口なアカシカがくつろいでいた。コッターが西からノーザン・レンジに入ると、ヤマヨモギの高原には黒っぽいバイソンや琥珀色のプロングホーンがいた。ようやく私たちは、ロッジポールマツの木陰になっている砂利道に出た。ここエルク・クリークは、イエローストーン国立公園のビーバーの重要性を示す証拠物件の一つである。

私を谷間に案内してくれたのは、コロラド州立大学の博士課程の学生であるコッターである。同じ学部の修士課程の学生であるメスナーは、プラスチックの苗木のように土から突き出たPVCパイプ（塩化ビニル管）の前で立ち止まっていた。地下水位を記録するためだ。一見すると、エルク・クリークはあまり問題がないように見えた。川は、スムーズ・ブローム（スズメノチャヒキ属）やオオアワガエリの草原の中を軽く澄んだ音を立てて流れている。私はこれまでにこの川の流域を何度も車で通り過ぎてきたが、じっくりと見ることはなかった。今回、エルク・クリークがどれほど深刻な傷を負っているかを知ったのは、川床に降りてみてからだった。浸食された土手の断面が、足首ほどの深さの水路から二メートルの高さでそびえ立っていた。チョコレートケーキのように黒くて濃厚な色だ。流れは低地を岩盤まで削り取っていた。

この場所で以前に何があったのかを知ると、さらに気が重くなる。エドワード・ウォーレンが一九二〇年代にエルク・クリークを調査したとき、そこには川があり、ヤナギ、アスペンが生い茂るおとぎの国だった。この川の支流であるノース・フォークには、一七基のビーバーダムがあったと彼は記している。その中には「見事な新しいダムがあった……すべてのカーブに沿って測ると一〇〇メートル以上で、低いところでも高さは一・五メートルあった」[*26]。しかし、オオカミを一斉に殺したため、アカシカがここで餌を食べるようになり、貴重な餌をめぐってビーバーはアカシカに打ち負かされた。植物もなく半水生の哺乳類もいなくなると、水路は氾濫原から切り離され、生産性の高い湿地帯から休閑中の牧草地へと変化していった。何千年もかけてつくられたものが、数十年で解体されてしまうのである。

今では、一本のヤナギの木さえこの川を飾ろうとしない。地下水面が下がりすぎて、ヤナギの根が地下水を吸い上げなくなってしまったからだとコッターは言う。「この大きな湿った谷を再現するには、ビーバーが戻ってくるしかありません」とコッターは説明する。「しかし、食料になるものがないのにビーバーが戻ってくることができるでしょうか？」彼は肩をすくめた。「私が生きている間に、この場所が元通りになるとは思えません」

これは、私が聞き慣れたイエローストーンの話ではなかった。オオカミが戻ってきたことでヤナギは回復したのではなかったのか？　場所によってはそのように思えるところもあるとコッターは言う。しかし、他の谷ではエルク・クリークのように、劣化のルビコン川を渡ってしまったものもある。「オオカミはたくさんの良いことをしてくれたと思います」とコッターは言う。地下深くに閉じ込められた川の悲しい流れの糸が私たちの前を通り過ぎていった。「しかし、いくつかの川の流域の生態系は、『代替安定状態』(9)に移行しているようです。それを変えるためにはビーバーが必要です」

がっちりした体格のコッターは思慮深い人物で、とても穏やかに話すので、ガーディナーのバーで初めて会ったとき、私は周囲の会話に紛れて彼の声を聞きもらさないよう努力しなければならなかった。彼はマウンテンマンのように苦難に耐えることができる。冬のグレイシャー国立公園（モンタナ州北部）では、氷点下の中、スキーを履いて一人でクズリを追った。翌年の夏には、怒ったグリズリー・ベアに脚をたたかれたとき、グリズリー・ベアの顔に護身用の唐辛子スプレーを浴びせた。しかし、マウンテンマンのジム・ブリッジャー（第二章参照）とは異なり、コッターは時には笑いを誘うほど科学的な専門用語に精通している。「動物による地形営力（zoogeomorphic agent）[10]のすばらしい例だ」と、彼は後日、リスの穴から水の泡が出てくるのを見て真顔で言った。ブユ[11]があまり多くないときには、彼は岩の上に腰かけて、バイソンが転げ回っている姿を見ながら、研究の次の局面について頭に描き、何時間でも物思いにふける。道端のハイイロヤナギを眺めている彼の姿を見た観光客が、クマかオオカミでも出たのかと、何を見ているのかと尋ねてくるらしい。彼は驚きに満ちた声で、「このサリクス・ベビアナ（*Salix bebbiana*）（ハイイロヤナギの学名）を見てください！」と答える。

野生的な感覚と科学的な眼識を兼ね備えたコッターは、イエローストーン国立公園で最も意義深い研究プロジェクトの一つである「エルク・クリーク実験」の完璧な後継者である。浸食された土手から四〇〇メートル下流に向かって歩くと、そこには巨大なヤナギが立ちはだかっており、地上から三・七メートルの高さでひょろ長い枝が揺れていた。ノーザン・レンジのあちこちで見た、草食動物に食べられて小さくなった植物とは対照的である。首の長いアカシカでさえ入れないほどの高さがある網のフェンスが雑木林を取り囲んでいた。ネコマネドリが雑木林の中で鳴いている。コッターは、このフェンスは有蹄類が無造作にヤナギを食べ尽くしてしまうのを防ぐオオカミの影響を模したものだという。当然ながら、アカシカの食害を防げば、植物は大きく成長する。

しかし、フェンスはまだこの物語の半分にすぎなかった。コッターは私を水路に導いた。そこには人間がつくった小さなダムが二基あった。丸太、岩、黒い防水シートなどを組み合わせた不格好な構造物で、水が貯められていた。フェンスはオオカミを模し、ダムはビーバーを模していた。大雑把に言うと、エルク・クリークの実験とは、一見シンプルな疑問に答えるために考え出されたものである。イエローストーンには、どちらの重要な哺乳類が不足しているのか、頂点捕食者のオオカミか、それとも水力学技師のビーバーか？　という疑問に。

この問題は、オオカミがイエローストーンに凱旋した数年後の一九九〇年代後半以来、デイビッド・クーパーの頭を悩ませていた。クーパーは、白い顎髭をたくわえたコロラド州立大学の生態学者だ。生態学で最も古くからある議論に、「生態系は主として捕食者によってトップダウンでコントロールされているのか、それとも栄養素などの基本的な資源によってボトムアップでコントロールされているのか」というものがある。クーパーは、イエローストーン国立公園がオオカミによってコントロールされているのか、それとも最も重要な構成要素である水によってコントロールされているのかを知りたかった。オオカミを模した囲いと、ビーバーダムを模したダムの両方を設置することで、理論的には、過放牧と地下水の枯渇のどちらがヤナギの成長を妨げているのかを判断することができる（意外と知られていないが、イエローストーン当局は公園内でのビーバーダムの建設を嫌っている。クーパーは自分の構造物を「流速抑制装置」と名づけることで、この禁則を回避した）。「私も当初あの話を信じていました。オオカミがすべての動物を追い払い、ヤナギが成長し、私たちはその後の様子を観察するという話です」と、クーパーは後に私に話してくれた。「しかし、実際にはそうはなりませんでした。生態系がいかに複雑であるかを教えられました。私たちにとって良い学習経験でした」

二〇〇一年からは、コロラド州立大学の大学院生たちが、何万本ものヤナギの木を、成長して葉を茂らせ、枯れ、そしてまた芽を出す各段階で計測してきた。ヤナギにノギスを当て、ヤナギからヤナギへと無限に計測していくのは、うんざりするような作業だった。私がダン・コッターに「自分の植物に名前をつけたことがあるか」と聞くと、彼はしかめっ面をして「ほとんどが呪いの言葉です」と答えた。しかし、その結果は苦労に見合うものだった。二〇一三年に発表された論文で、クーパーのチームは、人工的なダムによって根を潤した植物が圧倒的に良い結果を出したことを明らかにして、人々の目を見張らせた。フェンスで囲まれただけのヤナギは、何の保護も受けなかったヤナギよりもわずかに背が高くなっただけだった。[*27] オオカミは単独ではヤナギを回復させることはできなかった。言い換えれば、オオカミにはビーバーの助けが必要だった。「ビーバーと彼らがつくり出す高い地下水位がなければ、私たちが知っているような水辺のシステムは存在することができないのです」とクーパーは私に語った。

残念なことに、イエローストーン国立公園は今でもビーバーにとって暮らしづらい場所である。エルク・クリークを案内してくれた後、コッターとメスナーは近くのクリスタル・クリークに連れていってくれた。ノーザン・レンジでビーバーがよく繁栄している数少ない川の一つだ。エルク・クリークと比べると、同じイエローストーン国立公園にあるにもかかわらずクリスタル・クリークはまるでげっ歯類の楽園のようだった。コッターによると、二〇一五年にビーバーがここに引っ越してくると、ヤナギの生い茂った地をすぐに池、運河、階段状のダムなどで構成された光あふれる複合体に変えたという（コッターはクラシック・ロックのファンで、自分の調査地のビーバーにビートルズの曲の登場人物にちなんだ名前をつけた。ミッシェル、ドクター・ロバート、ルーシー、そしてクリスタル・クリークのビーバーはマーサである。『マーサ・マイ・ディア』の歌詞は「自分のことに夢中なときも、周りにも目を向けなくてはね」という言葉があって、コッターが指摘したように、ヤナギの茂みに住むビーバーにはあまりにふさわしい処世訓である）。今では、クリスタル・クリークの水路は美術館の画廊の幅ほどに広がり、枝などでつくられた円錐形の島が池の中心から誇らしく突き出ている。この島をコッターは「ロッジ・マハール」と呼んでいる。ツバメたちがビーバーの複合体の上を旋回しながら、水面に発生したカゲロウを捕まえるため農薬散布用の飛行機のように低空飛行していた。

しかし、クリスタル・クリークのビーバーの全盛にもかかわらず、コッターはこのコロニーの長期的な展望については、決して楽観的ではなかった。ロッジ・マハールにすむビーバーたちは、わずか二年の間にヤナギの貯蔵量を大幅に減らしてしまっていた。その理由の一つは、通常の伐採と再生のサイクルが、アカシカより食欲旺盛な草食動物、バイソンによってショートしてしまったからだった。二〇〇〇年から二〇一六年の間に、公園内のバイソンの数は二六〇〇頭から五四〇〇頭に増えた。その理由の一つは、この毛むくじゃらの動物がアカシカの隙間を埋めるようになったことであり、理由の二つ目は、モンタナ州が、バイソンが家畜に病気を移すことを恐れて公園から出さないようにしていることによる。オオカミは、通常、この巨大な動物に手を出さない。つまり、バイソンがヤナギ、アスペン、ヒロハハコヤナギの新芽を食べ尽くすのを止める者はいない。クリスタル・クリークでは、何千ものバイソンのひづめの痕がぬかるんだ地面を駆け回り、そのくぼみは半分が水でおおわれている。コッターは、耕運機で根こそぎにされたかのように枯れている植物を手に取った。

「バイソンはアカシカのように上品に新芽をつまみ食いしたりしない。どちらかと言えば、

『スター・ウォーズ エピソード6／ジェダイの帰還』（一九八三年）の犯罪組織の首領で巨漢のジャバ・ザ・ハットが一切れのピザを食べるようなものです」

ヤナギが、自らが生き残るのに十分な速度で成長できるかどうかは、クリスタル・クリークのビーバーと、彼らが上昇させた地下水位によって左右される。コッターとクーパーの話では、イエローストーンの大部分は、地下水位低下、植物の生育不良、河川の劣化という悪循環に陥っており、オオカミでもそれを断ち切ることができない。クーパーたちは、ある論文で次のようにまとめている。「ビーバーがいないと丈の高いヤナギの復活が阻害され、丈の高いヤナギがないとビーバーの復活が阻害される*28」。「ビーバーはノーザン・レンジに戻ることができるか？　それはできます」と、コッターは重々しく言った。「では、彼らは居続けることができるか？　それはわからない」

オオカミとアカシカとビーバー

イエローストーン国立公園の谷間の多くはあまりに荒廃しすぎていて、オオカミでもここの自然の機能を回復させることはできないという類の話には、知性豊かで熱心な批判者が多いと言わざるを得ない。ダグ・スミスはその一人である。フー・マンチュー博士(12)を精悍にした感じの、オオカミを研究する生物学者である。彼の研究には冒険が伴う。隔年で軽飛行機に乗り込み、ノーザン・レンジのビーバーのコロニーを調査している。スミスは、ミネソタ州のボエジャーズ国立公園のビーバーの研究で博士号を取得した。そして彼が情熱を注ぐ二種類の動物、オオカミとビーバーの共通点について、人生の多くの時間をかけて研究してきた。「一つは草食動物で、もう一つは肉食動物ですが、ビーバーはオオカミに似ている」と彼は言う。どちらも協力して子育てをする、と彼は指摘した。家族全員で協力して赤ちゃんを育てる。どちらも自分たちの縄張りをライバルから必死に守る。主な違いは、イエローストーン国立公園のオオカミがおそらく世界で最も有名な肉食動物であるのに対し、ビーバーはあまり知られていないということだ。「オオカミの研究をしていると、いつも大勢の人が集まってきます」と彼は残念そうに言う。「ビーバーの研究をしているときは、基本的に一人ぼっちです」

もちろん、オオカミもビーバーも、生態系を保つのに不可欠なキーストーン種であるという評価を得ている。スミスはその影響力を目の当たりにした。一九九四年に彼がイエローストーンに来たときは、オオカミが再導入される直前で、クリスタル・クリーク沿いの植物のすべての茎が食べられて短くなっていた。「今ではあそこに行くと、鳥の鳴き声がうるさいほどです」と彼は話してくれた。ヤナギに依存する種、例えばウィルソンアメリカムシクイなどの鳥が戻ってきている谷もある。何が変わったのかをスミスに尋ねると、彼は迷わずこう答えた。「栄養カスケードです」

スミスの確信は、個人的な観察だけでなく、データにも基づいている。イエローストーンを訪れてから数カ月後、私はオレゴン州立大学の水文学者で、栄養カスケード理論の第一人者であるボブ・ベシュタに話を聞いた。二〇〇三年以来、ベシュタと、共著書を多く出している生態学者のウィリアム・リップルは、公園の植生が回復していることを示す二〇件の調査報告書を発表した。二人は、アスペン、ヒロハハコヤナギ、ハンノキ、ヤナギ、サービスベリーなど、葉があって川の近くに生えているものなら何でも調べてきた。彼らの調査結果のほとんどは、明らかなパターンに基づいている。オオカミの再導入以来、植物は丈が高くなり、そして理論上、アカシカがますます餌場として避けるようになった逃げ場のない狭い谷間の植物のほうがよく成長するようになった。二〇一六年、二人の科学者は、イエローストーン国立公園の川辺の植生に関する二四本の論文をメタアナリシス、つまり研究の研究を行った。二件の研究を除くすべての研究が、植物の成長が活発になっていることを示していた。[*29]

「最初はまばらで、場所も限定的でした。植物はひっそりと成長し始めました。みんな、成長していないと言っていました」とベシュタは話してくれた。「今では、イエローストーン国立公園内にある幅広い種類の植物が良い結果を出し始めています。まだ始まったばかりですが、驚くべきことです」と、ベシュタもはっきりとこう言う。スミス同様、ベシュタもこの変化を認めている。「もしオオカミや他の捕食動物がひづめのある動物たちの圧力を引き下げていなかったら、私は水文学がどうなっていようと気にしなかったと思います。ヤナギはきっと育たなかったでしょうから」とベシュタは言った。

オオカミがアカシカの生息密度を低下させていることに疑いの余地はない。しかし、肉食動物が実際にアカシカの行動を変えているのかどうか、誇示されている「恐怖の生態学」が本当に機能しているのかどうかは、難しい問題である。ユタ州立大学の研究者たちによると、成熟したアカシカがオオカミに狙われることはほとんどなく、最も獰猛なオオカミでさえも、巨大で攻撃的で鋭いひづめを持つ獣との戦いをあまり好まないという。[*30] そしてオオカミがアカシカの個体数や動きを変えることで、植物を復活させ、ビーバーを呼び戻し、川の姿を変身させるかどうかは、これは最も難しい問題である。

私たちは間もなくオオカミの影響力の大きさを知ることになるかもしれない。イエローストーン国立公園とアイダホ州に再導入されて以来、オオカミはロッキー山脈北部の拠点を離れ、西に向かって広がっている。彼らはビタールート山脈を越え、ソートゥース山脈を抜け、スネーク川を渡り、オレゴン州とワシントン州に入った。私がこの原稿を書いている間にも、カスケード山脈南部にはオオカミが生息し、北カリフォルニアにも、シアトルから一二〇キロメートル圏内にもオオカミは生息している。

彼らの帰還を心待ちにしている多くのオブザーバーの中に、オレゴン州東部の乾燥地帯を拠点とする、最近退職したばかりの水文学者スザンヌ・ファウティがいる。オオカミ信者とビーバー信者を円にしたベン図(13)をつくったとしたら、ファウティはその重なる中心部分に位置するだろう。彼女が半水生のげっ歯類に夢中になったのは、オレゴン大学の博士課程に在籍していた一九九〇年代後半だった。草食動物をフェンスで近寄れなくすることで、アリゾナ州とモンタナ州の川の輪郭がどのように変化するのかを研究しようとしていたのである。彼女より前の科学者も彼女より後の科学者もそうであったように、ファウティも最初はビーバーが自分の研究の整合性を乱して邪魔をしていることに落胆していた。ビーバーが単なる交絡変数(14)ではないことに彼女が気づいたのは、一週間後のことだった。彼らは彼女の川物語の中で最も説得力のある物語の糸だったのである。この半水生の建設者たちが、浸食された川を周囲の谷間へ再接続するのに十分な土砂を一年以内に取り込んだ場所もいくつかあった。*31「家畜やアカシカ、シカによる放牧圧を取り除くと、植生が大幅に回復します」とファウティは言う、「しかし、次のステップに進むには、ビーバーをシステムに戻す必要があります」。

抑制されていない放牧が西部の放牧地のビーバーの復活を妨げている病気であるなら、オオカミはその薬になる、とファウティは考えている。イエローストーン国立公園からの証拠と彼女自身の観察により、ファウティは肉食動物の弁護者として率直な意見を述べるようになった。肉食動物には野生の草食動物を追いやり、ビーバーを呼び寄せ、放牧地に水分を補給する能力があると彼女は言う。「私が伝えようとしていることは、水を得るためにはビーバーが必要だということ、ビーバーを呼び戻すためにはオオカミが必要だということです」とファウティは話してくれた。「長い間、牧場主たちは『ウシが悪いのではない、アカシカのせいだ』と言ってきました。今では、私と同じ考えを持つ人たちがこう言っています。『そうですね、アカシカは確かに大問題です。だからこそ今オオカミが必要なのです』と」。そう言って彼女はため息をついた、「それが私の主張です。しかし返ってくるのは『あなたが何を言っているのかさっぱりわからない』というものでした」。

アメリカ西部に戻ってきたオオカミたちは、そこに留まることになったが、彼らが本当に繁栄できるかどうかは難しい問題である。これまでにいくども、オオカミは無意識のうちに、残酷なサイクルを引き起こしていたことがあった。オオカミが家畜を殺し、牧場主が政府に苦情を言い、政府がオオカミを殺すというサイクルである。二〇一六年、ワシントン州の生物学者たちはプロファニティ・ピークのほとんどのオオカミの群れを、ヘリコプターから銃で撃ち殺した。また、オレゴン州では、イムナハのオオカミの群れの四頭を抹殺した。その中には最優位雄も含まれていた。こういったオオカミの駆除は、弊害をもたらしている。何年にもわたって増え続けてきたオレゴン州のオオカミの数は停滞しているように見えるし、つがいの数も減り始めている。[*32]

「オオカミを排除するたびに、また最初からやり直すことになるので、いら立たしく感じます」とファウティは言う。「必要な増加も回復も得られず、さらには長期の干ばつに見舞われ、システムが完全に機能しなくなります。そしてこれは気候のせいではなく、政府機関が下してきた決断のせいなのです」

オレゴン州には、また、ビーバーとの間にも悲劇的な関係がある。カストル・カナデンシスは、オレゴン州の公式動物であり、州で最大の大学のマスコットであり、「ビーバーの州」という愛称の由来でもある。一八四九年、オレゴン準州が連邦政府に逆らって独自の造幣局を設立したとき、ビーバーがコインに描かれた。現在では紺色を背景によちよちと歩く金色のビーバーが、オレゴン州の州旗の片面を飾っている。しかし、ビーバーの州はビーバーを象徴としているにもかかわらず、その名を冠した動物を特に敵視している。草食動物を肉食動物に分類しているのはおかしな話である。ファウティが集めた記録によると、二〇〇〇年から二〇一五年の間に州の魚類野生生物局と連邦政府の魚類野生生物局は州内で五万三九八三匹のビーバーを殺したと報告されている。一日あたり一〇匹である。常識では考えられないような殺処分も少なくなかった。例えば、二〇〇四年から二〇〇七年にかけて、オレゴン州東部が深刻な干ばつに見舞われたとき、ひどく乾燥したベイカー郡だけでも二六二匹のビーバーが駆除された。[*33]

「そのビーバーたちが殺されただけではありません」。ファウティは続けた、「彼らが持つはずだった子孫のビーバーも殺されたのです。地域社会を守るために私たちが何もしないなんて許されません」。アメリカの放牧地における水の未来は、二つのキーストーン種の大きな影響力にかかっているかもしれない。一つはビーバー、もう一つはオオカミである。それなのにどちらも歓迎されていない。

戻りつつあるビーバー

エルク・クリークに行った日の翌日、ダン・コッター、ルイス・メスナー、そして私は、馬蹄形の川がゆったりと流れるスラウ・クリークの一三キロメートル上流を歩いた。スラウ・クリークは、アブサロカ・ベアトゥース自然環境保護地域からイエローストーン国立公園に入る途中にあるバイソンの牧草地をゆったりと流れる川である。二万年前、パインデール氷河が氷の指を軽く動かしてこの谷をえぐり取った。何千年もかけて、ビーバーは氷に削られた溝を埋め立てて、めまいがするようなV字型の谷を優しいU字型に変え、私たちの眼下に見える青々とした草原にしたのだと、上流に向かって登りながら、コッターが言った。今でも、ビーバーたちの古代のダムの名残が草におおわれて湿った草原を横切っているのを見ることができる。

現在、スラウ・クリークのビーバーの数は再び増加している。一九九六年にダグ・スミスが初めて空からイエローストーン国立公園のビーバーを調査したとき、スラウ・クリークには一つのコロニーさえなかった。それが一〇年後には九つのコロニーができていた。私たちはいたるところでビーバーの痕跡に遭遇した。餌を探し回るために使われる湿った氾濫原を貫く運河、小さなトウヒに刻まれた齧り痕、蛇行する川の出っ張った川岸にできる蛇行州で波に洗われて磨かれた枝などを見た。私はコッターに、スラウ・クリークのビーバーにエリナー・リグビー(15)という名前をつけることを提案した。彼は検討すると約束した。「この場所は、ノーザン・レンジのビーバー復活の心臓部です」とコッターは言った。

ようやく見つけた巣は、魅力的に荒廃した小屋だった。スラウ・クリークと、エルク・タング（アカシカの舌）と呼ばれる陽気な名前の支流の合流点にあった。荷物を降ろすとすぐに、スラウ・クリークを高速で下るビーバーに追い越された。チョコレート色の頭が水面から出ていた。後に、同じビーバーがゆっくりした速度で上流に戻っていくのを見た。手足をバタバタさせて泳ぐゴールデン・レトリーバーのように不格好だった。水の中のビーバーの不器用な姿を見たのは初めてだった。しかし、コッターの指摘によれば、川の流れは、空気との摩擦で流れのスピードが弱められるため水面が最も流れが弱いということだった。不器用に見えるビーバーの行動にも、効率の良さが隠されているのだと私は思った。

夕食後、私たちは夜の偵察に出かけた。氾濫の影響でスラウ・クリークの牧草地は柔らかく、水浸しの状態になっていた。すぐに私たちはすねまでびしょ濡れになった。多くの場所でビーバーの池だけで繁殖している種である野球ボールほどの大きさのセイブヒキガエルが私たちに踏まれないよう飛び跳ねた。太陽は谷の壁の向こうに消え、うっすらと雪化粧したベアトゥース山脈の山頂をバラ色に染めた。カナダヅルがおやすみなさいと不気味に鳴き、頭上ではカモの三羽組がらせんを描いている。

スラウ・クリークのビーバーダムは姿を消したが、その建設者たちはどこにも行っていない。四〇〇メートルごとに、干し草の山ほどの大きさのロッジが土手から突き出ている。コッターは氾濫原を横切って、手入れされたばかりの屋根を持つ巨大なドームを見にいった。私たちはひざまずいて足跡を調べた。広がった後ろ足と可憐な前足が入り乱れていた。中には、親指ほどの幅しかない足跡がいくつかあった。「この中に赤ちゃんビーバーがいるんじゃないかな」とコッターがささやいた。私たちが息をこらしていると、人間の赤ちゃんの泣き声によく似たかすかな音がロッジの中から聞こえてきた。

明らかに、親ビーバーたちは私たちが近くに来たことを歓迎していなかった。甲高い鳴き声に続いて、川に敷石が投げ込まれたようなドボンという音がした。燃えるような夕日に映えるスラウ・クリークの水面に、輝く黒い頭が見えた。ビーバーは、驚くほど大胆に、まるで強風に立ち向かう帆船のように前後に揺れながら、上流の私たちに向かって泳いできた。彼は櫂のような尻尾を再び水面に打ちつけ、暗闇を引き裂いて水しぶきを上げた。勇敢で、断固としていて、危険に直面しても自らの命を顧みなかった。私は彼にストレスを与えてしまったことに罪悪感を覚えた。

「あれが私たちのサージェント・ペパーです」[16]とコッターがささやいた。

ほとんど漆黒の闇の中、小屋に戻り、クマよけスプレーを用意していたとき、私はこの出会いが私にとって新しいものであることに気づいた。これまでのビーバーの観察はというと、適応力の高い動物が、用水路、暗渠、排水路などで繁栄する姿だった。しかし、家、道路、人工の明かりが視野に入ることのない、谷の壁から壁、上流から下流まで見渡すことができるほどの大自然の中でビーバーに会ったことはなかった。カストル・カナデンシスが人間のつくったインフラをどのように利用したり悪用したりしているかについては無数の例がある。しかし、ビーバーが、オオカミ、アカシカ、バイソン、セイブヒキガエル、カットスロート・トラウト、ツルなどの野生の在来種と交流する様子を観察できる場所はほとんどなかった。ビーバーはキーストーン種としての役割を担っている。広域イエローストーンは、野生が手つかずで残されている数少ない生態系の一つである。

しかし、イエローストーン国立公園を野生と呼ぶことには違和感がある。この一五〇年間、イエローストーンにすむ動物たちは、シーワールドのシャチほども自分の意志を持つことはできなかった。オオカミはある政府機関によって一掃され、別の政府機関によって再導入された。アカシカは間引かれ、公園の境界を越えた瞬間に銃殺される。バイソンは、向こう見ずにも公園を出ようとすると、虐待されたり虐殺されたりする。公園で最も幸せな物語の一つであるビーバーの復活も、理想を抱く一人の森林局職員が考案した再配置プログラムによって助けられた。私たちの最も野生的な生態系には、消えることのない人間の指紋が刻まれている。

イエローストーン国立公園にビーバーが戻ってきた以上、誰が、あるいは何が、その功績を認められるのかは重要ではない。ダン・コッターに聞くと、功績が認められるかどうかは「期待のマネージメント」によると答えるだろう。オオカミは、ノーザン・レンジの谷間の多くで植生を高めてくれるだろう。実際、ボブ・ベシュタのデータを熟読したところ、それに間違いはないと思う。しかし、エルク・クリークのように浸食が進んだ川は、劣化しすぎて立ち直ることができず、コッターが「代替安定状態」と呼ぶ恐ろしい煉獄に閉じ込められている。オオカミは良いことをたくさんしてくれたが、彼らにすべてを求めるのは行き過ぎた要求かもしれない。動物たちが競合するイエローストーンの物語をどのように調和させるかについて、私はよく考えてみたが、私にできる精一杯のことは次の通りである。放牧が行き過ぎている西部地域では、ビーバーを呼び戻す必要があるが、そのためにはオオカミが必要であるということだ。しかし生態系のなかには、肉食動物でさえ回復できないほど、劣化しているものがある。

また、アカシカの過剰繁殖による症状を緩和する方法は、オオカミの復活だけではない。イエローストーン国立公園の南東六四〇キロメートルにあるコロラド州ロッキーマウンテン国立公園では、偶蹄目（ウシのなかま）の動物の爆発的増加に伴い、公園内のビーバーが絶滅寸前にまで追い込まれた。一九八〇年には、ビーバー・メドウズで遊ぶビーバーは一匹もいなかった。[*34] イエローストーン国立公園がオオカミを使ってアカシカの大量発生に対処したのに対し、コロラド州の州都デンバー近郊にあるロッキーマウンテン国立公園はより慎重なアプローチを取った。八一万平方メートル以上の水辺を一・八メートルの高さのフェンスで囲い、何千本ものアスペンやヤナギの木を植えた。公園のアカシカの数は維持可能なレベルまで減少したが、ビーバーは、生息に適した土地のわずか一〇パーセントしか再コロニー化していない。[*35] 景観生態学者のハネム・アブエレッツによれば、ロッキーマウンテン国立公園の大部分の植生は、まだビーバーを養うには不十分だという。「もしビーバーが、私たちが植えた植物をすべて刈り取り、土手に巣をつくってしまったら、景観は後退してしまいます」と彼女は言う。公園管理者は、地下水位を上げ、ヤナギの成長を促すために人工的なダムを設置する可能性を検討しているが、アブエレッツによれば、その考えはまだ初期段階のものだという。「私たち人間は、この問題を一〇年などという短い期間でつくったのではないので、解決するのにもやはり一〇年などという短い期間にできるものではありません」と彼女は言った。

国立公園内に人工的なビーバーダムを建設することが適切かどうか、これは科学的な問題であると同時に、倫理的な問題でもある。あなたはどちらを重視するだろう？　急速な回復と、手を加えない相対的な自然性。介入しなければ、イエローストーンを愛する人々は長い時間待たなければならないだろう。一九二〇年代に、エドワード・ウォーレンが動き回ったノーザン・レンジを見るには、何世紀も待たなければならないかもしれない。しかし、それでいいのかもしれない。「二〇年前、イエローストーンは悲惨な砂漠でした」と、ボブ・ベシュタは私に言った、「現在、ほとんどのアスペンの木立は成功への道筋を歩んでいます。個人的には、システムの促進を急いでいるわけではありません。うまくいっていると思います」。自然の回復を速めるために人工的なダムを設置することは、「生態学的には破綻した考えです」とベシュタは付け加えた。

ベシュタは生態系への強引なお節介を嫌う。そして生物学者ダン・タイアーズがビーバーをノーザン・レンジに再配置しなければよかったのにと考えている。オオカミがいれば、げっ歯類が戻ってくる道を開いただろうと彼は主張する。「ダン・タイアーズは一〇〇〇匹のビーバーを公園のすぐ外に置くこともできた。しかし植物が回復していなければ、ノーザン・レンジでビーバーは生息できなかったでしょう」と、ベシュタは言う、「現実に、オオカミが再導入される前はビーバーの居場所はありませんでした、ゼロです」。ベシュタの考えは、イエローストーンの物語が証明しているのは、アメリカ西部でビーバーを復活させるためには、家畜と野生の両方の有蹄類を抑制する必要があるということだ。家畜をしっかりと管理するカウボーイが増えるか、肉食動物がもっと増えるか、そういった抑制がなければビーバーは復活できない。「放牧の問題が解消されるまで、そしてビーバーが戻ってこられるように川辺の植物群が機能するようになるまで、私たちは間違った方向に進むことでしょう」

オオカミのセレナーデ

翌朝、スラウ・クリークの小屋でぐっすり眠って目を覚ますと、雨が降った後の草むらには宝石がちりばめられていた。コッターはキャビネットを開けて、古い日誌を発掘した。ここを訪れた森林警備隊員や研究者の走り書きが書き込まれている。私は日の当たる木造りの玄関ポーチに腰かけて、四〇年分の、半分ほどしか判読できない走り書きに目を通した。「毎朝、同じ時間に屋外トイレのドアが閉まる」といった日常的なものもあれば、劇的なものもあった。「扉にあったグリズリー・ベアの痕跡は前足の肉趾で、幅は一五センチメートル」。私がかつて魚類プログラムで一緒に働いた上司の筆跡や、高名を聞き及んだことのある研究者の名前もあった。そしてダン・タイアーズの書き込みがあった。一九八八年一一月三〇日、ダン・タイアーズがヘラジカに無線の首輪をつけるためにスラウ・クリークを訪れていた。「初冬のスキーの楽しみは、道を切り開くことだ。去年の一月より悪くない」

ちょっと待て、ヘラジカに首輪？　私はスラウ・クリークには何年も前から来ており合計で六回ほどになるが、一度たりともヘラジカ（*Alces alces*）の姿を見たことがない。日誌のページをめくってみると、かつてはヘラジカもアカシカもスラウ・クリークのいたるところに生息していた。ほぼすべての書き込みに、どちらか、あるいは両方の種に遭遇したと書かれている。一九八八年、「ここからシルバー・チップ牧場の間で約二〇〇頭のアカシカを見かけた」。一九九〇年、「どの草原にもヘラジカがいた」。

草食動物が明らかにこの場所を支配しているように見える一方で、私はビーバーについてはほとんど言及されていないことに気づいた。一九八九年七月、タイアーズの助手の一人による書き込みがそれについて語っている。「はるか上流の川の曲がったところにあるフレンチーズ・メドウズまで行かないとビーバーは生息していない」。現在は、種の配役が逆転している。アカシカとヘラジカがほとんど姿を消し、代わりにビーバーが生息している。古い日誌は、査読付きの雑誌に掲載されるようなものではないかもしれないが、それでも再構築された生態系について説得力のある証言をしてくれている。

最も説得力のある物語は、最も単純な物語であることが多い。ＹｏｕＴｕｂｅの四分間の動画に凝縮され、なるほどと思わせるものもある。しかし生態学的真実は、インターネットで広がる動画に凝縮するのは困難である。私たちはイエローストーン国立公園の統一場理論(17)を求めているにもかかわらず、多くの物語を受け入れることを余儀なくされている。一つ一つがその川に固有で、それぞれが異なった組み合わせの地形、水文学、生態学の産物である。イエローストーン国立公園はヨーロッパのいくつかの国よりも広く、多くのものを含んでいる。スラウ・クリークのように捕食動物によって姿を変えた川もあれば、どんなに多くのオオカミの群れでさえ回復させることができない川もある。

「生態学で最もよく使われる言葉があります」と、かび臭い日誌をめくりながらダン・コッターが言った。「それは『時と場合による』という言葉です」。

ある日誌の後ろのほうのページに、一九九一年に書かれた書き込みがあった。M.B.という謎の人物のサインがある。おそらくは、魚類野生生物局の元局長で、オオカミが再導入された次の年の一九九六年にがんで亡くなったモリー・ビーティーだろう。気象条件について数行の文章が続いた後、未来に起こることを予感するように締めくくられている。希望とあこがれが入り混じった文章が、アルド・レオポルド著の『野生のうたが聞こえる』の一節のように私の心を打った。「この場所に必要なものは、私たちを眠りに誘うセレナーデを奏でてくれるオオカミの群れだ」と、M.B.はここにオオカミが戻ってくる四年前に書いていた、「私たちは今それに取り組んでいる」。

ヨーロッパビーバー(*Castor fiber*)の イギリスにおける再導入地域

凡例

■ (*Castor fiber*)の現代の生息域

著者が訪問した地域

1. スコットランド、アリス
2. スコットランド、ナップデール
3. イングランド、ウェスト・デヴォン

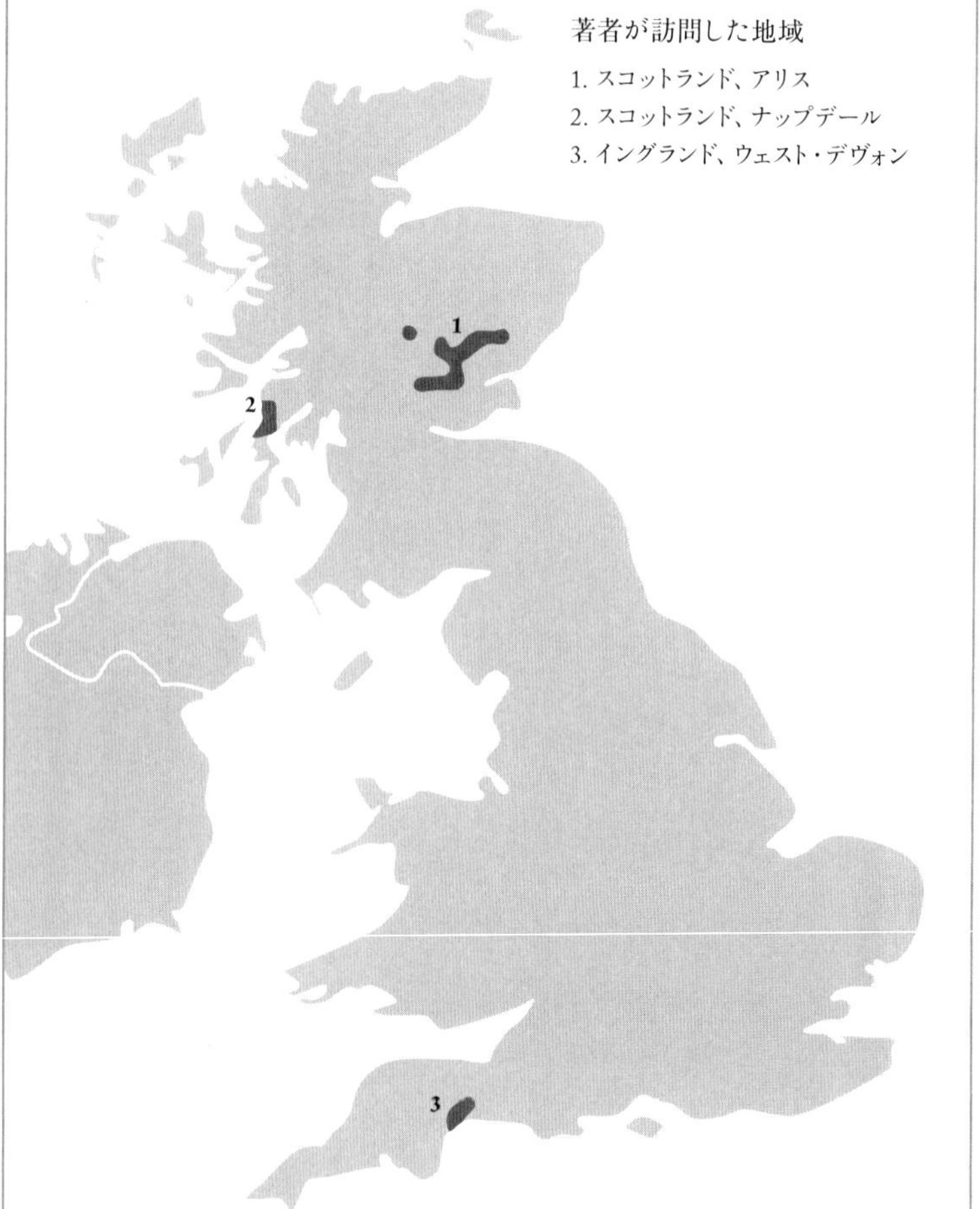

第九章
ビーバー イン ヨーロッパ ―― 欧州での保護活動

一二三二年といえば、コロンブスがバハマ諸島に上陸して先住民のアラワク族を苦しめるよりもはるか前、マルコ・ポーロが元王朝の初代皇帝クビライ・カンの宮廷に到着する前、そして一二一五年にイングランドのジョン王が自らの権限を制限するマグナ・カルタ（大憲章）に署名してから二〇年も経っていない頃である。この年、スコットランド王アレグザンダー二世は、スコットランド東部にある緑豊かな広大な田畑と森林を医師のネイシュ・ラムジーに贈った。ネイシュはこの贈り物を得るために多くのことをした。地元の伝説によると、彼は魔法使いの下で医学を学び、魔法の薬をつくる過程で、白ヘビの毒を摂取したという。そのせいで彼は透視能力を身につけた。国王が病気で倒れると、医師は宮殿に駆けつけ、アレグザンダー二世の体内に毛玉が詰まっていると診断し、手術で（魔術ではなく）毛玉を取り除いた。喜んだ国王は、褒美として一一平方キロメートルの土地をネイシュに与え、その土地は「この世の終わりの日まで、ネイシュの子々孫々に受け継がれるであろう」と約束した。もし国王が、この土地がいつの日かブリテン諸島におけるビーバー再導入のグラウンド・ゼロ（中心地）になり、ネイシュの子孫の一人が無許可でビーバーを放した疑いで逮捕されることを知っていたら、その判断は変わっていたかもしれない。

　祖先が王族の毛玉を取り除いてから約八世紀後、ポール・ラムジーは、私とパートナーのエリース、そして一二人の好奇心旺盛な訪問者を連れて、ビーバー・ウォッチングの夕べを楽しむため、パースシャーの田舎道を歩いていた。午後中ずっと冷たい雨が降り続いていたが、今は雲の切れ間から黄金色の夕日が差し込み、世界は新しい香りに包まれている。脇腹で子ヒツジをかばい雨に濡れた雌ヒツジたちが、私たちが通り過ぎるのを、耳をそばだてて見守っていた。

　ラムジーは道を曲がって雑木林に入っていき、私たちも続いて、まだ雨粒で輝いているツツジの間を縫って進んだ。私たちのリーダーが、音を立てないように脚を上げては降ろす様子は、漫画のエルマー・ファッド[1]がウサギ狩りをしているみたいに漫画的だった。彼は客のほうを振り向くと、唇に指を当てた。「絶対に音を立てないで進んでください」と注意し、さらに、「静かに、でも大胆に！」と、不可解な言葉を付け加えた。

　静かでも大胆でもなく一列縦隊で歩くこと数分、私たちは松林に囲まれた孤立した不思議な湿地の端に着いた。丘の斜面にはハリエニシダが生い茂り、それがゆらめく池の水面に映っている。ラムジーは、肩から下げていた三脚付きの小型の望遠鏡を広げた。ウィスコンシン州から来たがっしりした観光客がそっと彼の肩をつついた。「どれくらいの頻度で見られるのですか?」

ラムジーは考え込んだ。「瞑想する時間がかなり必要かもしれません」と彼はつぶやいた。ラムジーは七一歳で、白い髭をたくわえ、粋に被った黒いベレー帽から灰色の髪がこぼれている。私はラムジーに会うまでは、目がキラキラするというのは、決まり文句であり、体の構造上あり得ないと考えていた。しかし、彼の目は笑いをこらえて青く輝いているように見えた。まるで、この世には、彼と、仲の良いパートナーのルイーズだけが理解できる、よくわからないジョークが満ちあふれているかのようだった。彼は、スコットランド出身でアメリカで活動したジョーク好きな自然保護活動家ジョン・ミューア（第三章参照）の後継者にふさわしい人物だと私は思った。「そのうちに何か出てくるかもしれませんよ」と、ラムジーはウィスコンシン州からきたチーズヘッド(2)に言って肩をすくめた。「しかし、何も出てこないかもしれません」

私たちは待った。松林では、私には判別できないアクセントのある鳴き声のナキドリたちがさえずり、池では水鳥たちが水面を滑るように泳いでいた。時刻は午後九時を過ぎていたが、丘にはまだ日の名残があった。私とエリースは自分たちの双眼鏡で水面を覗き込んだ。ようやく、まるで呼ばれたかのように、どこからともなく彼らはやってきた。毛が濡れて黒くなった二匹のふっくらとしたビーバーたちだ。

訪問客は、ビーバーが潜望鏡のように耳と鼻を水面に突き出し、今夜メンテナンスを必要とする箇所はないかと、池をめぐっている様子を、ラムジーの望遠鏡で代わる代わる見ていた。そして、ビーバーたちは夜食のために陸に上がってきて、池のほとりの草をまるでヒツジのように食んだ。私はイーノス・ミルズ（第三章参照）がビーバーたちを愛らしく表現していたのを思い出した。「ビーバーは詩的な場所にいる」[*1]。ラムジーは顎髭に手を置いて嬉しそうに微笑んだ。

北米の多くの町では、こうした光景は日常的に見ることができる。私たちアメリカ人にとってビーバー・ウォッチングは、地元の池や沼、川に行ってビーバーが出てくるのを待つだけだ。一方、イギリスでは、そうはいかない。自然な場所でビーバーを観察することが不可能になったのは、ジョージ三世の時代（在位：一七六〇年－一八二〇年）であると思われる。ブリテン諸島からいつビーバーが姿を消したのかについては定かではないが、猟師たちが、一七世紀にはスコットランドのビーバーを絶滅させ、一八世紀後半にはイングランドからビーバーを絶滅させたことはわかっている[*2]。一九〇〇年代初頭に、アメリカのビーバーの個体数が毛皮貿易による減少傾向から回復したときでさえ、イギリスにビーバーはいなかった。

現在では、自然保護活動家たちの努力により、ビーバーはイギリスでの生活を取り戻している。いくつかの川の流域では、政府による不承不承の再導入プログラムの支援を受けてビーバーたちは前哨基地を築いている。地域によっては、私有地の所有者の助けを借りてコロニーを形成しているところもある。その中には農家や役人の怒りを買ったものもある。そしてこのような再野生化運動の反逆者たちの中でも、ビーバー荘園の地主であるポールとルイーズ・ラムジーほど怒りと称賛を集めた者はいない。

ビーバーが薄暮に消えた後、水辺の隣人を見るために立ち寄った地元のスコットランド人を含む訪問者たちがラムジーを質問攻めにした。ビーバーは何を食べているのか。どこから来たのか。ラムジーの私有地であるここバンフには何匹いるのか。話題は必然的に、あるいはラムジーが誘導したからか、ビーバーの性別の話になった。ラムジーはビーバーの興味深い総排泄腔について説明し、『イソップ寓話集』の自分で去勢するビーバー（『海狸』第一章参照）について話した。そして、ビーバーの一夫一婦制の社会構造について簡単に講義して、「残念ながら、ビーバーのオスは人間よりもかなり忠実な夫のようです」と締めくくり、人々の笑いを誘った。

突然、ラムジーは真剣な、あるいは真剣を装った顔つきになった。灯は消えゆくが、見るべきビーバーは他にもいる。「ビーバーの風下になるようにしましょう」と言うと、彼は粋なベレー帽を被り直した。「私たちは、トラピスト会の修道士のように沈黙を守らないといけません」

イギリスのビーバー興亡史

　ヨーロッパ人は、新世界の毛皮を手に入れるずっと前に、旧世界のビーバーを狩り尽くしていた。アメリカのカストル・カナデンシスの姉妹種であるカストル・フィベル（*Castor fiber*）はかつて、ヨーロッパのほぼ全域とアジアの大部分に生息していた。ビーバーは、ライン川、セーヌ川、エルベ川、ドナウ川にたくさんいた。チンギス・カンの長男ジョチの後裔による遊牧政権ジョチ・ウルス[(3)]が一三世紀にプリピャチ湿地帯で行軍に四苦八苦したとき、人を寄せつけない湿地帯には、ビーバーがところせましと生息していた。[*3] バイキングたちは、ビーバーの皮でできた袋に身の回り品を入れ、死者を葬ることもあった。[*4]

　ビーバーがグレートブリテン島（現在のイギリス）に初めて上陸したのは、今から一〇〇万年以上前だった。その頃は、氷河期で世界の海面が下がり、英仏海峡が陸橋になっていた。ほどなくして、ビーバーは二足歩行の仲間を得た。現代のサセックスに住んでいたホモ・ハイデルベルゲンシスが埋めた五〇万年前の貝塚から、ビーバーの骨が見つかっている。[*5] 氷河は、ヒト科の動物とビーバーを繰り返し欧州本土に追いやったが、ビーバーは紀元前九五〇〇年にイギリスに戻ってきて、現代のイングランド、スコットランド、ウェールズに拡散していった。[*6] ビーバーは、人間が狩りや釣りができるように川辺に開拓地をつくり、農地を灌漑し、そしておそらくは、薪や建築資材を得るために樹木を刈り取って萌芽更新《ほうがこうしん》（休眠していた芽が萌芽し、生育を始めるように樹木を伐採すること）する方法を人々に教えたのだろう。ビーバーのダムの頂上部は、イギリスの悪名高い沼沢地《しょうたくち》を横断する頑丈な通路となった。半分水に浸かった彼らの姿は、イギリスで最も有名な未確認生物を生み出した可能性すらある。「ネス湖で見られた最も有名な怪物の話は、スコットランド発祥で、スコットランドのその地域では、ビーバーが生き残っていたという最近の記録と、ビーバーの存在を示す言い伝えがある」と、考古学者のブライアニ・コールズ(4)は『*Beavers in Britain's Past*（イギリスの過去におけるビーバー）』に、書いている、「怪物は黄昏時に見られたビーバーの一族にすぎないのだろうか？」*7。

しかし、一九世紀になると、イギリスでビーバーが見つかる確率は、ネッシーが見つかる確率と同じくらいになった。毛皮、肉、カストリウムを求める猟師たちがビーバーをこの国から追い出し、残ったのは骨と埋もれた枝、そして、ビバリー、ビーバースブルックなどのように古くなった名前のついた地図だけである。*8 欧州本土では、この流れはより緩やかだったが、猟師たちは、結局は欧州本土のビーバーの砦のほとんどを嗅ぎつけた。カストル・フィベルの需要は、カトリック教会の影響もあって高まった。カトリック教会は、ビーバー、クジラ、カワウソなど、水辺にすむ哺乳類を魚類に分類していた。げっ歯類は、教区民が四旬節(5)に罪悪感を持たずに食べられる数少ない赤身の肉だった。[*9] 一九〇〇年には、ヨーロッパとアジアで生き残っているビーバーはわずか一〇〇〇匹ほどになった。フランス、ドイツ、ノルウェー、ロシア、ベラルーシ、ウクライナ、中国、モンゴルでも、生き残った個体は数を減らすばかりだった。この危機は、並行して起こった北米での破綻よりもさらに深刻だった。

二〇世紀初頭になると、その流れは変わり始めた。生き残ったビーバーのコロニーは公的な保護を受け、再配置が行われたが、その方策は行き当たりばったりで計画性がなかったためビーバーは嵐にさらされた。ノルウェーのビーバーはスウェーデンに移され、ベラルーシのビーバーはエストニアに、フランスのビーバーはスイスに移された。これらの再配置には、メソウ・ビーバー・プロジェクト（第四章参照）のような丹念な配慮が一切されず、ある評論家は、一般的に「計画も監視もほとんど行われていない」と嘆息している。そして種の保存のことなどまるで考えていないケースもあった。[*11] ヨーロッパビーバーが手に入らないときには、生物学者たちは何も考えずアメリカビーバーを輸入した。当時、ヨーロッパと北米では異なったビーバーが生息していることに気づいていなかったのだ。現在、ヨーロッパにはアメリカビーバーの個体群がいくつか生息しており、中でもフィンランドには、外来種であるアメリカビーバーが一万匹以上生息している。幸いなことに、異なる種のハイブリッドについては心配する必要はない。この二つの種は、染色体の数が異なり、交配の試みはすべて失敗してきたからである。*12

ドイツのビーバー王

しかし、ヨーロッパでビーバーの再導入が本格化したのは一九九〇年代に入ってからだった。推進したのはドイツのビーバー王ことゲルハルト・シュワブという男性である。

ヨーロッパのビーバー愛好家は、少人数で結束の固いグループである。幸運なことに、シュワブは、私とエリースがバンフを訪れたのと同じ時期にこのラムジーの私有地に来ていた。ある朝、彼は私を日の当たる客間に入れてくれた。シュワブは、白熊の毛のように白くて濃い髭をたくわえ、髪をポニーテールにした大男だった。彼は会話の前にビーバーの毛をあしらったキーホルダーを二つくれた。お礼を言おうとすると手を振った。「これは三〇〇〇個つくって」と彼は言った、「どこに行っても配っているんだ」。

シュワブの物語は、アメリカのコロラド州立大学で野生生物学の修士号を取得した後、ドイツに戻った一九八八年に始まる。西ヨーロッパには彼が研究したい大型哺乳類がいなかったので、ミュンヘンを含むドイツ南東部のバイエルン州でビーバーを管理する仕事に就いた。バイエルン州では、一九八〇年代から一九九〇年代にかけてビーバーの数が増加した。ビーバーは大きな川から農耕地沿いの排水溝へと拡散していった。夜になると畑に侵入し、トウモロコシやテンサイを食べた。[13] シュワブの調査によると、バイエルンのビーバーのほとんどは大きなトラブルに巻き込まれずに済んでいるようだった。「数本のトウモロコシを食べられたくらいで誰が気にするものか」と彼は思ったが、結論としては、トラブルを起こすビーバーはわなで捕獲するべきとした。これに対し、ドイツの環境保護団体が反発した。「ビーバーは一世紀近く絶滅していた」、シュワブは、野生動物保護団体の狼狽ぶりを思い出して笑った、「なのにあなたは、彼らを復活させ、そしてまたその命を奪おうというのか！　と彼らは言うのです」

行き詰まりを解消してくれたのは、ビーバーのクロアチアへの再配置を研究していた同僚だった。さてシュワブは、バイエルン生まれの数匹の厄介者のビーバーを捕獲して、クロアチアに送ることができたのか？　**ナテューアリリヒ**（もちろん）。一九九六年から一九九八年にかけて、シュワブは二九匹のビーバーをクロアチアのムラ川とドラーヴァ川の合流点に、五六匹をサヴァ川流域に移転させた。[14] ビーバーたちはその地で根づいた。クロアチアでビーバーが復活した、しかしそれはドミノの最初のこまにすぎなかった。

それからの一〇年間、シュワブはヨーロッパ中を歩き回った。まるでアメリカの西部開拓期に行く先々で、リンゴの種を播いていったジョニー・アップルシードのように、シュワブもヨーロッパにビーバーを「播いて」いった。二五〇匹のビーバーをルーマニアのオルト川とヤロミツァ川に、二〇〇匹のビーバーをハンガリーの国立公園に放った。ベルギー、スペイン、ボスニアにすみついたビーバーもいる。シュワブの方法はシンプルだった。ビーバーを箱に詰め（彼の明快なアドバイスは「木箱ではなく金属の箱を使え」だった）、トラックに詰め込み、運ぶ。国境を越えるのが厄介だったのは最初の数年だけだった。ビーバーたちは自分たちの脚で移動することもあった。シュワブは、クロアチアで復活したビーバーたちが自力で国境を越え始めてからは、ビーバーをクロアチアの隣国スロベニアに移す計画を中止した。

時が経つにつれ、シュワブは活動範囲を広げていた。二〇一二年には、モンゴル中部から北部にかけて流れるトール川の汚染を浄化して再び水で潤すために、一四匹のビーバーをモンゴルに送った*15（このプロジェクトは、ヨーロッパビーバーの再導入が、ビーバーの保護のためだけでなく、生態系サービス(6)を明確な動機として行われた初めてのケースだったとシュワブは語った）。イタリア、ポルトガル、アルバニアなどの数カ国にはまだビーバーはいない。しかしシュワブはビーバーたちが彼の助けを借りずにこれらの国にたどり着くだろうと考えている。「バチカン市国にもビーバーはいない」と彼は言って、眉をひそめた、「しかし、あそこには庭があり、水もある。だから……」。

私はシュワブに、これまでに何匹のビーバーを移動させたのかを尋ねた。おおよその数字を言うのかと思いきや、彼はためらうことなく「九七三匹」と答えた。「つまり、あと……」

「二七匹。それでちょうど一〇〇〇匹になる」。私はちょっと身を引いて、ためらいがちに聞いた、「最後の二七匹はどこに送るつもりですか?」「そうだね」と彼は言った、「イギリスにしようと思っている」。

スコットランドのビーバー信者

ビーバーの国のぬかるみを何度も歩き回っていると、繰り返して見る同じ夢の中をさまよっているような気分になってくる。背景は変わるが、視覚的に目に入ってくるモチーフ——削られた切り株、スポンジのように柔らかい地面、足場となる倒れた木——はほとんど変わらない。コネチカット州のビーバー複合体は、スコットランドのビーバー複合体に似ているし、ワイオミング州のビーバー複合体にも似ている。ビーバーはある程度までは独創的だ。マイク・キャラハン(第三章参照)が、捨てられた軽トラックのさびた運転台を利用してつくったダムの写真を見せてくれたことがあった。しかし、彼らの作品はしばらくすると混ざり合ってしまう。ダム、ロッジ、池、運河、その繰り返しだ。私たち人間は、良くも悪くももう少し気まぐれに自分たちの生息地をつくる傾向がある。その証拠として、バンフについて説明しよう。

ポールとルイーズ・ラムジー夫妻が住んでいるのは、ここを訪れたアメリカ人が、顧みて自分たちは未熟だと思うような住まいだった。バンフのメインの建物はゴシック建築で、壁にはクリーム色のしっくいが施され、スレートで葺かれた急勾配のとんがり屋根の上には石造りの煙突が複数本そびえ、円錐形の塔が印象的な堂々たる邸宅である。私は、円錐形の高い塔に閉じ込められたラプンツェルが今にも黄金の長い三つ編みを窓から垂らすのではないかと幻想を抱いた。石造りの一部は一六世紀のものだ。この建物は男爵の館であったり、全寮制の寄宿学校であったり、邪悪な魔女の館であったといわれたとしても、そうであろうと思えてしまうところがある。庭園を見守るようにそびえ立つ二つの装飾刈り込み《トピアリー》の植木は、頭をもたげた動物を表していたが、刈り込み方が雑だった。

「キタリスのトピアリーがいいですね」。敷地内を見学しているときに、私は植木を見ながらポールに言った。彼は顔をくもらせ、「実は、あれはユニコーン（一角獣）のつもりなのです」と言った、「枯れて角がなくなってしまったのです」。

　内装も同じように、ほころびた高貴さが漂っている。絨毯や椅子は少しすり切れていて、猫脚のついた浴槽が置かれたゲスト用バスルームのしっくいはひび割れていた。しかし、なぜかその明白な古めかしさが、かえってこの屋敷の荘厳さを際立たせている。おとぎ話の魔法と、ロアルド・ダール[7]の作品のような非現実的な闇を感じさせる。階段の吹き抜けからは、ヴィクトリア朝の衣装に身を包んでピンク色の頬をしたラムジー家代々の人々の肖像画が見下ろしている。過去から現在まで大勢の人々に触れられた木製の階段の手すりは、深い輝きを放っている。図書館のような香りが漂い、埃が舞っているのが見える。本は戸棚からあふれ、棚からこぼれ落ち、長テーブルの上のバラの花は火山のように盛り上がっている。背表紙が色あせてすり切れた本、金の象嵌が施された本、『*The Romance of Modern Locomotion*（現代の機関車のロマンス）』といった題名の本があった。イーノス・ミルズの『*In Beaver World*（ビーバーの世界で）』がリビングルームに自慢の一冊として置かれていた。

ポールとルイーズは共にスコットランドで育ったが、彼らが話す英語は、寄宿学校で学んだことを示す、切れ味の良いクイーンズ・イングリッシュで、会話の中ではプルースト[8]からプルー[9]まで優雅に引用していた。しかし、彼らは決して堅苦しくはなかった。食卓では、チョップとポテト[10]を囲んで、私は彼らと少なからずウイスキーを飲み、ビーバーについての下品なダジャレの応酬には事欠かず、また、ビーバーが戻ってくるのを邪魔する農家や漁師、役人たちへの、毒舌もたくさん聞かされた。決して意地悪から来ているものではない。自分たちを理解してもらいたいだけなのだ。ルイーズは、『ナルニア国物語』で、誤ってビーバー夫婦を魚を食べる動物として描いたC・S・ルイスを特に軽蔑していた。ルイスのうっかりミスが、ビーバーの立場に大打撃を与えてしまったからである。「イギリスではおそらく国民の七五パーセントが学校で『ナルニア国物語』を読み、ビーバーは草食なのに、魚を食べるのだと誤解したまま一生を終えるのではないでしょうか」と、彼女はうなった。「そのせいで、サーモン漁師と話をするのがかなり難しくなってしまったのです」

ラムジー夫妻がビーバーの再導入に踏み切った理由は単純だった。他に誰も取り組もうとしていなかったからだ。一九九二年、欧州連合（ＥＵ）は加盟国に「望ましい種の再導入について研究する」ことを求める指令を採択し、スコットランド自治政府の自然保護団体である「スコットランド自然遺産（Scottish Natural Heritage）」がその可能性を調査することになった。[*16] この研究は、農家やナルニア国に感化された漁師たちから成るビーバー反対派のロビー活動にはばまれ、遅々として進まなかった。ポール・ラムジーはいくつかの公式会議に出席するうちに、スコットランドにはビーバーが必要なのだと確信するようになった。同時に、政府がビーバーを放ってくれるのを待っていては自分が年を取るばかりだと確信した。ラムジー夫妻は、スコットランドのビーバーの未来を自分たちの手で切り開こうと決意した。「一度、環境教育に染まってしまうと」、とポール・ラムジーは言う。「もう後戻りはできません」。

二〇〇二年、彼らはノルウェー生まれのビーバーの最初のつがいをバンフの囲いの中に放った。「最初のつがいは大失敗でした」とポール・ラムジーは言う。一匹は倒れた木につぶされ、もう一匹は寄生虫が原因で死んだ。しかしその後、ポーランドとドイツのバイエルン州からビーバーがやってきた。後者はもちろんゲルハルト・シュワブの厚意によるものだ。ラムジー夫妻にとって嬉しいことに、この輸入ビーバーたちは丈夫で、二〇〇五年には繁殖して、ダムやロッジをつくり始めた。溝が沼地になり、サギやキツツキが池や立ち枯れた木に集まってきた。私たちが訪れた日には、湿地にカモやシカの足跡が刻まれていた。丸太の上には、ナメクジのような形をしたまだ新しいカワウソの糞が置かれていて、魚の骨が含まれていた。

バンフは、スコットランドで最も長い川であるテイ川の流域にある。二〇〇〇年代初頭、スコットランド中央東部の州テイサイドの漁師たちは、ビーバーによく似た動物に遭遇するようになった。四世紀ぶりにスコットランドを歩き回る野生のビーバーということになる。二〇一二年には、テイ川のビーバーの生息数は約一五〇匹にまで増え、その起源について噂が飛び交った。*17 農民や漁師の中には、おそらく当然のことながら、ビーバーのコロニーを公開している近くのバンフを、非難する者もいた。しかし、ポール・ラムジーによると、テイ川のもともとの入植者たちは、近くの野生動物公園から逃げてきたビーバーだという。地元の人々がビーバーの目撃情報を報告し始めたのは、バンフのビーバーが繁殖し始めるかなり以前のことであるのも事実である。「私たちのビーバーが繁殖して拡散する前から、テイ川周辺にはすでにビーバーがいたというのは間違いないと思います」と、ラムジーは少々あいまいさの残る口調で話してくれた。

「テイ川のビーバーたちがバンフで繁殖したビーバーであるというのは真実ではないのです

ね」と私は言った。「真実ではありませんね」とラムジーは言い切った。それから、言葉を止めて、小首をかしげて言った。「誇張されていますね」

この時点で、私たちは、かつてバンフの下流側の端を囲っていた水門に来ていた。柱と金網で少々薄っぺらな囲いがしてあった。「これでビーバーを囲えると思ったのは、ちょっと甘かったかもしれない」とラムジーは特に反省もしていない様子で言った。ポールとルイーズは積極的にビーバーを放ってはいなかったが、閉じ込めておくことはできなかった。「意志あるところに道あり、ということわざもあります。そしてビーバーには強い意志がある。最初の冒険的な脱獄は二〇〇六年のことだったと思います。今のところ、何匹脱獄したのかはまったくわかりません」と、彼は面白そうに肩をすくめて言った。

「あなたのビーバーが地方に拡散したことで、何か問題は起きませんでしたか？」と私は聞いてみた。

「ありましたよ。逮捕されました！」。ポール・ラムジーは、いかにも楽しそうに声を高くして言った。「何が起こったかというと、アリスに向かう道筋にある家の門柱をビーバーがかじってしまったのです。警察は、これでようやくこの事件に終止符を打つことができると考えました。電話がかかってきて、私はパースの警察署へ事情聴取を受けに行くよう言われました。事情聴取の最後に、私は握手をして仕事に戻れるのかと思いきや、警察官は、『あなたを逮捕する』と言いました。逮捕された私は、ＤＮＡと指紋を採取され、写真も撮られました」。彼は微笑み、自分の話を楽しんでいるかのようだった。「幸いなことに、私の人権が侵害されないことを確認するために、弁護士をつける権利があると言われました。私の弁護士が言うには、私がすべきことは、何が起きたのかを説明するために警察に手紙を書くことだと言われました。あなたもご存じのように、若いビーバーというのは、拡散するときは非常に長い距離を移動することができます。私は警察に手紙を書き、ビーバーが私の近くにいたという事実は、そのビーバーが当地所から出ていったものであることを意味しないことを説明しました」。状況証拠だけしかなかったため、検察はこの事件を取り下げた。

テイサイドのビーバーが拡散するにつれ、彼らは注目を集めたが、すべてが肯定的なものというわけではなかった。ビーバーは、排水溝を塞ぎ、畑を浸水させ、川岸にもぐり込み、洪水防止体制を不安定にし、農地を浸食した。雨の多いスコットランドでは、貯水は必ずしも資産ではなく、時には負債になることもある。「私たちの土地の多くは、四〇〇年か五〇〇年前までは沼地でした。堤防が築かれ、埋め立てが行われました」と、スコットランド全国農民組合（Scotland's National Farmers Union）の政策担当副部長アンドリュー・バウアーが話してくれた。「そのような状態に戻るのは良いことだと思う人もいるかもしれませんが、農業の観点からすると破滅的です。スコットランドにおける農業経済は、洪水による堤防の決壊が何度も起こることを想定していません。そのようなことが起きれば、最大規模の農業ビジネスでさえここでは苦戦し始めるでしょう」

テイ川にビーバーがやってきてから数年後、怒った農民たちが二〇匹ほどの不幸なビーバーたちを銃で撃ち殺した。[*18]「暗殺されたと言ってもいいでしょう」とラムジーは私に話した。「謀殺です！」。地主たちは、川岸の何百本もの木を伐採し、ビーバーたちの気をくじいた。この醜い逆効果をもたらす方策を、あるコラムニストは「環境保護の狂気」と呼んだ。[*19]かつての友人たちは、ポール・ラムジーに刑務所に入るべきだと言い、ルイーズは葬儀で、怒った農家の人に挑発的な言葉をかけられた。「ラムジー夫妻は目がくもっている」と、ある漁師が『スコティッシュ・メール』紙に不満をもらした。[*20]「農家の人が野生生物保護法を破れば、当然責任を問われます」と農民組合のバウアーは私に話した。「一方、ラムジー夫妻は数々の規則を破っているのに、何の制裁も受けていません」

政府も同様にいら立っていた。二〇一〇年、スコットランド自治政府の公共団体である「スコットランド自然遺産」はテイ川に生息するビーバーを捕獲し、一部は動物園に収容し、残りは安楽死させる計画を発表した。スコットランド自然遺産は、ようやく西部のアーガイルという地域で公式にビーバーの再導入を開始した。そしてお役所的な手順を踏まなかったテイ川の不正なビーバーに腹を立てているようだった。「野生生物保護法を守るのか否かということだ」と、ある行政官が述べた。[*21]「これは単なる野生生物の専門家としての嫉妬だと思います」と、あるビーバー愛好家は『ガーディアン』紙で反論した。[*22]

この捕獲計画に憤慨したラムジー夫妻は、テイ川のビーバーを救うためのキャンペーンを開始した。彼らは、ビーバーは復活した在来種であり、法律で保護されるべきだと主張した。他の野生生物保護団体と共に、彼らは非営利団体「スコットランド野生ビーバー・グループ（Scottish Wild Beaver Group）」を設立し、世界中のビーバー信者のコミュニティに協力を求めた。その中で、カリフォルニア州マーティネズのハイディ・ペリマン（第六章参照）は、ソーシャル・メディアを駆使して活動した。カリフォルニア州のがん遺伝学者から自然史家に転身したリック・ランマン（第六章参照）は、ウィキペディアのテイ川のページにビーバーについて追記した。このキャンペーンの転換点は、結局、政府が自らの手で加えた傷だった。二〇一一年、テイ川で捕獲された最初で唯一のビーバーは、メスでエリカと名づけられたのだが、動物園の管理下で感染症にかかり、死亡した。[*23] この悲劇は無駄にはならなかった。「私たちは、この若いビーバーの悲しい死が、在来種の動物を捕獲し、排除しようとすることの残酷さと愚かさを強調していると思います」と、ルイーズはBBCに語った。

政府は、この死に懲り、また繁殖して大量に増えた個体を駆除するという果てしない仕事に怖じ気づいて、捕獲計画を中止した。エリカは殉教者となった。そしてテイ川のビーバーは生き残った。

環境保護者同士の対立

私の経験では、最も過酷な自然保護の戦いは、化学会社や化石燃料会社の幹部との戦いではなく、表向きは同盟者である者同士で行われる戦いである。環境保護キャンペーンは、急進主義から実用主義まで非常に広い範囲のグループと個性的な人々の扱いにくい連合体で構成される傾向がある。私が会ったことのあるアメリカの自然保護主義者は皆、二酸化炭素の排出を制限し、公有地を保護し、野生生物の数を増やしたいと考えている。しかし、どうやってそこに到達するのか、どれだけ妥協するのか、そこが問題だ。目標は皆同じなのだが、戦略は同じではない。

グラスゴーに到着して間もないある朝、私とエリースは、氷河におおわれたスコットランドの西部を二時間かけて走った。ローモンド湖の麗しい岸辺や、クリナン運河に沿って並ぶおしゃれな街並みを通り過ぎ、ブラック・プディング（豚の血のソーセージ）とポテトスコーンの朝食を食べるときだけ停車して、「スコットランド・ビーバー・トライアル（Scottish Beaver Trial）」の本拠地であるアーガイルのオリー・ヘミングスとピート・クリーチに会いに行ったのである。テイサイドの法律違反常習者とは対照的な政府公認の担当者であるヘミングスとクリーチは、この地域の知名度を上げることを目的とする「アーガイルのハート野生生物協会（Heart of Argyll Wildlife Organisation）」を共同で運営している。ビーバーはアーガイルで最も有名な野生生物になったが、それは単に最も目につきやすい呼び物にすぎない。コケや地衣類、トンボのような地味な楽しみを味わいたいのであれば、アーガイルはお勧めの場所だ、とクリーチは、私たちが彼の車に乗り込んだときに言った。エリースはダッシュボードに置かれたビーバーの置物に気づいた。「ここは驚くほど生物多様性に富んだ土地なのに、誰もそれを知らないのです」とクリーチは言った。

アーガイルは森林が多くて人口が少ないため、物議を醸す生物を放つには理想的な場所である。二〇〇九年から、「スコットランド野生生物トラスト（Scottish Wildlife Trust）」と「スコットランド王立動物学会（Royal Zoological Society of Scotland）」が、政府の許可を得て、一六匹のノルウェー産のビーバーを、氷のように冷たい湖に導入している。このビーバーたちには五年間の試用期間が与えられ、その間に悪さをすれば捕獲されるということになっていた。その後、団体は五年かけて、被保護者の影響を徹底的に監視し、川の流れ、植生、甲虫類の多様性など、あらゆるデータを収集した。[*24] 結局、この研究で最も注目すべき点は、「何を発見できなかったのか」ということにあった。浸水した道は別として、地元の人々が恐れていた、森林を丸坊主にしたり、町を浸水させたり、魚の回遊を妨げたりというようなことは起こらなかった。ビーバーたちはテストに合格したのである。

ヘミングスとクリーチは、ビーバーが改造した水域を案内してくれた。進取の気性に富んだ建設者たちが人気の遊歩道を水没させてしまったコイール＝バー湖である。国有林の管理を行う政府機関「森林委員会（Forestry Commission）」は、水没した遊歩道を浮き桟橋に置き換えることで、紛争を巧妙に仲裁した。この日は、双眼鏡を持った年配のバードウォッチャーのペアがこの浮き桟橋を利用していた。そこから私たちは浅くて泥だらけの池を見下ろす板張りの遊歩道を歩いた。冷たい風が池の水面を波立たせていた。ビーバーは別の湖へ行ってしまったが、彼らの影響はまだ残っている。痩せたシラカバやハシバミが池を囲み、水路にはオタマジャクシがうごめいていた。

「私たちにとって、これはスコットランドで四〇〇年間見られなかった景色です」と語るヘミングスは、明るい声で話す温かく優しい女性だ。「他の状況であれば、立ち枯れた木は、整頓好きな私たち人間に片づけられてしまうでしょう」。ビーバーを導入した後、「トンボやイトトンボが羽化し始めたり、イモリやカエルが増えたりしました。春になるとこの場所は活気づきます」と、彼女は付け加えた。

アーガイルがエコツーリーズム産業[11]を取り入れたことで、ビーバーの影響はさらに大きくなったのかもしれない。「今では宿泊した人がゲストブックに『ビーバーを見るために三日前に来ました』と書いてくれるようになりました」と、自身もベッド&ブレックファーストを経営するクリーチが話してくれた。ビーバーは安定した収入源となり、最も頑固な反対者であった地元の籠編み職人をも味方につけた。「籠編み職人はおそらく、他の誰よりもビーバーを恐れる理由があったのでしょう」とクリーチは付け加えた、「彼女は（籠の材料となる）ヤナギを育てているのです」。

しかし、個体数の動態から見ると、アーガイルのビーバーたちは苦戦していた。テイサイドの同胞たちとは対照的に、公式に発表される個体数は増えていなかった。野生で生まれた子ビーバーの七一パーセントが死んでいた。[*25] 個体数の伸び悩みは、おおむね意図的なものだった。政府がアーガイルを選んだのは、氷河地形を利用するためだった。深い谷と迫る山、山と海に境を接し、巨大な自然の囲い込みとなっている。この険しい地形は、ビーバーが拡散しても近くの土地所有者を怒らせることはないと確信できた。しかし、それがアーガイルのコロニーを窮地に追い込んだ。「ビーバーは基本的に尾根や谷を越えることはできないので、お互いを見つけることができません」と、のちにイギリスのあるビーバー擁護者が語ってくれた。「ビーバーの数はプロジェクトの開始時と同じくらいしかいない。このまま任せておけば失敗するだろう」

そのこともあって、歴史的にもアーガイルのスコットランド・ビーバー・トライアルの監視員たちとテイサイドの活動家たちとの間には敵意が存在した。ポール・ラムジーは、二〇一二年にテイ川のビーバーたちが救済を受けて以来、自分たちはスコットランド野生生物トラストとの協力に熱心になったと言っていたが、ラムジー夫妻が立ち上げたスコットランド野生ビーバー・グループは、アーガイルの片田舎ナップデールのわずかな個体数が簡単に押しつぶされてしまうのではないかと心配し、アーガイルのトライアルの主催者たちはテイ川の無秩序なビーバーの個体群に対する憤りを引きずっていた。「人々が法律を守り、正しく行動することが、とても大切なことだと私は思っています」と、スコットランド野生生物トラストの保護局長（director of conservation）スーザン・デイヴィスが私に話してくれた。「テイサイドでは、合意された管理方法がなかったために、緊張が高まり、再導入のプロセス全体が滞ってしまう可能性がありました」

アーガイルとテイサイド、テイサイドとアーガイル、二つの集団はライバル関係にあるとはいえ、競争関係というよりは共生関係にあるように思える。テイサイドの反政府的な活動家たちと、それに触発されたメディアの息つくひまもない報道は、イギリスのビーバーの知名度を一〇〇倍にも上げた。彼らは農家を敵に回したかもしれないが、何千人ものスコットランド人を味方につけた。一方、政府が認定した再導入は、不安を抱える土地所有者たちに、「ビーバーのイギリスへの帰還は、ビーバーが完全に自由になるという意味ではない」ことを示した。バンフの領主夫妻は、スコットランド野生生物トラストとは必ずしも意見が一致しないかもしれない。しかし、種の回復にはあらゆるタイプの人間が必要だ。

このようなことを書いている間にも、スコットランドのビーバーの未来は不透明なままである。二〇一六年秋、スコットランド政府の環境大臣ロザンナ・カニンガムは、アーガイルとテイサイドの両方にビーバーを残すことを「念頭に置いている」と発表した。これはビーバーを正式に保護することなく、その存在を認めるという慎重な表現である。[*26] スコットランド議会が保護を批准するまでは、農家の人たちが農地に現れたビーバーを片っ端から撃ち殺すのを止めることはできない。スコットランド野生生物トラストは、アーガイルのビーバーの個体数を二八匹増やす許可を得たが、[*27] このビーバーのグループがすぐに新しいコロニーをつくるとは考えにくい。「最も強力で持続可能な個体群を得るためには、新たな放流先が必要になると考えています」と同トラストの保護局長デイヴィスは私に話してくれた。「しかし、政治上、私たちの住んでいる場所ではあり得ません」

保全生物学の基本的な信条は、健全な野生生物には接続性が必要であるということだ。町や道路によって隣接する個体群から切り離され孤立した動物の群れは、仲間との交流や交尾が可能な集団に比べて、次第に数を減らし衰退してしまいやすい。これはビーバーにも、クマやバイソンにも言えることだ。私たちがバンフを訪れたとき、ラムジー夫妻はちょうどその点で明るいニュースを受け取ったところだった。アーガイルのビーバーがついにテイサイドのある東のほうへ分散し、西へ移動しつつあるテイサイドのビーバーの一団がテイ湖に侵入したというのだ。「近づいてきました」とルイーズが私に言った。スコットランドの先駆的なビーバー集団は、わずか数キロメートルしか離れていない。持続性と、それに伴う個体数動態の明るい見通しは必然的なものに思えた。政府の援助があろうとなかろうと、ビーバーはスコットランドに戻ってきて、しっかりと地に足をつけたのだ。

イングランド唯一の生息地

ギザギザした山がちな地形が続き、民家もまばらなスコットランド高地地方《ハイランド》に、ビーバーを導入するのはそれだけでも困難な仕事である。しかし、九時間かけて列車で南下し、イングランドに行くと、そこには多くの農場や町があり、まるでスコットランドがアラスカの森林だったように感じる。そのイングランド最南西端に位置する牧歌的な地域、ウェスト・デヴォンがイギリスのビーバーの未来の鍵を握っているかもしれない。ところで、デヴォン州の田舎をドライブするのは、閉所恐怖症の人にはお勧めできない。歩道ほどの幅しかないでこぼこ道が、この村を曲がりくねりながら走り、その道は覗き込むことも見通すこともできない不可解な生垣に挟まれている。この生垣は、ここを訪れたアメリカ人を、葉っぱの迷路を進む実験用ラットにでもなった気分にさせる。特に、私のような不器用なアメリカ人は、デヴォン州の都市エクセターの、レンタカー屋が用意してくれたマニュアル・トランスミッション車を運転することができない。エクセターで唯一のオートマチック車は、小型船ほどのSUVだった。この車で垣根に囲まれた道を運転することは、ベニスの狭い運河で砕氷船を操縦するのに等しい。生垣をガリガリと引っかきながら進むため、サイドミラーには月桂冠のように緑が巻きついてくる。時折、車道を歩く奇妙な馬に道を譲るため、車をバックさせなければならない。

生垣が途切れたところでは、ヒツジ、ヒツジ、さらにヒツジがいた。フワフワで、のんびりしていて、じっとこちらを見ている。歩道にかけられたラミネート加工のポスターを見ると、どの動物がこの野原を所有しているのかは明白である。「一〇月一四日金曜日、**黒い犬**が、メスの子ヒツジを追いかけ、大きなストレスを与えるという重大事件発生」とポスターに書かれており、その下に不吉な追記があった、「ヒツジを傷つける犬は発見され次第、合法的に射殺されます」。人間がヒツジを傷つけても死刑になるのかどうかはわからなかったが、私たちは、反芻動物には手を出さないことにした。

農村の風景が野生の侵入を許すのは、夜になってからだった。地元のパブからの帰り道、SUVのヘッドライトが、ウサギ、ネズミ、ハタネズミ、オコジョを照らし出した。朝になると、これらの夜行性の旅行者の唯一の痕跡は、散在するスムーズ（smeuse）――サセックスの方言で、ロバート・マクファーレン(12)が好んで使う名詞「生垣の根本に、小動物が定期的に通ってできる隙間*28」のみだった。

要するに、ウェスト・デヴォンは、野心的な種の再導入を行うには、あまりにも家畜や人が多すぎるような印象を与えるのである。しかし、見た目にだまされてはいけない。この地域には、イギリスで唯一、野生のビーバーの集団が生息している。二〇匹のビーバーが、オッター川（カワウソ川）でコミュニティを形成し、繁栄を誇っているのである（カワウソ川とビーバーという哺乳類の名前の不一致は紛らわしい）。二〇〇七年にはビーバーの目撃情報が出始めてはいたが、ようやく写真でその存在が確認されたのは二〇一四年になってからだった。[*29] おそらくは、個人の所有者から逃げ出したものと思われる。川の深さと、巣穴を掘りやすい土手のおかげで、ビーバーたちはダムやロッジを築く本性を現すことなく、何年間も繁栄してきたのだろう。

スコットランドと同じく、イングランド政府も逃亡ビーバーの滞在を認めようとしなかった。しかし、地元の人々は彼らの存在を楽しみ、川辺のパブには、野生のビーバーをひと目見ようと客が集まり、商売は繁盛した。二〇一五年、イギリスの環境・食糧・農村地域省（DEFRA）は、このビーバーたちが憎むべき北米の仲間（カストル・カナデンシス）ではなく、ヨーロッパビーバー（カストル・フィベル）であることを確認するために、全個体を生け捕りにして、遺伝子検査を行った。その結果、このビーバーたちはヨーロッパビーバーであり、病気も持っていないことが確認されたので、DEFRAはビーバーをオッター川に戻した。[*30] しかし、彼らの自由は暫定的だった。DEFRAは二〇二〇年に、最終的な決断を下す予定であると宣言したのである。それまでの間にあまりにも多くの問題を起こした場合、DEFRAは、ビーバーは現れたときと同じように突然に姿を消すことになると申し渡した。*31

洪水に関する研究

珍しく晴れた日の午後、エリースと私は巨大な車をなだめながら田舎道を通り、ビーバーの弁護をするために法廷で証言する専門家証人(13)に会いに行った。私たちがアラン・パトックに会ったのは、あの生垣のある路側帯だった。アラン・パトックは、エクセター大学の水文学者で、アメリカのテレビドラマシリーズ『ビッグバン★セオリー ギークなボクらの恋愛法則』から抜け出てきたようなオタク風の科学者だった。教養豊かで、気立てが良く、愛すべき不器用さも持ち合わせている。私たちは、彼が主催する農業擁護団体のためのビーバー・ツアーに参加するために来たのだ。団体が近づいてくると、彼は不安そうに笑った。「研究室にいればよかったかな」と、彼は不安な気持ちを認めた。「しかし、正直に言うと、誰も私の論文を読もうとしないのです。面白くないですからね――標準偏差のデータやなんかが詰まっているだけですから」。人々に考えを変えてもらうためには実地にツアーを催すしかなかった。パトックは毅然とした表情になった。

集合した後、パトックは私たちを先導して、傾斜した休耕田を抜けて不規則に木が伸びた森へ向かった。発育不全の白黒模様の子馬が無表情に咀嚼していた。太陽が水を含んだ柔らかい大地を少しだけ焼いた。私は、参加者の中で唯一、長靴を忘れてきたことを後悔した。やがて、柵で囲まれた放牧地に着いた。柵の中は鬱蒼とした茂みだ。ほとんどの農家では、作物をかじる生き物を寄せつけないために電気柵を設ける。しかし、ここの電気柵は、動物を中に閉じ込めるために設けられている。中には四匹のビーバーの家族がいる。二〇一一年に「デヴォン野生生物トラスト」が囲いの中に放った、つがいの子孫である。カワウソたちが自由に動き回っている一方、このビーバーのコロニーは、音を立てて流れる川によって二等分された、ヤナギの茂みと草地の二万八〇〇〇平方メートルの土地の中に閉じ込められている。もしこのビーバーが、パトックたちと一緒に仕事をすれば、イギリス全土でビーバー再導入を活性化させるきっかけになるだろう。

放牧地の中には、濁った池や、ビーバーが掘った蛇行した運河があり、ビーバーにかじられて今にも倒れそうな不安定な木々の下には、香ばしいポプリのようなかじった木片が積まれていた。私はこのような複合体を一〇〇〇カ所も見てきた。しかし、十数人の農業擁護団体の人々にとってこの光景はまったくの新奇なものだと思う。何世紀にもわたってこの地から消えていた息をのむ光景だ。パトックが懸命に客を誘導しようとしたにもかかわらず、彼らはまるで放牧されたウシのように放牧地に散っていった。彼らの着ている色とりどりのレインコートがオークの木の間から見えた（ウェスト・デヴォンでは、雨が降っていなくてもレインコートを着る、いつ降るかは誰にもわからない)。彼らは慎重に足を運び、そしてだんだん楽しくなってきて、一番目のダムの上で膝を曲げてその強度を確かめた。パトックは彼らの後を追い、いつもの質問に答えた。なぜビーバーはダムをつくるのか? 彼らはどんな木を好むのか? そして当然ながら、彼らは魚を食べるのか? という質問である。

「何とここには独身者用ロッジもあるんですよ」と、パトックは低い泥の塚を指差した。「メスが妊娠すると、オスを追い出し、しばらくそこに住まわせました」「私の娘の夫も同じような境遇でした」と青色のレインコートを着た小柄な女性が言った。「ここの土地にどれだけの水が閉じ込められているかわかりますか?」と痩せて背の高い男性が尋ねた。

パトックは力強くうなずいた。「雨が降れば変わりますが、一度に一〇〇万リットルの水が池に貯まったこともあります」と彼は答えた、「何もないところから、水をつくっているような感じです」。

アラン・パトックの論文は、彼の言うように標準偏差のデータが詰まってはいるが、決して退屈ではないと私は断言する。もしあなたがビーバー好きなら、学術雑誌『Science of the Total Environment(統合環境の科学)』に掲載された最近の論文はマイケル・クライトン(14)の小説に比べられると思う。二〇一四年、彼とエクセター大学の同僚は、囲いの上流と下流に二つの計測装置を設置した。入り口から出口の間にある一三基のビーバーダムを通過してくる水を一滴一滴数えた。衛星回線から一バイト単位のデータがエクセターの研究室に送られてきた。その接続には、現地に設置した小さなソーラーパネルから供給される電力を使用した。[*32]

その結果、ビーバーの影響を示すこれまでで最も鮮明な記録が得られた。予想通り、エクセター大学のチームは、ビーバーの複合体が水を蓄え、窒素、リン、土砂をろ過することを発見した。ゼラチン状のカエルの卵のかたまりの数が、ビーバーの再導入前には一〇個しかなかったのが、数年後には五八〇個にまで急増し、水生甲虫の種類も八種から二六種に増えた。[*33] しかし、研究者たちが最も感銘を受けたのは、この場所が洪水を緩衝する能力を持っていることだった。豪雨の際、囲いの中に入った水の三〇パーセントが囲いの外へ出ていかないという驚くべき事態が発生した。水は出ていく代わりに池に消えたり、湿地帯を水平方向に広がったり、地面に浸み込んだりした。[*34] ビーバーの複合体は、蛇口の下に置かれたタオルのような役割を果たし、水道水が排水口に到達する前に吸収してしまう。「もしこれが小さな真っすぐな水路で、池もなければ、このようなことは起こらないでしょう」とパトックは団体客に言った。

アメリカにおける自然災害の脅威は山火事だが、イギリスにおけるそれは洪水である。慢性的な自然災害は、近視眼的な管理体制によって悪化の一途をたどっている。湿気の多い気候のため、イギリスは常に洪水の危険にさらされてきた。絶え間ない農業開発がその運命を決定づけた。水路が張り巡らされた農地は、降った雨を畑や森林に浸透させるのではなく、下流に向かって流し込んでしまう。その結果、冬の洪水が悪化し、町や都市を襲っている。例えば、二〇一五年にイングランド北部で発生した豪雨は、国に五〇億ポンド（約七七〇〇億円）以上の損害を与えた。[*35]

ビーバー池のそばに住んでいる方は、おそらく、そして当然のことながら、ビーバーには洪水の「リスク」があると考えるだろう。しかし、自宅の裏庭以外にも目を向けてほしい。ビーバーは、広大な規模で、洪水を緩和、吸収、減衰させる能力を持っていることが証明されている。ベルギー南部にある川、東ウルト川について考えてみよう。この川は、一九七八年から二〇〇三年までの間、三年半に一度ほどの割合で増水して洪水が発生していた。しかし、カストル・フィベルが戻ってからは、洪水の頻度は大幅に減り、五〜六年に一度ほどになった。ゲルハルト・シュワブが、この地域に九七匹のビーバーを放ったのだ。それまでのこの川のジェットコースターのようなハイドログラフ[(15)]が穏やかになった。ビーバーがつくった一連のダムや池が洪水を飲み込み、「ピーク流量」を下げたからだ。[*36]

このような結果を見ると、農家の人々はビーバーの可能性に大喜びしているのではないかと思うかもしれない。アラン・パトックが熱弁を終えた後、私は声を張り上げて、農業擁護者たちに、本格的なビーバーの導入について皆さんの支持者たちはどう反応すると思うかと聞いた。沈黙の後、一斉にクスクス笑いが聞こえてきた。彼らは互いに横目で見ながら、**この無知なアメリカ人に答えてやるのは誰だ？**　と目で尋ねていた。

ようやく、髭をきれいに剃ったたくましい男性が口を開いた。「彼らは懐疑的だと思います」。彼はそう言った。「私たちは農家の人々を支える慈善団体で働いていますが、農家の人たちは通常、野生動物と関わっています。彼らが心配しているのは、自分たちの土地がどの程度浸水して、経済的損失はどれくらいになるのかということです。ビーバーが自分たちに利益をもたらしてくれるのかどうかを気にしています。私がビーバーについて話したときには、『先の尖った切り株がいっぱい地面に残っただけで、他には特にない』と彼らは言っていました」

今のところ、幸いなことに、ウェスト・デヴォンでは所有地が先の尖った切り株だけになってしまった人はいない。現在、オッター川のビーバーの個体数は少なく、生息環境も整っているため、ダムを建設しなくても十分に生きていくことができている。デヴォン野生生物トラストのプロジェクト・リーダーであるマーク・エリオットに話を聞くと、地元では木々がかじられたという問題は数件発生しただけとのことだった。これは木に研磨剤入り塗料を塗れば、ビーバーの噛む気を失わせ、簡単に解決できるという。また、ダムに関連した洪水が一度だけ発生したが、これはフロー・デバイスで対処したとのことだった。

しかし、エリオットは、イングランドのビーバーたちが人間たちと限られたハネムーン期間を過ごしていることを知っている。いずれビーバーは、ダムを建設して水をせき止めながら周辺地域に広がっていくだろう。目新しさも失われていく。人とビーバーとの避けられない紛争を乗り切るには、問題解決のための戦略が必要だ。それには、マサチューセッツ州のフロー・デバイスの王者、マイク・キャラハン（第三章参照）のイギリス版を採用することになるかもしれない。あるいは、ビーバーに詳しいボランティア軍団を育成することになるかもしれない。これは、バイエルン州でビーバー問題を改善したゲルハルト・シュワブのやり方だ。どのようなモデルであっても、それには新たな資金が必要だ。デヴォン野生生物トラストは、ビーバーがかじった木片をオンラインで販売することでビーバープログラムの資金を調達していた（木片を保護ケースに入れて、本物であることを証明するカードを添えていた）。巧妙なアイデアではあるが、私には持続可能な収益源とは思えなかった。[*37]

そこで、エクセター大学の研究が注目される。もしパトックとその同僚たちの研究が、ビーバーによる洪水防止の金銭的価値を見せつけることができれば、懐疑的な農家にも、ビーバー導入のメリットが彼らのコストを上回ることを納得させられるし、さらには政府の支援と資金も得られるかもしれないと、エリオットは言う。この分析を環境・食糧・農村地域省（DEFRA）が設けた二〇二〇年の期限までに達成すれば、ビーバーの広範な導入という夢物語が現実のものとなるかもしれない。実際に、その可能性は高い。私の訪問の数カ月後、イギリスのマイケル・ゴーヴ環境・食糧・農村地域省（DEFRA）担当大臣は、ディーンの森にビーバーを戻すことを発表した。地元の熱心な議員たちは、洪水軽減の見込みがあることを喜んでいた。[38] 二〇〇五年以降、ビーバー導入の支持者たちは、ウェールズでのビーバーの再導入を強力に推進している。ここでは、長い間姿を消していたこの動物はウェールズ語でアヴァンコッド（*afancod*）と呼ばれている。「ビーバーをフェンスの中に加えていくのもいいのですが……」とエリオットは言う、「しかし、私たちはビーバーを自然の中に戻したいのです。そこでこそ彼らは最も良い働きができるのです」

大西洋を挟んだこちら側ではイギリスほど洪水が多いわけではないが、私たち北米人は、エクセターの若者たちから学ぶことがある。北米で最も有名な洪水多発流域はミシシッピ川である。二世紀にわたる堤防の建設、開発、水路の整備は、主にビッグ・マディー（ミシシッピ川最大の支流ミズーリ川のニックネーム）を怒らせるために行われた。「再び、戦争が始まった。強大な古龍ミシシッピ川とその不倶戴天の敵、人間との戦いである」と、一九二七年の『ニューヨーク・タイムズ』紙は書いている。この年、ミシシッピ川の氾濫で七万平方キロメートルが浸水し、一〇〇〇人もの人々が亡くなった。[39] ミシシッピ川は、私たちが手の中にしっかりと包み込めば包み込むほど、激しく身をよじらせる。二〇一七年、ミシシッピ川は記録的な高水位に達し、数千万ドルの物的損害を与え、一〇〇〇万人の中西部住民に対して洪水警報が発令された。[40]

強大な古龍との戦いにおいて、我々が放ったすべての銃弾の中で最も痛手となったのは最初の一撃だったかもしれない。その一撃とは、ミシシッピ川のビーバーをわな猟で捕獲したことだった。相次ぐ川の氾濫で中西部が一六〇億ドルの被害を受けた二年後の一九九五年、ドナルド・ヘイとナンシー・フィリッピは専門誌『Restoration Ecology（復元生態学）』に寄稿した。二人は、かつてビーバーの池が、ミシシッピ川上流域の二〇万平方キロメートルをおおっていたと推定している。これは総面積の一〇パーセント以上にあたる。これらの池が干上がってしまったとき、中西部の土壌の水分吸収力の多くが失われてしまった。「水深九〇センチメートルの深さで」と、ヘイとフィリッピは書いている、「元の池は、一九九三年に発生した洪水の三倍以上の水を貯めることができた」[*41]。湿地帯を舗装したり、問題のあるビーバーを反射的に殺したりするのは、進歩を装った生態学的破壊であり、自然のインフラより人工的な環境を優先しているのである。結局、どちらもが苦しむことになる。

イギリスの厳しい動物環境に向き合う

北米の野生生物を愛する人たちは、自分たちが恵まれていることを当たり前だと思ってしまいがちだ。確かに、私たちは、リョコウバト、カロライナインコ、ウミベミンクを失ったが、最もカリスマ的な種であるバイソン、グリズリー・ベア、さらにはシカを絶滅の危機から救い出すことができた。多くの場合、北米に野生を取り戻すということは、人間の邪魔をさせないということが必須条件だった。カリフォルニアコンドル、クロアシイタチのように、積極的なリハビリを必要とする生物もいるが、多くは、大量虐殺から保護するだけで十分である。例えば、一九九〇年代初頭に、二〇〇〇頭から三万頭に増えたピューマは、再導入や飼育下での繁殖、生息地の献身的な保護などは必要なかった。銃、わな、毒物の使用を減らしただけだった。種の回復力のおかげで、私たちは取り返しのつかない過ちを犯さずに済んだのである。

イギリスの動物相は、それよりもはるかに悪い運命をたどった。北米の先住民は、何百万エーカーもの広い土地を耕し、意図的に火をつけていたが、ブリテン諸島では、それよりもはるかに集中的な焼き畑、伐採、放牧が、はるかに長い期間にわたって行われてきた。イギリスの農業システムは、あまりに広く、あまりに古くから存在しているので、自分が探しているものが何かわからない限り、事実上目に見えない。ある典型的な湿気の多い日、エリースと私はダートムーア国立公園をドライブした。ほとんど木のない湿原で、コナン・ドイルの『バスカヴィル家の犬』に影響を与えた、不気味な荒野である。私たちはヒースとごつごつした奇岩奇石に魅了され、いかにもイギリス風な白と黒の濃淡の景色を見ていた。しかしその後、この土地の禿げた部分が、何千年にもわたる、伐採、焼き畑、放牧の負の遺産であることを知った。ダートムーアの隅々までがヒツジでおおわれているが、大型の野生生物はこの国立公園にも、イギリス全体にもほとんど生息していない。オオカミは、一六二一年に消えた。オオヤマネコは、六世紀に絶滅した。ヘラジカは、四〇〇〇年前に絶滅した。アフリカのサファリでは、ビッグ・ファイブと呼ばれる哺乳類を見ることができる。ゾウ、ライオン、サイ、バッファロー、ヒョウ、である。ダートムーアでは、リトル・ファイブを見ることができると、ビジター・センターの看板が教えてくれた。リトル・ファイブには、カブトムシ、チョウ、コウラクロナメクジなどが含まれる。私は皆と同じように、腹足類を評価するが、タンザニアのセレンゲティ国立公園はそうはいかない。

「ハチやアリを救うまでになったら、もうダメだと思う」。イギリスの自然保護活動家、デレク・ガウが私に言った、「私たちは重要なものをすべて絶滅させてしまった。この国は事実上、生態系が完全に崩壊した状態にあるのです。窓の外を見ると、緑が広がっていますが、その緑の中には実際には何もすんでいないのです。動物がすむことができるのは檻や囲いの中だけです」。

ガウは、細かいことにこだわるという意味を誰よりもよく知っている。いつものことながら、雲におおわれた湿り気の多い日、私たちは、デヴォン州の奥地にある広大な農場、アップコット・グランジでガウに会った。アップコット・グランジは、「ハタネズミの部屋」と書かれた木製の小屋が中心的な建物になっているイングランドで唯一の農場かもしれない。

ガウの後についてハタネズミの部屋に入ると、精巧なファイリングシステムのように、金属フレームのキャビネットやスライド式のプラスチック製の箱がいっぱいに置かれていた。部屋の中にはおがくずと毛皮を持つ動物の臭いが充満していた。プラスチック製の容器の中には、もちろん、黒い目と顔いっぱいに髭を持つ愛らしい黒とチョコレート色の毛玉がいる。一人の作業員は、空になったプリングルスのポテトチップの筒状の容器にハタネズミを詰め込んで運ぶ用意をしていた。ハタネズミは容器の縁にしがみついて詰め込まれるのに抵抗していた。

川岸に穴を掘る半水生のげっ歯類、ミズハタネズミは、生息地の喪失と、外来種の捕食動物によって、イギリスで最も急速に減少している哺乳類である。ガウは、その奇妙なキャリアのほとんどを、この毛玉の飼育と再導入に費やしてきたが、一九九〇年代半ばに、より大きなげっ歯類について考えるようになった。「オープンで日当たりの良い、複雑な池のシステムを必要とする、ミズハタネズミのような小さな半水生動物の生態を見ているとすぐに、そのようなシステムをつくっている何かがいたに違いないということに気づきます」。ハタネズミの部屋から風通しの良いオフィスに移動して、お茶を飲みながら彼は言った。「そう考え始めると、それはビーバー以外にないと思うのです」

ガウは分類整理するのが難しい男だ。彼は農業の教育を受け、自分の土地で家畜を飼っている、いわば農業従事者である。しかし彼が本当に情熱を傾けているのは、奇妙な動物を飼うことだ。彼の名前をグーグルで検索すると、ドイツの動物学者が最初に育成した異常に筋肉質なウシの品種「ナチス・スーパーカウ」を育てようとして失敗したという記事が圧倒的に多い。ガウは、そのアーリア系のウシが彼のスタッフを殺そうとしたため、処分しなければならなかった。[*42] ナチスのウシはもういないが、アップコット・グランジには、世界中の写真家や映像作家を惹きつけてやまない動物園がある。テン、ミンク、カワウソ、シカ、フクロウ、イノシシ、ビーバーなどの動物が飼育されている。ガウは、自然保護という、生真面目な世界で、げっ歯類に執着することで生まれる笑いを認識している稀有な男である。

「ビーバーはよくわからない理由で私の人生を支配しているようです」と彼は皮肉を込めて言った。「私は自分の誕生日に、村役場でいつものように担当者とビーバーについていましい論争をしていました。すると友人がメッセージを送ってきて、『誕生日おめでとう、デレク。今何をしているんだ?』と聞くので、『いつものように村役場で、ビーバーについて口論している』と答えました。そうしたら、友人は、『君のことを二五年も知っているが、君は他のことをしているより、そんなことをしているほうが幸せなんだろう』と言いました。それで私は、『確かに楽しいね』と答えたんです」

ガウの畜産技術はイギリスのビーバーの復活に重要な役割を果たしている。ドイツ、ノルウェー、その他の国からイギリスに入ってきたビーバーは、狂犬病や、エキノコックスという肝臓を侵す厄介な寄生虫を持っていないかを確認するために六カ月間の検疫を受けなければならない。[*43] ほとんどのビーバーがアップコット・グランジでその期間を過ごしている。ガウが世話をしたげっ歯類の移住動物は、バンフに放たれる前のラムジーのビーバー、ウェスト・デヴォンの囲いの中にいるビーバー、スコットランドのビーバー・トライアルで放たれたビーバーがいる。その過程で、彼は手ごわいビーバー擁護者となり、特に地主階級を挑発することを楽しんでいるようだ。

「イギリスはいまだに強い社会的階層構造を持っている国です」と彼は語った。「大邸宅の客間で、誰かが『ビーバーはネズミやハイイロリスのようなもので、どこにでも出没して多大な損害を与える。自分の父親は、卑劣な環境保護主義者には決して屈しなかっただろう』と言えば、もうこのような決断を下している人たちには会うことすらできないでしょう。私は誰から何を言われようとも気にしませんがね」

それでも、ガウはビーバー再導入について、意外にも明るい見通しを持っている。私はイギリスの天候が今経験している以上に暗くうっとうしいものであるとは想像しがたかったが、エリースと私が到着したのはここ二〇年間で最も乾燥した冬の直後だという。ガウが言うには、イギリスは干ばつと洪水の間を行ったり来たりしており、イギリス人は「この動物なしに、この国で持続可能な水との関係を築けるかどうか、本当に考え始めている」のだそうだ。ビーバーを支持する記事が、ＢＢＣ（英国放送協会）のホームページ、『ガーディアン』紙、

『ロンドン・タイムズ』紙に登場するようになった。長い間、抑圧されていたサミズダート（地下出版）[16]がようやく日の目を見たようなものだ。「これまでビーバーの再導入に強く反対してきた古い組織、例えば農業組合やハンター協会などと、今、とても興味深い会話をしているんです」とガウは言う。

ビーバーの復活が成功すれば、この思うがままに振る舞う哺乳類がさらなる動物相復活への道を開くことになるかもしれない。アメリカは幸運なことにカナダに隣接しており、カナダには迫害された多くの種が逃げ込める野生生物の保護区や森林がある。例えば、生物学者がイエローストーンにオオカミを戻すずっと前から、オオカミの群れはカナダのアルバータ州からアメリカのモンタナ州に自然に移動していた。しかし、島国のイギリスにはそのような隣国がないので、野生動物を取り戻すには、より積極的な介入が必要である。このプロセスは「再野生化（*rewilding*）」と呼ばれる。これは物議を醸す言葉で、自然のプロセスの再開、絶滅した生態系の復元、あるいは単に狩猟や採集への親近感を示すものとして、さまざまな派閥によって使われている。ジョージ・モンビオ[17]はその著書『Feral（野生）』の中で、この言葉を次のように定義している。「自然は単なる種の集合体ではなく、種同士や物理的環境との絶え間なく変化する関係から成り立っている」という認識としてである。*44 モンビオの提唱する再野生化の基本は、生態系を細かく管理するのではなく、生態系が自らの運命を切り開くことを認めることだという。この基準に照らし合わせると、他の生物とは異なり、生態系のプロセスを推進し、人間の意志に従わないビーバーは、再野生化の看板となる種である。

イギリスでの野生生物の再導入は慎重に進められている。おそらく、パロキアリズム(18)と呼ばれるお国柄を反映しているのだろう。一九七五年、自然保護団体は、くちばしの先がかぎのように曲がった猛禽類で巨大な翼を持つことから、「空飛ぶ納屋扉」という異名を持つウミワシをスコットランドに再配置した。今日では、約一〇〇組のつがいが塩分を含んだ岩山の間を飛び回り、時には子ヒツジを連れ去ることもある。その後、アカトビ、ミサゴ、ウズラクイナ、ノガンなどが再配置された。二〇〇五年には、プールカエルが再導入され、昆虫としてはゴウザンゴマシジミと　短毛マルハナバチが、今では丘や谷を飛び回っている。*45 哺乳類で再導入されているのはビーバーだけだが、再導入推進派はオオヤマネコ、ヘラジカ、バイソン、そしていつの日かオオカミが再配置されることを期待している。

破壊的な動物と共存することは可能であり、価値があることなのだと、ビーバーはイギリス人に教える種として模範となり得るだろうか？　いわば、哺乳類再導入の入り口になるだろうか？　私がこの仮定をデヴォン野生生物トラストのマーク・エリオットに投げかけたところ、彼は否定した。「私はかつてこの地に生息していた種の復元には大いに共感しています。しかし、ビーバーがその先駆者だとは思いません。ビーバーがもたらす影響は独特なものです」と、彼は話した。「私たちは、一緒に仕事をしている農家や土地所有者に、彼らの農場を再野生化するのだとは思わせたくありません。オオヤマネコや、オオカミ、クマなどはもってのほかです」

デヴォンの狭い空間を再野生化するのには無理があるというのなら、スコットランドのハイランド地方なら希望が持てるかもしれない。スコットランド野生生物トラストは、今後五〇年の間に実現を期待するリスト五〇にオオヤマネコの再導入を入れている。オオヤマネコUKトラスト（Lynx UK Trust）というグループは、ローモンド湖と西ハイランドとの間に、房毛の耳を持つオオヤマネコを二五〇匹放つことを提案している。[*46]「もし農家がオオヤマネコの再導入を受け入れる日が来たら、それはビーバーが最初に彼らの信頼を得たからです」とスコットランド野生生物トラストのスーザン・デイヴィスは私に語った。「オオヤマネコの再導入は、私たちが適切な方法で行えば可能です」とデイヴィスは言う。「しかし、かなりゆっくりと進めていかなければならないと考えています。ビーバーの管理の問題を先に解決しなければなりません」。ビーバーはその利点を考慮すればイギリスに戻ってきてしかるべきだが、ビーバーはまた、再野生化の最も重要な試金石であり、おそらく、先陣となる存在である。

お茶の後、ガウは私たちを格納庫のような薄暗い納屋に案内してくれた。その壁には豚舎のようなアルミ板の囲いが並んでいる。隙間から風が吹き込み、コンクリートの床に足音が響く。コリー犬が私たちの後ろを小走りでついてきていた。ガウは犬の両耳の間を掻いて言った。「いつかビーバーの牧畜犬になってみたいと思わないか、レクシー?」。犬は小さく鼻を鳴らした。ガウは囲いの一つの扉を開けて、中に入り、私たちにも入るよう手招きした。地面には藁が厚く敷き詰められ、リンゴのようなものがあり、馬を思わせる匂いがする。粗末な家の屋根になっている金属板を彼が持ち上げると、中にはチョコレート色のヨーロッパビーバーがいた。こんなに近づいたのは初めてだった。

このバイエルンの美女は、ガウが言うには、メスで、ゲルハルト・シュワブが最近手配したものだ。アップコット・グランジで、六カ月間の苦行中であるとのことだった。彼女の検疫はもうすぐ終わる。来月にはオスの伴侶と一緒にコーンウォールの二万平方メートルの囲いの中に放たれる。この再導入は、ネット上の大勢のビーバー支持者たちがクラウドファンディングで資金を提供したものである。*47 ビーバーが放たれる場所の近くにある町ラドックは、二〇一四年の洪水で浸水した。エクセター大学のチームは、デヴォン州で記録されたのと同じように、洪水を軽減する効果があるかどうか、新しく放たれたビーバーを調査することにした。

生物学者のほとんどは、ヨーロッパビーバーとアメリカビーバーを微妙な違いによって認識している。後者の頭骨はわずかに大きく、尾はわずかに広い。しかし、ガウはひと目で両者を見分けることができると断言した。ヨーロッパビーバーのほうが少しがっしりしていて、歩き方も違うという。私の素人目には、このビーバーはニューヨーク郊外に生息しているビーバーとまったく同じに見えた。私はメスのビーバーの前にしゃがみ込み、彼女の顔にカメラを向けた。彼女はうるさい侵入者に腹を立て、うなり声を上げた。警告のため喉から出す低い音だ。軽率な観光客よろしく、私はシャッターを切り続けた。地元の動物を怒らせてしまったことには薄々気づいていたが、それでもお土産の写真を手に入れようと決意していた。「彼らは概して温厚な動物ですが」とガウが注意を促そうとした。「しかし、この子が頭にきているのは……」

そのとき、ビーバーはコブラのように俊敏に私に突進してきて、門歯で私の足首に嚙みついた。私は驚きの声を上げ、よろめきながら藁の上を滑るように後退した。囲いの外から見ていたエリースは、私の狼狽ぶりを見て笑った。ガウも抑え気味に笑っていた。無事に囲いから出た私はズボンの裾をまくった。血も出ていないし、嚙み痕もない。あれは怪我をさせるのではなく、戒めの一撃だったのだと気づいた。「彼らは驚くほど高くジャンプできる」とガウは言った。「跳び上がって、私のTシャツに穴を開けたやつもいる」

敵を退治した、このコーンウォールへ向かおうとしているメスは、自分の居場所に戻り、勝ち誇ったようにリンゴにかぶりついた。私は安全な場所から見守っていた。彼女が私の足首に情けをかけてくれたことに感謝し、そしてまた、彼女が人間に順応していないことが嬉しかった。彼女は警戒心の強い、意志のある、飼いならされていない、強情な生き物だった。

再野生化のために戦う徒歩の兵士だった。

第一〇章
ビーバーに仕事をさせよう

アメリカ西部山岳部の氾濫原に広がる多くの都市と同じように、ユタ州北東部に位置する人口五万人のローガンは「ジキルとハイド」のような二面性を感じさせる都市である。住宅街では、子どもたちがスプリンクラーを使って遊び、カエデの木陰には地元のマーケットがあり、キャニオン・ドライブを散策するカップルが夕暮れ時にライラック色に染まるキャッシュ・バレーを眺めている。このアメリカの牧歌的な風景とは対照的に、ローガンの商業地区の道路には外食チェーン、タイヤ販売店、ウォルマートなど[1]が立ち並び、歩くことも困難だ。ウォルマートは二店舗もある。巨大な大規模小売店が一軒では、ローガンの人々を満足させるには不十分であると、創業者のウォルトン家のミニオンズ[2]が二〇〇六年、スプリング・クリークと呼ばれる小さな川のそばに、二つ目の大規模店舗を建設した。店舗がオープンして数年後、ビーバーたちがこのスーパーマーケットの駐車場を占拠した。

この占拠からいつものサイクルが始まった。市はウォルマートにわな猟師を雇うように迫った。それでもビーバーは戻ってきた。ウォルマートは再びわな猟師を雇った。またビーバーが戻ってきた。この無限ループは、ウォルマートのあるマネージャーがいなければ永遠に繰り返されていたかもしれない。このマネージャーは、近くに生息するげっ歯類を楽しむようになり、彼らの度重なる死に落胆していた。このマネージャーの憂慮は、地元の流域協議会（watershed council）に届き、流域協議会はユタ州立大学のビーバー専門家であるジョー・ウィートンとニック・バウエス（第五章参照）に相談した。そして、地形学者のウィートンと生態学者のバウエスがこの無限ループを断ち切るために乗り出した。

七月の焼けつくように暑い日の午後、ウィートンは私をローガンで二番目のウォルマートに連れていってくれた。ビーバーのつくる混沌をアメリカの生活に取り戻そうという彼の計画の最先端を見せてくれるという。スプリング・クリークは、ヤナギ、ガマに縁どられ、堂々としたヒロハハコヤナギの木が立ち並んで日陰をつくり、いくつかの小さなビーバーダムが水の流れを緩やかにしている魅力的な川だ。しかし、ビーバーが家族をつくるにはどうかと思う場所だった。ある土手の向こうには、自動車の販売店が密集しており、SUVの行列にオイル交換をしていた。別の土手の向こう側の一部の国定公園より広い駐車場では、カートに電子レンジや薄型テレビを積んだ人々が自動ドアから出てくる。しかし、ウィートンはこの都会的な環境がこの水場を特別なものにしていると考えていた。「ここの生物多様性ときたらどうでしょう？　この取るに足りない支流に、これだけの種の野生生物、水鳥、マスがいるのですから」とウィートンは麦わら帽子の下から一気にしゃべった。「まったく、すごいことです」

それでも、ローガンの当局者たちはビーバーたちをそのままにしておくことに消極的だった。「市はまさに従来型のリスク回避の方法をとっていました」とウィートンは私に話した。「ビーバーは何をするか？　ダムをつくる――しかし規格通りにはつくらない」。技術者たちは、ダムが壊れて、その近くの暗渠が瓦礫で詰まり、道路が浸水することを恐れていた。「公共事業に携わる人なら誰でもそう考えるでしょう」

ウィートンとユタ州立大学のチームは、一年かけてローガンの当局者たちの懸念を払拭するための管理計画の作成を手伝った。ビーバーがかじったヒロハハコヤナギの木が倒れて駐車場の車をつぶすのではないか？　木に研磨剤とラテックス塗料を塗ってかじられないようにすることができる。洪水が心配だって？　フロー・デバイスを設置できる。大雨でビーバーダムが壊れるのでは？　油圧ショベルを使ってダムに切れ込みを入れたり、ダム全体を完全に取り除いたりすることもできる。一連の共存策が失敗した場合にのみ、捕獲という選択肢を選ぶことにすればいい。しかしその場合でも、二〇一五年に実施されたこの計画では、殺処分より再配置が優先された。[*1]

「保守的な対応を先取りするのではなく、判断のきっかけとなるものをいくつか計画に組み込みましょう」。ウィートンがそう言ったとき、私たちは湿地を取り巻く金網のフェンスに寄りかかっていた。「このように何もかもが入り混じった場所で、あのげっ歯類に仕事をさせることで少しでも利益を得る方法が見つかるなら、それは健全で実用的な判断となります」

「ビーバーに仕事をさせよう」というのが、ウィートンの好みの言葉の一つである。カリフォルニアのオクシデンタル・アーツ&エコロジーセンターの生態学者ブロック・ドルマン（第二章・第六章参照）のように、ウィートンも多彩なキャッチフレーズと示唆に富んだ例え話を次々と繰り出す。「氾濫原に流出する川は、ビールパーティーに参加している一〇代の若者のようだ」。「下手な修復作業は失敗した外科手術のようなものだ」。「強引な河川改修は、イラクに突入してサダム・フセインを退陣させ、その結果、権力の空白を生んでしまったようなものだ」（この例えはちょっと無理があるかもしれない）。彼は、大規模小売店の搾取的な経済活動から連邦政府のハリケーン・カトリーナへの対応まで、あらゆることに対して、過激な言葉を使い、当意即妙な受け答えをしてみせる。ウィートンは会って間もなく私に、「私は、時々スイッチを切らなければならないゼンマイ仕掛けのおもちゃのようなものです」と注意を喚起していた。

ウィートンをとりわけ怒らせるのは、仕事相手の河川修復の専門家たちに関する話題だ。専門家の中でも特に、コンサルタントや技師といったウィートンが『トンカのおもちゃのトラック』[3]と呼ぶ重機に固執するコンサルタントや技師たちに対する彼の怒りは凄まじかった。車体前部に可動式ショベルを取り付けたフロントエンド・ローダー、油圧ショベル、ブルドーザーが河川修復作業の標準的な道具である。世界中の建設業者が、巨大な黄色い機械を使って、池を掘ったり、蛇行を解消したり、浅瀬をつくったりして自然の流れをつくり変えようとする。ウィートンは、荒廃した水路の中には大掛かりな外科的手術が必要なものもあることを認めつつも、従来の修復費用は法外だ、高すぎると主張する。一・六キロメートルあたり五〇万ドルという価格も珍しくなく、修復の必要な箇所が増えると対応しきれない。環境保護庁（ＥＰＡ）のある報告書によると、アメリカのすべての河川を「生物学的に劣悪な状態」として端から端まで並べると、その水路は月までの距離を往復するほどの長さになるという。*2 私の大雑把な計算では、これらの川をすべて修復しようとすると、六年連続でＥＰＡの全予算を使い果たすことになる。

しかし、法外な費用をかけず、安価に川を修復することは、修復業界にとって必ずしも容易なことではない。「クライアントを説得し、規制当局を説得し、技術者にしかできない仕事であることを世間に納得させる——専門的技術が必要な複雑な仕事です」とウィートンは不満をもらす。私たちはユタ州立大学の彼のオフィスに戻ろうとしていた。「しかし、技術者たちは間違った問題に焦点を当てています」

カリフォルニア出身のウィートンにはわかるのだろう。彼自身かつては技師として仕事をしていたのである。彼の最初の仕事は、ベイエリアにある小規模な専門会社で少量限定生産のワイン用ブドウ園の浸食を制御する工事だった。このブドウ園は、彼に言わせれば「一夜にして大金を手にしたシリコンバレーのドットコムバブルのバカども」のためのものだったという。その後、彼は偶然、地形学に出合い、研究に夢中になり、クライアントに追従するのではなく自分の好奇心を追求する喜びを味わった。二〇〇九年、彼は助教授を務めることになったユタ州立大学で、生態学者のニック・バウエスに出会った。ニック・バウエスは、オレゴン州の・プロジェクト（第五章・第六章・第七章参照）で人間の手による模造ビーバーダムの建設に関わった「建築家」の一人である。二人は親友になり、協力者になり、そしてビーバー信者となった。「一緒にブリッジ・クリークに行って、この生態系エンジニアが成し遂げていることを目の当たりにした瞬間、私は納得したのです」とウィートンは私に話してくれた。

ビーバー信者へと改宗してから数年の間に、ウィートンはブリッジ・クリークの、ビーバーを使った河川の修復方法をさらに改良した。ウィートンは、その戦略を「安くて楽しい」というキャッチフレーズで表現している。ウィートンの考えでは、従来の修復費用の何分の一かのわずかなコストで、ビーバーダム・アナログとその維持をしているビーバーたちが、魚の生存率を二倍にしているブリッジ・クリークは、性能試験場であり、アメリカ西部全体にビーバーを復活させるための道筋の一つの通過点である。彼はますます、ビーバーにとって最も限界のある生息地で行われている、最も困難なプロジェクトに焦点を当てるようになった。ウィートンは、空港の排水溝、外来種の侵略的なアシがあふれかえる小川、そしてウォルマートの駐車場に、ビーバーと彼らが促進する河川のプロセスを取り戻そうとしているのだ。衰弱した川であればあるほどよい。「限界点がどこなのか、ビーバーによる修復方法ですらまったく効果が上がらなくなる状況とはどのようなものなのかを知りたいのです」

修復のカウボーイ

川の修復という狭い世界を支配する巨人がいる。デーブ・ロスジェンという名前の、自信に満ちた振る舞いをする水文学者で、「修復のカウボーイ」として広く知られるカリスマ的存在である。一九九〇年代初頭以来、何千人もの天然資源の専門家たちが、白いカウボーイハットとこぶし大のベルトバックルを身につけた、まばゆいロスジェンの説教を尊敬の目で見てきた。伝説的な講習会の受講料は一人一五〇〇ドルだった。カウボーイの師匠である河川地形学の先駆者ルナ・レオポルド（第一章参照）は、かつて自分の弟子を「米国で最も優れた小河川再生の実践者」と呼んだ。[*3] 一部の機関では、ロスジェンのトレーニングを契約の際の必須条件としている。

ロスジェンの「自然水路設計（Natural Channel Design）」と呼ばれる修復戦略は、要するに彼に啓蒙された技術者が自然の流れに似た水路をつくり、それを維持することができるかといういちかばちかの賭けである。その概念は複雑であるが、基本的には、自然水路設計は、劣化したシステムを安定したシステムに変えるための方策である。この「修復カウボーイ」は自然な川の特徴を再現しようと努めているが、その道具は、ジェイ・フック[4]、クロス・ベーン[5]、二重の堰（W-weirs）、護岸と呼ばれる大きな岩や丸太の構造物である。それらはどんな状況でも変化しにくいように設計されており、明らかに強引な手法だ。[*4] ロスジェンは、コロラド州のサンファン川を網状の水路から蛇行する一本の川に変えたことで有名で、彼の代表作とされている。そこで彼は自らブルドーザーのハンドルを握って川床を削り、新しい川床をつくった。[*5]

　ロスジェンの技術は数えきれないほどの河川に適用されているが、それは不思議ではない。良くも悪くも、私たちの国は氾濫原で暮らす住民と農民で構成されており、河谷に惹かれながらも、水辺の無秩序な状態には寛容ではない。自然水路設計に従えば、川の専門家は矛盾する二つのことを同時に実現することができるとしている。川は自然に見えながら同時にお行儀の良い川になる。生物の生息地をつくるために人間のインフラを危険にさらす必要はない。「氾濫原には人々が住んでいて、彼らのために川を管理しなければなりません」と、ワイオミング州サブレット郡保全区域の地表水管理者キャシー・レイパーは言った。レイパーはロスジェンのトレーニングコースを二回受講したことがあり、修復のカウボーイを「カウボーイ州（ワイオミング州の愛称）」に招いてワークショップを開催したこともある。「川の好きなようにさせておけば、道路や分譲地がなくなってしまいます」

ロスジェンを批判する者は、彼の支持者と同じくらい多い。批判の中で主なものは、自然水路設計は安定性を最大の関心事としているが、自然の川がいかに動的であるかを無視しているというものだ。巨大なS字のように曲がりながら氾濫原を流れる一本の水路は、私たちが頭の中に描く理想的な川かもしれない。しかしそれは、伐採、放牧、捕獲などの土地利用の変化がもたらしたものでもある。「川床に砂利が敷かれた単一の水路の現在の状況は……」と、地質学者のロバート・ウォルターとドロシー・メリッツは二〇〇八年に書いている。「湿地帯と、本流からいったん分かれて再び合流する浅い支流のあった、人々が入植する前の時代の川とはまったく対照的である」[*6]。ウォルターとメリッツは中部大西洋岸の川について描写していたが、自然水路設計をめぐる対立は西部の多くの谷で起こっていた。人の手の入らない無秩序な川は安定性に欠け、使いやすくはないが、少なくとも自然である。

修復カウボーイに批判的な地形学者のグループがあまりに声高に主張するので、インディアナ大学の地理学者レベッカ・レイブはこの争いを「ロスジェン戦争」と名づけた。修復カウボーイの批判者たちは「プロセスベース」の修復という旗の下に集まる傾向がある[*7]。ロスジェン族が修復された川の見た目を重視するのに対し、プロセス族は、河川がどのように行動するか、つまり河川が氾濫原に流出する頻度、土砂の運搬量、養分の循環などを重視する。プロセスベースの福音を説く人々にとって、河川のためにできる最善のことは、河川がその本能に従うことを許すことである。要するに、「取り散らかす」ことである。このメッセージが、なぜ治水地区を脅かすのか、あるいは劣化した川を修復しようとしているコンサルタントを困惑させるのか、あなたにはおそらくわかるだろう。「従来の河川修復は、『設置したら終わり』というイメージでした」とブリッジ・クリークを訪れたとき、ニック・ウェバー（第五章参照）が私に話してくれた、「従来の河川修復は、浸食も埋積もしない静的な水路をつくろうとするものです」。ビーバーが得意とすることはたくさんあるが、静的なことは得意ではない。

人間がつくる川の評価

科学者は、学術的な論争を何よりの楽しみとし、私たちジャーナリストは、論争の火種をあおるのが大好きである。両陣営の正当な意見の相違は、いささか誇張されている。例えば、ロスジェンとジョー・ウィートンが共に著者を務めた二〇一六年の論文では、以下のように述べられている。外形重視型のシステムとプロセスベースのシステムが河川を分類する際の線引きは「必ずしも明確ではない*8」。私はロスジェンと連絡を取り、ビーバーについての意見を求めたところ、長文のメールが送られてきた。その内容の大部分は、復元におけるビーバーの役割を称賛するものだった。彼は絶望的に浸食された川に直面すると、氾濫原に新しい水路を掘り、放棄された水路を一連のU字形の池に変える。この池はビーバーを惹きつけ、魚を養い、地下水面を上昇させると、彼は書いている。しかしそれはトンカのおもちゃのトラックを使ったビーバーの物まねだと私は思う。

ジョー・ウィートンは、自然水路設計の支持者からは最も遠い存在だが、それにもかかわらず彼は修復カウボーイを称賛している。「あの男は、地形学者の誰よりも地形学というよくわからない学問を広めた」とウィートンは言う。「ロスジェンは、どんな状況でも実行できるレシピを人々に教えたことで批判を浴びたが、彼は正しいと思ったことをしたまでだ」。ウィートンは、ビーバーの影響を加えた新しいレシピのいくつかを、川の修復方法のレシピ本に加えたいと熱望している。「クッキーをつくろうとしている人に対して、ロスジェンは、チョコチップ入りのクッキーのつくり方を教えた」とウィートンは話す。「しかし甘くてしっとりしたおいしいクッキーのつくり方にはバリエーションがある。M&Mチョコ、カラフルなトッピングシュガー、ナッツなどでもつくれる」。ボルトで固定された構造物はそれに適した時と場所がある、特に道路や建物の近くがそうだ。しかし、場所は他にもある、とウィートンは言う。「とてもおいしく、さらに生態系にも優しいレシピを実現できる場所はまだまだある」

では、ビーバーのつくる混沌へのレシピとはどのようなものなのか？　私を連れてウォルマートに立ち寄った後、ウィートンはクッキーづくりのパートナーである牧場主のジェイ・ワイルドに会うため、ローガンから一時間ほど車で北上した。ワイルドはタワシのような口髭をたくわえ、貝パールのスナップボタンのついたシャツの胸ポケットには嗅ぎタバコのコペンハーゲンの缶を入れている。彼は自分のことを「年寄りの田舎者」と呼んでいたが、そのつぶやきのような口調には、彼が苦労して得た生態学的知識が感じられた。ワイルドは、自分の所有地を流れる川が季節的にしか水が流れないので、それを、一年を通じて流れる川にしようと何年もかけて努力してきた。根が水を吸い上げているヒロハハコヤナギを伐採して森林局の怒りを買ったこともあった。そしてついに、ビーバーにたどり着いた。数年間、自分でビーバーを捕獲して放ってみたものの、なかなか定着してくれなかった。二〇一四年、彼はウィートンに連絡し、ウィートンはビーバーダム・アナログ（ＢＤＡ）を設置して、次に放つビーバーを軟着陸させようとした。二〇一五年後半、一九基のＢＤＡと、五匹のビーバーが、バーチ・クリークに入った。翌年の夏、例年に比べ、川には二カ月長く水があり、この事実がワイルドの考え方を変えた。「今では、このメッセージを伝えるためならピアスをして、髪をポニーテールにしてもいいと思っています」と彼は私に言った。

ワイルド、ウィートン、私の三人が林道を車で走り、バーチ・クリークを訪れたとき、私はこの牧場主の熱意を感じた。川には、水たまり、池、曲がりくねった水路、ビーバーが掘った運河などがパズルのように組み合わされ、水浸しのビーバー都市を形成していた。明らかに人間がつくったダムもあれば、ビーバーがつくったダムもあるが、ほとんどは二つの種族の労働力が融合したものだった。草が倒れた道は、ビーバーが伐採したアスペンを森から池へと引きずったルートを示している。急峻な谷の壁が頭上にそびえ立ち、春になれば、降った雨や雪解け水が崖道を伝って私たちの足元のスポンジ状の地面へとしみ込むだろう。ワイルドは、腹のあたりまで伸びた草むらを歩きながら、種子の冠毛をなでたり植物の学名を発音したりしていた。

「『田舎者』にしては、ずいぶんとラテン語（植物や動物の学名はラテン語）に詳しいですね」と私は言った。

彼は長靴で地面を踏みしめるように歩きながら、茶目っ気のある笑いを浮かべた。「感じますか？　この地面を」。

私は膝を曲げ伸ばしして、草原がゼリーのように波打つのを感じた。「柔らかいですね」

ワイルドはうなずいた。「水分をたっぷり含んでいます」

「これがとても気に入っているんです」とウィートンが言った。ウィートンはある池に杖を突っ込んで底を探り、入っても大丈夫なことを確かめると、胸まで浸かった。「ブリッジ・クリークに比べると、ここは子どもの遊び場みたいなものです」とウィートンは言う。「私たちはまず氾濫原に水を広げて、ビーバーに格好の住処になる場所を与えるために一次ダムを建設することを考えました。そして、ビーバーの採餌範囲を広げるためにいくつかの二次ダムをつくることにしました」。ウィートンの、ロスジェンのレシピ本に対する答えは、ビーバーをキッチンに招き入れて、クッキーづくりを任せることだったのだと、私は理解した。

私たちは、バーチ・クリークより高い場所にあるミル・クリークと呼ばれる支流を目指した。そこではビーバーダム・アナログが進化の、あるいは退化の、次の段階へと達したという。通常、ウィートンたちは削岩機のような油圧式杭打機を使って、川床に杭を打ち込んで、BDAを建設している。杭打機を使うと安定したダムができるが、遠隔地の川にBDAを建設することは困難である。それというのも、この装置はとても重く、電源箱を持ち運ぶだけでも二人がかりになってしまうからだ。その手間を省くために、ウィートンは「杭のないBDA」をつくる実験を始めた。機械を一切使わないで、棒と泥でできた手づくりの塚で、ビーバーのダムをより忠実に真似ている。

ウィートンの杭のないBDAは、河川修復の正統派を冒瀆するものだった。この分野の主流派は、安定性を重視し、強固な岩でつくった堰やボルトで固定した丸太の護岸を設置して、何十年にもわたって川の形を維持する。一方、ウィートンが設計した素朴なビーバーダムは、一過性のもので、春の洪水で吹き飛ばされる前に、高水敷(6)が水に浸かるようにし、川床を上昇させ、ビーバーの復活を促進する目的でつくられている。それでも、このダムは魚の絶好の生息地となった。私はセンテニアル・バレーでのレベッカ・レヴィン（第一章参照）の言葉を思い出した。「ビーバーダムの最もすばらしいことの一つは、壊れることです」。杭のないBDAは、ダム自体はほとんど重要ではないという点で、プロセスベースの修復の頂点に位置する。五年後に戻ってきたら、おそらくダムはなくなっているだろう。

「医療みたいなものです」とウィートンが言ったとき、私たちは水たまりの複合体の中を進んでいた。水が私の脇の下をくすぐり、ワイルドはそれを岸辺から楽しそうに見ていた。「外科医たちはヒーローで、傲慢な態度で臨み、再建手術をして去っていく。その一方で、患者はいまいましいギプスをはめられていて、医師は外すのを忘れてしまっている。私たちは予防医学を目指しています。ビーバーを使って、川に土砂と木材という健康的な食事を与え、川が少しでも運動できるようにするのです」。彼は後ろを振り返り、少し恥ずかしそうに微笑んだ。「これはまだ進行中ということです。わかるでしょ？」

敵にされたビーバー

川に運動させることを許可し、そのパーソナルトレーナーとしてビーバーを採用する。これは、一世紀にわたる流域管理の歴史と真っ向から対立しようとする過激な考えである。ここで、マラー国立野生生物保護区について考えてみよう。マラーという名前を聞いたことがある人は、それがオレゴン州南東部にある土地だということをご存じだと思う。この土地は、二〇一六年一月に、憲法を理解していない極右過激派の向こう見ずな民兵によって占拠された。[*9] アモン・バンディとその過激派の仲間たちがこの砂漠のオアシスを占拠する一世紀ほど前には、マラーは生態系の対立に満ちていた。そしてその先頭に立って戦っていたのはビーバーたちだった。

ピーター・スケーン・オグデン（第二章・第五章・第六章参照）とハドソン湾会社のわな猟師たちは、ビーバーのいない緩衝地帯をつくろうとする「毛皮の砂漠」作戦でオレゴン州東部を荒らし回ったが、マラーのビーバーの数は、一九〇〇年代初頭には回復し、地元の人々を喜ばせた。「ビーバーはダムをつくり、池を開発することで、家畜の牧草を増やし、地元の山間で釣りやレクリエーションが楽しめる池や小川をつくってくれます」と、マラーの保護に協力した生物学者のウィリアム・フィンリーは熱く語った。[*10] このような貢献は地元の畜産業者にも理解された。「クレーン・クリークの近くの牧場主ポール・スチュワートは自分の所有地に……ビーバーの導入を強く望んでいる」と、一九三七年の夏にビーバーの移転を行った二人の州職員が報告している。ビーバーの移転を担当する州職員は、マラー保護区の管理責任者ジョン・シャーフにも好意的に受け入れられ、ビーバーの移転先をいくつか紹介された。[*11]

しかし、シャーフのビーバーへの親しみは、やがて侮蔑へと変わった。第二次世界大戦後の数年間は、技術万能主義が全米を席巻し、それは野生生物学者たちにも影響を与えた。ハンターたちのために水鳥を生産することが、湿地管理の基本となった。原子を極めたのだから、マガモくらい生産することができるはずだというのである。農家や土地管理者は、農務省の助けを借りて、河川水路を拡大したり、直線化したり、川辺の植物を刈り取ったり、湿地帯の水を抜いて別の湿地帯をつくったりした。土地管理とは、科学を通してより良い生活をすることに等しいとされた。ナンシー・ラングストン(7)は、著書『*Where Land and Water Meet*(陸と水が出会う場所)』に次のように書いている。シャーフとそのスタッフは、一九三七年だけで、「一二二万立方メートルの堤防と防波堤を建設し、一五〇キロメートルの有刺鉄線を設置し、六万四〇〇〇立方メートルの水路を撤去し、二万七〇〇〇立方メートルの砕石を敷設し、三五基の独立した治水構造物を設置した」。流れを変え、谷底を水浸しにして、鳥の生息地をつくったのである。「カモは、農業生産物の一つになった」とラングストンは書いている。*12 自然にできることは、人間にもできることなのだ。

細かい管理が導入されたマラーでは、ビーバーが入る余地はなかった。ビーバーはシャーフの堤防にもぐり込み、水路をせき止め、作業を妨害した。シャーフは、一九四六年に二八匹のビーバーを殺すようスタッフに命じた。そして一九四七年にはさらに四〇匹、一九五〇年には三〇匹、一九五四年と一九五五年には合計九〇匹のビーバーを殺すよう命じた。ビーバーと水鳥が何百万年も共存してきたことなど気にも留めなかった。ビーバーは事実上、一夜にして「保護区の憎むべき敵」になったのである。[*13]

シャーフが行った川の修復方法は、今では一般的ではないかもしれないが、自然をコントロールしようとする人々にとって、ビーバーが敵であることに変わりはない。ジェイ・ワイルドの放牧地のような人里離れた場所では、川を野生化させることは簡単な処方だが、文明に近い場所では、かなり困難な治療となる。ローガンのウォルマート・ビーバーのような成功例がある一方で、ケリー・マクアダムスとクリス・バーンズの物語に似た多くの出来事が存在している。二人は、二〇一五年のクリスマスイブに、ソルトレイク郡治水課から手渡しの召喚状を受け取った。

動的な河川導入の壁

マクアダムスとバーンズは当時、ユタ州の州都ソルトレークシティの郊外にあるドレーパー市に住んでいた。彼らの裏庭にはビッグ・ウィロー・クリークが流れており、ビーバーが、ガン、サギ、ペリカンなどが行き交う豊かな湿地に変えていた。水鳥たちはこの環境に満足していたかもしれないが、郡は満足していなかった。治水課は、川にあるビーバーダムは下流の土地や財産を脅かすものであると主張した。すぐに撤去しなければ、ダムがある限り、一日二五ドルの罰金を科すというものだった。「クリスマスの朝が台無しになりました」とマクアダムスは私に話した。

それからの二年間、マクアダムスとバーンズ、そして彼らの隣人たちは、この裁決に対する控訴や生物学的調査に何千ドルも費やした。連邦政府の魚類野生生物局は、ソルトレイク郡治水課にダムを存続させるよう要請する書簡を出した。しかし、郡は、リスクが大きすぎると主張して譲らなかった。『ザ・ソルトレイク・トリビューン』紙のある記事では、この難解な取り組みについて書いている。マクアダムスは、自然保護団体「地球第一！」の活動家が常緑針葉樹の切り株に入り込んで抗議したように、自分も自らをダムに鎖でつないで抗議すると誓った。[*14] しかし、私たちが話をしたときには、マクアダムスとバーンズは、家を売り払い、ネバダ州に引っ越していた。「二年ほど闘いましたが、彼らはあまりにも頑固でした」と彼は私に話した。「私たちは基本的には降伏したのです」

賠償責任を重視する治水課が、人間の言うことを聞かないげっ歯類を受け入れるのを嫌がるのは当然である。しかし、自然を人間の思い通りにしたいという衝動は、進歩的な団体にも見られる。健全な川の流れに熱中する人々が、ビーバーに怒りをぶつけていることも多い。ジョン・シャーフが、マラーの自分のカモの楽園を邪魔されたときにビーバーを駆除したように、川の修復に対する支配的なアプローチは、進歩という名のもとに、「粘り強い建設者」を犠牲にしている。

その原因は、多くの場合、「代償ミティゲーション」(8)と呼ばれる善意の構想にある。水質浄化法の下では、伐採会社から交通局まで、企業や機関が河川や湿地の生息地を破壊することを禁じられている。しかし、これには抜け道がある。もしあなたの建設プロジェクトが「避けられない」ダメージを与えることが確実であるとしたら、他の場所にある川を修復するためにお金を払えばよいのである。一六世紀のキリスト教徒が罪の償い（罰）を免除してもらうために免罪符を買ったようなものだ。このシステムでは、家の転売業者のように、修復会社が劣化した川を修復し、それを、免罪符を求める人に売って利益を得ることができる。

当然ながら、動的な川の流れを硬直した交換システムに組み込むことには危険がある。「川の市場が機能するためには、明確な商品が必要です」。二〇一五年に、雑誌『*High Country News*（ハイ・カントリー・ニュース）』の取材で面談したときにインディアナ大学の地理学者レベッカ・レイブが私に説明してくれた。金や小麦とは異なり、健全な河川は、本質的に変幻自在であり、その変化する性質は商品化を難しくする。「流れが変化していても、規制当局はそれが問題ないかどうか証明する方法がありません」とレイブは言う。[*15]

その結果、河川の代替ミティゲーションは、安定して、シンプルで、売れ行きの良い水路、すなわちビーバーの入り込む余地のない川の販売を促進することになる。ネバダ州のワインカップ・ギャンブル牧場をビーバーを利用する構想に合わせて再構築しているエンジニア、アート・パローラ（第七章参照）は、主に、ケンタッキー州やウェストバージニア州などのアパラチア地方を拠点として活動している。その地域の谷間には、かつてビーバーがあふれ、川と湿地の複合体によって潤されていた。しかし、ビーバーは捕獲され、彼らの貢献は忘れ去られた。最近では、南東部のエンジニアたちは、低地広葉樹林の復元に力を注いでいる。湿地に立つオーク、ヒッコリー（クルミ科の木）、蛇行する川を取り囲むアメリカスズカケノキなどの森林である。このような植物の生息環境に入ってくるビーバーはひどい目に遭うだろう。

「ビーバーが入ってきて、せっかく造成した低地広葉樹林の森に池をつくってしまったら、多くのミティゲーション・クレジット(9)を失うことになり、修復に失敗したものと見なされてしまいます」とパローラは教えてくれた。私たちが話をする少し前のことだが、彼の復元した川の一つにビーバーが来て、そこを湿地に変えてしまった。生態学的には望ましい結果かもしれないが、規制の観点からは忌み嫌われる結果だった。彼はビーバーのロッジの解体を余儀なくされた。直径九メートルの荘厳な宮殿だった。「カモはいたるところにいるというのに」と彼は嘆く。「信じられないかもしれませんが、私は泣きそうになりました」

パローラの経験は大きなジレンマを物語っている。ビーバーを使った修復はまだ新しい方法であり、既存の規制システムに押し込むには無理がある。二〇一七年六月、私はジョン・コフマンを訪ねた。ワイオミング州にある自然保護団体「ザ・ネイチャー・コンサーバンシー」のレッド・キャニオン牧場の管理者である。ここには、正弦波（波動の一種）のような形状の、濁ったリトル・ポポ・アギー川が流れている。コフマンは、その夏の終わりにビーバーダム・アナログを一〇基設置する予定だった。そして、ワイオミング州環境品質局とアメリカ陸軍工兵司令部に大量の書類を提出し始めていた。厳しい規制の中には、ＢＤＡの目的そのものを阻害するものがあることに彼は気づいた。州は、構造物が、通常の状態の川の高さや幅を超えてはならないとしていた。「彼らは、ビーバーダム・アナログが流れを迂回させ、新たな水路をつくることを心配しているのです」。コフマンは信じられないという口ぶりで笑った。「それも目的ではありますけどね」

何カ月も経ってから、コフマンに電話をして、設置作業の進捗について聞いてみた。ビーバーダム・アナログの建設許可がまったく下りていないことを知ったが、私は驚かなかった。州によると、水を使用する権利を得るためには、それぞれのダムごとに別々の許可を得る必要があるという。ＢＤＡは実際には水を汲み上げるのではなく、水が川を下るのを遅らせるだけである。コフマンは、まだこのプロジェクトに高い期待を寄せているが、面倒なことや頭を悩ませることが多く、プロジェクトは一年延期された。「泥沼にはまってしまった」と彼は嘆いた。

ジョー・ウィートンをはじめとするプロセスベースの修復に携わる仲間たちにとって、コフマンが経験したようなことは心配な前触れである。「今、私たちはビーバーによる修復の蜜月時代にあります」とウィートンは言う。「いったん政治的な問題が発生すると、実施は非常に困難になります。もしプロのエンジニアが関与し、規制当局が過剰な設計を要求したりすれば、安価で健全で実用的な解決策としてのビーバーによる修復は頓挫してしまいます」。ユタ州立大学のウィートンの同僚の一人で、ユタ州に住んで五世代目というウォーリー・マクファーレンは、反ビーバー派の灌漑業者と州のエンジニアが規制プロセスを武器にして、BDAによる河川の改変許可を拒否し、プロジェクトを開始前に打ち切ってしまうのではないかと懸念している。これは特に、州の南半分の保守的な地域で懸念される。ビーバーが、大学のインテリぶっているやつと同じくらい嫌われている地域である。「ユタ州南部の風景に存在するビーバーダムの数は、他の地域に比べてはるかに少ないのです」とマクファーレンは言う。「人々の許容範囲がとても狭いのです。ビーバーは確実な手法なのに、私たちはいつもはばまれています」

ビーバーダム破壊の痕跡

太陽が照りつけるユタ州南部で、最も確実にビーバーに会える場所はミル・クリークである。この川は、南西部のレクリエーションの中心地であるモアブ(10)を潤す。キャッスル・バレーの近くに住む著名なビーバー信者、メアリー・オブライエンに最初にメールを送ったとき、彼女は喜んでミル・コロニーのビーバーたちの手仕事を見せると言ってくれた。しかし、彼女に会う二日前、メールボックスを開くと、オブライエンからメールが届いていて、「うわ、ダメだ」という不吉な件名がついていた。ウォーリー・マクファーレンの警告を裏付けるかのように、匿名の破壊者が、ミル・クリークのダムを破壊していた。被害は修復できるだろうか？　ビーバーたちは川から逃げていってしまったのだろうか？　誰にもわからなかった。穏やかに砂漠を散歩するはずだったのが、突然、『ＣＳＩ：科学捜査班』[11]の第一話「モアブ編――極悪非道のならず者と水かきのある足を持つ犠牲者を追え――」に変わってしまった。

約束の日の夜明け、オブライエンと私はミル・クリークの上流に向かって歩いた。ミル・クリークは手触りの滑らかな岩の峡谷を流れる、すねまでの深さの細長いオアシスである。峡谷の壁が朝日を浴びて、ピンク、薄紫、オレンジなどのパステルカラーに染まる。土手には銀色に輝くヤナギが生い茂り、ヒロハハコヤナギがスペードの形をした葉を豊かに揺らしている。空は暑さを予感させる白色になり、私たちは涼を求めて川の中を歩いた。サンダルを履いた私たちの足元にはヒメハヤが泳ぎ回っていた。乾燥した斜面の下の水のある川で、私たちは有名な「砂漠の矛盾」に直面していた。乾燥した世界には、水の流れによって刻まれた痕がある。

数分歩くと、最初のビーバーダム、というかダムの残骸のあるところに着いた。ヤナギの壁の中央部が、バールで破ったように破壊され、川の水がそこを通って流れていた。囲い込みから解放された水は、赤味を帯びた沈泥の層を切り裂いて流れ、トラック何台分もの土砂を押し出していた。大量の土砂がミル・クリークに流れ込み、人気の遊泳場所が一夜にして野生動物の泥浴び場となってしまった。

上流に向かって進んでいくと、次から次へと破壊されたダムに出合い、全部で八基のダムがいかにも人間らしい正確さと悪意をもって切り裂かれていた。その後、オブライエンが聞いた噂では、ダムを破壊した犯人は、まったく根拠もなくビーバーが大腸菌を蔓延させることを恐れて追い出したのだという。腸の病気であるジアルジア症が「ビーバー熱」という俗称で知られているほど、このげっ歯類は病気とよく結びつけられている。しかし、ジアルジア症は動物から感染するより人間から感染する確率のほうがはるかに高い。

破壊者の動機が何であれ、彼は何の手がかりも残していかなかった。ビーバーたちも同様だ。私たちは足跡や新しい切り株、修理の跡などを探したが無駄だった。「何も修理したようには見えない」とオブライエンは腰に手を当てて言った、「もうここにはいなくなってしまったのかな」。彼女は悲しみと怒りで頭を振った。「あぁ、なんてこと」

オブライエンほどビーバーに対する敵意と闘った経験を多く持つ人はいないだろう。彼女は、「グランド・キャニオン・トラスト」という自然保護団体のユタ州森林プログラムのリーダーである。オブライエンは砂漠を仕事の場としており、痩せていて、タフで、現実的だ。日焼けを重ねた顔には、水と風によるしわがたたみ込まれていた。ハイキング中、彼女はよく立ち止まる。そして外来植物に不満をもらしたり、うまくカモフラージュした赤味を帯びたトカゲに話しかけたりする。「君たちは生き残ったのね」と優しく声をかける、「誰にも見えないからね」。

この土地に馴染んでいるように見えても、モルモン開拓者の祖先を持つ人が多いユタ州に、オブライエンが来たのは比較的最近のことだ。オブライエンとその夫は、友人で作家のテリー・テンペスト・ウィリアムズ[12]に誘われて、二〇〇三年に、オレゴン州からキャッスル・バレーに引っ越してきた。「私たちは思いました。すごい！　街灯もなく、企業もなく、家の勝手口から歩いて公有地に出られる。こういうところを探していたのだと」とオブライエンは振り返る。有害物質規制法や環境法、公有地保全の分野で長いキャリアを積んできた。積極的に仕事を探していたわけではないが、「グランド・キャニオン・トラスト」の訪問を受けて、その仕事を引き受けた。「この地域には退職者が多く、彼らは旅行に出かけたり、ハイキングに行ったりします。特にハイキングは好まれているようです」と、彼女が話してくれたとき、私たちはまさにハイキングをしていた。「でも、この土地のために何かしてやろうという人はほとんどいません」。それは彼女にはあり得ないことだった。

オブライエンはトラストから、ディクシー国有林、フィッシュレイク国有林、マンティラサル国有林に関する森林局の管理計画の監視を任せられていた。山岳地帯と高原地帯が広がる一万八〇〇〇平方キロメートルの土地では、事実上、放牧が規制されていなかった。オブライエンは、すぐに、この土地が放牧によって完膚なきまでに痛めつけられていることに気づいた。アスペン、ヤナギ、ヒロハハコヤナギの古木が斜面にはかろうじて残っていたが、ウシやアカシカが苗木になる前に新芽を食べてしまっていた。ビーバーが、荒廃した渓流のほとんどから姿を消して久しくなっていた。アスペンの整然とした列が、大通りと交差する脇道のように、川を直角に横切っている。これはずっと以前に木々がビーバーダムの上に根を下ろしたことを示している。しかし、新しい活動の痕跡はほとんど見当たらなかった。ビーバーの国はゴーストタウンと化していた。

こうした風景はユタ州南部では珍しくない。ここでは、石油やガスよりもウシが大切にされている。ユタ州の農地の五分の三には牧草が植えられており、連邦で二番目に乾燥したこの州の水の七〇パーセントは家畜が消費している。畜牛の優位性を脅かす野生動物は、極端な偏見を持って排除される。時折、子ウシや子ヒツジを殺すことで悪者扱いされる哀れなコヨーテの例を見てみよう。州は今でも猟師が毛皮を差し出すたびに五〇ドルの懸賞金を支払い、そしてコヨーテを殺すための残酷なダービーを開催している。このダービーで何百頭ものコヨーテが殺される。

ユタ州の独自性

ユタ州南部の人々がコヨーテ以上に嫌うものがあるとすれば、それはユタ州の約六五パーセントの土地を管理している連邦政府の存在である。ネバダ州もそうだが、州や郡の役人は自分たちの仕事が官僚の専制政治と思われることに抵抗を感じている。このような反感の根は、複雑で深い。そのルーツは、ユタ州の創設時にさかのぼる。創設者はモルモン教の独立国家を夢見ていたのである。土地の使用を制限すると、たいてい悪評が立つ。一九九六年に、クリントン大統領がグランド・ステアーケース＝エスカランテを国定公園に指定すると、州政府はこの国定公園の評判を落とすための中傷キャンペーンを展開した。その結果、二〇一七年にライアン・ジンキ内務長官がグランド・ステアーケース＝エスカランテ国定公園の範囲を半分にすることを決定した。[*16] 二〇一四年、連邦土地管理局が、アメリカ先住民の遺物を保護するためリキャップチャー・キャニオンへの道を閉鎖すると、サンファン郡の郡政委員は、これに抗議するためオフロード車の雑多な旅団を率いて低地に入っていった。[*17]「正直に言うと、ユタ州は自然保護活動家として働くには簡単な場所ではありません」とNPO法人「ワイルド・ユタ・プロジェクト（Wild Utah Project）」のリーダー、アリソン・ジョーンズは私に話してくれた。「焦らず、少しずつ前進することに慣れてきました」

厳しい政治情勢にもめげず、メアリー・オブライエンは、ユタ州のビーバーの復活を世間の注目を集める出来事とするべく、ビーバーを称えるフェスティバルを開催したり、『ザ・ソルトレイク・トリビューン』紙のop-ed（オプ・エド）[13]に寄稿してビーバーのすばらしさを訴えたりした。*18 彼女の主張は、ユタ州野生生物資源課（UDWR）が、全州の取り組みとしてビーバー管理計画を策定するようになる一因となった。この計画の注目すべき点は、厄介なげっ歯類を殺すのではなく、再配置を奨励していることである。二〇一〇年に発表されたユタ州のビーバー計画では、教育活動の改善を決議し、フロー・デバイスなどの非殺傷技術を推奨している。さらに、劣化した一〇〇本以上の川をビーバーの再配置先の候補として挙げている。*19 この計画は完璧なものではない。例えば、私有地における再配置を成文化していない。しかしこの計画の存在自体が注目に値するものだった。

目論見通り、この計画がきっかけとなり、ビーバーの復活が活発に行われるようになった。とりわけ州の南西部にあるアスペンの高原、ディクシー国有林では活発である。ディクシー国有林は、減少傾向にあるこの地域のボーリアル・ヒキガエルの最後の砦の一つだ。どっしりとした、斑点のあるカエルで、繁殖、孵化、変態は、ほぼビーバー池のみで行われる。歴史的な過放牧により、アスペンの森もビーバーも奪われてしまったが、家畜やアカシカが侵入できないように柵をめぐらしたり、ビーバー・ダム・アナログを設置したり、ビーバーを再配置するなどして、セビア川のイースト・フォークではビーバーが復活した。ディクシー国有林を担当する森林局の生物学者マイク・ゴールデンは、ビーバーが復活してから二年も経たないうちに、ヒキガエルが、過去一〇年間不在だった池に再び生息し始めたと語った。「川の生態学者から見て、ビーバーの驚くべきところはここにあります」とゴールデンは言う。「人が必死でやらなければならないことを、ビーバーはいとも簡単にやってくれるのです」

予想通り、突然のビーバーの活発な活動に誰もが夢中になったわけではなかった。二〇一二年、夏の訪れと共にユタ州南部では、焼けつくような日照りが続いた。米国農務省が、ガーフィールド郡を自然災害リストに加えたほどだった。ガーフィールド郡とケイン郡にまたがるエスカランテ川流域にビーバーを復活させれば、干ばつから解放されると思われた。前年に、コンサルタント会社が、エスカランテ川にビーバーを戻せば、特に貯水の面で数百万ドルの利益が得られるという調査結果を出していた。[*20] しかし郡は、湿地帯をつくる哺乳類を川に移転させるという州の提案を拒否した。これが自虐的な行為であることは明らかだった。その理由は、ビーバーを保護することで、ウシの覇権が覆されるのではないかという被害妄想によるものだった。「環境保護団体が、ビーバーをウシに対抗するための道具にするかもしれない」と、ある郡の議長は、『ザ・ソルトレイク・トリビューン』紙に話した。[*21] それからほどなくして、ガーフィールド郡のある灌漑会社が、水の供給を速めるためという、よく練られていない企画により、一本の小川に生息する三七匹のビーバーをすべて殺してしまった。*22

メアリー・オブライエンの名前を口にする人はいなかったが、その必要もなかった。「思うに、最初に懸念されたのは、誰が関わっているかということでした。あるグループが他のグループを怒らせた結果、相手がしかるべき態度に出てしまったのです」と州の毛皮動物の生物学者であるダレン・デブルワが、機転を利かせて話してくれた。二〇一七年九月に、デブルワに話を聞いたところ、州の野生生物資源課はまだ、ガーフィールド郡当局との交渉を望んでいるという。私はガーフィールド郡に対してコメントを求めたが、返事はなかった。

オブライエンは、自分の考え方が原形を留めないほどに、歪められていると感じていた。彼女は牛飼いが自分の敵だとは思っていない。車でモアブに戻る途上で彼女はそう主張した。彼女は何年もかけて牧場主と森林局との間で協力的な放牧契約の交渉を行い、傷つきやすい小川にウシを入れない代わりに、家畜用の新しい水源を開発することについて同意を得ていた。中には個人的に親しくなった牧場主もいた。

「『ビーバー諮問委員会』には、牧場主やわな猟師の代表者がいましたが、皆、冷静でした」と彼女は言う。「ビーバーを擁護するのにあまりけんか腰にならなくてもいい人たちもいます。ビーバーは山岳地帯にいるべきというだけで十分です。今回のことはすべて、国からウシを追い出そうとしているグランド・キャニオン・トラストの計画です」彼女はあきれた顔をして、うなった、「絶対にそうです」。

「あなたに対して、多くの政治的な力が働いていますね」と、私は言うまでもないことを言った。

オブライエンは肩をすくめた。「気候科学者も同じですよ」と彼女は言った、「私は特別ではありません」。このとき、最初の待ち合わせ場所だったモアブのダウンタウンにあるビジター・センターに着いていた。オブライエンは車のエンジンを切り、かすかに笑みを浮かべて私を見た。「乳がんになったときと同じです。『なぜ私が？』という反応をする人もいるでしょう。当時私は八年間、農薬に反対する団体で働いていました。だから、有害物質を知っている私が診断されたときに最初に思ったのは、『なぜ私が』ではなく『今までどうやってがんから逃げおおせてきたのだろう？』でした」。彼女は軽く笑った。「私は自分を哀れには思いません。（内戦に苦しむ）シリアで生活することに比べれば」

ビーバー修復評価ツール

ユタ州南部の物語は、ビーバーを使った修復の中心にある不快な真実を示している。ビーバーが最も力を発揮できる風景が必ずしも彼らを受け入れるとは限らないのだ。特にアメリカ西部では、環境的な必要性と政治的なタイミングは必ずしも重ならない。生態系のヒーローであると同時に農業の悪役でもあるオオカミを見てほしい。

ビーバーの成果を測定するための道具にBRATがある。ビーバー修復評価ツール（Beaver Restoration Assessment Tool）はコンピューターモデルである。開発したのは、ジョー・ウィートン、ウォーリー・マクファーレンと、ユタ州立大学の同僚たちで、一般に公開されている渓流の流れや植生に関するデータを融合して、当該の川がいくつのダムを支えられるかを予測する。BRATはオープンソースなので、ビーバーに興味のある研究者なら誰でも、どこにビーバーを再導入し、どこにビーバー・ダム・アナログを設置すれば最も効果的かを判断できるようになっている。BRATは最近開発されたにもかかわらず、すでにビーバー界の寵児になっている。ユタ州の毛皮生物学者のダレン・デブルワが私に話してくれたところでは、州のビーバー管理計画の最新のバージョンでは、BRATを採用して再導入計画を進めるとのことだ。私はカリフォルニア州、オレゴン州、アイダホ州のビーバー擁護派がBRATをほめちぎるのを聞いたことがある。また、水文学者アラン・パトック（第九章参照）と彼のエクセター大学の同僚たちは、いつの日かイギリスでビーバーを再導入する際の指針となるようなバージョンを開発している。

BRATの主要な価値はその技術ではあるが、それだけではなく、イマジネーションが成し遂げた偉業でもある。ヨーロッパ人がわなでビーバーを捕獲する前の時代の壮大な池の世界を視覚化する手法であり、「カストロセン（ビーバー新世）」（第二章参照）へのタイムマシンである。二〇一四年、ユタ州のチームは、BRATで、ユタ州全体の評価を行った。それによると、この州は三二万基のビーバーダムを維持できることがわかった。一リバー・マイル（約一・六キロメートル）[14]につき一九基のダムということになる。[*23]ビーバー複合体の短命さを考慮すると、ビーバーが利用可能な場所のすべてを一度に満たすことはないだろう。しかし、半分の数でも、ダムと池があればほとんどの小さな川の流れは妨げられるだろう。

ビーバーが繁栄した輝かしい時代から、都市化、農業、過放牧という三つの災害によって、ユタ州にビーバーダムがつくられる可能性は三分の一に縮小してしまった。生息地の喪失に加えて、もちろんわな猟がある。ウィートンとその同僚たちがモデルを検証したところ、ユタ州の川には、理論的に維持できるダムの数の八〜一七パーセントしかなかった。これは、ユタ州のビーバーが大きな潜在能力のほんの一部しか発揮できていないことを示している。中には、わずか一パーセントにまで落ち込んだ流域もあった。[*24]一四九一年の世界に広がっていた水浸しのワンダーランドにはもう戻れないだろうが、たとえ疑似的なものであっても、西部の水路をより良いものに変えることはできるだろう。「私は、潜在能力の三〇〜五〇パーセント程度のダムの数量が良い目標だと思います」とウィートンが話してくれた。「二〇〜二五パーセントにするだけでも、驚きの効果が期待できます」

そのためには、アメリカ中の河川修復の専門家集団が、ビーバーに対する認識だけではなく、自分自身に対する認識も変えなければならないという劇的な転換が必要かもしれない。ノースカロライナ大学のトッド・ベンドール教授が二〇一七年に行った分析によると、アメリカの生態系修復産業は一二万六〇〇〇人を雇用し、毎年九五億ドルの売り上げをあげている。[*25] これはナショナルホッケーリーグの収益の二倍に相当する。修復産業複合体の従業員の約三分の一が河川や湿地帯で働いている。ビーバーは、経済的にもイデオロギー的にも、従来の修復を脅かす存在である。ビーバーは、高い技術力と労働力を無償で提供し、高価な介入の必要性を排除する。彼らは、人間が常に最善の方法を知っているわけではないということを、四本の脚で証明している。生態系に対する私たちの記憶は短期的で誤っていることが多いが、彼らの本能は確実で永遠である。「ビーバーに修復の判断をゆだねることができれば、私たちの住む土地はもっと良くなるでしょう」とウィートンは話してくれた。

未だ見ぬビーバーの風景への郷愁

二〇〇三年、オーストラリアの哲学者グレン・アルブレヒトは、「ソラスタルジア（*solastalgia*）」という新語をつくり出した。愛する故郷が破壊されるのを目の当たりにして感じる感情的な苦痛を表す言葉である。アルブレヒトの造語は、「慰め（solace）」と「痛み

(algia)」という語源から生まれたもので、ニューサウスウェールズ州（オーストラリア南東部の州）で生まれた。そこでは、露天掘りによる石炭採掘により、数百平方キロメートルの景観が破壊され、住民に深い精神的な傷を与えた。ソラスタルジアは、アントロポセン（人新世）（第二章参照）とその不満を四音節で表した。変化の不協和音、喪失の速さ、環境的な悲しみがもたらす不満である。アルブレヒトは、「ソラスタルジアとは、簡単に言えば『故郷にいるにもかかわらず感じる郷愁』である」と書いている。*26

多くのビーバー信者に共通する特徴として、慢性的な、かすかなソラスタルジア、毛皮交易以前の、池があり生物多様性があった世界への郷愁があることに私は気づいた。鉱山の影響を受けたオーストラリア人が感じるソラスタルジアとは異なり、ビーバー信者の郷愁は、彼らがまだよく知らない故郷に対する郷愁である。彼らが再現できるのは、法科学的な生態学、あるいは初期の探検家メリウェザー・ルイス（第二章参照）の日誌の切れ端によってのみである。メロドラマのようになってしまうかもしれないが、彼らを見ていると、アメリカ生まれの難民の子どもたちというイメージがわいてくる。自分の知らない祖国をいつも夢見ている。ビーバーの国はどんな風景で、どんな匂いがして、どんな音がしていて、はだしのつま先の下でどんな感触がしたのだろう？　はっきりとはわからないが、とにかく懐かしいのだ。

私はニューヨーク州のハドソンバレーで育った。ここは人間とビーバーが特に密接に結びついている場所だ。川の名前は、もちろん毛皮交易の創始者の一人であるヘンリー・ハドソン（第二章参照）にちなんでつけられた。一六三〇年から一六四〇年にかけて、毎年約八万枚の毛皮がハドソン川を下って、オランダに運ばれた。[*27] ニューヨーク市章には、オランダ人入植者、レナペ・インディアン、四枚の風車の羽根、二つの小麦粉の樽、そして二匹のビーバーが描かれている。ビーバーのベニーは、ニューヨーク市立大学シティカレッジのスポーツチームのマスコットキャラクターである。ニューヨーク市で地下鉄六系統に乗り、アスター・プレイス駅で下車して、上を見ると、ビーバーが浮き彫りされた真鍮製のプレートが目に入る。これは、不動産王であり毛皮商人でもあったジョン・ジェイコブ・アスターへの敬意を表したものである。彼が率いるアメリカ毛皮会社は、ロッキー山脈のビーバーのほとんどを独占的に手に入れ、結果としてニューヨークの発展を経済的に支えた。

市街地でビーバーを見ようと思ったら、地下鉄のアスター・プレイス駅が、長い間、唯一の選択肢だった。マンハッタン島は、歴史的には多くのビーバーがあふれるほど生息していた場所だった。タイムズスクエアは、かつては多くのビーバーが生息するカエデの生えた沼地だった。[*28] しかし、わな猟、開発、汚染によって一八〇〇年代初頭にはビーバーはいなくなった。しかし、二〇〇六年末、ブロンクス川のほとりに泥とヤナギでできたロッジが現れた。野生生物保護学会の生物学者は、この住民を川の浄化資金集めの先頭に立った下院議員ホセ・セラーノの名前にちなんで、ホセと名づけた。この先駆者は、ニューヨーク市警察設立

（一八四五年）よりも前からビーバー不在だったビッグ・アップルに現れた最初の野生のビーバーとなった。

ブロンクス川で誰よりも多くの時間を過ごしているのは、環境保護団体「ブロンクス川アライアンス」の教育コーディネーターを務めるケイティ・ランボイである。この窮地に立つ川で何度もボートの旅を案内してきた。釣り人たちは彼女を「カヌー・レディー」と呼んでいる。一一月のある冷え込んだ夕方、カヌー・レディーと私はニューヨーク植物園にある古い桟橋から船を出した。彼女が船首に、私が船尾に乗って、ホセを探す船旅に出た。静かな川にパドルを浸し、ゆっくりと上流に向かって漕ぎだす。木々の壁に囲まれた川の向こうには、コインランドリーや鶏料理店、質屋、ワインショップなどがある。紅葉したカエデやホワイトオークにおおわれた水面は薄暗く穏やかで静かだ。岸辺にはタデが絡み合うように生い茂り、倒れたブナの木が、金色の葉をつけた枝を琥珀色の川に浸していた。

ランボイの話では、ホセの居場所はもちろん、彼が生きているかどうかも謎だという。二〇一〇年には、別のビーバーが現れ、タブロイド紙がこぞって祝福した。「孤独なブロンクス川のビーバーに新しい仲間ができた」と『デイリーニューズ（The Daily News）』紙は伝えた。[*29] 野生生物保護協会はネーミングコンテストを開催し、この新しいビーバーは、「ジャスティン・ビーバー」と名づけられた（ビーバー再生の不変の法則はこれらしい。子どもたちに名前を選ばせると常にジャスティン・ビーバーになる)。ホセはツイッターのアカウント@josethebxbeaverを取得し、ささやかなファンを獲得した。しかし、時が経つにつれ、人々は彼の動向を見失っていった。「実は私はここのビーバーを見たことがないんです」と言って、ランボイはため息をついた。彼女はブロンクス川にビーバーが生息していることは知っていた。最近、ある牧師が市街地の上流で彼らの姿をカメラに収めていた。しかし、それはどうもブロンクス川ではないようなのだ。

ネタバレ:ケイティ・ランボイと私は、ニューヨークで唯一の淡水の川で、あの夕方、ビーバーを発見することはできなかった。努力が足りなかったわけではない。私たちは、泥でぬかるんだ川岸に沿って、かじられた切り株や、足跡を探したが、何もなかった。島の上流点に堆積した大量の枝のそばに停泊もした。枝にはビールの空き缶、キャンディの包み紙、水浸しの教科書、地下鉄の黄色のプリペイドカードなどのゴミがぎっしりと挟まっていた。私たちは次から次へと枝を調べ、見覚えのある門歯の跡を探したが、何もなかった。証拠がないことが証拠になるとは限らないが、ホセがここを出ていった可能性は高いと思われた。

それでも、このゴミだらけの都会の水路には、十分すぎるほどの自然があった。ランボイはさすが熟練した自然主義者で、カヌーの下を通るミシシッピアカミミガメや、サンフィッシュが砂底につくったすり鉢状の巣を見つけた。彼女は白い二枚貝の殻の山を指差し、「これは外来種のアジアのアサリですが、マスクラットが食べてしまうので心配はありません」

と言った。次のカーブを曲がると、そこには確かにマスクラットがいた。ビーバーの頑丈な尻尾に比べて、悲しい糸のように見える尻尾を猛烈に振りながらタデの茂みの中にもぐり込んでいった。この川が汚されてきた歴史は忘れられがちである。かつては開放された下水であり、工業廃水が流れ、とめどなくゴミが流れていた。エマ・マリス『「自然という幻想」：多自然ガーデニングによる新しい自然保護』（岸由二、小宮繁訳、草思社、二〇一八年）にある言葉を思い出した、「裏庭に至高なるものを見る」*30（前掲書より引用）

ケイティ・ランボイの母方の家族は、一九七〇年代にプエルトリコからブロンクスに移住してきた。移住して間もなく、おじが川で水浴び中に溺れてしまった。川は、ランボイの親戚やブロンクス住民の多くにとって、死、汚染、病気を連想させる場所となった。ランボイの祖父は、彼女がブロンクス川アライアンスで仕事をすると言ったとき、「パニックになった」という。しかし、普段は、家族が川のことを考えることはほとんどなかった。「私の子ども時代の自然観は、水曜日に無料で動物園に行くことでした」とランボイは話した（ブロンクス動物園は毎週水曜、入園無料となる）。パドルで水を掻くたびに濃い黒髪の三つ編みが揺れた。「人は私にこう言います。ここの環境を研究したいのか？　ブロンクスに環境はないよ」

二〇〇九年、グレン・アルブレヒトは、ソラスタルジアの果てしない暗さに打ちのめされたのか、解毒剤となる「ソリフィリア（*soliphilia*）」という言葉を考案した。「愛する故郷の環境を守るための政治的関与の概念」である。[*31] 私はランボイに会ったとき、この言葉を思い出した。スポーツジャーナリストのハワード・コセルが、一九七七年のワールドシリーズの放送中に「ブロンクスが燃えている」と言ったときから、ブロンクスはその川と同様に、コカイン、犯罪、荒廃と同義語である都市の荒廃現象に結びつけられてきた。何十年もかけて行われたブロンクス川の浄化作業は、下院議員ホセ・セラーノが米公共ラジオ局のインタビューで語ったように「ブロンクスに普通の生活が戻ってきたことの象徴」だった。これはブロンクスの人々が、自分たちの住む地域についての物語を取り戻し、光で満たすための方法だった。[*32] ビーバー・ホセの登場は、確かにタブロイド紙の可愛い記事にはなったが、それは新しい物語でもあった。世界、そしてこの地に住む住人自身に、この街が良い方向に向かっていることを確信させた。「それは、私たちの行政区が立ち直れるのだという回復力と、私たちのプライドを語ってくれました」。ランボイは桟橋に向かって船を滑らせながら言った。「このビーバーは、いわば、私たち全員でもある」他の人が言うと甘ったるく聞こえたかもしれないが、彼女の言葉は、賢明で、誠実で希望に満ちていた。

ビーバーとともに歩むために

新しい友人にビーバーについての本を書いていると伝えると、よく同じ質問を受ける。「なぜ、ビーバーは絶滅の危機に瀕しているのか?」。私たちが見てきたところでは、いや、絶滅には瀕していないという答えになる。何世紀にもわたって大虐殺の標的となったにもかかわらず、何百万匹もの丈夫なビーバーが今日、北米の川で繁栄し、ヨーロッパでもさらに数百万匹が生息している。多くの野生生物とは異なり、彼らは都市化に耐え、ウォルマートの駐車場だけでなく、洪水調節池、ゴルフコースのウォーター・ハザード(障害地域として設定してある池や川)にも生息している。ガイガーカウンター(放射線量計測器)の音にもめげず、ビーバーはチェルノブイリ原子力発電所の事故現場で、原子炉がメルトダウンしてから数年で再繁殖した。噴火したセント・ヘレンズ山の火砕流と火山灰がワシントン州南部をおおい尽くした後、ビーバーは最初に戻ってそこを再生した哺乳類である。そして瓦礫の中にカエルやサンショウウオの生息地までつくり出した。[*33] 地球の温暖化によって、かつて荒涼としていたアラスカのツンドラ地帯に樹木が侵入してくると、ビーバーは気候災害を喜んで利用するようになった(ビーバー恐怖症の人はその地理的な生息範囲を知らないらしく、『ニューヨーク・タイムズ』紙は、ビーバーを「北極圏破壊の代理人」と呼んだ。彼らはビーバーがつくった水路や湿地帯が、いつの日かヘラジカや鳴禽類などの北へ逃れようとする種が、地球温暖化に適応するのに役立つかもしれないということは気にしていないようだ[*34]。核兵器が落ちてきたときに生き残るのはネズミやゴキブリだという人がいるが、私はビーバーに賭ける。

二〇世紀初頭、ビーバーは絶滅の危機に瀕しており、自然保護の助けを何としても必要としていた。二一世紀前半の今、「ビーバーの助け」を必要としているのは私たちである。きれいな水を貯め、洪水対策を立て直し、劣化した川を修復して、生物多様性を復活させるために彼らの力が必要なのだ。最も強力な環境法である「絶滅の危機に瀕する種の保存に関する法律」は、希少な生物が完全に消滅しないように保護するためには非常に効果的である。しかし、それと並行して、種を元の豊かさに回復させることを求める法律はない。ビーバーは私たちの風景の多くを完全に変化させてきた。彼らの変化させる力を最大限に活用するには、さらに何百エーカーもの土地でビーバーと共存する必要がある。「ごく普通の種の保護とは」と作家J・B・マッキノン(15)は書いている、「世界を野生の島々に分けてしまった二〇世紀の偏ったやり方よりも、もっと深い野望を表している……そのためには、自然保護を人間の生活のあらゆる側面に組み込まなければならない[*35]」。ビーバーは生息地の要件に包容力があり、箱舟のように他の生物をサポートする能力を持ち、マッキノンの理想を実践するすばらしい機会を提供してくれるだろう。リトアニアでは、ヨーロッパビーバーが何百もの農業用の溝の輪郭を根本的に変え、「自然に戻った」水路に植物や昆虫が入り込めるようにした。[*36]「カストロセン（ビーバー新世）」、つまりビーバーのいる世界に戻るための唯一の障害は、昔からある心理的なひっかかり、文化的環境収容力、人間の思い通りにならない動物に対する寛容さである。

旧約聖書によると、神は人間に「海の魚、空の鳥、そして地の上を這う生き物をすべて支配せよ」と言われたという。ビーバーもその中に含まれると思われる。私たちの壮大な自尊心、デリック・ジェンセン[(16)]が言う人間としての優越感が、食料として殺すために飼育している家畜から、熱心に個体数をコントロールしている野生の肉食動物まで、私たちと他の生物種との交流のすべての指針となっている。ビーバーと協力するということは、私たちが神から与えられた支配力の限界を認識することである。私たちが多くの景観のためにできる最善のことは、私たちの生態学的ビジョンとは大きく異なる哺乳類にその救済をゆだねることである。ホモ・サピエンスの特徴は思い上がりである。ビーバーに権限を譲ることは、深い謙虚さを示す行為である。ビーバーに仕事をさせよう。

謝辞

二〇一六年六月、私は国立公園局の生物学者のチームと共に、レイザーバック・サッカーという絶滅危惧種の魚を調査するためグランド・キャニオンでのラフティング・ツアーに参加した。一二日後に戻ってくると、ふくらはぎの皮膚が剝がれてシーツに落ちるほど日焼けしていた。そのとき、メールが来ていることに気づいた。チェルシー・グリーン出版の編集者、マイケル・メティヴィエからだ。マイケルは、私がこれまでに書いてきた文章から、私が「ビーバーに誇り高き愛」を持っていると推測し、この世界を変えるげっ歯類についての本を書いてもらえないかと打診していた。彼の申し出を受け入れたことは、私がこれまでに下した最高の決断の一つとなった。まずは、彼に感謝を述べたいと思う。『ビーバー』の構想から完成まで、世話をしてくれた賢くて楽しいマイケル。彼の助言とユーモアがなければ、この本は存在しなかった。また、マーゴ・ボールドウィンをはじめとするチェルシー・グリーン出版のスタッフの皆さんの揺るぎないサポートにも感謝する。

私自身がビーバー信者になり、気分の浮き立つ知的な旅を経験したが、これは熟練したガイドがいなければできなかったことだ。『ビーバー』に引用されている専門家の皆さん（そして紹介しきれなかった専門家の皆さん）は、驚くほど寛大にその仕事を引き受けてくださった。彼らの協力には感謝してもしきれない。キャロル・エバンズ、ジョー・ウィートン、ダン・コッター、ブロック・ドルマン、ケイト・ランドクイスト、マイク・キャラハン、スキップ・ライル、モーリー・アルベス、ルース・シェイ、ルイーズとポール・ラムジーは、私の取材と旅行のために期待以上に協力してくれた。南アンプクア村落コミュニティ・パートナーシップのスタンリー・ペトロウスキーとレナードとロイス・ヒューストンは自らが中心となって、二〇一七年にオレゴン州で「ビーバーの州会議」を開催してくれた。ここで私は多くの重要な人脈を得ることができた。ヒューストン夫妻は二〇〇六年からオレゴン州南西部でビーバーの移転を行い、ほぼ同じ期間、会議を開催してきた。彼らはビーバーの真の擁護者であり、数えきれないほど多くのビーバーの命を救い、彼らと人間との友情を育んできた。

次の二人のビーバー信者には特に感謝を表したい。一人目は、ケント・ウッドラフで、彼の熱意と寛大さは、この数年で多くの人をビーバー信者に変えてきた。私は彼の弟子の一人であることを誇りに思っている。二人目は、ハイディ・ペリマンで、初めてメールでやり取りして以来、物語、情報源、研究、巧みな皮肉などを無限に提供してくれた。彼女がいなかったらこの本はもっとつまらないものになっていただろう。

『ビーバー』の執筆中、私のオンライン上の作家コミュニティ「スラックライン」は、常にインスピレーションやアドバイス、励ましを与えてくれる存在だった。多くの才能あるメンバーに後押しされ、日々努力し、より深く考え、より明確に自分を表現することができるようになった。マリー・スイートマンとスゥー・ハルパンは、資金面と物流面で協力をいただいた。お二人の協力なしにはこの冒険を始める勇気がわかなかったかもしれない。非営利組織ソリューション・ジャーナリズム・ネットワークの代表理事であるキース・ハモンズは、私のキャリアを早くから一貫してサポートし、物語の全体像を把握することについて多くを教えてくれた。取材中に宿泊させてくれた皆さん、特に長年の友人であるテレンス・リー、ケイト・シルバーマン、モンテ・カワハラ、キャリー・カーズウェル、サラ・ケラー、ありがとうございました。ブライアン・アーテルは、モンタナ州ガーディナーで私を受け入れ、そしてスペシメン・リッジでのグリズリー・ベアとの出会いで心臓が止まりそうになる思いをさせてくれた。その後、ハーリー・カービーが神経を落ち着かせるカクテル「モスコミュール」を提供してくれた。メロディーとダニエル・キャロランは、ユタ州ローガンで私とエリースに快適な部屋を提供してくれ、野花のあふれる中をハイキングに連れていってくれた。ケルシー・スロイターとエリック・ラザフォードはパインデールで楽しい時間を過ごさせてくれた。動作の速いダンスを覚えられなかったのは、何といっても私のせいである。

多才なサラ・ギルマンは、私をポートランドに（再び）泊めてくれたうえに、この本のために豪華なイラストを提供してくれた。そして、昔、雑誌『*High Country News*（ハイ・カントリー・ニュース）』に私が書いた、「ビーバーの調教師（The Beaver Whisperer）」を編集してくれた。この種が芽を出し、『ビーバー』が育っていった。毛皮交易に関する大作『毛皮、富、帝国（*Fur, Fortune, and Empire*）』の著者エリック・ジェイ・ドリンと、生態学者のブルース・ベイカーは、歴史や科学の面で私が間違っていないかを確認するため、全章を精読してくれた。熟練したライターであり、熱心なビーバー信者でもあるロブ・リッチは大局的かつ詳細な編集をしてくれた。スワン・バレーのビーバーたちが彼の有能な手にゆだねられていると思うと、私は安心して眠ることができる。

『ビーバー』の多くの部分は、ニューメキシコ州トレス・ピエドラスにあるアルドとエステラ・レオポルドの旧宅「ミ・カシータ」で書いた。アルド・レオポルド著述プログラム（Aldo Leopold Writing Program）[1]による在住許可のおかげで、私は至福のときを過ごした。レオポルド自身はビーバーについて直接書くことはほとんどなかったが、彼らの能力を、「生物共同体の全体性、安定性、そして美しさを保つ」（『野生のうたが聞こえる』新島義昭訳、講談社学術文庫、一九九七年）と評価したことだろう。レオポルドの旧宅の玄関にあるポーチで『野生のうたが聞こえる』を読み直す機会を得て、私のモチベーションは最大限に高まった。トレス・ピエドラスでの生活を快適にしてくれたプログラム・ディレクターのリチャード・ルービンと、ニューメキシコ州北部での滞在中、計り知れないほどの支援をしてくれたすばらしい友人であり、優れたジャーナリストであるリア・トッドに感謝する。そして、『ビーバー』の素敵な序文を書いてくれたもう一人の「魅惑の国」の住人であるダン・フローレスに感謝する。彼は、中傷されることの多いもう一つの哺乳類であるコヨーテについての名著で私を刺激してくれた。

最後に、私の家族、特にリサ・サイモン、デイビッド・ゴールドファーブ、フィル・ゴールドファーブ、シェリー・ヨーク・ローズに感謝する。常に私を支えてくれ、一般人が耐えられないほどのビーバーに関する会話に耐えてくれた。そして、誰よりもエリースに感謝する。私と一緒に行動し、知恵と愛を与えてくれた。メソウ・バレーへの最初の運命的な旅から始まり、エリースは私と共にビーバーの国を旅し、そして帰ってきた。彼女なしには、この本を書くことも、何かをすることも想像できない。彼女が私と共にいてくれることに感謝し、また彼女が彼女自身の夢を追求するのを喜んで支えたい。それが私の人生の喜びの一つである。ビーバーとビーバーの年（#YearOfTheBeaver）に乾杯、この先もずっといいことがありますように。

ＬＳとＤＧに
つがいの行動例を最高のお手本で見せてくれたね。

原　注

はじめに

1. *St. Louis Enquirer*, quoted in Eric Jay Dolin, *Fur, Fortune, and Empire* (New York: W. W. Norton, 2010), 224.
2. Osborne Russell, *Journal of a Trapper* (Boise: Syms-York, 1921), 124.
3. Norman MacLean, *A River Runs Through It* (Chicago: University of Chicago Press, 1989), 58.『マクリーンの川』ノーマン・マクリーン著、渡辺利雄訳、集英社、1993 年
4. Mark Buckley et al., "The Economic Value of Beaver Ecosystem Services, Escalante River Basin, Utah," case study, ECONorthwest, 2011.
5. J. R. Logan, "Beaver Blamed for Disrupting Taos Cell, Internet Service," *Taos News*, June 27, 2013, http://www.taosnews.com/stories/beaver-blamed-for-disrupting-taos-cell-internet-service, 3663.
6. "Beaver Blamed When Tree Strikes Car on Highway," CBC News, July 29, 2014, http://www.cbc.ca/news/canada/prince-edward-island/beaver-blamed-when-tree-strikes-car-on-highway-1.2721282.
7. "Saskatchewan Wedding Left in the Dark After Beaver Bites Down Power Pole," CTV News, June 7, 2017, https://saskatoon.ctvnews.ca/saskatchewan-wedding-left-in-the-dark-after-beaver-bites-down-power-pole-1.3448013.
8. Joseph Goodman, "Birmingham Golf Course Beaver Kill a Dystopian Caddyshack," Alabama Media Group, March 19, 2017, http://www.al.com/sports/index.ssf/2017/03/birmingham_golf_course_beaver.html.
9. Katie Bellis, "Beavers Are No Longer Under Suspicion for Delaying the Filming of the Twin Town Sequel," Wales Online, September 11, 2017, http://www.walesonline.co.uk/news/wales-news/beavers-no-longer-under-suspicion-13604278.
10. Justin Wm. Moyer, "Beaver Walks into Md. Store, Finds Only Artificial Christmas Trees, and Proceeds to Trash It," *Washington Post*, December 1, 2016, https://www.washingtonpost.com/news/local/wp/2016/12/01/cute-beaver-trashes-store-after-holiday-shopping-in-maryland.
11. James B. Trefethen, *An American Crusade for Wildlife* (New York: Winchester Press, 1975), 25.
12. Duncan Halley, Frank Rosell, and Alexander Saveljev, "Population and Distribution of Eurasian Beaver (*Castor fiber*)," *Baltic Forestry* 18, no. 1 (2012): 170.
13. Ernest Thompson Seton, *Lives of Game Animals* (New York: Doubleday, Doran, 1929), 447–48.
14. Ellen Wohl, Disconnected Rivers (New Haven, CT: Yale University Press, 2004), 69.
15. Suzanne Fouty, "Climate Change and Beaver Activity," *Beaversprite* 23, no. 1 (2008): 4.
16. Herman Melville, *Moby-Dick; or, The Whale* (New York: Harper & Brothers, 1851), 507.『白鯨』メルヴィル著、田中西二郎訳、新潮社、2006 年

第 1 章：ビーバーの奇妙な生態

1. Erwin H. Barbour, "Notice of New Gigantic Fossils," *Science* 19, no. 472 (1892): 99–100.
2. Larry D. Martin, "The Devil's Corkscrew," *Natural History*, April 1994, http://www.naturalhistorymag.

com/htmlsite/editors_pick/1994_04_pick.html.
3. Martin, "The Devil's Corkscrew."
4. Frances Backhouse, *Once They Were Hats* (Toronto: ECW Press, 2015), 38.
5. Michael Runtz, Dam Builders: *The Natural History of Beavers and their Ponds* (Markham, ON: Fitzhenry & Whiteside, 2015), xxi.
6. Backhouse, *Once They Were Hats*, 18–37.
7. Natalia Rybczynski, "Castorid Phylogenetics: Implications for the Evolution of Swimming and Tree-Exploitation in Beavers," *Journal of Mammalian Evolution* 14, no. 1 (2007) 1–35.
8. Susanne Horn et al., "Mitochondrial Genomes Reveal Slow Rates of Molecular Evolution and the Timing of Speciation in Beavers (*Castor*), One of the Largest Rodent Species," *PLoS One* 6, no. 1 (2011).
9. Anon., "Prosthetic Leg Found in Beaver Dam, Returned to Owner," Associated Press, August 8, 2016, http://www.carthagepress.com/news/20160808/prosthetic-leg-found-in-beaver-dam-returned-to-owner.
10. Dietland Müller-Schwarze, *The Beaver: Its Life and Impact*, 2nd ed. (Ithaca, NY: Cornell University Press, 2011), 55.
11. Lewis Henry Morgan, *The American Beaver and His Works* (Philadelphia: J. B. Lippincott, 1868).
12. P. I. Danilov and V. Y. Kanshiev, "The State of Populations and Ecological Characteristics of European (*Castor fiber l.*) and Canadian (*Castor canadensis Kuhl*) Beavers in the Northwestern USSR," *Acta Zoologica Fennica* 174 (1983): 95–97.
13. Richard R. Buech, David J. Rugg, and Nancy L. Miller, "Temperature in Beaver Lodges and Bank Dens in a Near-Boreal Environment," *Canadian Journal of Zoology* 67, no. 4 (1989): 1061–66.
14. Kurt M. Samways, Ray G. Poulin, and R. Mark Brigham, "Directional Tree Felling by Beavers (*Castor canadensis*)," *Northwestern Naturalist* 85 (2004): 48–52.
15. Harold B. Hitchcock, "Felled Tree Kills Beaver (*Castor canadensis*)," *Journal of Mammalogy* 35, no. 3 (1954): 452.
16. J. L. Harper, "The Role of Predation in Vegetation Diversity," *Brookhaven Symposium of Biology* 22 (1969): 48–62.
17. Róisín Campbell-Palmer et al., *The Eurasian Beaver Handbook* (Exeter, UK: Pelagic Publishing, 2015), Kindle edition.
18. Robert J. Gruninger, Tim A. McAllister, and Robert J. Forster, "Bacterial and Archaeal Diversity in the Gastrointestinal Tract of the North American Beaver (*Castor canadensis*), *PLoS One* 11, no. 5 (2016).
19. Lyle M. Gordon et al., "Amorphous Intergranular Phases Control the Properties of Rodent Tooth Enamel," *Science* 347, no. 6223 (2015): 746–50.
20. Ben Johnson, "The Triumph," in *The Oxford Book of English Verse*, 1250–1900, ed. Arthur Quiller-Couch (Oxford, UK: Oxford University Press, 1900), 178.
21. Charles Wilson, *Notes on the Prior Existence of the Castor fiber in Scotland* (Edinburgh, Scotland: Neill and Company, 1858), 34.
22. Eric Jay Dolin, *Fur, Fortune, and Empire* (New York: W. W. Norton, 2010), 19.
23. A. Radclyffe Dugmore, *The Romance of the Beaver* (Philadelphia: J. B. Lippincott, 1914), 18.
24. David Coyner, *The Lost Trappers* (Carlise, MA: Applewood Books, 2010), 112.
25. Françoise Patenaude, "Une Année Dans la Vie du Castor," *Les Carnets de Zoologie* 42(1982): 5–12.
26. Hope Ryden, *Lily Pond: Four Years with a Family of Beavers* (New York: HarperPerennial, 1989).
27. Lars Wilsson, *My Beaver Colony* (New York: Doubleday, 1968).

28. Dugmore, *Romance of the Beaver*, 45.
29. Morgan, *American Beaver and His Works*, 18.
30. Morgan, *American Beaver and His Works*, 106.
31. F. G. Speck, "The Basis of Indian Ownership of Land and Game," in The Southern Workman (Hampton, VA: Press of the Hampton Normal and Agricultural Institute, 1914), 36.
32. David Malakoff, "150-Year-Old Map Reveals That Beaver Dams Can Last Centuries," *Science*, December 4, 2015, http://www.sciencemag.org/news/2015/12/150-year-old-map-reveals-beaver-dams-can-last-centuries.
33. Carol A. Johnston, "Fate of 150-Year-Old Beaver Ponds in the Laurentian Great Lakes Region," *Wetlands* 35, no. 5 (2015): 1018.
34. John McPhee, "Atchafalaya," *The New Yorker*, February 23, 1987, https://www.newyorker.com/magazine/1987/02/23/atchafalaya.
35. Lina E. Polvi and Ellen Wohl, "The Beaver Meadow Complex Revisited—The Role of Beavers in Post-Glacial Floodplain Development," *Earth Surface Processes and Landforms* 37, no. 3 (2012): 332–46.
36. M. Gordon Wolman and Luna B. Leopold, "River Flood Plains: Some Observations on Their Formation," *Physiographic and Hydraulic Studies of Rivers*, Geological Survey Professional Paper 282-C (1957).
37. Denise Burchsted et al., "The River Discontinuum: Applying Beaver Modifications to Baseline Conditions for Restoration of Forested Headwaters," *BioScience* 60, no. 11 (2010): 908–22.
38. David R. Butler and George P. Malanson, "The Geomorphic Influence of Beaver Dams and Failures of Beaver Dams," *Geomorphology* 71, nos. 3–4 (2005): 56.

第２章：ビーバーの壊滅

1. John Kirk Townsend, *Narrative of a Journey Across the Rocky Mountains* (Philadelphia: Henry Perkins, 1839), 75.
2. John Kirk Townsend, *Sporting Excursions in the Rocky Mountains*, vol. 1 (London: Henry Colburn, 1840), 131.
3. Osborne Russell, *Journal of a Trapper* (Boise: Syms-York, 1921), 142.
4. Washington Irving, *Memoirs of Washington Irving: With Selections from His Works, and Criticisms* (New York: Carlton & Lanahan, 1870), 237.
5. David Coyner, *The Lost Trappers* (1847; repr., Carlise, MA: Applewood Books, 2010), 219.
6. Oscar Wilde, *The Ballad of Reading Gaol and Other Poems* (New York: Dover Publication), 26.
7. Shannon Hengen and Ashley Thompson, *Margaret Atwood: A Reference Guide* (Lanham, MD: Scarecrow Press, 2007), 205.
8. James Truslow Adams, *The Founding of New England* (Boston: Atlantic Monthly Press, 1921), 102.
9. Eric Jay Dolin, *Fur, Fortune, and Empire* (New York: W. W. Norton, 2010), 121.
10. Charlotte Erichsen-Brown, *Medicinal and Other Uses of North American Plants* (New York: Dover Publications, 1989), xi.
11. Robin S. Doak, *Subarctic Peoples* (Chicago: Heinemann Library, 2012), 25.
12. Harold Hickerson, "Fur Trade Colonialism and the North American Indian," *Journal of Ethnic Studies* 1 (Summer 1973), 39.

13. Dolin, *Fur, Fortune, and Empire*, 34.
14. Louis Rodrigue Masson, *Les Bourgeois de la Compagnie du Nord-Ouest*(Quebec: De L'Imprimerie Generale, 1880), 342.
15. Harold Innis, *The Fur Trade in Canada*(1930; repr., New Haven, CT: Yale University Press, 1962), 187.
16. Captain Marryat, *A Diary in America with Remarks and Illustrations, Part Second*, vol. 3 (London: Longman, Orme, Brown, Green, and Longmans, 1839), 228.
17. Donald Berry, *Majority of Scoundrels* (New York: Harper and Brothers, 1961), 18.
18. Mari Sandoz, *The Beaver Men* (Lincoln: University of Nebraska Press, 1964), 86.
19. John Bakeless, *The Eyes of Discovery* (Philadelphia: J. B. Lippincott Company, 1950), 245.
20. Bakeless, *The Eyes of Discovery*, 245.
21. Daniel Wilson, "Early Notices of the Beaver, in Europe and North America," in *The Canadian Journal of Industry, Science, and Art*, vol. 4 (Toronto: Printed for the Canadian Institute by Lovell and Gibson, 1859), 363.
22. Harry V. Radford, *Artificial Preservation of Timber and History of the Adirondack Beaver* (Albany: J. B. Lyon, 1908), 396.
23. Bakeless, *The Eyes of Discovery*, 245.
24. Bakeless, *The Eyes of Discovery*, 293.
25. Pierre Esprit Radisson and Gideon Scull, *Voyages of Pierre Esprit Radisson* (Boston: Prince Society, 1885), 191–92.
26. Meriwether Lewis, *Journals of the Lewis and Clark Expedition* (University of Nebraska Press, https://lewisandclarkjournals.unl.edu), June 30, 1805.
27. Charles G. Clarke, *The Men of the Lewis and Clarke Expedition* (Lincoln: University of Nebraska Press, 1970), 183.
28. Lewis, *Journals of the Lewis and Clark Expedition*, July 18, 1805.
29. Lewis, *Journals of the Lewis and Clark Expedition*, July 24, 1805.
30. Lewis, *Journals of the Lewis and Clark Expedition*, July 30, 1805.
31. Lewis, *Journals of the Lewis and Clark Expedition*, August 2, 1805.
32. Arlen J. Large, "Expedition Aftermath: The Jawbone Journals," *We Proceeded On* 17, no. 1 (February 1991): 13–25.
33. Dolin, *Fur, Fortune, and Empire*, 180.
34. Rosalyn LaPier, "The Piegan View of the Natural World" (PhD diss., University of Montana, 2015), 200.
35. R. Grace Morgan, "Beaver Ecology/Beaver Mythology" (PhD diss., University of Alberta, 1991), 61.
36. Morgan, "Beaver Ecology/Beaver Mythology," 6.
37. John James Audubon, *The Missouri Journals* (Wikisource: https://en.wikisource.org/wiki/Audubon_and_His_Journals/The_Missouri_River_Journals), May 12, 1843.
38. Charles Pierce, "JFK at 86," *Esquire Magazine*, January 29, 2007, http://www.esquire.com/news-politics/news/a457/esq1003-oct-jfk.
39. Henry David Thoreau, *Thoreau's Animals*, ed. Geoff Wisner (New Haven, CT: Yale University Press, 2017), 23.
40. William Cronon, *Changes in the Land* (New York: Hill and Wang, 1983), 106.『変貌する大地：インディアンと植民者の環境史』、ウィリアム・クロノン著、佐野敏行、藤田真理子訳、勁草書房、1995年
41. James Campbell Lewis and George Edward Lewis, *Black Beaver the Trapper* (George Edward Lewis,

1911), 28.
42. Jeremy Belknap, *The History of New Hampshire*, vol. 3 (Boston: Bradford and Read, 1813), 118–19.
43. Henry Wansey, *An Excursion to the United States of America in the Summer of 1794* (Salisbury, UK: J. Easton, 1798), 197.
44. Henry F. Dobyns, *From Fire to Flood: Historic Human Destruction of Sonoran Desert Riverine Oases* (Socorro, NM: Ballena Press, 1981).
45. Shirley T. Wajda, "Ending the Danbury Shakes: A Story of Workers' Rights and Corporate Responsibility," connecticuthistory.org.
46. Daniel P. Jones, "Mad Hatter's Legacy," *Hartford Courant*, September 22, 2002, http://articles.courant.com/2002-09-22/news/0209221170_1_mercury-levels-factory-workers-disease-registry.
47. Johan Varekamp and Daphne Varekamp, "Adriaen Block, the Discovery of Long Island Sound and the New Netherlands Colony: What Drove the Course of History?" *Wrack Lines Magazine*, Connecticut Sea Grant, Summer 2006.
48. Johan Varekamp et al., "Environmental Change in the Long Island Sound in the Recent Past: Eutrophication and Climate Change," Long Island Sound Research Fund, Connecticut Department of Environmental Protection, January 20, 2010.
49. Carol Kuhn, "Naturalists in the Rocky Mountain Fur Trade: 'They Are a Perfect Nuisance,'" *Rocky Mountain Fur Trade Journal* 10 (2016): 78.
50. John Moring, *Early American Naturalists: Exploring the American West, 1804–1900* (Lanham, MD: Taylor Trade Publishing, 2005), 55.
51. John Kirk Townsend, quoted in Kuhn, "Naturalists in the Rocky Mountain Fur Trade," 77.
52. Rudolf Ruedemann and W. J. Schoonmaker, "Beaver Dams as Geologic Agents," *Science* 88, no. 2292 (1938): 523–25.
53. Lina E. Polvi and Ellen Wohl, "The Beaver Meadow Complex Revisited—The Role of Beavers in Post-Glacial Floodplain Development," *Earth Surface Processes and Landforms* 37, no. 3 (2012): 332–46.
54. Backhouse, *Once They Were Hats*, 3.
55. Hilary A. Cooke and Steve Zack, "Influence of Beaver Dam Density on Riparian Areas and Riparian Birds in Shrubsteppe of Wyoming," *Western North American Naturalist* 68, no. 3 (2008): 370.
56. Robert J. Naiman, Carol A. Johnston, and James C. Kelley, "Alteration of North American Streams by Beaver," *BioScience* 38, no. 11 (1988): 753–62.
57. Robert J. Naiman et al., "Beaver Influences on the Longterm Biogeochemical Characteristics of Boreal Forest Drainage Networks," *Ecology* 75, no. 4 (1994): 907.
58. Naiman, Pinay, Johnston, and Pastor, "Beaver Influences," 918.
59. William Temple Hornaday, quoted in Tim Lehman, *Bloodshed at Little Bighorn: Sitting Bull, Custer, and the Destinies of Nations* (Baltimore: Johns Hopkins University Press, 2010), 59.
60. Frank Graham Jr., Man's Dominion: *The Story of Conservation in America* (New York: M. Evans, 1971), 14.
61. Cronon, Changes in the Land, 120.『変貌する大地：インディアンと植民者の環境史』
62. Cronon, Changes in the Land, 121.『変貌する大地：インディアンと植民者の環境史』
63. Rod Giblett, Black Swan Lake: *Life of a Wetland* (Bristol, UK: Intellect, 2013), 187.
64. Roberta H. Yuhas, "Loss of Wetlands in the Southwestern United States," abstracted from US Geological Survey Water-Supply Paper 2425, National Water Summary on Wetland Resources, 1996, https://geochange.er.usgs.gov/sw/impacts/hydrology/wetlands.

65. Aldo Leopold, *A Sand County Almanac, and Sketches Here and There* (New York: Oxford University Press, 1949), 162.『野生のうたが聞こえる』、アルド・レオポルド著、新島義昭訳、講談社、1997年
66. Robert L. France, "The Importance of Beaver Lodges in Structuring Littoral Communities in Boreal Headwater Lakes," *Canadian Journal of Zoology* 75, no. 7 (1997): 1009–13.
67. Duffy J. Brown, Wayne A. Hubert, and Stanley H. Anderson, "Beaver Ponds Create Wetland Habitat for Birds in Mountains of Southeastern Wyoming," *Wetlands* 16, no. 2 (1996): 127–33.
68. Brian S. Metts, J. Drew Lanham, Kevin R. Russell, "Evaluation of Herpetofaunal Communities on Upland Streams and Beaver-Impounded Streams in the Upper Piedmont of South Carolina," *American Midland Naturalist* 145, no. 1 (2001): 54–65.
69. Justin P. Wright, Clive G. Jones, and Alexander S. Flecker, "An Ecosystem Engineer, the Beaver, Increases Species Richness at the Landscape Scale," *Oecologia* 132, no. 1 (2002): 96–101.
70. Joseph M. Smith and Martha E. Mather, "Beaver Dams Maintain Fish Biodiversity by Increasing Habitat Heterogeneity Throughout a Low-Gradient Stream Network," *Freshwater Biology* 58, no. 7 (2013): 1523–38.
71. George J. Knudsen, "Relationship of Beaver to Forests, Trout, and Wildlife in Wisconsin," Technical Bulletin No. 25, Wisconsin Conservation Department (1962).
72. Victoria H. Zero and Melanie A. Murphy, "An Amphibian Species of Concern Prefers Breeding in Active Beaver Ponds," *Ecosphere* 7, no. 5 (2016).
73. Michael M. Pollock, Robert J. Naiman, and Thomas A. Hanley, "Plant Species Richness in Riparian Wetlands—A Test of Biodiversity Theory," *Ecology* 79, no. 1 (1998): 94–105.
74. Nis L. Anderson, Cynthia A. Paszkowski, and Glynnis A. Hood, "Linking Aquatic and Terrestrial Environments: Can Beaver Canals Serve as Movement Corridors for Pond-Breeding Amphibians?" *Animal Conservation* 18, no. 3 (2008): 287–94.
75. Joseph K. Bailey and Thomas G. Whitham, "Interactions Between Cottonwood and Beavers Positively Affects Sawfly Abundance," *Ecological Entomology* 31, no. 4 (2006): 294–97.
76. William Byrd, *The Westover Manuscripts: Containing the History of the Dividing Line Betwixt Virginia and North Carolina* (Petersburg, VA: Edmund and Julian C. Ruffin, 1841), 44.
77. James A. Hanson, *When Skins Were Money: A History of the Fur Trade* (Chadron, NE: Museum of the Fur Trade, 2005), 49.
78. Ann Vileisis, *Discovering the Unknown Landscape: A History of America's Wetlands* (Washington, DC: Island Press, 1997), 48.
79. Lora Griffiths, "Weekend at a Glance: Beaver Queen, Bulls and Blues," *Durham Magazine*, June 1, 2017, https://durhammag.com/2017/06/01/weekend-at-a-glance-june-1-4.
80. Heather Cayton et al., "Habitat Restoration as a Recovery Tool for a Disturbance Dependent Butterfly, the Endangered St. Francis' Satyr," *Butterfly Conservation in North America*, ed. Jaret C. Daniels (Dordrecht, Netherlands: Springer, 2015): 157.
81. Justin Gillis, "Let Forest Fires Burn? What the Black-Backed Woodpecker Knows," *New York Times*, August 6, 2017, https://www.nytimes.com/2017/08/06/science/let-forest-fires-burn-what-the-black-backed-woodpecker-knows.html?_r=0.
82. James B. Trefethen, *An American Crusade for Wildlife* (New York: Winchester Press, 1975), 25.
83. Mark E. Harmon, "Moving Toward a New Paradigm for Woody Detritus Management," *Ecological Bulletins* 49 (2001): 269–278.
84. Stella Thompson, Mia Vehkaoja, and Petri Nummi, "Beaver-Created Deadwood Dynamics in the

Boreal Forest," *Forest Ecology and Management* 360 (2016): 1–8.
85. Andrew C. Revkin, "An Anthropocene Journey," *Anthropocene Magazine*, October 2016, http://www.anthropocenemagazine.org/anthropocenejourney.
86. Joseph K. Bailey et al., "Beavers as Molecular Geneticists: A Genetic Basis to the Foraging of an Ecosystem Engineer," *Ecology* 85, no. 3 (2004): 603–8.

第３章：ビーバーの復活

1. Robert Michael Ballantyne, *Hudson's Bay: Or Everyday Life in the Wilds of North America* (Boston: Philips, Sampson, 1859), 42.
2. George Bird Grinnell, "Spare the Trees," quoted in John Reiger, "Pathbreaking Conservationist," *Forest History Today*, Spring–Fall 2005, 19.
3. Gifford Pinchot, quoted in Jacqueline Vaughn Switzer, *Green Backlash: The History and Politics of Environmental Opposition in the U.S.* (Boulder, CO: Lynne Rienner Publishers, 1997), 191.
4. Enos Mills, *In Beaver World* (Boston and New York: Houghton Mifflin, 1913), 29.
5. Mills, *In Beaver World*, 29–30.
6. Mills, *In Beaver World*, 213.
7. Arthur Chapman, "Enos Mills: Nature Guide," excerpted online from *Enos A. Mills, Author, Speaker, Nature Guide* (Longs Peak, CO: Trail Book Store, 1921), http://www.enosmills.com/exasng.pdf.
8. Byron Anderson, "Biographical Portrait: Enos Abijah Mills," *Forest History Today*, Spring–Fall 2007, 57.
9. Enos Mills, *The Adventures of a Nature Guide* (Garden City, NY: Doubleday, Page, 1920), 174.
10. Mills, *In Beaver World*, 221.
11. John Warren, "Extinction: A Short History of Adirondack Beaver," *Adirondack Almanack*, April 8, 2009, https://www.adirondackalmanack.com/2009/04/extinction-a-short-history-of-adirondack-beaver.html.
12. Warren, "Extinction."
13. John F. Organ et al., "A Case Study in the Sustained Use of Wildlife: The Management of Beaver in the Northeastern United States," in *Enhancing Sustainability: Resources for Our Future*, ed. Hendrik A. van der Linde and Melissa H. Danskin (Cambridge, UK: International Union for Conservation of Nature and Natural Resources, 1998), 125–40.
14. J. P. Walker, *The Legendary Mountain Men of North America* (lulu.com, 2015), 176, https://books.google.com/books/about/The_Legendary_Mountain_Men_of_North_Amer.html?id=SUlpCQAAQBAJ.
15. Kate Lundquist and Brock Dolman, "Beaver in California: Creating a Culture of Stewardship," Occidental Arts and Ecology Center WATER Institute, 2016, 7.
16. , "A Case Study in the Sustained Use of Wildlife," 126.
17. Stanley E. Hedeen, "Brief Note: Return of the Beaver, *Castor canadensis*, to the Cincinnati Region," *Ohio Journal of Science* 85, no. 4 (1985): 202–3.
18. Ruth M. Elsey and Noel Kinler, "Range Extension of the American Beaver, *Castor Canadensis*, to Louisiana," *The Southwestern Naturalist* 41, no. 1 (1996): 91–93.
19. Organ, Gotie, Decker, and Batcheller, "A Case Study in the Sustained Use of Wildlife," 126.
20. Jim Sterba, *Nature Wars* (New York: Crown Publishers, 2012), 75.

21. Allan E. Houston, "The Beaver—A Southern Native Returning Home," in *Proceedings of the 18th Vertebrate Pest Conference* (University of California–Davis, 1998), 16.
22. Angie Bevington, "Frank Ralph Conibear," *Arctic Profiles* (1983): 386–87. http://pubs .aina.ucalgary.ca/arctic/Arctic36-4-386.pdf.
23. "Human-Beaver Conflicts in Massachusetts: Assessing the Debate over Question One," Massachusetts Society for the Prevention of Cruelty to Animals, The Humane Society of the United States, Animal Protection Institute and United Animal Nations, 2005, http://www.humanesociety.org/assets/pdfs/MA_beaver_report_2005.pdf.
24. Sterba, *Nature Wars*, 59–85.
25. "Human-Beaver Conflicts in Massachusetts."
26. Paul Frisman, "Massachusetts' Ban on Leg-Hold Traps," *OLR Research Report*, January 23, 2001, https://www.cga.ct.gov/2001/rpt/2001-R-0127.htm.
27. "Human-Beaver Conflicts in Massachusetts."
28. Laura J. Simon, "Solving Beaver Flooding Problems Through the Use of Water Flow Control Devices," in *Proceedings of the 22nd Vertebrate Pest Conference* (University of California–Davis, 2006), 174–80.
29. Bob Salsberg, "Survey Finds Most New England Culverts Aren't Meeting Standards," Associated Press, August 6, 2011, http://bangordailynews.com/2011/08/06/environment/survey-finds-most-new-england-culverts-are-subpar.
30. "Human-Beaver Conflicts in Massachusetts."
31. Cordelia Zars, "With Pelt Prices Dropping, N.H.'s Beaver Population Grows," New Hampshire Public Radio, August 17, 2016, http://nhpr.org/post/pelt-prices-dropping-nhs-beaver-population-grows.
32. Animal and Plant Health Inspection Service, US Department of Agriculture, "Program Data Report G: Animals Dispersed / Killed or Euthanized / Removed or Destroyed / Freed," 2016, https://www.aphis.usda.gov/wildlife_damage/pdr/PDR-G_Report.php.
33. "Decision and Finding of No Significant Impact: Environmental Assessment— Reducing Aquatic Rodent Damage Through an Integrated Wildlife Damage Management Program in the Commonwealth of Virginia," 2007. Unpublished. Accessed through Freedom of Information Act request.
34. Dale L. Nolte, Seth R. Swafford, and Charles A. Sloan, "Survey of Factors Affecting the Success of Clemson Beaver Pond Levelers Installed in Mississippi by Wildlife Services," in *The Ninth Wildlife Damage Management Conference Proceedings* (2000), 120–25.
35. Stephanie L. Boyles and Barbara A. Savitzky, "An Analysis of the Efficacy and Comparative Costs of Using Flow Devices to Resolve Conflicts with North American Beavers Along Roadways in the Coastal Plain of Virginia," in *Proceedings of the 23rd Vertebrate Pest Conference* (University of California–Davis, 2008), 47–52.
36. Glynnis A. Hood, Varghese Manaloor, and Brendan Dzioba, "Mitigating Infrastructure Loss from Beaver Flooding: A Cost-Benefit Analysis," *Human Dimensions of Wildlife* 23, no. 2 (2018): 156.
37. Mike Callahan, "Best Management Practices for Beaver Problems," *Association of Massachusetts Wetland Scientists Newsletter* 53 (2005): 13.
38. Mike Callahan, "Beaver Management Study," *Association of Massachusetts Wetland Scientists Newsletter* 44 (2003): 15.
39. Bart Baca et al., "Economic Analyses of Wetlands Mitigation Projects in the Southeastern U.S.," in

Proceedings of the 21st Annual Conference on Wetlands Restoration and Creation (1994), 16–24.

40. Hood, Manaloor, and Dzioba, "Mitigating Infrastructure Loss from Beaver Flooding," 10.
41. In fact, the weight of a beaver's brain is 41 to 45 grams, about the weight of a golf ball. Still, point taken. See Dietland Müller-Schwarze and Lixing Sun, *The Beaver: Natural History of a Wetlands Engineer* (Ithaca, NY: Cornell University Press, 2003), 11.

第４章：ビーバー再配置作戦

1. "Beaver Management," Substitute House Bill 2349, 62nd Legislature, Washington State, filed March 29, 2012.
2. Elmo W. Heter, "Transplanting Beavers by Airplane and Parachute," *Journal of Wildlife Management* 14, no. 2 (1950): 144.
3. Elmo W. Heter, "Transplanting Beavers by Airplane and Parachute," 146.
4. Elmo W. Heter, "Transplanting Beavers by Airplane and Parachute," 146.
5. Mark C. McKinstry and Stanley H. Anderson, "Attitudes of Private- and Public-Land Managers in Wyoming, USA, Toward Beaver," *Environmental Management* 23, no. 1 (1999): 98.
6. Mark McKinstry and Stanley H. Anderson, "Survival, Fates, and Success of Transplanted Beavers, *Castor canadensis*, in Wyoming," *Canadian Field Naturalist* 116, no. 1 (2002): 60–68.
7. Mark McKinstry, Paul Caffrey, and Stanley H. Anderson, "The Importance of Beaver to Wetland Habitats and Waterfowl in Wyoming," *Journal of the American Water Resources Association* 37, no. 6 (2001): 1573.
8. McKinstry, Caffrey, and Anderson, "The Importance of Beaver to Wetland Habitats and Waterfowl in Wyoming," 1573.
9. Marina Milojevic, "Castoreum," *Fragrantica*, https://www.fragrantica.com/notes/Castoreum-102.html.
10. Baron Ambrosia, "Tales From the Fringe: Beaver Gland Vodka," *Punch*, February 6, 2015, https://punchdrink.com/articles/tales-from-the-fringe-beaver-gland-vodka/.
11. Lixing Sun and Dietland Müller-Schwarze, "Sibling Recognition in the Beaver: A Field Test for Phenotype Matching," *Animal Behavior* 54, no. 3 (1997): 493–502.
12. Michael M. Pollock et al., *The Beaver Restoration Guidebook: Working with Beaver to Restore Streams, Wetlands, and Floodplains*, version 1.0, US Fish and Wildlife Service (Portland, OR, 2015), 74.
13. Dietland Müller-Schwarze, *The Beaver: Its Life and Impact*, 2nd ed. (Ithaca, NY: Cornell University Press, 2011), 45.
14. Vanessa Petro, "Evaluating 'Nuisance' Beaver Relocation as a Tool to Increase Coho Salmon Habitat in the Alsea Basin of the Central Oregon Coast Range" (master's thesis, Oregon State University, 2013).
15. David S. Pilliod et al., "Survey of Beaver-Related Restoration Practices in Rangeland Streams of the Western USA," *Environmental Management* 61, no. 1 (2018): 58–68.
16. Jeremiah Wood, "2017 Fur Prices: NAFA July Auction Results," *Trapping Today*, July 12, 2017, http://trappingtoday.com/2017-fur-prices-nafa-july-auction-results.
17. Martin Nie et al., "Fish and Wildlife Management on Federal Lands: Debunking State Supremacy," *Environmental Law* 47, no. 4 (2017), https://ssrn.com/abstract =2980807.
18. Anon., "Chapter Four: Furbearing Animal Hunting or Trapping Seasons," Wyoming Department of

Game and Fish, November 9, 2016, https://wgfd.wyo.gov/Regulations/Regulation-PDFs/REGULATIONS_CH4.pdf.
19. Diana Hembree, "Cattle Ranchers Join Conservationists to Save Endangered Species and Rangelands," *Forbes*, January 5, 2018, https://www.forbes.com/sites/dianahembree/2018/01/05/cattle-ranchers-join-conservationists-to-save-endangered-species-rangelands/#4e225dbe220d.
20. "Idaho State Wildlife Action Plan, 2015," Idaho Department of Fish and Game, Sponsored by the US Fish and Wildlife Service, completed under grant F14AF01068 Amendment #1, 2017.
21. Anon., "Game Species, Small Game and Trapping, Beaver Management," Washington Department of Fish and Wildlife, updated January 2018. https://wdfw.wa.gov/hunting/trapping/beaver/.
22. Nathan Halverson, "9 Sobering Facts About California's Groundwater Problem," *Reveal News*, June 25, 2015, https://www.revealnews.org/article/9-sobering-facts-about-californias-groundwater-problem.
23. Daniel J. Karran, Cherie J. Westbrook, and Angela Bedard-Haughn, "Beaver-Mediated Water Table Dynamics in a Rocky Mountain Fen," *Ecohydrology* 11, no. 2 (2018).
24. Cherie J. Westbrook, David J. Cooper, and Bruce W. Baker, "Beaver Dams and Overbank Floods Influence Groundwater-Surface Water Interactions of a Rocky Mountain Riparian Area," *Water Resources Research* 42, no. 6 (2006).
25. The Lands Council, "The Beaver Solution: An Innovative Solution for Water Storage and Increased Late Summer Flows in the Columbia River Basin," completed under Washington Department of Ecology Grant #G0900156
26. Keith Ridler, "Hot Water Kills Half of Columbia River Sockeye Salmon," Associated Press, July 27, 2015, http://www.oregonlive.com/environment/index.ssf/2015/07/hot_water_killing_half_of_colu.html.
27. Ralph Maughan, "Beaver Restoration Would Reduce Wildfire," *Wildlife News*, October 25, 2013, http://www.thewildlifenews.com/2013/10/25/beaver-restoration-would-reduce-wildfires.

第５章：ビーバーとサーモン

1. Timothy Egan, *The Good Rain* (New York: Vintage Books, 2011), 182.
2. Bernie Gobin Kia-Kia, "The Story of the Salmon Ceremony," Stories and Teachings, the Tulalip Tribes. Accessed February 6, 2018. https://tulaliptoday.com/about/stories-teachings/crane-and-changer/.
3. James Wickersham, quoted in Ezra Meeker, *Pioneer Reminiscences of Puget Sound* (Seattle, WA: Lowman & Hanford, 1905), 251.
4. Paul Cereghino et al., "Strategies for Nearshore Protection and Restoration in Puget Sound," prepared in support of the Puget Sound Nearshore Ecosystem Restoration Project, March 2012.
5. David Montgomery, *King of Fish: The Thousand-Year Run of Salmon*(Cambridge, MA: Westview Press, 2004), 208.
6. Robert J. Naiman, Carol A. Johnston, and James C. Kelley, "Alteration of North American Streams by Beaver," *BioScience* 38, no. 11 (1988): 753–62.
7. Glennda Chui, "Jammin' for the Salmon," *San Jose Mercury News*, January 26, 1999, https://www.wcc.nrcs.usda.gov/ftpref/wntsc/strmRest/EngineeredLogJamsForSalmon.pdf.
8. Montgomery, *King of Fish*, 217.

9. Holly Labadie, "Beaver Dam Management Project—2015," Miramichi Salmon Association, November 24, 2015.
10. Tom Knudson, "Native Beavers Suffer in Tahoe as USFS Protects Non-Native Kokanee," *Lake Tahoe News* (originally published in *Sacramento Bee*), October 7, 2012, http://www.laketahoenews.net/2012/10/native-beavers-suffer-in-tahoe-as-usfs-protect-non-native-kokanee.
11. Daryl Guignion, "A Conservation Strategy for Atlantic Salmon in Prince Edward Island," Prince Edward Island Council of the Atlantic Salmon Federation, March 2009.
12. Sharon T. Brown, "Atlantic Salmon/Beaver Dam Controversy," *Beaversprite*, Summer 2009, http://www.beaversww.org/assets/PDFs/AtlanticSalmonBeaverDam.pdf.
13. Anon., "Wisconsin Beaver Management Plan, 2015–2025," Wisconsin Department of Natural Resources, 2015, 53.
14. Ed L. Avery, "Fish Community and Habitat Responses in a Northern Wisconsin Brook Trout Stream 18 Years After Beaver Dam Removal," Wisconsin Department of Natural Resources, Bureau of Integratd Science Services, April 1, 2002.
15. Sharon T. Brown, "Wisconsin's War on Nature," *Beaversprite*, Winter 2011–12, http://www.beaversww.org/assets/PDFs/Wisconsins-War-on-Nature-1.pdf.
16. Gil McRae and Clayton J. Edwards, "Thermal Characteristics of Wisconsin Headwater Streams Occupied by Beaver: Implications for Brook Trout Habitat," *Transactions of the American Fisheries Society* 123, no. 4 (1994): 641–56.
17. Ryan L. Lokteff, Brett B. Roper, and Joe M. Wheaton, "Do Beaver Dams Impede the Movement of Trout?" *Transactions of the American Fisheries Society* 142, no. 4 (2013): 1114–25.
18. Seth M. White and Frank J. Rahel, "Complementation of Habitats for Bonneville Cutthroat Trout in Watersheds Influenced by Beavers, Livestock, and Drought," *Transactions of the American Fisheries Society* 137, no. 3 (2008): 881–94.
19. Naiman, Johnston, and Kelley, "Alteration of North American Streams by Beaver."
20. D. Gorshkov, "Is It Possible to Use Beaver Building Activity to Reduce Lake Sedimentation?" *Lutra* 46, no. 2 (2003): 189–96.
21. W. Gregory Hood, "Beaver in Tidal Marshes: Dam Effects on Low-Tide Channel Pools and Fish Use of Estuarine Habitat," *Wetlands* 32, no. 3 (2012): 401–10.
22. Marisa M. Parish, "Beaver Bank Lodge Use, Distribution and Influence on Salmonid Rearing Habitats in the Smith River, California" (master's thesis, Humboldt State University, 2016).
23. Paul S. Kemp et al., "Qualitative and Quantitative Effects of Reintroduced Beavers on Stream Fish," *Fish and Fisheries* 13, no. 2 (2012): 158–81.
24. Eric Jay Dolin, *Fur, Fortune, and Empire* (New York: W. W. Norton, 2010), 286.
25. John Phillip Reid, *Contested Empire* (Norman: University of Oklahoma Press, 2002).
26. Reid, *Contested Empire*, 44.
27. Reid, *Contested Empire*, 39.
28. Reid, *Contested Empire*, 19.
29. Reid, *Contested Empire*, 34.
30. Reid, *Contested Empire*, 81.
31. Jennifer Ott, "Ruining' the Rivers in the Snake Country: The Hudson's Bay Company's Fur Desert Policy," *Oregon Historical Quarterly* 104, no. 2 (2003): 179.
32. Ott, "Ruining' the Rivers in the Snake Country," 182.
33. Ott, "Ruining' the Rivers in the Snake Country," 179.

34. Reid, *Contested Empire*, 47.
35. Reid, *Contested Empire*, 175.
36. Tim J. Beechie, Michael M. Pollock, and S. Baker, "Channel Incision, Evolution and Potential Recovery in the Walla Walla and Tucannon River Basins, Northwestern USA," *Earth Surface Processes and Landforms* 33, no. 5 (2008): 789.
37. Beechie, Pollock, and Baker, "Channel Incision, Evolution and Potential Recovery in the Walla Walla and Tucannon River Basins," 797.
38. Daniel E. Kroes and Christopher W. Bason, "Sediment-Trapping by Beaver Ponds in Streams of the Mid-Atlantic Piedmont and Coastal Plain, USA," *Southeastern Naturalist* 14, no. 3 (2015): 577–95.
39. Rick Demmer and Robert L. Beschta, "Recent History (1988–2004) of Beaver Dams Along Bridge Creek in Central Oregon," *Northwest Science* 82, no. 4 (2008): 309–18.
40. Michael M. Pollock, Timothy J. Beechie, and Chris E. Jordan, "Geomorphic Changes Upstream of Beaver Dams in Bridge Creek, an Incised Stream Channel in the Interior Columbia River Basin, Eastern Oregon," *Earth Surface Processes and Landforms* 32, no.8 (2007): 1174–85.
41. Nicolaas Bouwes, Nicholas Weber, Chris E. Jordan, W. Carl Saunders, Ian A. Tattam, Carol Volk, Joseph M. Wheaton, and Michael M. Pollock, "Ecosystem Experiment Reveals Benefits of Natural and Simulated Beaver Dams to a Threatened Population of Steelhead (*Oncorhynchus mykiss*)," *Scientific Reports* 6 (2016): 4.
42. Bouwes, Weber, Jordan, Saunders, Tattam, Volk, Wheaton, and Pollock, "Ecosystem Experiment Reveals Benefits of Natural and Simulated Beaver Dams," 7.
43. Nicholas Weber, Nicolaas Bouwes, Michael M. Pollock, Carol Volk, Joseph M. Wheaton, Gus Wathen, Jacob Wirtz, and Chris E. Jordan, "Alteration of Stream Temperature by Natural and Artificial Beaver Dams," *PLoS One* 12, no. 5 (2017).
44. Lewis E. Aubury, "Gold Dredging in California," *Bulletin No. 57*, California State Mining Bureau (Sacramento: 1910), 221.
45. Marina Finn, "Leave It to Beavers," *OnEarth Magazine*, February 16, 2015, https://www.nrdc.org/onearth/leave-it-beavers.

第６章：ビーバー革命

1. Heidi Perryman, "A Modest [Beaver] Proposal," *Worth a Dam*, April 16, 2017, http://www.martinezbeavers.org/wordpress/2017/04/14/a-modest-beaver-proposal.
2. "California Water 101," Water Education Foundation, 2016, http://www.watereducation.org/photo-gallery/california-water-101.
3. Joan Didion, "Holy Water," *Esquire Magazine*, December 1977, 73.
4. City council meeting minutes, City of Martinez, November 7, 2007, 1–9, http://www.cityofmartinez.org/civicax/filebank/blobdload.aspx?blobid=4828.
5. Carolyn Jones, "Martinez Mural Artist Forced to Remove Beaver," *San Francisco Chronicle*, September 30, 2011, http://www.sfgate.com/bayarea/article/Martinez-mural-artist-forced-to-remove-beaver-2298540.php.
6. Christopher W. Lanman et al., "The Historical Range of Beaver (*Castor canadensis*) in Coastal California: An Updated Review of the Evidence," California Fish and Game 99, no. 4 (2013): 193–221.

7. Richard B. Lanman et al., "The Historical Range of Beaver in the Sierra Nevada: A Review of the Evidence," *California Fish and Game* 98, no. 2 (2012): 65–80.
8. Michelle Nijhuis, "Evolve or Die," *The Last Word on Nothing*, February 20, 2012, http:// www.lastwordonnothing.com/2012/02/20/evolve-or-die.
9. Joseph Grinnell, Joseph M. Dixon, and Jean M. Linsdale, *Fur-Bearing Mammals of California*, vol. 2 (Berkeley: University of California Press, 1937), 629–727.
10. Donald T. Tappe, *The Status of Beavers in California*, State of California Division of Fish and Game (Sacramento: California State Printing Office, 1942), 14.
11. Grinnell, Dixon, and Linsdale, *Fur-Bearing Mammals of California*, 2:635.
12. Daniel F. Williams, "Mammalian Species of Special Concern in California," State of California, the Resources Agency, Department of Fish and Game (1986).
13. Eric Jay Dolin, *Fur, Fortune, and Empire* (New York: W. W. Norton, 2010), 237.
14. Dolin, *Fur, Fortune, and Empire*, 133–65.
15. Lanman et al., "The Historical Range of Beaver (*Castor canadensis*) in Coastal California," 200.
16. Daniel Pauly, "Anecdotes and the Shifting Baselines Syndrome of Fisheries," *Trends in Ecology and Evolution* 10, no. 10 (1995): 430.
17. Travis Longcore, Catherine Rich, and Dietland Müller-Schwarze, "Management by Assertion: Beavers and Songbirds at Lake Skinner (Riverside County, California)," *Environmental Management* 39, no. 4 (2007): 460.
18. Charles D. James and Richard B. Lanman, "Novel Physical Evidence That Beaver Historically Were Native to the Sierra Nevada," *California Fish and Game* 98, no. 2 (2012): 129–32.
19. Kate Lundquist and Brock Dolman, "Beaver in California: Creating a Culture of Stewardship," Occidental Arts and Ecology Center WATER Institute, 2016, 20.
20. "Groundwater Basins Subject to Critical Conditions of Overdraft," Bulletin 118, Interim Update 2016, California Department of Water Resources, http://www.water.ca.gov/groundwater/sgm/pdfs/COD-basins_2016_Dec19.pdf.
21. Glen Martin, "A Deep Dive into California's Recurring Drought Problem," *California Magazine*, January 3, 2018, https://alumni.berkeley.edu/california-magazine/just-in/2018-01-03/deep-dive-californias-recurring-drought-problem.
22. A. Park Williams et al., "Contribution of Anthropogenic Warming to California Drought During 2012–2014," *Geophysical Research Letters* 42, no. 16 (2015): 6819–28.
23. Colin J. Whitfield et al., "Beaver-Mediated Methane Emissions: The Effects of Population Growth in Eurasia and the Americas," *Ambio* 44, no. 1 (2015): 7–15.
24. Padma Nagappan, "The Latest Climate Change Threat: Beavers," *TakePart*, January 6, 2015, http://www.takepart.com/article/2015/01/06/latest-climate-change-threat-beavers-0.
25. Ellen Wohl, "Landscape-Scale Carbon Storage Associated with Beaver Dams," *Geophysical Research Letters* 40, no. 14 (2013): 3631–36; Average carbon storage in American forests derived from Richard A. Birdsey, "Carbon Storage and Accumulation in American Forest Ecosystems," US Department of Agriculture Forest Service (August 1992): 3, https://www.nrs.fs.fed.us/pubs/gtr/gtr_wo059.pdf.
26. Executive Summary, "Sierra Meadows Strategy," Sierra Meadows Partnership, October 2016, https://meadows.ucdavis.edu/files/Sierra_Meadow_Strategy_4pager_shareable20161118.pdf.
27. Heidi Perryman, "Phoenix Beavers," YouTube.com, August 13, 2017, https://www.youtube.com/watch?v=3G38WTPGT4s.

第７章：ビーバーと荒野

1. Theodore Roosevelt, quoted in Roger DiSilvestro, *Theodore Roosevelt in the Badlands*(New York: Walker, 2011), 3.
2. Timothy Egan, *The Big Burn: Teddy Roosevelt and the Fire that Saved America* (Boston and New York: Houghton Mifflin Harcourt, 2009), 22.
3. Edmund Morris, *The Rise of Theodore Roosevelt* (New York: Random House, 2001), 387.
4. Morris, *The Rise of Theodore Roosevelt*, 388.
5. Jonathan Knutson, "Nature's Engineers? Or Nature's Despoilers?" *AgWeek*, April 11, 2017, https://www.agweek.com/opinion/columns/4248873-natures-engineers-or-natures-despoilers.
6. Gustavus Hines, *A Voyage Round the World: With a History of the Oregon Mission* (Buffalo, NY: George H. Derby, 1850), 338.
7. Tony Svejcar, "The Northern Great Basin: A Region of Continual Change," *Rangelands* 37, no. 3 (2015): 116.
8. Edward M. Hanks, quoted in Carolyn Dufurrena, "Rough and Beautiful Places," *Range Magazine*, Summer 2016, 23.
9. Warren P. Clary and Bert F. Webster, "Riparian Grazing Guidelines for the Intermountain Region," *Rangelands* 12, no. 4 (1990): 209.
10. John Zablocki and Zeb Hogan, "Partnership Protects America's Largest Native Trout in Dry Nevada," *National Geographic*, April 7, 2014, https://blog.nationalgeographic.org/2014/04/07/partnership-protects-americas-largest-native-trout-in-dry-nevada.
11. Caitlin Lilly, "Here's How Land Is Used by the Federal Government in Nevada," *Las Vegas Review-Journal*, February 18, 2016, https://www.reviewjournal.com/news/heres-how-land-is-used-by-the-federal-government-in-nevada.
12. Florence Williams, "The Shovel Rebellion," *Mother Jones*, January–February 2001, http://www.motherjones.com/politics/2001/01/shovel-rebellion.
13. Kurt A. Fesenmyer, Robin Bjork, and Teddy Langhout, "Characterizing Changes in Riparian Condition in Susie Creek Allotments: 1985–2013," Trout Unlimited Science Program. Unpublished. Accessed on ResearchGate.
14. Alan Newport, "In Defense of Beavers," *Beef Producer*, March 30, 2017, http://www.beefproducer.com/soil-health/defense-beavers.
15. Joseph Grinnell, Joseph M. Dixon, and Jean M. Linsdale, *Fur-Bearing Mammals of California*, vol. 2 (Berkeley: University of California Press, 1937), 710–11.
16. Glynnis Hood, *The Beaver Manifesto* (Victoria, BC: Rocky Mountain Books, 2011), 45.
17. Hood, *Beaver Manifesto*, 47.
18. Hood, *Beaver Manifesto*, 47.
19. Paul Greenberg, "A River Runs Through It," *American Prospect*, May 22, 2013, http://prospect.org/article/river-runs-through-it.
20. Sandra Postel, *Replenish* (Washington, DC: Island Press, 2017), 170.
21. David L. Correll, Thomas E. Jordan, and Donald E. Weller, "Beaver Pond Biogeochemical Effects in the Maryland Coastal Plain," *Biogeochemistry* 49, no. 3 (2000): 217–39.
22. Robert J. Naiman and Jerry M. Melillo, "Nitrogen Budget of a Subarctic Stream Altered by Beaver (*Castor canadensis*)," *Oecologia* 62, no. 2 (1984): 150–55.
23. Sarah A. Muskopf, "The Effect of Beaver (*Castor canadensis*) Dam Removal on Total Phosphorus

Concentration in Taylor Creek and Wetland, South Lake Tahoe, California" (PhD diss., Humboldt State University, 2007), 23–24.
24. Julia G. Lazar et al., "Beaver Ponds: Resurgent Nitrogen Sinks for Rural Watersheds in the Northeastern United States," *Journal of Environmental Quality* 44, no. 5 (2015): 1684–93.
25. Kaine Korzekwa, "Beavers Take a Chunk Out of Nitrogen in Northeast Rivers," *American Society of Agronomy*, October 21, 2015, https://www.agronomy.org/science-news/beavers-take-chunk-out-nitrogen-northeast-rivers.
26. William deBuys, *Enchantment and Exploitation*, rev. ed. (Albuquerque, NM: University of New Mexico Press, 2015), 82–83.
27. Marc Simmons, "Why Early New Mexico Just Turned from Cattle to Sheep," *Santa Fe New Mexican*, April 15, 2016, http://www.santafenewmexican.com/news/local_news/why-early-new-mexico-turned-from-cattle-to-sheep/article_a70446e1-d775-5be5-afaa-34a3e7c811e5.html.
28. Brian A. Small, Jennifer K. Frey, and Charlotte C. Gard, "Livestock Grazing Limits Beaver Restoration in Northern New Mexico," *Restoration Ecology* 24, no. 5 (2016): 646–55.
29. Rebecca Moss, "Beavers: Nuisance or Necessary?" *Santa Fe New Mexican*, January 16, 2016, http://www.santafenewmexican.com/life/features/beavers-nuisance-or-necessary/article_50c67e90-f75d-508b-9757-81de7efeee30.html.
30. Reid Wilson, "Western States Worry Decision on Bird's Fate Could Cost Billions in Development," *Washington Post*, May 11, 2014, https://www.washingtonpost.com/blogs/govbeat/wp/2014/05/11/western-states-worry-decision-on-birds-fate-could -cost-billions-in-development.
31. Jodi Peterson, "The Endangered Species Act's Biggest Experiment," *High Country News*, August 17, 2015, http://www.hcn.org/issues/47.14/biggest-experiment-endangered-species-act-sage-grouse.
32. Darryl Fears, "Decision Not to List Sage Grouse as Endangered Is Called Life Saver by Some, Death Knell by Others," *Washington Post*, September 22, 2015, https://www.washingtonpost.com/news/energy-environment/wp/2015/09/22/fewer-than-500000 -sage-grouse-are-left-the-obama-administration-says-they-dont-merit-federal-protection.
33. J. Patrick Donnelly et al., "Public Lands and Private Waters: Scarce Mesic Resources Structure Land Tenure and Sage Grouse Distributions," *Ecosphere* 7, no. 1 (2016): 1–15.
34. Anon., "Elko County Declares Emergency After Earthen Dam Fails," Associated Press, reprinted in *Las Vegas Sun*, February 9, 2017, https://lasvegassun.com/news/2017/feb/09/elko-county-declares-emergency-after-earthen-dam-f.
35. Ian Evans, "Oroville Dam Incident Explained: What Happened, Why and What's Next," *Water Deeply*, June 14, 2017, https://www.newsdeeply.com/water/articles/2017/06/14/oroville-dam-incident-explained-what-happened-why-and-whats-next.
36. Marc Reisner, *Cadillac Desert: The American West and Its Disappearing Water* (New York: Penguin, 1993), 111.『砂漠のキャデラック：アメリカの水資源開発』、マーク・ライスナー著、片岡夏実訳、築地書館、1999 年
37. "Dams: Infrastructure Report Card," American Society of Civil Engineers, 2017, https:// www.infrastructurereportcard.org/wp-content/uploads/2017/01/Dams-Final.pdf.
38. John McPhee, *Encounters with the Archdruid* (New York: Farrar, Straus and Giroux, 1971), 158.
39. Chris Mooney, "Reservoirs Are a Major Source of Greenhouse Gas Emissions, Scientists Say," *Washington Post*, September 28, 2016, https://www.washingtonpost.com/news/energy-environment/wp/2016/09/28/scientists-just-found-yet-another-way-that -humans-are-creating-greenhouse-gases.
40. Emily Benson, "As Sediment Builds, One Dam Faces Its Comeuppance," *High Country News*,

October 20, 2017, http://www.hcn.org/articles/water-as-sediment-builds-a-colorado-dam-faces-its-comeuppance-paonia-reservoir.

41. James Pattie, *The Personal Narrative of James O. Pattie of Kentucky* (Cincinnati: John H. Wood, 1831), https://user.xmission.com/~drudy/mtman/html/pattie/pattie.html.
42. Pattie, *The Personal Narrative of James O. Pattie of Kentucky.*
43. Ken Ritter and Dan Elliott, "U.S.: 'Zero' Chance of Colorado River Water Shortage in 2018," Associated Press, August 15, 2017, https://www.usnews.com/news/business/articles/2017-08-15/us-zero-chance-of-colorado-river-water-shortage-in-2018.
44. The Lands Council, "The Beaver Solution: An Innovative Solution for Water Storage and Increased Late Summer Flows in the Columbia River Basin," completed under Washington Department of Ecology Grant #G0900156.
45. Konrad Hafen and William W. Macfarlane, "Can Beaver Dams Mitigate Water Scarcity Caused by Climate Change and Population Growth?" *StreamNotes*, USDA, November 2016, 1–5.

第８章：ビーバーとオオカミ

1. Michael Milsten, "From Jan. 13, 1995: Return to Yellowstone: Wolves Finally Taste Freedom," *Billings Gazette*, January 13, 2015, http://billingsgazette.com/news/state-and-regional/montana/from-jan-return-to-yellowstone-wolves-finally-taste-freedom /article_69b6adf2-57cb-57ba-b6d1-9bd9ce2a7e49.html.
2. Elliott D. Woods, "The Fight Over the Most Polarizing Animal in the West," *Outside Magazine*, January 20, 2015, https://www.outsideonline.com/1928836/fight-over-most-polarizing-animal-west.
3. Sustainable Human, "How Wolves Change Rivers," YouTube.com, February 13, 2014, https://www.youtube.com/watch?v=ysa5OBhXz-Q.
4. Arthur Middleton, "Is the Wolf a Real American Hero?" *New York Times*, March 9, 2014, https://www.nytimes.com/2014/03/10/opinion/is-the-wolf-a-real-american-hero.html.
5. Walter DeLacy, "A Trip up the South Snake River in 1863," *Contributions to the Historical Society of Montana* 1 (1876): 134, https://archive.org/stream/contributionstohvol1hist1876rich/contributionstohvol1hist1876rich_djvu.txt.
6. Wyndham Thomas Wyndham-Quin, *The Great Divide* (London: Chatto and Windus, Piccadilly, 1876), 72.
7. Philetus Norris, *Annual Report of the Superintendent of the Yellowstone National Park to the Secretary of the Interior for the Year 1880* (Washington, DC: Government Printing Office, 1881), 43.
8. Edward Warren, "A Study of the Beaver in the Yancey Region of Yellowstone National Park," *Roosevelt Wild Life Annals* 1, nos. 1–2 (1926): 17.
9. Warren, "A Study of the Beaver in the Yancey Region of Yellowstone National Park," 23.
10. Milton P. Skinner, "The Predatory and Fur-Bearing Animals of the Yellowstone National Park," *Roosevelt Wild Life Bulletins* 4, no. 2 (1927): 205.
11. Robert James Jonas, "A Population and Ecological Study of the Beaver (*Castor canadensis*) of Yellowstone National Park" (master's thesis, University of Idaho, 1955), 165.
12. Vernon Bailey, "Directions for the Destruction of Wolves and Coyotes," Circular No. 55, USDA Bureau of Biological Survey, April 17, 1909, 5.
13. Vernon Bailey, quoted in Alston Chase, *Playing God in Yellowstone* (New York: Harcourt Brace, 1986),

122.

14. Chase, *Playing God in Yellowstone*, 123.
15. Chase, *Playing God in Yellowstone*, 124.
16. George M. Wright and Ben H. Thompson, quoted in Chase, *Playing God in Yellowstone*, 23.
17. A. David M. Latham, M. Cecilia Latham, Kyle H. Knopff, Mark Hebblewhite, and Stan Boutin, "Wolves, White-Tailed Deer, and Beaver: Implications of Seasonal Prey Switching for Woodland Caribou Declines," *Ecography* 36, no. 12 (2013): 1276–90.
18. Thomas D. Gable et al., "Where and How Wolves Kill Beavers," *PLoS One* 11, no. 12 (2016).
19. Warren, "A Study of the Beaver in the Yancey Region of Yellowstone National Park," 183.
20. Jonas, "A Population and Ecological Study of the Beaver," 181.
21. Jordan Lofthouse, Randy T. Simmons, and Ryan M. Yonk, "Manufacturing Yellowstone: Political Management of an American Icon," Institute of Political Economy at Utah State University, August 2016, 18.
22. Douglas W. Smith and Daniel B. Tyers, "The Beavers of Yellowstone," *Yellowstone Science* 16, no. 3 (2008): 11.
23. Jennifer S. Holland, "The Wolf Effect," *National Geographic*, October 2004, http://ngm.nationalgeographic.com/ngm/0410/resources_geo.html.
24. Jim Robbns, "Hunting Habits of Wolves Change Ecological Balance in Yellowstone," *New York Times*, October 18, 2005, http://www.nytimes.com/2005/10/18/science/earth/hunting-habits-of-wolves-change-ecological-balance-in.html.
25. Rick Bass, "Wolf Palette," *Orion Magazine*, July–August 2005, https://orionmagazine.org/article/wolf-palette/
26. Warren, "A Study of the Beaver in the Yancey Region of Yellowstone National Park," 81.
27. Kristin N. Marshall, N. Thompson Hobbs, and David J. Cooper, "Stream Hydrology Limits Recovery of Riparian Ecosystems After Wolf Reintroduction," *Proceedings of the Royal Society B* 280, no. 1756 (2013).
28. Marshall, Hobbs, and Cooper, "Stream Hydrology Limits Recovery of Riparian Ecosystems After Wolf Reintroduction," 5.
29. Robert L. Beschta and William J. Ripple, "Riparian Vegetation Recovery in Yellowstone: The First Two Decades After Wolf Reintroduction," *Biological Conservation* 198 (2016): 93–103.
30. Daniel R. MacNulty et al., "The Challenge of Understanding Northern Yellowstone Elk Dynamics after Wolf Reintroduction," *Yellowstone Science* 24, no. 1 (2016): 25–33.
31. Suzanne Fouty, "Current and Historic Stream Channel Response to Changes in Cattle and Elk Grazing Pressure and Beaver Activity" (PhD diss., University of Oregon, 2003).
32. Andrew Theen, "Report: Oregon's Wolf Population Stagnant, 7 Animals Killed in 2016," *The Oregonian/Oregon Live*, April 11, 2017, http://www.oregonlive.com/environment/index.ssf/2017/04/oregons_latest_report_shows_sl.html.
33. Suzanne Fouty, "Spheres of Influence, Spheres of Impact: Preparing for Climate Change on Public Lands with New Partners, New Strategies," presentation delivered at State of the Beaver conference, Canyonville, Oregon, February 23, 2017.
34. Lina E. Polvi and Ellen Wohl, "The Beaver Meadow Complex Revisited—The Role of Beavers in Post-Glacial Floodplain Development," *Earth Surface Processes and Landforms* 37, no. 3 (2012): 335.
35. Anon., "Beavers," Rocky Mountain National Park, March 28, 2015, https://www.nps.gov/romo/learn/nature/beavers.htm.

1. Enos Mills, *In Beaver World* (Boston and New York: Houghton Mifflin, 1913), 15.
2. Róisín Campbell-Palmer et al., *The Eurasian Beaver Handbook* (Exeter, UK: Pelagic Publishing, 2015), Kindle edition.
3. Matt Pomroy, "Radioactive Wolves," *Esquire Middle East*, January 25, 2015, http://www.esquireme.com/brief/radioactive-wolves.
4. Derek Gow, "Beavers in Britain's Past," presentation delivered at State of the Beaver conference, Canyonville, Oregon, February 23, 2017.
5. Bryony Coles, *Beavers in Britain's Past* (Oxford, UK: Oxbow Books, 2006), 72.
6. Coles, *Beavers in Britain's Past*, 73.
7. Coles, *Beavers in Britain's Past*, 159.
8. Coles, *Beavers in Britain's Past*, 139–59.
9. Mark Kurlansky, *The Basque History of the World* (New York: Walker, 1999), 48.
10. Duncan Halley, Frank Rosell, and Alexander Saveljev, "Population and Distribution of Eurasian Beaver (*Castor fiber*)," *Baltic Forestry* 18, no. 1 (2012): 171–72.
11. Duncan J. Halley and Frank Rosell, "The Beaver's Reconquest of Europe: Status, Population Development, and Management of a Conservation Success," *Mammal Review* 32, no. 3 (2002): 154.
12. Halley and Rosell, "The Beaver's Reconquest of Europe," 154.
13. Dietland Müller-Schwarze, *The Beaver: Its Life and Impact*, 2nd ed. (Ithaca, NY: Cornell University Press, 2011), 121.
14. Halley and Rosell, "The Beaver's Reconquest of Europe," 158.
15. Pearly Jacob, "Mongolia: Ulaanbaatar Signs Up Nature's Engineers to Restore River," EurasiaNet.org, August 17, 2012, http://www.eurasianet.org/node/65797.
16. Martin Gaywood, "Beavers in Scotland: A Report to the Scottish Government," Scottish Natural Heritage, June 2015, 5.
17. Anon., "Tayside Is Home to About 150 Beavers, Report Says," BBC, December 19, 2012, http://www.bbc.com/news/uk-scotland-tayside-central-20781407.
18. Tom Ough, "Beavers Are Back and Thriving But Not Everyone Is Happy," *The Telegraph*, January 22, 2017, http://www.telegraph.co.uk/news/2017/01/22/beavers-back-thriving-not-everyone-happy.
19. Jim Crumley, "Madness Over Beaver Fears," *The Courier*, November 9, 2016, https://www.thecourier.co.uk/fp/opinion/jim-crumley/310567/madness-over-beaver-fears.
20. Katherine Sutherland, "Meet the Laird and Lady of Beaver Castle," *The Scottish Mail*, January 15, 2017, https://www.pressreader.com/uk/the-scottish-mail-on-sunday/20170115/282222305452419.
21. Anon., "Legal Challenge Over River Tay's Wild Beavers," BBC, March 2, 2011, http://www.bbc.com/news/uk-scotland-tayside-central-12612946.
22. Severin Carrell, "Scotland's Beaver Trappling Plan Has Wildlife Campaigners Up in Arms," *The Guardian*, November 25, 2010, https://www.theguardian.com/environment/2010/nov/25/beavers-scotland-conservation.
23. Anon., "Re-homed 'Tay Beaver' Dies at Edinburgh Zoo," BBC, April 1, 2011, http://www.bbc.co.uk/news/mobile/uk-scotland-tayside-central-12934538.
24. Gaywood, "Beavers in Scotland," 18–107.
25. Gaywood, "Beavers in Scotland," 24.
26. Anon., "Beavers to Remain in Scotland," Newsroom, Scottish Government, November 24, 2016,

https://news.gov.scot/news/beavers-to-remain-in-scotland.
27. Ilona Amos, "New Beavers to Be Set Free in Argyll," *The Scotsman*, October 3, 2017, https://www.scotsman.com/news/new-beavers-to-be-set-free-in-argyll-1-4576745.
28. Robert Macfarlane, *Landmarks* (London: Penguin Random House UK, 2016), 5.
29. Jessica Aldred, "Wild Beavers Seen in England for the First Time in Centuries," *The Guardian*, February 27, 2014, https://www.theguardian.com/environment/2014/feb/27/wild-beavers-england-devon-river.
30. Anon., "River Otter Beavers 'Native to UK,' Tests Find," BBC, March 19, 2015, http://www.bbc.com/news/uk-england-devon-31971066.
31. Anon., "Research Team to Monitor Impact of Wild Beavers on Our Waterways," Phys. org, January 30, 2015, https://phys.org/news/2015-01-team-impact-wild-beavers-waterways.html.
32. Alex Riley, "Beavers Are Back in the UK and They Will Reshape the Land," BBC, October 6, 2016, http://www.bbc.com/earth/story/20161005-beavers-are-back-in-the-uk-and-they-will-reshape-the-land.
33. Mark Elliott et al., "Beavers—Nature's Water Engineers," Devon Wildlife Trust, 2017.
34. Alan Puttock et al., "Eurasian Beaver Activity Increases Water Storage, Attenuates Flow and Mitigates Diffuse Pollution from Intensively-Managed Grasslands," *Science of the Total Environment* 576 (2017): 430–43.
35. Rebecca Burn-Callender, "UK Flooding: Cost of Damage to Top £5 Bn but Many Homes and Businesses Underinsured," *The Telegraph*, December 28, 2015, http://www.telegraph.co.uk/finance/economics/12071604/UK-flooding-cost-of-damage-to-top-5bn-but-many-homes-and-businesses-underinsured.html.
36. Jan Nyssen, Jolien Pontzeele, and Paolo Billi, "Effect of Beaver Dams on the Hydrology of Small Mountain Streams: Example from the Chevral in the Ourthe Orientale Basin, Ardennes, Belgium," *Journal of Hydrology* 402, nos. 1–2 (2011): 92–102.
37. Anon., "Beaver Wood Chip," Devon Wildlife Trust, accessed January 6, 2018, http://devonwildlifetrust.org/shop/product/beaver-wood-chip.
38. Patrick Barkham, "UK to Bring Back Beavers in First Government Flood Reduction Scheme of Its Kind," *The Guardian*, December 12, 2017, https://www.theguardian.com/environment/2017/dec/12/uk-to-bring-back-beavers-in-first-government-flood -reduction-scheme-of-its-kind.
39. Susan Scott Parrish, "The Great Mississippi Flood of 1827 Laid Bare the Divide Between the North and the South," *Smithsonian* (first published at Zocalo Public Square), April 11, 2017, http://www.smithsonianmag.com/history/devastating-mississippi-river-flood-uprooted-americas-faith-progress-180962856/#WzkHszr3TAyqVUqj.99.
40. Eric Levenson, "Mississippi River Cresting in Flood-Hit Illinois, Southern Missouri," CNN, May 7, 2017, http://www.cnn.com/2017/05/06/us/flooding-mississippi-river/index.html.
41. Donald L. Hey and Nancy S. Philippi, "Flood Reduction Through Wetland Restoration: The Upper Mississippi River as a Case History," *Restoration Ecology* 3, no. 1 (1995): 14.
42. Tom Bawden, "Nazi Super Cows: British Farmer Forced to Destroy Half His Murderous Herd of Bio-engineered Heck Cows After They Try to Kill Staff," *The Independent*, January 5, 2015, http://www.independent.co.uk/environment/british-farmer-forced-to-turn-half-his-murderous-herd-of-nazi-cows-into-sausages-9958988.html.
43. Róisín Campbell-Palmer et al., "*Echinococcus multilocularis* Detection in Live Eurasian Beavers (*Castor fiber*) Using a Combination of Laparoscopy and Abdominal Ultrasound Under Field Conditions,"

PLoS One 10, no. 7 (2015).
44. George Monbiot, *Feral: Rewilding the Air, the Sea, and Human Life* (New York: Penguin Books, 2014), 5.
45. Ian Carter, Jim Foster, and Leigh Lock, "The Role of Animal Translocations in Conserving British Wildlife: An Overview of Recent Work and Prospects for the Future," *EcoHealth* 14, no. S1 (2016): 7–15.
46. Keith McLeod, "The Lynx Effect: Pilot Scheme Could See 250 of the Once Extinct Cats Back Among Scottish Wildlife," *Daily Record*, August 10, 2017, http://www.dailyrecord.co.uk/news/scottish-news/lynx-effect-pilot-scheme-could-10959376.
47. Anon., "Beavers Are Back in Cornwall!" Cornwall Wildlife Trust, June 19, 2017, http://www.cornwallwildlifetrust.org.uk/news/2017/06/19/beavers-are-back-cornwall.

第10章：ビーバーに仕事をさせよう

1. Elijah Portugal, Joe M. Wheaton, and Nicholas Bouwes, "Spring Creek Wetland Area Adaptive Beaver Management Plan," prepared for Walmart Stores Inc. and the City of Logan, 2015.
2. US Environmental Protection Agency, Office of Water and Office of Research and Development, "National Rivers and Streams Assessment 2008–2009: A Collaborative Survey," Washington, DC, March 2016.
3. Joshua Zaffos, "Restoration Cowboy'Goes Against the Flow," *High Country News*, November 10, 2003, http://www.hcn.org/issues/262/14362.
4. David L. Rosgen, "The Cross-Vane, W-Weir and J-Hook Vane Structures . . . Their Description, Design and Application for Stream Stabilization and River Restoration," Wildland Hydrology, http://www.creekman.com/assets/rosgen-weirs.pdf.
5. David Malakoff, "The River Doctor," *Science* 305, no. 5686 (2004): 937–39.
6. Robert C. Walter and Dorothy J. Merritts, "Natural Streams and the Legacy of WaterPowered Mills," Science 319, no. 5861 (2008): 299–304.
7. Timothy J. Beechie et al., "Process-Based Principles for Restoring River Ecosystems," *BioScience* 60, no. 3 (2010): 209–22.
8. Alan Kasprak et al., "The Blurred Line Between Form and Process: A Comparison of Stream Channel Classification Frameworks," *PLoS One* 11, no. 3 (2016).
9. Hal Herring, "Can We Make Sense of the Malheur Mess?" *High Country News*, February 12, 2016, http://www.hcn.org/articles/malheur-occupation-oregon-ammon-bundy-public-lands-essay.
10. William Finley, quoted in Nancy Langston, *Where Land and Water Meet* (Seattle: University of Washington Press, 2009), 101.
11. Langston, *Where Land and Water Meet*, 103.
12. Langston, *Where Land and Water Meet*, 106–07.
13. Langston, *Where Land and Water Meet*, 104.
14. Brian Maffly, "Leave It to Beaver? No Way, Says Salt Lake County," *Salt Lake Tribune*, April 8, 2017, http://archive.sltrib.com/article.php?id=5151499&itype=CMSID.
15. Ben Goldfarb, "Should We Put a Price on Nature?" *High Country News*, January 19, 2015, http://www.hcn.org/issues/47.1/should-we-put-a-price-on-nature.
16. Christopher Ketcham, "Grand Staircase-Escalante Was Set Up to Fail," *High Country News*, July 10,

2017, http://www.hcn.org/articles/monuments-how-grand-staircase-escalante-was-set-up-to-fail.

17. Jonathan Thompson, "A Reluctant Rebellion in the Utah Desert," *High Country News*, May 13, 2014, http://www.hcn.org/articles/is-san-juan-countys-phil-lyman-the-new-calvin-black.
18. Mary O'Brien, "The Good Beaver Do," *Salt Lake Tribune*, August 25, 2012, http://archive.sltrib.com/article.php?id=54752950&itype=CMSID.
19. "Utah Beaver Management Plan," Utah Division of Wildlife Resources, developed in consultation with the Beaver Advisory Committee, Salt Lake City, Utah, January 6, 2010.
20. Mark Buckley et al., "The Economic Value of Beaver Ecosystem Services, Escalante River Basin, Utah," ECONorthwest, 2011.
21. Brandon Loomis, "Southern Utah Officials Nix Beaver Transplants," *Salt Lake Tribune*, August 27, 2012, http://archive.sltrib.com/article.php?id=54729906&itype=CMSID.
22. Rachelle Haddock, "Beaver Restoration Across Boundaries," Miistakis Institute, Calgary, AB, 2015, 25.
23. Joe M. Wheaton and William W. Macfarlane, "The Utah Beaver Restoration Assessment Tool: A Decision Support and Planning Tool—Manager Brief," Ecogeomorphology and Topographic Analysis Lab, Utah State University, prepared for Utah Division of Wildlife Resources, 2014, 4.
24. Wheaton and Macfarlane, "The Utah Beaver Restoration Assessment Tool," 5.
25. Todd BenDor et al., "Estimating the Size and Impact of the Ecological Restoration Economy," *PLoS One* 10, no. 6 (2017).
26. Glenn Albrecht, "The Age of Solastalgia," *The Conversation*, August 7, 2012, https://theconversation.com/the-age-of-solastalgia-8337.
27. John Waldman, *Running Silver* (Guilford, CT: Lyons Press, 2011), 57.
28. Nick Paumgarten, "The Mannahatta Project," *The New Yorker*, October 1, 2007, https://www.newyorker.com/magazine/2007/10/01/the-mannahatta-project.
29. Barry Paddock, "Another Beaver Makes Bronx River Home—Doubles Total Beaver Population," *New York Daily News*, September 19, 2010, http://www.nydailynews.com/new-york/beaver-bronx-river-home-doubles-total-beaver-population-article-1.439691.
30. Emma Marris, *The Rambunctious Garden* (New York: Bloomsburg, 2011), 3. 『「自然」という幻想：多自然ガーデニングによる新しい自然保護』、エマ・マリス著、岸由二、小宮繁訳、草思社、2018年
31. Glenn Albrecht, "Soliphilia," *Psycho Terratica*, 2013, http://www.psychoterratica.com/soliphilia.html.
32. Linda Wertheimer, "Herring Make a Comeback in Bronx River," NPR, March 25, 2006, https://www.npr.org/templates/transcript/transcript.php?storyId=5301395.
33. 33. Charles M. Crisafulli et al., "Amphibian Responses to the 1980 Eruption of Mount St. Helens," in *Ecological Responses to the 1980 Eruption of Mount St. Helens* (New York: Springer-Verlag, 2005): 183–97.
34. Kendra Pierre-Louis, "Beavers Emerge as Agents of Arctic Destruction," *New York Times*, December 20, 2017, https://www.nytimes.com/2017/12/20/climate/arctic-beavers-alaska.html.
35. J. B. MacKinnon, "Tragedy of the Common," *Pacific Standard*, October 17, 2017, https://psmag.com/magazine/tragedy-of-the-common.
36. Alius Ulevičius et al., "Morphological Alteration of Land Reclamation Canals by Beavers (*Castor fiber*) in Lithuania," *Estonian Journal of Ecology* 58, no. 2 (2009): 126–40.

訳　注

序　文

(1)アルド・レオポルド（Aldo Leopold、1887–1948年）は、アメリカの著述家、生態学者、森林管理官、環境保護主義者。最も有名な著作に『野生のうたが聞こえる』講談社学術文庫、(1997年）がある。レオポルドの著作および「土地倫理」(land ethics）は、現代の環境倫理学の展開および原生自然（wilderness）の保護運動に極めて大きな影響を及ぼしている。

(2)ガリとは、降水による集約した水の流れによって地表面が削られてできた地形のこと。水に起因した侵食によってできた地形形状の一つ。

(3)アロヨ（Arroyo)。アメリカ合衆国南西部やメキシコの砂漠地帯で見られる涸れ川のこと。アラビア語圏ではワジと呼ばれる。

(4)ハイプレーンズ（High Plains）は、ワイオミング州南東部、サウスダコタ州南西部、ネブラスカ州西部、コロラド州東部、カンザス州西部、ニューメキシコ州東部、オクラホマ州西部、テキサス州北西部に位置している。

(5)旧世界とは、コロンブスのアメリカ大陸到達以前にヨーロッパに知られていた世界。アジア、ヨーロッパ、アフリカなどの大陸。

(6)ヘンリー・デイヴィッド・ソロー（Henry David Thoreau、1817–1862年）アメリカの作家・思想家・詩人・博物学者。マサチューセッツ州コンコード市出身。ハーバード大学卒業。ウォールデン池畔の森の中に丸太小屋を建て、自給自足の生活を2年2カ月間送る。代表作『ウォールデン 森の生活』(1854年)。

はじめに

(1)電解質は、水などの溶媒に溶かしたとき陽イオンと陰イオンに分解し、その溶液が電気を導く性質を持つ物質のこと。体内に存在するナトリウム、カリウム、カルシウム、マグネシウムなどの物質がこれにあたる。体液の調整を行うなど生体の恒常性を維持する役目を果たしている。

(2)ラインバッカー（linebacker）とは、アメリカンフットボールの守備側のポジション。ラインの後ろ、第2列に位置する。このポジションの選手は背が高く、体格が良い。

(3)ルイス・クラーク探検隊（Lewis and Clark Expedition）は、アメリカ陸軍大尉メリウェザー・ルイスと少尉ウィリアム・クラークによって率いられ、太平洋へ陸路での探検をして帰還した白人アメリカ人による最初の探検隊である。

(4)ジョン・コルター（John Colter、1770–1775–1812年または1813年）はルイス・クラーク探検隊のメンバーだった。歴史上最も有名な遠征隊の一つに参加したが、コルターは1807年から1808年の冬に行った探検で最もよく知られている。

(5)オズボーン・ラッセル（Osborne Russell、1814–1892年）はマウンテンマンであり、そしてオレゴンの州政府を形成するのを手伝った政治家でもある。

(6)氾濫原《はんらんげん》とは、河川の氾濫や河道の移動によってできた平野。河川の堆積《たいせき》物によって構成され、洪水時には浸水する。

(7) ヘンリー・ハドソン（Henry Hudson、1560年代–70年頃–1611年？）イングランドの航海士、探検家。北アメリカ東海岸やカナダ北東部を探検した。ハドソン湾、ハドソン海峡、ハドソン川は彼の名にちなむ。

(8) サミュエル・ド・シャンプラン（Samuel de Champlain、1567年または1570–1635年）17世紀フランスの地理学者、探検家および地図製作者。フランス国王アンリ4世の意向に従い、ケベック植民地の基礎を築いた。

(9) 帯水層（地下水で満たされた砂層等の透水性が比較的良い地層であり、一般には地下水取水の対象となり得る地層）が涵養（地表の水が地下浸透して帯水層に水が供給される）こと。

(10) キャディシャックとは、フロリダにある名門ゴルフ場を舞台にした1980年制作のアメリカのコメディ映画の原題（*Caddyshack*）。邦題『ボールズ・ボールズ』。

(11) ジェームズ・B・トレフェセン（James B. Trefethen）は、ワシントンDCにあるWildlife Management Institute（野生生物管理研究所）の出版部の責任者であり、1961年に出版された野生生物保護の歴史を綴った『Crusade for Wildlife（野生生物のための改革運動）』の著者である。

(12) イロコイ連邦とは、アメリカ合衆国ニューヨーク州オンタリオ湖南岸とカナダにまたがった保留地を持つ、6つのインディアン部族により構成される部族国家集団をいう。

(13) ピルグリム・ファーザーズは、1620年、メイフラワー号で渡米しプリマスに居を定めた英国清教徒団。

(14) ダストボウル（Dust Bowl）は、1931年から1939年にかけ、アメリカ中西部の大平原地帯で、断続的に発生した砂嵐。アメリカ中部の大平原地帯は、白人の入植以前は一面の大草原であったが、作物を植えるため表土を抑えていた草をはぎ取り、地表を露出させた。地表は直射日光にさらされ、乾燥して土埃になり、強い風が吹くと空中に舞い上がり、土埃の巨大な黒雲となった。

(15) 水文学とは、地球上の水循環を主な対象とする地球科学の一分野。主として、陸地における水をその循環過程から、地域的な水のあり方・分布・移動・水収支等を研究する科学である。

(16) グレートプレーンズ（Great Plains）は、北アメリカ大陸の中西部、ロッキー山脈の東側と中央平原の間を南北に広がる台地状の大平原。ロッキー山脈から流れ出る河川によって形成された多くの堆積平野の総称である。

第1章：ビーバーの奇妙な生態

(1) デニソワ人は、ロシア・アルタイ地方のデニソワ洞窟に、約41,000年前に住んでいたとされるヒト科の個体および同種の人類である。デニソワ洞窟は、アルタイ地方の中心都市バルナウルから約150km南方に位置する。

(2) ホモ・フローレシエンシスは、インドネシアのフローレス島で発見された、小型のヒト科と広く考えられている絶滅種。身長は1メートルあまりで、それに比例して脳も小さいが、火や精巧な石器を使っていたと考えられる。そのサイズからホビット（小さい人）という愛称がつけられている。新種説に対しては、反論もある。

(3) アーウィン・ヒンクリー・バーバー（Erwin Hinckley Barbour、1856–1947年）アメリカの地質学者、古生物学者。オハイオ州オックスフォード近郊に生まれ、マイアミ大学とイェール大学で教育を受け、1882年に卒業。1882年から1888年まで、O・チャールズ・マーシュの下で米国地質調査所の古生物学者の助手を務めた。その後、アイオワ大学で2年間教鞭

をとり、1891年にネブラスカ大学に地質学部長として採用された。

(4) オスニエル・チャールズ・マーシュ（O. C. Marsh、1831–1899年）19世紀アメリカ合衆国における傑出した古生物学者であり、アメリカ西部で数々の化石の発見、命名を行った。

(5) テオドール・フックス（Theodor Fuchs、1842–1925年）オーストリアの地質学者、古生物学者。ウィーン大学で地質学と古生物学を学んだ。

(6) オラフ・A・ピーターソン（Olaf A. Peterson、1865–1933年）アメリカの古生物学者。1905年、カーネギー自然史博物館の学芸員、フィールドコレクターとして、ネブラスカ州西部の中新世哺乳類の堆積物を調査した。

(7) ラリー・マーティン（Larry Martin、1943–2013年）アメリカの脊椎動物古生物学者であり、カンザス大学の自然史博物館と生物多様性研究センターのキュレーター。

(8) 中新世（Miocene）地質時代の時代区分の一つで、新生代の新第三紀を二分したときの初めの時期。およそ2303万年前から533万3000年前までの時代をいう。

(9) クズリ（学名:*Gulo gulo*）は、哺乳綱食肉目イタチ科クズリ属に分類される食肉類。英名は「ウルヴァリン（wolverine）」。中型動物だが獰猛で恐れを知らず、自分より大きい相手にも立ち向かうため、イタチ科最強と称されることもある。

(10) ベアドッグは、イヌ亜目に属する陸生食肉目の絶滅した科。中新世初期には、多数の大型のベアドッグがユーラシア大陸から北米に移動したと考えられている。

(11) ニッチ（生態的地位）。生物は生態系内（自然界）にて、必ず何らかの地位を持ち、他との差別化をはかって生きている。ニッチの具体例には食べ物、棲み処、活動時間などがあり、ニッチが異なるということは、食べ物や棲み処、活動時間などが他と異なるということである。

(12) 始新世（Eocene）地質時代の時代区分の一つで、新生代の古第三紀を3つに分けたときの初めから2番目の時期。およそ5600万年前から3390万年前までの時代をいう。

(13) ナタリア・リプチンスキー（Natalia Rybczynski）はカナダの古生物学者、教授、研究者である。カナダ自然博物館の研究科学者であり、オンタリオ州オタワのカールトン大学で教授を務めている。

(14) クローヴィス人は、一般的に新世界の最初の人間の居住者と見なされていて、北アメリカと南アメリカのすべての先住民文化の祖先であると言われているが、異論もある。

(15) フランク・ロイド・ライト（Frank Lloyd Wright、1867–1959年）は、アメリカの建築家。アメリカ大陸に多くの建築作品があり、日本にもいくつか作品を残している。

(16) ディートラント・ミュラー・シュヴァルツェ（Dietland Müller-Schwarze、1934年生まれ。書籍『The Beaver: Its Life and Impact（ビーバー：その生態と影響）』（2011年）

(17) アースシップとは、建築家のマイケル・レイノルズが提唱した、自然素材やタイヤなどを使用した、機械に頼らない太陽熱の利用を組み込んだエコハウスの一種。

(18) ベン・ジョンソン（Ben Jonson、1572–1637年）は、17世紀イギリスの劇作家・詩人で、シェイクスピアと同時代人。1616年に桂冠詩人になった。

(19) カストリウム（Castoreum）は、ビーバーの持つ香嚢から得られる香料である。海狸香（かいりこう）ともいう。

(20) アーサー・ラドクリフ・ダグモア（Arthur Radclyffe Dugmore、1870–1955年）は、ウェールズ生まれでアメリカで活躍した先駆的な自然主義者であり、野生生物の写真家、画家、版画家、作家である。彼は「狩猟から紙と帆布に被写体をとらえること」に転向した。

(21)『The Romance of the Beaver』の引用。ビーバーの巣が2階建てで窓とドアが四角く切られていたという絵を目にした著者のダグモアは、このような窓やドアがあれば捕食者の餌食になりやすく、また動物は四角い形を避けるからと述べている。

(22) ホープ・ライデン（Hope Elaine Ryden、1929–2017年）は、アメリカのドキュメンタリープロデューサーであり、野生動物の活動家である。
(23) ルイス・ヘンリー・モーガン（Lewis Henry Morgan、1818–1881年）は、鉄道会社の弁護士として活躍したアメリカの先駆的な人類学者・社会理論家。
(24) トールキン（John Ronald Reuel Tolkien、1892–1973年）は、英国の文献学者、作家、詩人、イギリス陸軍軍人。『ホビットの冒険』と『指輪物語』の著者として知られている。
(25) ビッグ・マディー（Big Muddy（大きな濁流））。ミシシッピ川の最も大きな支流であるミズーリ川のニックネーム。雪解け水により洪水が頻発し1940年代中ごろより治水事業が進められてきた。
(26) 側方流路とは、ビーバーがビーバー池の水量を調節したり、餌や木を運んだりするためにつくる細い水路。
(27) アニー・ディラード（Annie Dillard、1945年–）は、アメリカの女性エッセイスト。ペンシルベニア州ピッツバーグ生まれ。1974年『ティンカー・クリークのほとりで』（金坂留美子、くぼたのぞみ訳、めるくまーる1991年）でピューリッツァー賞受賞。
(28) ルナ・レオポルド（Luna Bergere Leopold、1915–2006年）は、ニューメキシコ州アルバカーキ出身の地形学者、水文学者で、アルド・レオポルドの息子である。
(29) M・ゴードン・ウォルマン（Markley Gordon Wolman、1924–2010年）アメリカ人地理学者であり、1949年にジョンズホプキンス大学を地理学の学位で卒業した。
(30) デニス・バーチステッド（Denise Burchsted）は、キーン州立大学環境学の助教授。科学者であると同時にエンジニアでもあり、河川や湿地帯の実地調査を専門とする。人間の行動によってダメージを受けた河川や湿地帯の修復目標を設定するために研究を行っている。（University System of New Hampshire のサイトより）
(31) エコトーン（Ecotone）は、生態学において、陸域と水域、森林と草原など、異なる環境が連続的に推移して接している場所。一般に、生物の多様性が高いことで知られる。移行帯。推移帯。

第２章：ビーバーの壊滅

(1) ジョン・カーク・タウンゼント（John Kirk Townsend、1809–1851年）はアメリカ合衆国の博物学者。北米の鳥類の収集を行った。
(2) ジム・ブリッジャー（Jim Bridger、1804–1881年）は、アメリカのマウンテンマン、わな猟師、斥候およびガイドであり、1820年から1840年の期間にアメリカ西部を探検し、わな猟をして回った。ホラ話の話し手としてもよく知られている。
(3) キット・カーソン（Kit Carson、1809–1868年）、本名クリストファー・ヒューストン・カーソン（Christopher Houston Carson）はアメリカ西部の開拓者として知られている。
(4) ジェデダイア・スミス（Jedediah Strong Smith、1799–1831年）は罠猟師で毛皮交易に携わったマウンテンマン、地図製作者であり、探検記を書いた。
(5) ヒュー・グラス（Hugh Glass、1780年頃–1833年）はアメリカ西部開拓時代のフロンティアの罠猟師で毛皮商、探検家。ミズーリ川沿いに現在のモンタナ州、ノースダコタ州、サウスダコタ州およびネブラスカ州のプラット川にわたる地域を探検した。ハイイログマに襲われて重傷を負い旅の仲間に見捨てられながらも生還した話は長い年月にわたり語り継がれ、『レヴェナント：蘇えりし者』（2015年）として映画化されている。
(6) ワシントン・アーヴィング（Washington Irving、1783–1859年）は、19世紀前半のアメリカ

の作家。

(7)マーガレット・アトウッド（Margaret Eleanor Atwood、1939年–）はカナダの作家。アメリカの女性作家にも強い影響力を持ち、その作品は世界15カ国以上で翻訳され、カナダ国内のみならずヨーロッパなどでも数々の文学賞を受賞。

(8)ジェームズ・トラスロー・アダムズ（James Truslow Adams、1878–1949年）は、アメリカの作家、歴史家。彼は1931年の著書『米国史』（ジェームズ・トウルースロー・アダムズ著、木村、松代訳、理想社出版部、1941年）で「アメリカン・ドリーム」というフレーズを創出した。

(9)ジェームズ・ポーク（James Knox Polk、1795–1849年）は、アメリカの政治家、第11代大統領。

(10)トーマス・ジェファーソン（Thomas Jefferson、1743–1826年）は、アメリカの政治家。第3代アメリカ大統領（1801–1809年）で、「アメリカ独立宣言」の起草者の一人である。

マルク・レスカルボ（Marc Lescarbot、1570–1641年頃）フランスの作家、詩人、弁護士。アカディア（北米東部大西洋岸、特に現在のアメリカメイン州東部とカナダノバスコシア州に相当する地域の古名）への遠征（1606–1607年）と北米におけるフランスの探検に基づく著書『Histoire de la Nouvelle-France』で知られる。

(11)彼の名前は、Weesack-kachack、Wisagatcak、Wis-kay-tchach、Wissaketchak、Woesack-ootchacht、Vasaagihdzak、Weesageechakなど、彼が登場する関連する言語や文化で、さまざまな形で見られる。

(12)ヘンリー・ハドソン（Henry Hudson、1560年代–1570年頃–1611年頃消息不明）は、イングランドの航海士、探検家。北アメリカ東海岸やカナダ北東部を探検した。ハドソン湾、ハドソン海峡、ハドソン川は彼の名にちなむ。

(13)ハロルド・イニス（Harold Adams Innis、1894–1952年）は、カナダの経済学者、社会学者。専門は、経済史、メディア論。

(14)ドン・ベリー（Don George Berry、1932–2001年）は、ロッキー山脈の西側にあたるオレゴン・カントリーと呼ばれた地域（オレゴン州とは異なる）への初期入植者を描いた歴史小説3部作『Trask』（1960年）、『Moontrap』（1962年）、『To Build a Ship』（1963年）で知られるアメリカの作家・芸術家。

(15)ジョン・ベイクレス（John Edwin Bakeless、1894–1978年）アメリカの作家、歴史家、ジャーナリスト、軍人、教師、そしてアマチュア園芸家。

(16)デイビッド・トンプソン（David Thompson、1770–1857年）は、イギリス系カナダ人の毛皮商人、測量技師、地図製作者。

(17)R・グレース・モーガン（R. Grace Morgan、1934–2016年）は、人類学の生涯にわたる学者・研究者である。著書『Beaver, Bison, Horse』University of Regina Press、2020年。

(18)ジョン・ジェームズ・オーデュボン（John James Audubon、フランス語ではJean-Jacques Audubon、1785–1851年）は、アメリカの画家・鳥類研究家。北アメリカの鳥類を自然の生息環境の中で極めて写実的に描いた博物画集の傑作『オーデュボンの鳥：アメリカの鳥類』（ジョン・ジェームズ オーデュボン著、新評論、2020年）によって知られる。

(19)チャールズ・ピアス（Charles Patrick Pierce、1953年–）は、アメリカのスポーツライター、政治ブロガー、リベラル派の評論家、作家、ゲームショーのパネリストである。

(20)ウィリアム・クロノン（William Cronon、1954年–）は、コネチカット州ニューヘイヴン生まれで、環境史家であり、ウィスコンシン大学マディソン校の歴史・地理・環境学の教授である。

(21)ジェレミー・ベルナップ（Jeremy Belknap、1744–1798年）は、アメリカの聖職者、歴史家

である。彼の偉大な業績は、1784年から1792年にかけて3巻に分けて出版された『History of New Hampshire（ニューハンプシャーの歴史）』である。

(22) ヘンリー・ワンジー（Henry Wansey、1751–1827年）は、イギリスの古物商で、職業は服飾商であったが、中年期になって事業から撤退し、余暇を旅行や文学、古物研究に費やした。

(23) 氷堆石（モレーン（moraine））とは、氷河が谷を削りながら時間をかけて流れるとき、削り取られた岩石・岩屑や土砂などが土手のように堆積した地形のことである。

(24) アドリアン・ブロック（Adriaen Block、1567年頃—埋葬1627年）は、オランダの貿易商、海洋探検家であり、1611年から1614年に現在のアメリカニュージャージー州からマサチューセッツ州の間の海岸や河川流域を探検したことで知られている。

(25) ピーター・スケーン・オグデン（Peter Skene Ogden、1794年頃–1854年）は、イギリス系カナダ人の毛皮商人であり、現在のブリティッシュコロンビア州とアメリカ西部の初期の探検家である。

(26) トーマス・ナトール（Thomas Nuttall、1786–1859年）はイギリスの植物学者、動物学者。1808年から1841年までアメリカ合衆国で働き、いくつかのアメリカ北西部の探検隊に参加した。

(27) ルドルフ・ルーデマン（Rudolf Ruedemann、1864–1956年）は、ドイツ系アメリカ人の古生物学者で、謎めいた動物の化石であるグラプトライトの専門家として広く知られている。

(28) ボブ・ナイマン（Robert J. Naiman、1947年–）は、シアトルにあるワシントン大学教授で生物学者。2012年にはアメリカ生態学会からEminent Ecologist（著名な生態学者）に認定されている。ボブは愛称。

(29) ウィリアム・テンプル・ホーナデイ（William Temple Hornaday、1854–1937年）はアメリカ人動物学者、保護主義者、分類学者、そして作家。彼は、今日ブロンクス動物園として知られるニューヨーク動物園の初代所長を務めた米国の初期の野生生物保護運動の先駆者だった。

(30) マスクラット（Muskrat）は、ネズミ科マスクラット属に分類されるげっ歯類。腹部に臭腺[肛門腺]があり、ここから分泌される匂いが麝香（Musk）に似ていることが名前の由来。

(31) フランク・グラハム（Frank Graham Jr、1925年–）ニューヨーク市に生まれる。作家・博物学者。父親は有名な新聞記者、スポーツコラムニストだった。

(32) ロッド・ジブレット（Rod Giblett）は、オーストラリアのディーキン大学コミュニケーション・クリエイティブ・アーツ学部の環境人文学名誉准教授。

(33) ドクター・スース（Dr.Seuss、1904–1991年）はアメリカ合衆国の絵本作家、画家、詩人、児童文学作家、漫画家。生涯で60作以上の絵本を出版。作品は各国で翻訳出版され、全世界で6億5000万部以上を売り上げている。

(34) 西部山岳部（Mountain West）はMountain Statesとも呼ばれ、西部のロッキー山脈にかかる8州（北からモンタナ州、アイダホ州、ワイオミング州、ネバダ州、ユタ州、コロラド州、アリゾナ州、ニューメキシコ州）を指す。

(35) ウィリアム・バード（William Byrd II、1674–1744年）は、植民地時代のバージニア州チャールズシティ郡出身のアメリカ人大農園主、作家である。バージニア州リッチモンドの開祖とされている。

(36) ジョン・ドレイトン（John Drayton II、1766–1822年）は、サウスカロライナ州知事であり、アメリカ合衆国サウスカロライナ州地方裁判所の連邦地方判事であった。

(37) スモーキーベア（Smokey The Bear）アメリカの森林火災防止運動のマスコット。

(38) パウル・クルッツェン（Paul Jozef Crutzen、1933–2021年）は、アムステルダム生まれのオランダ人大気化学者で、ノーベル化学賞受賞者。

(39) ロビンソン・ジェファーズ（John Robinson Jeffers、1887–1962 年）は、アメリカの詩人で、カリフォルニア中央部の海岸を題材にした作品で知られている。ジェファーズの詩の多くは、物語や叙事詩の形式で書かれている。しかし、短い詩でも知られており、環境保護運動のアイコンとも言われている。

第３章：ビーバーの復活

(1) クインシー・マーケット（Quincy Market）は、アメリカ合衆国マサチューセッツ州ボストン市中心部に位置する歴史的建造物。1824 年から 2 年の歳月を費やして建設された。名称は当時の市長であったジョサイア・クインシー 3 世からとられた。

(2) ロバート・マイケル・バランタイン（Robert Michael Ballantyne、1825–1894 年）は、スコットランドの少年小説作家で、100 冊以上の本を書いた。画家としても活躍し、水彩画がロイヤル・スコティッシュ・アカデミーで展示されていた。

(3) ジョン・ミューア（John Muir、1838–1914 年）は、アメリカの自然主義者の草分け。スコットランドのダンバー出身。作家で植物学者、地質学にも精通し、シエラネバダ山脈の地形が氷河作用に深く関わっていることを発見した。

(4) ジョージ・バード・グリンネル（George Bird Grinnell、1849–1938 年）は、アメリカの人類学者、歴史家、博物学者、作家。1870 年にイェール大学を卒業し、1880 年に博士号を取得した。当初は動物学を専門としていたが、初期の著名な自然保護主義者であり、アメリカ先住民の生活を研究した。

(5) セオドア（テディ）・ルーズベルト（Theodore "Teddy" Roosevelt、1858–1919 年）は、アメリカの軍人、政治家で、第 25 代副大統領および第 26 代大統領である。

(6) ギフォード・ピンショー（Gifford Pinchot、1865–1946 年）アメリカの森林管理官、共和党の政治家。1905 年から 1910 年まで米国農務省森林局の初代長官を務めた。

(7) イーノス・ミルズ（Enos Abijah Mills、1870–1922 年）は、アメリカの博物学者、作家、入植者（所有権を得るために、法に従いながら政府の土地に定住する者）であり、ロッキーマウンテン国立公園設立の中心人物である。

フランクリン・デラノ・ルーズベルト（Franklin Delano Roosevelt、1882–1945 年）は、アメリカの政治家。姓はローズベルト、ローズヴェルトとも表記。民主党出身の第 32 代アメリカ大統領（1933–1945 年）で、ニューディール政策（世界恐慌から脱却するための経済政策）で知られる。

(8) バイユー（bayou）は細くて、ゆっくりと流れる小川を意味する。通常低地に位置し、アメリカ南部のミシシッピ川などの三角州地帯に見られる。多くのバイユーには、ザリガニ、エビ、貝類やナマズが生息する。

(9) リップ・ヴァン・ウィンクル（Rip Van Winkle ）は、アメリカの小説家ワシントン・アーヴィングによる短編小説であり、作中の主人公の名前でもある。（1819 年刊行）。猟に出た主人公リップが山中で奇妙なオランダ人の一団に酒を振る舞われて寝込んでしまい、目を覚まして山を下りると 20 年も経っていて、世の中がすっかり変わってしまっていたという話。

(10) ジム・スターバ（Jim Sterba、1943 年–）ミシガン州デトロイト生まれ。1989 年にフランシス・フィッツジェラルド（作家）と結婚。ミシガン州立大学卒業（ジャーナリズム）。30 年以上にわたり『ニューヨーク・タイムズ』紙と『ウォール・ストリート・ジャーナル』紙の外国特派員、戦場特派員、全国ニュース記者を務めてきた。

(11)『Smithsonian（スミソニアン）』誌は、ワシントン DC の国立学術文化研究機関、スミソニ

アン協会が発行する科学総合誌。
(12)ペノブスコット・ネーションは、アメリカ合衆国メイン州ペノブスコット郡にある連邦政府公認のペノブスコット族のインディアン保留地。インディアン保留地とは、アメリカ内務省BIA（インディアン管理局）の管理下にある、インディアンの領有する土地。有力な民族のものは自治権が強く、一つの国家にも等しい力を持つとされ、ネーション（国家）とも呼ばれる。
(13)バニティ・プレートとは、自動車の持ち主がお金を払って自分の好きな内容で申請して取得するナンバープレート。州によって字数などに制限がある。

第４章：ビーバー再配置作戦

(1)ビーバーの丈夫な歯は鉄分を含んでおり、削る樹皮のタンニンの反応の影響でオレンジ色に変色している。
(2)アメリカアカシカ（elk）は、北米ではワピチ（Wapiti）やエルクと呼ぶ。北米以外の地域では、エルク（elk）とはヘラジカのことを意味する。ヨーロッパのアカシカよりも大きなアメリカアカシカを北米で初めて見たヨーロッパ人の探検家がこれをヘラジカの一種と誤解し、エルクと呼んだため、「エルク」という呼称が一般化した。「ワピチ」は、アメリカインディアンのショーニー族の言葉に由来する。
(3)ムース（moose）とは、北米のヘラジカ。英語ではユーラシア大陸のヘラジカはエルク（elk）と呼ぶ。
(4)ボディグリップ・トラップは、動物をすばやく殺すように設計されている。1950年代後半にビクター・コニベア・トラップとして製造を開始したカナダの発明家フランク・コニベアにちなんで、「コニベア」トラップと呼ばれることがある。第3章p.69参照。
(5)『恋人たちの予感』（こいびとたちのよかん、原題：When Harry Met Sally...）は、1989年に公開されたニューヨークを舞台にした恋愛物のアメリカ映画。ノーラ・エフロン脚本、ロブ・ライナー監督。
(6)castratum（ラテン語）→castrated（英語）→去勢されている。
(7)シュナップスは、アルコール度数40度以上の、焼酎のような蒸留酒一般を指す。カストリウムは、スウェーデンでは伝統的に「Bäverhojt」（文字通り、ビーバーの叫び）と呼ばれるシュナップスの香りづけに使われてきた。
(8)匂い塚とは、泥や葉、池の底のゴミなどを縄張りの周囲に積み上げ、自分のカストリウムを塗りつけたものである。この匂いで、この池が自分のものであることを伝える。
(9)「The Most Interesting Man in the World」は、Dos Equis（ドス・エキス）というメキシカン・ビールの広告キャンペーン。広告には、髭をたくわえた堂々とした老紳士が登場し、ユーモラスで突拍子もないナレーションがつけられている。
(10)期待のマネージメントとは、評価を高めるための考え方。どんなにすばらしい成果を出しても、人々の期待に応えられなければ評価は下がり、あまりすばらしいとはいえない成果でも人々の期待を上回れば評価は上がる。
(11)環世界（かんせかい、Umwelt）はヤーコプ・フォン・ユクスキュルが提唱した生物学の概念。環境世界とも訳される。すべての動物はそれぞれに種特有の知覚世界を持って生きており、その主体として行動しているという考え。

第５章：ビーバーとサーモン

(1) ティモシー・イーガン（Timothy P. Egan、1954 年–）は、アメリカの作家、ジャーナリスト、ニューヨーク・タイムズ紙のオピニオン・コラムニストで、リベラルな視点から執筆活動を行っている。

(2) フランクリン・ピアース（Franklin Pierce、1804–1869 年）は、アメリカ合衆国の軍人、政治家、第14代大統領。これまでにニューハンプシャー州から選出された唯一の大統領である。

(3) アイザック・スティーブンス（Isaac Ingalls Stevens、1818–1862年）は、ワシントン準州（自治的領域）の初代知事、アメリカ合衆国議会代議員であり、南北戦争では北軍の将軍だった。シャンティリーの戦いで戦死した。

(4) デイビッド・モントゴメリー（David R. Montgomery）は、シアトルにあるワシントン大学の地球・宇宙科学の教授。1984 年にスタンフォード大学で地質学の学士号を取得し、1991 年にカリフォルニア大学バークレー校で地形学の博士号を取得した。著書に『土と内蔵』『土の文明史』など。

(5) スナッグボート（Snagboat）はデッキに取り付けられたクレーンおよびホイスト（巻き上げ機）で、川や浅い水路から障害物を取り除くための川船で、上部構造に乗組員の宿泊施設がある。

(6) ジョージ・オーウェルが、「1948 年に発表した『1984 年』」の中で描いた自由で開かれた社会の福祉を破壊するものとして認識した状況、考え、社会的状況を表す形容詞として用いられる。

(7) 遡河魚とは、産卵のときなどに海から川へ登る回遊魚の総称。

(8) 汽水域（きすいいき）とは、河川・湖沼および沿海などの水域のうち、汽水（Brackish water）が占める区域である。漢字の「汽」は「水気を帯びた」という意味を含み、「汽水」は淡水と海水が混在した状態の液体を指す。

(9) ポール・ケンプ（Paul Kemp）サウサンプトン大学（イギリスの国立大学）の生態工学教授。(Google Scholar)

(10) 尾鉱（びこう）とは、選鉱で有用鉱物を採取した残りの低品位の鉱物。

(11) ジョン・ワーク、（John Work、1792 年頃–1861 年）は、ハドソン湾会社の主任仲買人であり、ブリティッシュコロンビア州のビクトリアにある創業家の一つの家系だった。1814 年にハドソン湾会社に入社したワークは、1861 年に亡くなるまでさまざまな役職を務め、最終的には同社の西部部門の経営委員会のメンバーとなった。

(12) 表流水（ひょうりゅうすい Surface Water）とは、河川や湖沼の水のように完全に地表面に存在している水のことで、特に停滞していない水（流れを確認することが可能である水）のことをいう。

(13) ニジマスは海で生活する降海型、湖沼で生活する降湖型、川だけで生活する陸封型の三つの生活型に分かれる。スチールヘッドは降海型のニジマス。

(14) 雨陰（うIいん、rain shadow）とは、雨雲を含んだ風が山を越える際に、風上側で雨が降り、風下側は「陰」となって乾燥する現象。特に、風下において雨量が少なくなる現象を指して「雨陰」と呼ぶことが多い。

(15) ヤクヨウサルビア（sage）古くから薬効に富む薬草として有名である。陰干しにしたものをセージまたはセージ葉と呼んで、薬用にしたり香味料として調理に用いる。

(16) ホワイトウォーターカヤックは、激流で行うカヤック（カヌーの一種）。

(17) スティーブン・ミーク（Stephen Meek、1807–1889 年）は毛皮のわな猟師であり、アメリカ西部のガイドであり、特に複数のワゴン（荷馬車）が一緒に移動する集団のガイドだった。

(18)オクシデンタル・アーツ&エコロジーセンターは、ソノマ郡の西部にある80エーカー（約32万平方メートル）の生態保護区であり、この地域のコミュニティと協力して、文化的および生物学的多様性を回復および構築している。

第6章：ビーバー革命

(1)LinkedIn（リンクトイン）は、2003年にサービスを開始した、世界最大級のビジネス特化型ソーシャル・ネットワーキング・サービス。

(2)ジョーン・ディディオン（Joan Didion、1934年-）は、アメリカの小説家、エッセイスト。カリフォルニア州サクラメント生まれ。ニュージャーナリズムの書き手の一人として、1960年代に興隆したアメリカのカウンターカルチャーや当時の若者たちの生態を描いた小説やエッセイで注目された。

(3)ブルー・オイスター・カルト（Blue Öyster Cult）は、アメリカ出身のロック・バンド。略称（BÖC)。ヘヴィメタルの源流となったグループの一つ。1967年に結成し、休止を挟みながら50年以上にわたり活動している。

(4)ハットフィールド家とマッコイ家の争い（英語名:Hatfield–McCoy feud）は、主に1878年から1891年まで、アメリカのウェストバージニア州とケンタッキー州に川を隔てて住んでいた、ハットフィールド家（ウェストバージニア州側）とマッコイ家（ケンタッキー州側）の間で起こった実際の抗争。転じて、対峙する相手との激しい争いを表す、隠喩表現となった。

(5)ディエゴ・リベラ（Diego Rivera、1886-1957年）は、メキシコの画家。キュビズムの影響を受けた作風で、多くの壁画作品で知られる。

(6)ハンス・スローン（Sir Hans Sloane、1660-1753年）は、アイルランド王国のアルスター出身の医師で収集家。自身のコレクションをイギリス政府に遺贈し、それが大英博物館の元になったことで知られる。

(7)ジョセフ・グリネル（Joseph Grinnell、1877-1939年）アメリカの野生生物生態学者、動物学者である。

(8)キャプテン・クック（James Cook、1728-1779年）イギリスの海軍士官、海洋探検家、海図製作者。キャプテン・クックは通称。一介の水兵から、英国海軍の勅任艦長に昇りつめた。

(9)ゲーリー・スナイダー（Gary Snyder、1930年-）アメリカの詩人、自然保護活動家。20世紀のアメリカを代表する自然詩人。カリフォルニア州サンフランシスコ生まれ。1956年から1968年までの期間の大半は京都に滞在し、相国寺や大徳寺で臨済禅を学んだ。

(10)ウェンデル・ベリー（Wendell Berry、1934年-）アメリカの小説家、詩人、環境活動家、文化批評家、農家。

(11)中水（ちゅうすい）とは、生活排水や産業廃水を処理して循環利用するものを指す。雑用水とも呼ばれる。その用途は具体的には水洗トイレの用水、公園の噴水など、人体と直接接しない目的や場所で用いられる。

(12)「ザ・ネイチャー・コンサーバンシー（The Nature Conservancy（TNC))」米国バージニア州アーリントンに本部を置く世界的な環境団体。2021年現在、79の国と地域、そしてアメリカのすべての州で、関連会社や支部を通じて活動している。

(13)造語。(oil + ogarchy）石油による支配。

(14)樹木、草、コケなどに代表される古代の生命体で、根からは水や土壌のミネラルを、葉からは太陽光・月光・宇宙エネルギーを吸収し、人間などが吐き出す二酸化炭素を酸素に変

えて生きている（River Rose Apothecaryの創設者レイラ・クリスティ・フェガリ（Layla Kristy Feghali）による造語）。

(15) コープランド（Aaron Copland、1900–1990年）20世紀アメリカを代表する作曲家の一人。アメリカの古謡を取り入れた、親しみやすく明快な曲調で「アメリカ音楽」をつくり上げた作曲家として知られる。

第7章：ビーバーと荒野

(1) 妻のアリスは1884年2月12日に女児を出産。その2日後の14日、腎臓病で22歳の若さで亡くなった。同日午前3時には同じニューヨークの自宅で母マーサも、腸チフスにより48歳で亡くなっている。

(2) 偶蹄（ぐうてい）目プロングホーン科の哺乳類。レイヨウ類に近いが、角は枝分かれし、表面の角質の部分が毎年生え変わるところはシカ類に近い。北米の西・南部の草原に分布。

(3) エドマンド・モリス（Edmund Morris、1940–2019年）イギリス系アメリカ人。アメリカ合衆国大統領 セオドア・ルーズベルトと、ロナルド・レーガンの伝記の執筆で最もよく知られている作家。

(4) ブーン・アンド・クロケット・クラブ（Boone and Crockett Club）倫理的な狩猟団体であるこのクラブはのちの1930年、国際野生動物保護アメリカ委員会（The American Committee for International Wild Life Protection）を設立し、さらにこの委員会が国際自然保護連合（IUCN）へと発展していった。

(5) ジャックウサギは、北米中西部に生息するノウサギで、長い後脚と長い耳を持ち、足が速い。

(6) ラビット・ブラッシュは、快い香りのある低木で、直立した細い柔軟な有毛の枝と小さい黄色の花が密に詰まった房を持ち、西部のアルカリ性の草原の広い地域をおおって、ジャックウサギの隠れ家となる。

(7) ミュールジカ（mule deer）北米西部産の耳が長く尾の先が黒いシカ。

(8) 放牧圧とは、面積あたりの頭数で示される。

(9) 脱窒（だっちつ）とは、窒素化合物を分子状窒素として大気中へ放散させる作用または工程を指す。窒素循環の最終段階であり、主に微生物によって行われる。

(10) ウィリアム・ディブイーズ（William deBuys）は、現代のアメリカ西部において最も影響力のある思想家の一人として知られる著名な作家であり、自然保護活動家である。

(11) チートグラス（cheatgrass）の学名は、（*Bromus tectorum*（ブロムス・テクトルム））は、日本ではウマノチャヒキと呼ばれ、ヨーロッパ、アジア南西部、アフリカ北部が原産の冬の一年草であるが、他の多くの地域では外来種となっている。山間部の西部やカナダの一部で支配的な種となっており、有害雑草としてリストアップされている。ヤマヨモギ草原の生態系において、特に侵略的な行動を示している。

(12) 保全地役権（conservation easementst）とは、政府（市、郡、州、または連邦）が、特定の保全目的を達成するために、指定された土地の領域について、土地所有者が持つ権利の行使を制限するために投入される権限である。

(13) ジェームズ・ステュアート（James Stewart、1908–1997年）米国ペンシルベニア州インディアナ出身の俳優。191cmの長身で、その誠実な人柄と、「平均的な中流階級のアメリカ人」の役を多く演じたことによる役柄の印象から「アメリカの良心」と呼ばれた。

(14) 2006年に設立された（Seventh Generation Institute）は、ニューメキシコ州サンタフェに拠点を置く非営利の自然保護団体である。

(15) マーク・ライスナー（Marc Reisner、1948–2000年）アメリカの環境保護主義者であり、アメリカ西部の水管理の歴史を綴った『砂漠のキャデラック：アメリカの水資源開発』（片岡夏実訳、築地書館、1999年）で知られる作家である。
(16) ジョン・マクフィー（John Angus McPhee、1931年–）アメリカの作家。クリエイティブ・ノンフィクションの先駆者の一人と言われている。
(17) ジェームズ・パティー（James Ohio Pattie、c.1804–c.1850年）は、ケンタッキー州出身のアメリカの開拓者であり作家である。
(18) ラスベガス・ストリップ（Las Vegas Strip）は、アメリカ合衆国ネバダ州クラーク郡にあるラスベガスのメインストリート。ラスベガス・ブールバード（大通り）の一部で、長さ約4.2マイル（6.8 km）にわたる。通りに沿って有名なホテルやカジノ、レストランが並んでいる。

第８章：ビーバーとオオカミ

(1) 視聴回数は2021年7月の時点で4300万回となっている。
(2) ディンゴ（学名：*Canis lupus dingo*、英語名：Dingo）は、オーストラリア大陸とその周辺に生息するタイリクオオカミの亜種であり、広義でいうところの野犬の一種である。
(3) 広域イエローストーン生態系（The Greater Yellowstone Ecosystem）は、地球の北温帯地域に残された、ほぼ手つかずの広大な生態系の一つである。ロッキー山脈北部、ワイオミング州北西部、モンタナ州南西部、アイダホ州東部に位置し、約9万平方キロメートルの広さがある。イエローストーン国立公園はこの中にある。
(4) ウォルター・デ・レイシー（Walter Washington de Lacy、1819–1892年）モンタナ準州の歴史とロッキー山脈西部の地図作成で著名な土木技師、測量士、地図製作者。
(5) 第4代ダンレイブン伯爵（Windham Thomas Wyndham-Quin, 4th Earl of Dunraven and Mount-Earl、1841–1926年）は、アイルランドのジャーナリスト、地主、起業家、スポーツマン、保守党の政治家。
(6) フィレトゥス・ノリス（Philetus Norris、1821–1885年）イエローストーン国立公園の二代目管理人として、初めて給与を受け取った人物。
(7) バーノン・ベイリー（Vernon Orlando Bailey、1864–1942年）米国農務省生物調査局に所属する哺乳類学を専門とするアメリカの博物学者。生物調査局に寄贈した標本は、新種を含む約1万3000点にのぼる。
(8) テッド・ターナー（Ted Turner、1938年–）アメリカの実業家、CNN創業者。国際連合など国際機関に多額の寄付をしていることでも知られる。全米各地に牧場や農場を所有している。オハイオ州シンシナティ生まれ。
(9) 代替安定状態とは、生態系が環境の変化に伴い不連続に移り変わり、いったん代替安定状態になると環境が元に戻っても回復しにくいという状態である。
(10) 地形営力とは、土地に働きかけて地形を変化させる作用（〈地形形成営力〉ともいう）。内部から働く地殻運動や火山活動を内作用，外部から働く風，雨，河川，波など主に太陽エネルギーに基づく作用を外作用とする。
(11) ブユは、ハエ目カ亜目ブユ科に属する昆虫の総称。ヒトなどの哺乳類や鳥類から吸血する衛生害虫である。関東ではブヨ、関西ではブトとも呼ばれる。
(12) フー・マンチュー博士（Dr. Fu Manchu, 傅満洲博士）は、イギリスの作家サックス・ローマーが創造した架空の中国人。西欧による支配体制の破壊を目指して陰謀をめぐらす悪人で

あり、東洋人による世界征服の野望を持つ怪人である。

(13) ベン図（ベンず、もしくはヴェン図、英：Venn diagram）とは、複数の集合の関係や、集合の範囲を視覚的に図式化したものである。イギリスの数学者ジョン・ベン（John Venn）によって考え出された。

(14) 交絡（こうらく、英：Confounding）は、統計モデルの中の従属変数と独立変数の両方に（肯定的または否定的に）相関する外部変数が存在すること。そのような外部変数を交絡変数（confounding variable）と呼ぶ。交絡が存在する場合、観測された現象の真の原因は交絡変数であるにもかかわらず、独立変数を原因と推論してしまう。

(15)「エリナー・リグビー」（Eleanor Rigby）は、「孤独と貧困」をテーマにしたビートルズの楽曲である。1966年8月に「イエロー・サブマリン」との両A面シングルとして発売された。

(16) サージェント・ペパー（英語：Sgt. Pepper）は、ビートルズの「サージェント・ペパーズ・ロンリー・ハーツ・クラブ・バンド」（Sgt. Pepper's Lonely Hearts Club Band）の略称で、同作品に登場する人名。1967年にリリースされた。

(17) 統一場理論とは、場の理論において種々の相互作用力を一種類に統一する理論である。自然界の4つの力をすべて統一することが到達点で、このすべての力を統一した理論のことを万物の理論と呼ぶ。

第9章：ビーバー イン ヨーロッパ

(1) エルマー・ファッドは、アニメ映画『ルーニー・テューンズ』に登場するウサギのバッグス・バニーの宿敵の猟師。

(2) ウィスコンシン州出身の人のあだ名。ウィスコンシン州がチーズの生産地として有名なことと NFL チーム「グリーンベイ・パッカーズ」のファンが大きなチーズのかたまりを模した帽子を被っていることを指すニックネーム。始まりは他チームがつけた蔑称だが、今ではウィスコンシン州民に受け入れられている。

(3) ジョチ・ウルスは、13世紀から18世紀にかけて、黒海北岸のドナウ川、クリミア半島方面から中央アジアのカザフ草原、バルハシ湖、アルタイ山脈に至る広大なステップ地帯を舞台に、チンギス・カンの長男ジョチの後裔が支配し興亡した遊牧政権（ウルス）。

(4) ブライアニ・コールズ（Bryony Jean Coles、1946年-）先史考古学者、研究者。グレートブリテン島が大陸と地続きだった時代に同島南東部に存在していたとされる陸地で現在北海の水面下にあるドッガーランドの作業研究で最もよく知られる。

(5) 四旬節（しじゅんせつ）は、カトリック教会などの西方教会において、復活祭の46日前（四旬とは40日のことであるが、日曜日を除いて40日を数えるので46日前からとなる）の水曜日（灰の水曜日）から復活祭の前日（聖土曜日）までの期間のこと。四旬節では伝統的に食事の節制と祝宴の自粛が行われ、償いの業が奨励されてきた。

(6) 生態系サービス（Ecosystem services）とは、生物・生態系に由来し、人類の利益になる機能（サービス）のこと。「エコロジカルサービス」や「生態系の公益的機能」とも呼ぶ。その経済的価値は、算出法により数字が異なるが、アメリカドルで年平均33兆ドル（振れ幅は16～54兆ドル）と見積もる報告もある。

(7) ロアルド・ダール（Roald Dahl、1916-1990年）イギリスの小説家、脚本家。『飛行士たちの話』（永井淳訳、ハヤカワ・ミステリ文庫、1981年）『あなたに似た人』（田村隆一訳、早川書房、1957年）など邦訳が多数ある。

(8) プルースト（Valentin Louis Georges Eugène Marcel Proust、1871-1922年）フランスの小説家。

大作『失われた時を求めて』は後世の作家に強い影響を与え、ジェイムズ・ジョイス、フランツ・カフカと並び称される20世紀西欧文学を代表する世界的な作家として位置づけられている。

(9) プルー（E. Annie Proulx、1935年–）アメリカ合衆国コネチカット州出身の小説家である。ピューリッツァー賞、全米図書賞を受賞した『シッピング・ニュース』で知られている。

(10) チョップとポテトは、骨付きの豚肉とジャガイモの角切りをオーブンでローストした料理。

(11) エコツーリーズム産業は、地域固有の自然的・文化的資源を利用し観光産業を成立させ、それらの資源が持続的に利用できるよう、資源を保護し、観光の波及により、地域経済の活性化に資すること、という3つの目的に基づいて実践される。

(12) ロバート・マクファーレン（Robert Macfarlane、1976年–）イギリスの作家。風景、自然、場所、人、言語に関する著作で知られている。

(13) 専門家証人は、通常の証人が自分が体験した事実（目撃談や被害に遭ったときの状況など）を証言するのに対し、専門家証人は自分の知識や与えられた情報に基づき見解を証言する証人を指す。

(14) マイケル・クライトン（Michael Crichton、1942–2008年）アメリカの小説家、SF作家、映画監督、脚本家。全世界で1億5000万部もの本を売ったベストセラー作家であり、『ジュラシック・パーク』『ER』をはじめ多くの作品が映画化、テレビドラマ化された。

(15) hydrograph流入量時刻歴とは、横軸に時間をとり、縦軸に流量あるいは水位をとり、その時間変化を表したグラフ。縦軸の流量あるいは水位は目的に応じて選ぶ。ハイドログラフは洪水の時間的な変化や水資源の年間の変動などを表現するために用いられる。

(16) サミズダートとは、ロシア語で自主出版というのが原義だが、発禁となった書物を手製で複製し、読者から読者へと流通させるという、東西冷戦時代（1945年－1989年）に東側諸国の各地で行われたソ連の反体制派活動の主要な方式、といった意味に使われる。地下出版とも訳される。

(17) ジョージ・モンビオ（George Joshua Richard Monbiot、1963年–）環境保護活動や政治活動で知られるイギリスの作家。『ガーディアン』紙に毎週コラムを執筆している。

(18) パロキアリズムとは、ある問題をより広い文脈で考えるのではなく、その問題の小さな部分に焦点を当ててしまう心理状態をいう。より一般的には、範囲が狭いことを指す。その意味では、「地方主義」と同義語である。

第10章：ビーバーに仕事をさせよう

(1) ウォルマートは、アーカンソー州に本部がある世界最大のスーパーマーケットチェーン。ウォルトン家による同族経営企業。

(2) アメリカ映画で有名なミニオンだが、本来の意味は強い者や権力などに従いさほど重要でない仕事を任せられる人のことを指す。

(3) トンカ社はアメリカのトラック玩具メーカーであり、建設用トラックや機械のスチール製玩具で知られている。

(4) ジェイ・フックはJの字の形をした構造物で、水の流れる方向を変えるために設置される。玉石、丸太、根固めなどを組み合わせたものがあり、強い下降流と上昇流、高い境界応力、高い速度勾配が発生する流れの曲がり角の外側に設置される。

(5) クロス・ベーンは、川岸付近のせん断応力、速度、流れの力を減少させ、水路中央部のエネルギーを増加させる勾配制御構造である。この構造物は、水路の中央部のエネルギーを

増加させる。この構造は、勾配制御を確立し、堤防侵食を減らし、安定した幅/深さの比率をつくる。

(6)高水敷とは河川敷のうち、増水時に冠水する部分をいう。

(7)ナンシー・ラングストン（Nancy Langston）は，アメリカの環境史家。2007年から2009年までアメリカ環境史学会の会長を務めた。

(8)代償ミティゲーションとは、人間の活動によって発生する環境影響の補償、代償として、代償資源や環境を置き換えて提供するという、環境への影響の代償措置のこと。例えば干潟の埋め立てを行う際、消失する干潟の代償として近傍に人工干潟を造成するようなことをいい、環境影響の回避・低減の措置を十分に実施してもどうしても残る環境影響に対して実施される

(9)ミティゲーション・クレジットとは、修復、強化、保全、または創造活動の結果として生じる生態学的価値の増加を表す標準的な単位を意味する。

(10)モアブは、コロラド川の河畔にある大きな町で、キャニオンランズ国立公園、アーチーズ国立公園も近い。マウンテンバイク、ハイキング、ロッククライミング、四輪駆動車でのドライブ、急流下り、カヌーやカヤックの拠点としても世界的に知られている

(11)『CSI：科学捜査班』（CSI: Crime Scene Investigation）は、アメリカ合衆国のCBS他にて2000年から2015年まで放映されていたテレビドラマ（海外ドラマ）シリーズ。日本では、WOWOW、AXN、Dlife、TOKYO MXおよびテレビ東京系列などで放送。

(12)テリー・テンペスト・ウィリアムズ（Terry Tempest Williams、1955年–）アメリカの作家、教育者、自然保護活動家。ウィリアムズの作品はアメリカ西部に根ざしており、ユタ州の乾燥した風景から大きな影響を受けている。

(13)Op-ed（opposite the editorial page / opposite editorial、オプ・エド）とは新聞の記事のうち通常、当該紙の編集委員会の支配下にない外部の人物が、ある新聞記事に対して同じ新聞内で意見や見解（反論や異論）を述べる欄。社説の反対側に設けられることからこの名がついた。

(14)リバー・マイルとは、河川の河口からの距離をマイル単位で表したもの。リバーマイルの数字は0から始まり、上流に行くほど大きくなる。

(15)ジェイムズ・バーナード・マッキノン（J. B. MacKinnon）（通称：J.B. マッキノン）は、カナダのジャーナリスト、寄稿編集者、書籍作家。マッキノンは、アリサ・スミスとの共著でベストセラーとなった「The 100-Mile Diet」で知られている。

(16)デリック・ジェンセン（Derrick Jensen、1960年–）は、アメリカのエコ哲学者、ラディカル環境主義者、反文明主義者である。現代社会と環境破壊を批判する15冊を超える著書がある。「エコロジー運動の詩人・哲学者」と呼ばれている。

謝　辞

(1)アルド・レオポルド著述プログラムは、国内外の大学生、大学院生、ポスドク、その他の新進・中堅のプロの作家を対象とし、5月から10月までの間に最長1カ月間、アルドとエステラ・レオポルドの旧宅に滞在することができるプログラム。旅費と生活費の補助がある。

著者略歴――――
ベン・ゴールドファーブ（Ben Goldfarb）
イェール大学の林学・環境学大学院で環境経営学修士号を取得。野生生物の管理と保全生物学を専門とする、数々の受賞歴に輝く環境ジャーナリスト。『サイエンス』、『マザージョーンズ』、『ガーディアン』など、数多くの出版物やメディアに寄稿している。

訳者略歴――――
木高恵子（きだか・けいこ）
淡路島生まれ、淡路島在住のフリーの翻訳家。短大卒業後、子ども英語講師として小学館ホームパルその他で勤務。その後、エステサロンや不動産会社などさまざまな職種を経て翻訳家を目指し、働きながら翻訳学校、インタースクール大阪校に通学し、英日翻訳コースを修了。

ビーバー

世界を救う可愛いすぎる生物

2022年2月2日　第1刷発行

著者　ベン・ゴールドファーブ
訳者　木高恵子
装幀者　上清涼太
装画　秦　直也
発行者　藤田　博
発行所　株式会社草思社
〒160-0022　東京都新宿区新宿1-10-1
電話　営業 03(4580)7676　編集 03(4580)7680

本文組版　株式会社キャップス
本文印刷　株式会社三陽社
付物印刷　株式会社暁印刷
製本所　大口製本印刷株式会社
翻訳協力　株式会社トランネット

ISBN978-4-7942-2556-6　Printed in Japan　検印省略

造本には十分注意しておりますが、万一、乱丁、落丁、印刷不良などがございましたら、ご面倒ですが、小社営業部宛にお送りください。送料小社負担にてお取替えさせていただきます。